英国皇家海军战舰设计发展史

卷3 大舰队

战舰设计与演变，1906—1922年

[英] 大卫·K. 布朗 著
张宇翔 译

江苏凤凰文艺出版社
JIANGSU PHOENIX LITERATURE AND ART PUBLISHING, LTD

THE GRAND FLEET: WARSHIP DESIGN AND DEVELOPMENT
1906-1922 by D. K. BROWN

版贸核渝字（2018）第 159 号

图书在版编目（CIP）数据

英国皇家海军战舰设计发展史 . 卷 3, 大舰队 : 战舰设计与演变 , 1906—1922 年 / (英) 大卫・K. 布朗 (David K. Brown) 著 ; 张宇翔译 . -- 南京 : 江苏凤凰文艺出版社 , 2019.7
书名原文 : The Grand Fleet: Warship Design and Development 1906–1922
ISBN 978-7-5594-3745-7

Ⅰ . ①英… Ⅱ . ①大… ②张… Ⅲ . ①战舰 – 船舶设计 – 军事史 – 英国 – 1906–1922 Ⅳ . ① TJ8 ② E925.6

中国版本图书馆 CIP 数据核字 (2019) 第 086677 号

英国皇家海军战舰设计发展史．卷 3，大舰队：战舰设计与演变，1906—1922 年

[英] 大卫・K. 布朗　著　　张宇翔　译

责任编辑　王青
特约编辑　印静
装帧设计　杨静思
出版发行　江苏凤凰文艺出版社
　　　　　南京市中央路 165 号，邮编：210009
网　　址　http://www.jswenyi.com
印　　刷　重庆长虹印务有限公司
开　　本　787 × 1092 毫米 1/16
印　　张　23.5
字　　数　435 千字
版　　次　2019 年 7 月第 1 版　2019 年 7 月第 1 次印刷
书　　号　ISBN 978-7-5594-3745-7
定　　价　159.80 元

目录

前言与致谢

前言

本书首先回顾了一战前及战争期间英国战舰及其动力系统在设计与制造过程方面的演变，随后讨论了战争刚刚结束时期的战舰设计，这一时期的设计汲取了一战期间的实战经验教训。最后本书以《华盛顿条约》（The Washington Treaty）结尾。火炮、火控以及鱼雷等方面的技术发展并非本书的关注对象，笔者仅计划对其进行简述，并由此引出其对舰船整体设计的影响。在回顾舰船设计演变的过程中，笔者将概述一些读者早已耳熟能详的内容，较大篇幅则将用于描述鲜为人知的内容。对于仅停留在纸面上而并未付诸实现的设计，鉴于其通常扮演着两个著名设计之间过渡项的角色，笔者也力求尽可能详细地对其进行描述。此外，考虑到一战前战列舰和巡洋舰设计快速发展的历史背景，本书还将重点描述这一时期上述舰种的设计演变。

至设计“无畏”号（Dreadnought）时，舰船架构技术已经趋向成熟，其大部分分支都已经建立在坚实的科学技术基础之上，而对于一些无法直接计算或推导的数据，则可借鉴经验公式，这些公式通常已经反复经受过实践检验。设计师们对“船只稳定性”这一课题已经有了相当透彻的理解，不过稳定性与船只横摇幅度之间的关系仍未能建立。另一方面，十九世纪中晚期，傅汝德父子（the two Froudes）[1]建立了利用模型模拟船体和推进器的设计步骤，并在试验中得到验证。这一技术不仅在绝大多数情况下能够得到与实际拟合的良好结果，而且使皇家海军在舰船设计技术方面获得重要领先。此外，由兰金（Rankine）和里德（Reed）发起，由怀特（White）付诸实践的结构设计方法，通过拜尔斯（Biles）等人组成的委员会在“狼”号（Wolf）的试验[2]过程中得以验证[①]。尽管如此，舰船设计工作仍远非自动化流程，不同设计风格仍各有其侧重点，这一点在装甲的布置方式上或许体现得最为明显。虽然这一时期各国的重型装甲均采用久经考验的克虏伯表面硬化钢（Krupp Cemented），但较薄装甲板所使用的材料各不相同，且其布置方式之间的区别也较为明显，同时各国的布置方式通常也在试验中得以验证。笔者以年轻助理设计师身份从事设计工作期间，设计方式与笔者学生生涯所学几乎相同。直至计算机的引入，舰船设计方式的重大改变才成为可能。

① D K Brown, Warrior to Dreadnought, (London, 1997), pp 184–185.

自问世以来，潜艇设计发展一日千里。至1914年，皇家海军拥有了当时世界上规模最庞大的潜艇舰队，其中包括相当数量的远洋潜艇。自1913年起，在海上携带和运作飞机的很多问题被逐一解决，最终使皇家海军在1918年拥有了一战期间唯一一艘真正意义上的航空母舰“百眼巨人”号（Argus）。对皇家海军舰只而言，战前和战时舰船设计通常相应归功于菲利普·沃茨（Phillip Watts）和尤斯塔斯·坦尼森·达因科特爵士（Sir Eustace Tennyson d'Eyncourt）。应该说，这种论断大致不错。两人都是传统意义上的优秀绅士，同时也是伟大的设计师。

这一时期也是属于船用主机设计师的年代。此时船用涡轮引擎（透平）尚属新鲜事物，自美国寇蒂斯公司（Curtis）的设计方案由约翰·布朗公司（John Brown）以许可证生产的方式进入英国后，英国帕森斯公司（Parsons）的设计方案便与其展开了激烈的竞争。战争爆发前夕，齿轮减速装置的引入在很大程度上推动了涡轮机的应用和螺旋桨效率的优化。另一方面，采用燃油技术所引发的一系列困难也被逐一克服。虽然这一时期英国工程师在诸多方面均保持技术优势，但即使在小管径锅炉的优势日益显著后，英国舰船设计师仍坚持使用大管径锅炉。这一令人惊讶的执念导致皇家海军舰船在重量和空间两方面付出一定代价。

总工程师

海军轮机中将约翰·德斯顿爵士（Sir John Durston）	任期1903—1907年
海军轮机中将亨利·奥拉姆爵士（Sir Henry Oram）	任期1907—1917年
海军轮机中将乔治·古德温爵士（Sir George Goodwin）	任期1917—1922年
海军轮机中将罗伯特·迪克逊爵士（Sir Robert Dixon）	任期1922—1928年

“战争前夕海军得到了几乎无限的资金”这一观点虽然曾广为流传，但并不公正。实际上，战前历届政府都试图控制海军预算，或将预算投入其他部门[3]。因此，海军部的工作重点之一便是利用有限的资金打造一支平衡的舰队。

虽然本书并非一部造船工业史，但是笔者仍希望对当年大量的造船厂及相关大小工业部门致以敬意，正是他们打造了第一次世界大战期间皇家海军的庞大舰队。执行扫雷和反潜任务需要大量的小型舰只，其建造工作主要由那些此前从未有过战舰建造经验的船厂完成。笔者从国家海事博物馆（National Maritime Museum）浩如烟海的资料中摘取了部分造船计划，并列入本书。由于小型舰只更不为人所知，也更易重现，因此笔者在本书中更多地展现了有关小型舰只的资料。

有观点认为在一个世纪内，英制舰船和动力系统设计师交出的作品均能在它们所参加的首次大规模战争中表现良好。尽管在一战前英国海军合理地将德国海军视为其最主要的竞争对手，然而在这一时代结束时，美国最终凭借其工业技术实力，得以执世界海军舰船设计制造水平之牛耳。

致谢

笔者首先必须对约翰·坎贝尔（John Campbell）特别致谢。至1998年逝世时为止，坎贝尔一直在武器装备相关问题方面对众多作者提供帮助。笔者还需要对乔治·摩尔（George Moore）和麦卡勒姆（I McCallum）致谢。前者阅读了本书初稿，并提出大量宝贵建议。后者则使我认识到炮弹及其引信的重要性。约翰·罗伯茨（John Roberts）在绘图方面提供了宝贵的帮助。其他对本书问世做出贡献的还包括阿尔伯格（L Ahlberg）、布鲁克斯（J Brooks）、J.D.布朗（J D Brown）、科茨（J Coates）、麦克布莱德（K McBride）、霍尔布鲁克（A Holbrook）、亨德森（G Hudson）、约翰斯顿（I Johnston）、莫里斯（R Morris）、佩恩（G Penn）、皮尤（P Pugh）、希尔斯（J Shears）、肖（T Shaw）、托德（R Todd）、赖特（J Wraight）等诸位先生，以及查塔姆（Chatham）的编辑团队。

本书中的绝大部分照片取自笔者本人的收藏，其涵盖范围的全面性应归功于海军图片俱乐部（Naval Photograph Club）历任部长。笔者有幸出任该俱乐部的副主席。对于那些原始出处已知的图片笔者将特别标注并致谢，但鉴于大量图片原始出处已不可考，笔者在此提前为不告知而使用他人资料致歉。笔者还希望向世界船舶学会（World Ship Society）的海军分会会长致谢，后者曾允许笔者使用该会所收藏的图片。

译注

1.威廉·傅汝德于1872年和1874年发表了不同粗糙度平板的摩阻公式，1888年其子对上述公式进行了修正。威廉·傅汝德提出“当船和船模的速度对各自长度平方根的比值相同时，其单位排水量的剩余阻力相等”定律，这个比值通常被称为“弗劳德数”。该定律成为现代船模试验技术的基础。

2.该艘“狼”号为1897年建成的一艘驱逐舰。1901年9月19日“眼镜蛇”号驱逐舰在其交付航行的过程中舰体折断并沉没。为此海军部专门建立委员会对麾下驱逐舰的强度和适航性进行调查。作为调查的一部分，委员会利用“狼”号进行了若干全尺寸试验，以检视驱逐舰在远航时可能需要承受的压力。

3.从约翰·费舍尔第一次出任第一海务大臣起，组建更经济的海军便一直是皇家海军的主流论调之一。然而，由于国际环境和技术原因，力求经济的目标却未必能被广泛理解。如1909年海军恐慌（Navy Scare）中，由于海军部错误地估计了德国海军的主力舰规模，因此在当年预算中一口气列入了8艘主力舰，并喊出“我们需要8艘且我们不想等待”的口号。最终这8艘规划中的主力舰当年全部开工。详见本书简介。

译者序

大卫·K.布朗（David K Brown）先生于1928年出生于英国利兹。在转向写作之前，布朗先生曾是英国皇家海军造船部的一名资深战舰设计师。作为英国皇家造船部（RCNC）的一员，布朗先生在1988年退休前晋升至副总设计师职位。他于20世纪50年代初先后负责81型“部族”级护卫舰的初步设计工作、“城堡”级近海巡逻舰的全面设计工作。20世纪70年代晚期他担任初步设计主要负责人角色，在此期间皇家海军最终否定了更为强大的43型和44型驱逐舰设计方案。他还曾提出关于开发较廉价航空母舰的方案，这可能与日后的“海洋”号有一定关系。

1988年退休后，布朗先生转向写作，其题材以战舰设计为主。得益于长期的实际设计工作经验和对档案资料的熟悉，其作品不仅屡屡见诸相关专业期刊，广受海军爱好者欢迎，而且屡次再版。其作品中最受欢迎也最著名的，便是五卷本的“英国皇家海军战舰设计发展史”系列，即：

Before the Ironclad: Warship Design & Development 1815–1860;

Warrior to Dreadnought: Warship Development 1860–1905;

The Grand Fleet: Warship Design & Development 1906–1922;

Nelson to Vanguard: Warship Design & Development 1923–1945;

Rebuilding the Royal Navy: Warship Design Since 1945.

除此之外，其著作还包括两卷本的Atlantic Escorts，单行本The Future British Surface Fleet, The Eclipse of the Big Gu，以及其参与编辑的三卷本的The Design and Construction of British Warships 1939–1945，限于篇幅，此处不再赘述。布朗先生于2008年4月在英国巴斯逝世。

本书为“英国皇家海军战舰设计发展史”系列的第三卷，其内容上接“无畏”号全重型主炮战列舰这一划时代舰种的问世，下至《华盛顿条约》签订后第一级条约型战列舰“纳尔逊”级的设计。从时间跨度上看，本书所跨越的1906—1922年不仅涵盖了维多利亚时代长期和平之后皇家海军面临的第一次真正挑战，而且涵盖了皇家海军从第一次世界大战前烈火烹油般的军备竞赛到战后勉强维持最终不得不通过条约来限制新一轮军备竞赛的经历。从“无畏”号问世至第一次世界大战结束，虽然海军武器技术总体而言并未再发生革命性的变化（火控技术的发展或许是个例外，但总体而言，无论是与世纪之交还是第二次世界大战期间的技术演变相比，其剧烈程度都相去甚远），但也正是在这一时期，不仅无畏型主力舰的设计逐渐成熟，而且现代化的轻巡洋舰、驱逐舰要求逐渐成形，同时潜艇及无限制潜艇战成为破交战的重要作战方式，这不仅相应地促进了反潜和扫雷舰艇的发展，而且促进了大型舰只上防雷系统的问世和发展。此外，飞机自问世后终于成功完成在舰上的起降，这自然催生设计装备和舰只携带飞机协同舰队一同作战的构想，从而促进了对水上飞机母舰和航空母舰的研究，并最终在第一次世界大战结束时以“竞技神”号的出现为标志，航空母舰正式走上历史舞台。上述课题正是本书的主要描述对象。虽然本书并不聚焦某一特殊舰种，但鉴于作者布朗先生的技术背景，他的点评往往简洁而切中要害。例如在对第一次世界大战前轻巡洋舰发展史的描述上，本书对技术连贯性的表述就要优于某些专门描述英国巡洋舰的作品。

本书根据Seaforth Publishing出版社2015版译出。与此前版本相比，本版在结构上进行了一些调整，并根据近年的研究成果在内容上进行了一些补充。译者若干年前曾阅读过本书的较早版本，并在此后的写作和与同好的讨论中多次引用本书内容。即便如此，笔者在此次翻译本书的过程中仍感到收获颇丰。除本书正文外，原作者所给出的主要参考书目及相应简评同样值得爱好者按图索骥。不过，由于本书写作时间较早，因此一些新近出版的作品未能被收入参考书目中，如Friedman所著British Cruisers: Two World Wars and After和The British Battleship: 1906–1946，John Brooks所著Dreadnought Gunnery and the Battle of Jutland: The Question of Fire Control和The Battle of Jutland，以及David Hobbs所著The Royal Navy's Air Service in the Great War和British Aircraft Carriers: Design, Development and Service Histories等。囿于译者见识所限，在此难免挂一漏万。

本书在翻译过程中得到王文军先生和文扬先生的大力协助。尽管如此，囿于笔者自身的学识和经验，错漏之处仍在所难免，对此应由笔者完全负责。除译注外，本书内容仅代表原作者观点，不代表译者对其表示赞同。

第一部分

战前发展

引言

对于海军参谋和建造师们设计研发战舰，并以此构成赢得战争的舰队这一功绩，可从两方面进行评价。首先，判断参谋和建造师们是否有效地利用已知的知识和技术达成他们所认知的海军目标；其次，事后思考他们的目标或实现方式有何可改进之处。在就成功程度进行判断时，还必须对国家目标及其可用资源进行考量。从1905年“无畏”号战列舰开工至第一次世界大战爆发，大部分舰种的体积和数量都迅猛增加。

表0-1：1907年—1918年间各舰种舰只数量

舰种	1907年9月数量	1914年9月数量	1918年11月数量
无畏舰	1	25	33
旧式战列舰	61	40	31
战列巡洋舰	—	9	9
巡洋舰	60	122	96
驱逐舰和鱼雷艇	147	334	618
鱼雷炮艇	18	18	13
轻护卫舰、巡逻艇、扫雷艇	10	10	294
潜艇	29	75	164
航空母舰*	—	1	13
浅水重炮舰	—	—	36
总计（含部分误差）	390	639	1750

注*：包括水上飞机母舰在内。

停泊在斯卡帕湾（Scapa Flow）的大舰队广角照片。舰队的大部分舰船均由菲利普·沃茨领导设计。照片中最近处为“海王星”号战列舰（Neptune），其后从左至右依次为“朱庇特”号（Thunderer）、“皇权”号（Royal Sovereign）、“加拿大”号（Canada）、“爱尔兰”号（Erin）、“皇家橡树”号（Royal Oak）、“铁公爵”号（Iron Duke）、“猎户座”号（Orion）、“马尔巴勒”号（Marlborough）、“澳大利亚”号（Australia）、“君王”号（Monarch）、“圣文森特”号（St Vincent）和“新西兰”号（New Zealand）（作者本人收藏）。

目标

皇家海军的传统目标为拥有一支掌握制海权的海军。曾先后任大舰队总指挥和第一海务大臣（First Sea Lord）的杰里科（Jellicoe）曾将这一目标分为3个层面，即：

●保卫英国船只的航行安全，并阻止敌方的海上运输；

●对敌国造成经济压力；

●防止敌国对英国本土的入侵。①

在一定程度上，遂行上述任务的潜在能力也被视为对战争的有效遏止力量。

德国的目标则相对不那么清晰。提尔匹兹（Tirpitz）原先计划打造一支舰队，其规模虽然逊于皇家海军，但当舰队集中于北海（the North Sea）时其总体实力仍足以有效限制英国的野心。此外，该舰队还负有将波罗的海（the Baltic）打造为德国内湖的次要任务。不过，为了赢得国内对发展舰队的政治支持，这一次要任务的重要性有时被刻意强调。②

鉴于这一敌对舰队的威胁，以及随新技术发展而日趋迫切的改革要求，英国于20世纪初重新评估了其战略和规划。1908—1909年间英国对沿袭多年的海军实力“两强标准”（Two Power Standard）进行了再次评估[1]。该标准规定皇家海军的实力应具备较世界第二、第三大舰队实力之和至少10%的优势。1908年世界第二强海军为美国海军，不过与美国开战的可能性几乎可以忽略③。皇家海军的实力应比德国海军强60%被认为是更为现实的标准，后者当时是世界第三强海军，并被认为是皇家海军未来潜在的敌手。这一标准最终于1912年3月被议会接受。④

与此同时，英国的战略考量也逐渐转变，以适应新时代的威胁。1903年议会批准在罗塞斯（Rosyth）建筑新的造船厂，该工程人工费用和设备费用的预算分别为300万和25万英镑，预计将耗时10年。整个造船厂占地1184英亩（约合4.8平方千米），其主港池面积为52.5英亩（约合21.2万平方米），足以容纳11艘战列舰（若两舰共用一泊位则为22艘）。1904—1905年间，规划区域的征购工作完成，伊斯顿·吉布斯公司（Easton Gibbs & Co.）则被指定为承包商。虽然整体而言工程进度并未延期，但战争爆发时该造船厂仅部分可用。反对建筑该造船厂的领导者之一便是费舍尔（Fisher）[2]，在他看来大型舰只无须进入北海作战，且当时英国已经拥有大量造船厂。然而，随着鱼雷尤其是潜射鱼雷的威胁日趋严峻并被皇家海军所意识到，对敌港口实施近距离封锁的传统战略逐步被海军抛弃，取而代之的是“远距离封锁”（Distant Blockade）战略，后者要求海军直接封锁北海的各个出入口。

在当时看来，英德两国海军在北海的敌对状态必将导致至少一场大规模海

① Admiral J Jellicoe, The Grand Fleet 1914—1916 (London 1919), Ch2.

② P M Kenncdy, The Rise and Fall of British Naval Mastery (London 1976).

③ 早前研究表明，英国若与美国开战，则没有获胜的可能。有鉴于此，皇家海军关闭了位于牙买加（Jamaica）的造船厂，并在其他方面进行了削减。由此，驻北美和西印度（West Indies）各基地的舰只数量均遭大幅削减。

④ J T Sumida, In Defence of Naval Supremacy (Winchester, Mass. 1989), pp 190-1.

战。此前在东方爆发的一系列战争，例如先后爆发的中日甲午战争、日俄战争和美西战争，似乎都说明战争中总将爆发一场决定性的海战。德国海军的直接目标可被视为通过一系列消耗战削弱皇家海军的优势，其实现方式既可以是利用水雷和鱼雷进行袭击，也可以是歼灭某个孤立的皇家海军中队。出于对后一情形的顾虑，皇家海军不可避免地倾向于集中舰队并进行统一指挥。不过，威廉·梅海军上将（William May）[3]在演习中发现集中指挥的方式在实际操作中会遇到很大困难。各舰喷出的烟气不仅会阻碍总指挥官的视野，而且会使通过信号旗发布的命令不易被识别。[①]然而，各战队独立作战不仅更加困难，且风险更大，甚至有可能导致某个孤立中队被击败。

对任何一支舰队而言，只有在采用单列纵队队形时方能最大限度地发扬火力。因此皇家海军预测，实战中双方舰队很可能形成两条大致平行的战线进行交战，直至其中一方被击败。在这种形式的交战中，双方距离即使发生变化，其变化也较慢，因此在当时看来并无强化火控系统的必要。

① A Gordon, The Rules of the Game (London 1996) – quoting 'Notes on Tactical Exercises 1909-1911', MoD Library EbOI2, p355.

第一艘在罗塞斯入坞的战舰—前无畏舰“西兰蒂亚”号（Zealandia），摄于1916年3月28日（作者本人收藏）。

当时大部分海军军官均预计英国将在海上获得一次决定性的胜利，但仍有少数高级军官已经认识到这种幻想很难实现，其中甚至可能包括费舍尔本人。鉴于数量上的劣势，德国舰队在遭遇战中更可能选择回避而非战斗到底。因此，英国的主要目标应修正为避免失败，而非追求海战胜利。①虽然费舍尔常常公开宣称他所选择的大舰队总指挥官将成为新一代的纳尔逊（Nelson），并赢得新时代的特拉法尔加海战（Trafalgar）[4]，但其内心的真实想法可能并非如此。他更可能认为谨慎的杰里科将会是那个慎重从事的指挥官。②

虽然爆发一场大规模海战的可能性不高，但建造比对手数量更多的主力舰仍极有必要。这导致可用于其他方面的资金相当有限。珀西·斯科特（Percy Scott）[5]和费舍尔曾先后声称大舰巨炮的时代已经完结，海军的未来将由潜艇承担，然而正如皇家海军潜艇准将（Commodore, Submarines）凯斯（Keyes）所指出的，皇家海军潜艇舰队的弱点主要应归咎于费舍尔。后者在其第一海务大臣任上曾决定集中建造近海潜艇，并限制了授予维克斯公司（Vickers）的合同！

① 在博弈论中，避免失败的术语为“最大遗憾中的极小值”（Minimax Regret）。

② 笔者感谢安德鲁·兰伯特（Andrew Lambert）提出这一观点。

“伊丽莎白女王”级（Queen of Elizabeth）战列舰“巴勒姆”号（Barham）正在约翰·布朗公司（John Brown）进行舾装。注意照片中安装8门15英寸（381毫米）主炮所需的大型起重机（作者本人收藏）。

图表0-1：总国防预算，1906—1914

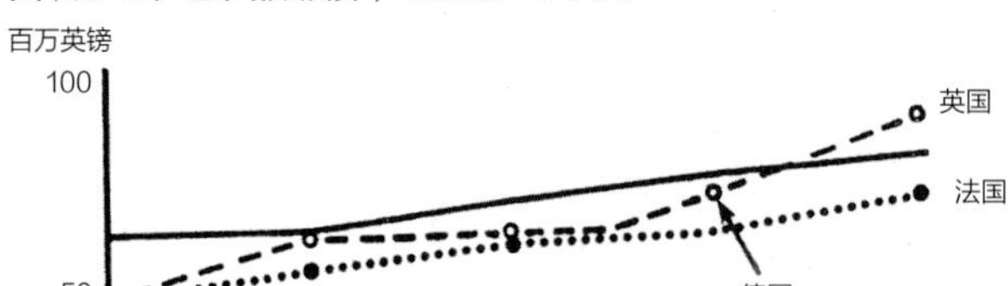

在此前的战争中，利用海运运输部队的速度通常较令人生畏的陆路机动更为快捷。但至1914年，铁路网系统已经使欧洲中部强国[6]获得机动上的优势。随着英国陆军参谋总部就海军提出的在德国北部沿海展开登陆作战这一“门外汉”提议进行研究，这一认识才逐渐成为军内共识[7]。封锁北海出入口的战略可以在切断德国对外贸易的同时，保护英国自身商船免遭攻击。然而，这一战略也造成英国东海岸及沿海航线门户洞开，甚至有遭受入侵的风险。保护东部沿海免遭德国海军炮轰袭击[8]的构想又可能导致大舰队贸然进入易遭敌潜艇或水雷伏击的海域。罗塞斯造船厂直至1916年才正式投入运营，而其他英国造船厂的位置又不支持大舰队在北海海域的作战。在其他海域，皇家海军则设有大量加煤站和电报站以支持舰队作战。

虽然上文篇幅不长，但足以清晰地勾勒出双方的海军战略意图。然而应注意，一战前海军参谋部刚刚成立，战争计划还仅存在于第一海务大臣费舍尔的脑海中。①

资源

海权永远构筑于经济实力之上，不过两者之间相反的作用关系也可能成立。19世纪英国成为欧洲最强大的工业国，并将这一优势地位保持至第一次世界大战爆发。②与此同时，德国一直在大踏步追赶英国的领先地位。1898年至1914年期间，德国的工业总产量提升85%③，而同期英国的工业总产量仅增加40%，因此这一时期末两国的工业总产量几乎相当。而在关键的钢产量上，德国的产量（1700万吨）甚至已经是英国的两倍，尽管后者仍然在造船能力上保持着巨大的领先优势。

20世纪初英国的财政状况并不理想。布尔战争（Boer War）这头吞金怪兽大量吞噬着英国的财政收入。虽然保守党政府[9]已经大幅增加税收，但英国财政收入仅能承担约三分之一的战争支出。1905年保守党内阁倒台后，自由党在大选中获胜并上台执政，进而着力于构建社会保障体系——这也是福利国家的滥觞——并削减国防支出。

1902年塞尔伯恩勋爵（Lord Selborne，保守党，时任海军大臣）任期内，皇家海军曾计划至1906—1907年，保持每年建造7艘战列舰或一等巡洋舰的这一速

① G Bennett, Charley B (London 1968), Ch 7.
② P Pugh, The Cast of Seapower (London 1986).
③ 注意这一巨大增幅应部分归因于较低的起始值。

度。但1905—1906年期间科多伯爵（Earl Cawdor，1905年任海军大臣）将其规模削减至每年4艘。海军支出于1904—1905年期间达到高峰，计4100万英镑，但此后几年遭到明显削减（参见表0–2）。这一方面是由于费舍尔拆解旧舰船的政策，另一方面是由于"无畏"号的冲击。该舰的问世导致多数列强取消订购新战列舰。新政府并未对1906—1907年海军预算提出异议，但次年便要求海军进一步削减预算，并具体提出将当年新建战列舰数量降至2艘，且仅在当年的海牙裁军谈判失败的前提下才可新建第3艘。当年该谈判破裂。

表0-2：战前海军预算（百万英镑）

年度	总额（百万英镑）	8、9两分项总和*	战列舰（艘）	战列巡洋舰（艘）	巡洋舰（艘）	驱逐舰（艘）	潜艇（艘）
1905—1906	37	19	1	3	—	5	11
1906—1907	35	18	3	—	—	2	8
1907—1908	33	16	3	—	1	5	12
1908—1909	34	17	1	1	6	16	9
1909—1910	36	20	6	2	6	20	6
1910—1911	43	24	4	1	5	23	6
1911—1912	45	25	4	—	4	20	6
1912—1913	47	27	4	—	8	20	9
1913—1914	52	30	5	—	8	15	11

注*：包括火炮在内的其他新建项目。

1908—1909年间针对海军预算的争议远较此前激烈。海军部希望增加200万英镑的预算，但被内阁拒绝。在各海务大臣联名抗议后，海军部获准增加约100万英镑的预算，由此以牺牲舰只整修计划和削减练习用弹药为代价，海军部得以继续其原定建造计划。由于新建战列舰和大型巡洋舰的数目甚至低于科多伯爵批准的数量，1906—1909年期间海军预算大致保持在其峰值的85%上下[①]。由于这一时期不仅德国造舰计划延期，而且英国与法国建立友好关系、沙俄舰队覆灭，因此上述削减尚可被接受。然而，巨大的改变已经迫在眉睫。

1908年底，德国展开了其9艘战列舰或战列巡洋舰建造计划，而此时英国海军上述舰种的总数仅约为10艘，因此英方优势骤然变得非常有限。在建造时间上英国仍占据优势，罗塞斯船坞在该方面的优势尤为明显。英国的平均造舰时间为27个月（共计10艘主力舰），而德国为35.9个月（共计9艘主力舰）。因此1909年1月，英国海军部海务大臣们希望新任海军大臣雷金纳德·麦克纳（Reginald McKenna，1908—1911年间任海军大臣）在1909—1910年海军建造计划中列入8艘主力舰。麦克纳实际提出的建造计划中包括6艘主力舰，但大部分内阁成员仅同意批准4艘主力舰。经过一场激烈的辩论后，1909年2月内阁同意

① Sumida, In Defence of Naval Supremacy, p60.

当年可按正常计划新建4艘主力舰，并在必要时可追加4艘“意外”主力舰。在“我们需要8艘且我们不想等待”（We want eight and we won't wait）这一口号下，海军展开了一场激烈的舆论战。最终英国政府于当年7月宣布，鉴于意大利和奥地利无畏舰建造计划危及英国在地中海的地位，英国将在当年建造4艘“意外”主力舰作为回应。尽管如此，以贝雷斯福德上将（Beresford）[10]为首的部分人士还是对海军部的造舰计划提出了反对。他们认为海军部正在打造一支结构不平衡的舰队，其舰队缺乏巡洋舰、驱逐舰和其他辅助舰只的支援。本书最后一章将检讨这一观点。①

由于老龄退休金法案（Old Age Pensions Act）所需要的资金总额快速增长，同时包括有关海军物资库存的措施在内，此前实施的诸项节流措施的效力被逐渐耗尽，因此1909—1910年的财政状况尤为困难。1909年11月，上院拒绝了包含大幅增税方案在内的政府预算。然而随着自由党在次年1月的大选中获胜并组阁，该预算案仍于1910年4月被议会通过。

阿斯奎斯（Asquith）首相于1908年11月重申了“两强标准”②，但此时皇家海军昔日的主要威胁即法俄两国海军已经被后起之秀超过，德国海军和美国海军先后成为世界第二和第三强海军。1909年4月新的英国海军实力标准提出，将目标定为德国舰队实力的160%，该标准于1912年3月在国会公开宣布。实际上，从1909—1910年至第一次世界大战爆发，从数量上而言新旧标准之间的区别非常有限。至1913年英国计划在地中海部署8艘无畏舰，同时在本土水域保持对德50%的优势。

① Bennett, Charlie B, Ch11.
② 当时定义为较次强和再次强海军主力舰数量总和仍有10%的数量优势。

P-17号巡逻艇。该型舰艇乃是海军为满足护航所需小型、廉价驱逐舰而进行的尝试之一。注意该艇较低的干舷高度和位于上层建筑的4英寸（约合101.6毫米）火炮。

20世纪初英国的国防开支高于德国，但这一情况很快被扭转。不过，在德国预算规划中海军的地位始终次于陆军，且陆军获得的预算比例始终明显高于海军。因此皇家海军仍能保持建造比德国海军更多的舰只。图表0-4比较了两国海军各自用于建造新舰只的开支，具体数字则参见本章结尾处的表格。该图表的构成与具体数字之间稍有差异，仅供大致参考。

1906—1914年底两国海军各自下水舰只总数如图表0-5所示，具体数字则参见注释[11]。图表0-3意在体现两国海军各自分配给不同舰种的资金比例。图中可见双方的比例非常接近，仅有细微之差，且均集中在主力舰[12]上。英国投入在主力舰上的资金比例为65%，德国为72%。值得注意的是双方都未在潜艇项目上过多投入。

德国方面一直试图建造尽可能多的主力舰，但其建造数量不仅受限于资金，而且受限于克虏伯公司（Krupp）的重型火炮产能。作为回应，英国方面的主力舰实际建造数量非常接近新标准规划的1.6:1比例。大量资源被投入实现上述回应，导致余留给遂行贸易保护和扫雷等任务的舰艇预算非常有限。对资金分配的任何调整都意味着主力舰数量减少，从而数量优势减小。表0-3比较了1910—1911年前后不同舰种的造价，从中可看出战列舰和其他舰种之间的造价比例。

图表0-2：主要舰只类型数量的增加

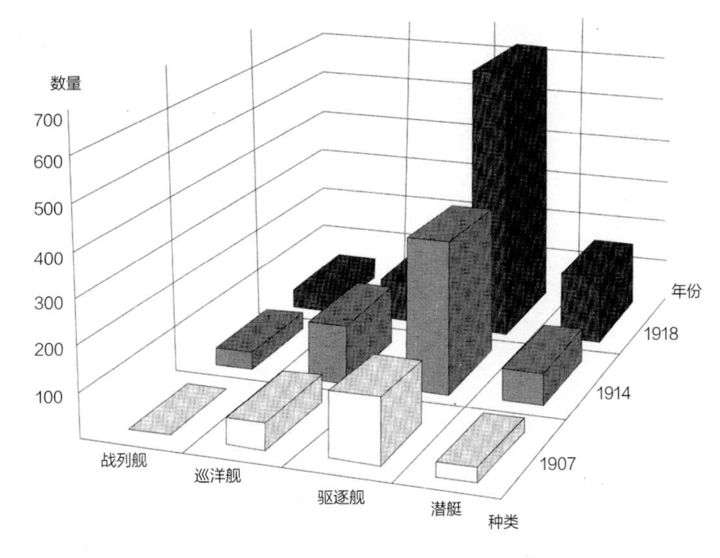

图表0-3：1906—1914年间主要舰只类型开支比例

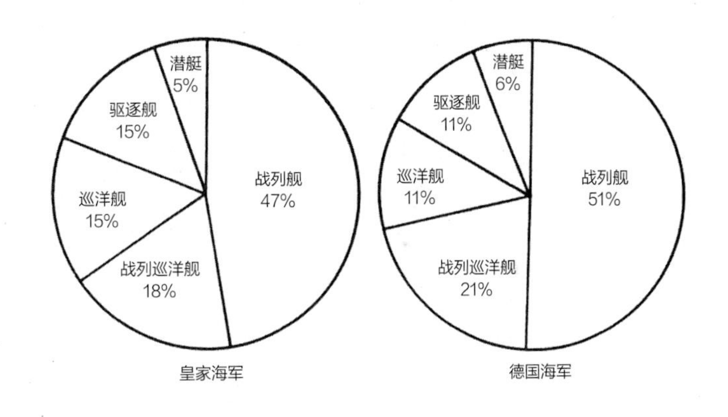

图表0-4：1906—1914年间新建舰只预算

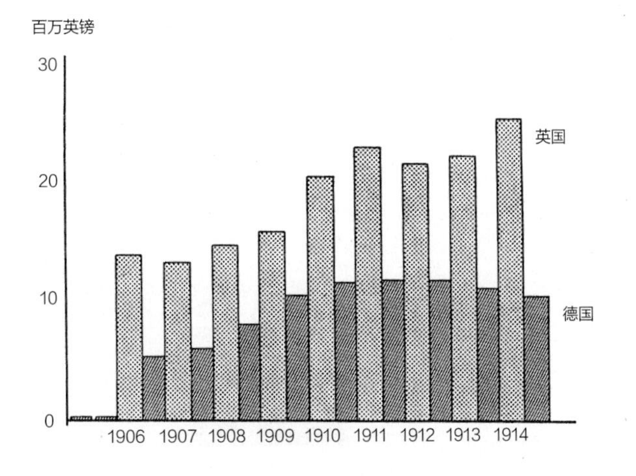

表0-3：相对造价

舰种	舰只	造价（千英镑）	相对值	对战列舰造价的相对比率
战列舰	“英王乔治五世”级（K George V）	1950	100	1
巡洋舰	“查塔姆”级（Chatham）	350	18	5.5
驱逐舰	“冥河”级（Acheron）	88	4.5	22
潜艇	D级	89	4.5	22
扫雷艇	“花”级（'Flower' class）	60	3	33

货币价值

由于战前通货膨胀率很低，因此可以对这一时期的造价进行直接比较。不过战争爆发后通货膨胀率迅速上升，物价指数也随之快速上涨。表0-4给出了基于贸易部零售价格指数（the Board of Trade Index of Retail Price, RPI）的各年币值，以1900年指数100为基准。当然该指数并不能完美体现造舰价格的上涨情况，但已经是现有的唯一可用的参考，且和实际情况相去不远。

表0-4：20世纪初逐年币值表

年份	零售价格指数	年份	零售价格指数
1905	98	1915	114
1906	101	1916	186
1907	106	1917	243
1908	103	1918	267
1909	104	1919	296
1910	109	1920	358
1911	109	1921	230
1912	115	1922	185
1913	116	1923	185
1914	117	—	—

舰船造价的相对价格指数通常以战列巡洋舰的每吨平均造价体现（详见第4章），根据下水时物价指数进行调整后，这一数据相对恒定。

什么才是好的设计，以及好的舰队？

讨论“什么才是‘好’的设计”这一问题并非易事。不同专家在不同时期对这一问题及其答案的看法可能大相径庭。若根据海军船舶架构的某一狭义定义，部分建造商可能认为，基于海军参谋需求[13]得出的经济且技术上可行的解答才是“好”设计（笔者对此并不认同）。历史学家则倾向于通过错误的角度审视设计成功与否，即往往过于强调战舰服役生涯晚期的表现，而不考虑这一阶段战舰本身性能往往已经过时、老化，且其执行的任务和面对的武器往往并非其在设计时所针对的。

好的设计必须展现其在作战效率上的优势，并在各方面使用适当的技术，实现其全寿命费用的最小化。好的设计不仅应在建造完成后体现出其通用性，而且在其整个服役过程中应能适应新的作战任务。好的设计通常可以作为一系列新设计的起点。更大的问题，即“什么才是‘好’的舰队”，则更为复杂和困难。在一定程度上，好舰只的部分特性也应体现在一支好的舰队上，这些特性包括效率、经济和通用性。

表0-5：皇家海军预算分项8——造船业（百万英镑）

日期	船坞开支	材料开支	分包合同开支	总计
1906年	2.4	2.8	8.6	13.8
1907年	2.5	3.6	7.6	13.1
1908年	2.9	4.2	7.7	14.8
1909年	3.1	4.4	8.3	15.8
1910年	3.4	4.6	12.4	20.4
1911年	3.5	5.0	14.4	22.9
1912年	3.5	5.1	13.1	21.7
1913年	4.1	5.9	12.2	22.2
1914年	4.0	7.1	14.3	25.4

注：船坞开支包括工人工资，以及其他小项开支；
材料开支包括木材、金属、煤、绳索、帆布、电力传输、租金、燃气等项目；
分包合同开支以1903—1904年为典型，各分项为：

	千英镑
主机系统	3439
辅机系统	168
船体	3671
采购	12
维修	722
检查	70
火炮	1354
机械	188
后备辅助巡洋舰（Merchant Cruisers）	79
总计	9571

图表0-5：各舰种的总数量

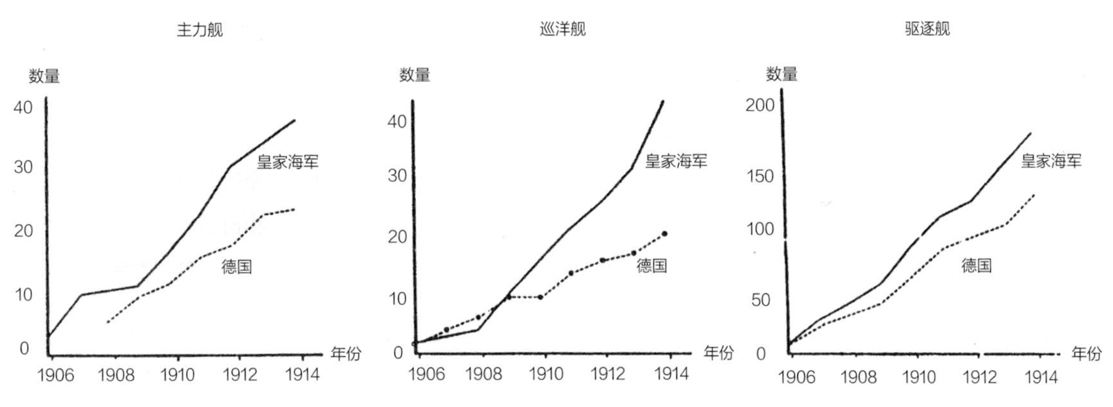

C-4 号潜艇，该型潜艇是一种相当成功的近海潜艇。1914 年皇家海军拥有的潜艇数量几乎等于次强与更次强海军的潜艇数量之和［帝国战争博物馆（Imperial War Muesum）：Q41207 号］。

表0-6：德国各年新建舰只和其他装备

日期	通过预算总数（百万英镑）	战列舰数量	大型巡洋舰数量[14]	小型巡洋舰数量	驱逐舰数量
1906—1907	5.2	2	1	2	12
1907—1908	5.9	2	1	2	12
1908—1909	7.8	3	1	2	12
1909—1910	10.2	3	1	2	12
1910—1911	11.4	3	1	2	12
1911—1912	11.7	3	1	2	12
1912—1913	11.5	1	1	2	12
1913—1914	11.0	2	2	2	12
1914—1915	10.3	1	1	2	12

注：由于该表中各项分类不明，因此该表中的数据不应直接与皇家海军类似表格的数据进行比较。

译注

1.该标准在1889年海军防务法案中正式提出。

2.1902—1904年间任第二海务大臣，1904年10月20日任第一海务大臣，直至1910年。

3.1908—1911年间任本土舰队总指挥。

4.1805年10月21日，纳尔逊率领地中海舰队在特拉法尔加海战中决定性地击败了法西联合舰队，迫使拿破仑从此放弃进攻英国本土的计划。皇家海军由此享受了近100年海上霸主地位。

5.一战前皇家海军著名炮术专家。

6.即德国。

7.费舍尔本人特别钟情这一方案。

8.例如1914年12月16日德国公海舰队对斯卡伯勒、哈特尔普尔和惠特比展开炮轰袭击。当时皇家海军事先根据所截获的情报得知公海舰队的动向，并出动大舰队试图截击公海舰队一部，尤其是其战列巡洋舰部队，然而未获成功。1916年德国方面的日德兰海战作战计划的最初版本也以炮轰英国东海岸城市作为诱饵。

9.准确地说，布尔战争期间执政的是保守党和自由党联合政府，该联合政府在1895年大选中获胜，从此上台执政。

10.上将曾是国王的密友，但和费舍尔彼此视为私敌。

11.原文无相关注释，仅表0–6内包含德国海军各舰种新建数量。

12.即战列舰和战列巡洋舰。

13.即海军部对某型舰艇提出的技术指标。

14.在德国海军体系中，该舰种包括通常被认为是“战列巡洋舰”的舰种，以及部分装甲巡洋舰及其与“战列巡洋舰”战舰之间的过渡舰种。

1 备战

菲利普·沃茨爵士

菲利普·沃茨爵士，1902—1912年间任海军建造总监。他领导了战前建成的大部分舰艇设计。

菲利普·沃茨出任海军建造总监（Director of Naval Construction, DNC）的晋阶之路非常传统。他于1845年出生于朴次茅斯（Portsmouth），其父在当地担任高级造船工。学徒时期的沃茨表现突出，并因此被推荐进入位于南肯辛顿（South Kensington）的海军船舶学校（School of Naval Architecture）深造。毕业后他首先在彭布罗克（Pembroke）工作，之后转往海斯拉（Haslar），在威廉·傅汝德（William Froude）手下工作。在此期间沃茨对流体力学产生了浓厚的兴趣，这一兴趣从此伴随其终身。①他设计了世界上第一座减摇水舱，并安装在"不屈"号（Inflexible）[1]上。1872年[2]在"不屈"号上对其减摇水舱性能进行测试时，沃茨认识了时任该舰舰长的费舍尔②。在设计撞击鱼雷舰（Torpedo ram）"独眼巨人"号（Polyphemus）[3]时，沃茨扮演了领导角色，并解决了这艘奇特舰只的一系列独特问题，包括稳定性、排水性能以及通风等诸多方面。

1885年作为一系列复杂交易的一部分，沃茨前往阿姆斯特朗公司（Armstrongs）工作。最终怀特[4]回到海军部，并由此完成了一系列成功设计。至1901年局势明确显示怀特无法继续留在海军部时，沃茨致信费舍尔，提醒后者早年承诺将自己拔擢至海军建造总监一职之事。

若干年后，劳埃德·伍拉德（Lloyd Woollard）在皇家海军造船部（Royal Corps of Naval Constructors, RCNC）期刊上写道：

> 他阅历丰富，住在切尔西堤岸（Chelsea Embankment）的一座豪宅中。他爱好骑马，常常在去往办公室前在公园的跑道上练习骑行。他通常在11点30分抵达办公室开始工作，并一直工作至晚上8点左右，但他并不要求其下属加班。他只需要一名速记打字员协助其工作。③

在沃茨接任海军建造总监一职时，战列舰分部对"英王爱德华七世"级战列舰（King Edward Ⅶ）[5]的设计接近完成，该设计得到怀特和沃茨的双重背书。

① 傅汝德曾就海军船舶学校和沃茨本人向1872年皇家专门调查委员会（Royal Commission）做出如下评论："我对该校的了解仅限于其教育成果，实际上仅限于对正在我目前的研究工作中充当助手的一位绅士的了解。这位绅士显然在该校接受了非常出色的教育，不仅在与海军造船架构学相关的数学方面表现突出，而且对交与其负责的问题具有良好的常识……"

② 据称当时费舍尔许诺，他一旦出任第一海务大臣，就会帮助沃茨出任海军建造总监。

③ D K Brown. A Century of Naval Construction (London 1983), p94.

“发现并接敌，迅速并抢先取得命中，此后在抵御敌方攻击时继续取得命中”①

发现

无线电的发明极大地便利了索敌发现的过程。从克里米亚战争（Crimean War）开始，有线电报便使快速传输敌我双方舰只的位置信息，以及处理现地态势的命令成为可能。然而电报传输信息的速度较慢，且仅能用于战略通信。无线通信的引入则对战术产生了极大影响。德国曾为建立电报网付出巨大努力，但是战争爆发后其海外电报站很快便被摧毁。

无线电于19世纪末首次投入试验，并于1900年在南非战争（South African War）中首次投入实战，此后在日俄战争（Russo-Japanese War）中更是得到广泛应用。得益于马可尼（Marconi）和杰克逊上校（Captain Jackson）[6]的杰出工作，皇家海军在无线电应用方面一直处于领先地位，截至1905年所有驱逐舰以上级别舰只均装备了无线电设备②。一年之后，改进型无线电设备又取代了旧式设备。1907年所有现代化驱逐舰都安装了无线电设备。③长距离无线电通信从此逐步取代有线电报通信。

美国海军相应装备的性能至少与皇家海军相当，但后者的通信流程组织得更好。常人可能认为早期无线电通信可以提供信息的即时传输，但这一观点并不正确。信息在从舰桥发出的过程中，首先需要被送往信号中心进行编码，然后由该部门完成发送，之后在接收舰只上再接受相反流程的处理。因此信息从发送方舰桥抵达接收方舰桥的时间通常为20分钟。④大多数海军就“无线电阻塞”这一课题进行过试验，但并未取得值得一提的成绩（不过，即使在没有无线电阻塞的条件下，讯号也并不总能成功传输）[7]。除需提供更高的顶桅外，早期无线电设备安装并不会对舰船设计产生显著影响。无线电被引入海军之初，每艘舰艇仅装备一套无线电设备，因此对空间和电力的需求并不明显。

接敌

确定敌舰或敌舰队的位置之后，我方舰只需要及时赶到敌方所在，这自然要求我方舰只具备速度上的优势。在舰船设计上，为追求高航速总需付出高昂的代价，而且只有在拥有相当程度的航速优势（如4节）条件下，高航速才能换来可观的战术价值。傅汝德在利用模型测试不同船型和推进器性能上的开创性工作，使得皇家海军在一战前仍能保持设计能力上的优势。19世纪与20世纪之交各主要海军强国基本都拥有了各自的船模试验池或模型船坞，但模型试验仍远非一门精确的科学。根据以往试航结果与模型试验结果得出修正因子在设计过程中仍具有非常重要的作用，而得益于首先采用模型测试技术带来的多年积

① 虽然上述口号似乎并非直接出自费舍尔上将之口，但是足以表达上将对于舰船质量的诸多格言之核心思想。

② 有相当证据显示，发明无线电设备的是杰克逊而非马可尼，参见B Kent, Signal! (Clanfield 1993), pp26-7。

③ 参见Vice-Admiral Sir Arthur Hezlet, The Electron and Sea Power (London 1975), eh 3; G Bennett. Naval Battles of the First World War (London 1968), eh 10。

④ 参见B Kent, Signal! (Clanfield 1993), Ch 5 and 6。该书作者声称1914年在进行简单操练时整个过程所需时间约为20分钟，至1916年则缩减为3分钟。更复杂的讯号则需要更长的时间。

出海的大舰队编队，前景为4艘“猎户座”级战列舰。远方则是1917年加入大舰队的美国战列舰编队，后者被统编为第6中队。

累，皇家海军的数据库远较其他任何海军完备，因此使皇家海军在这一方面获得明显优势。至1919年艾德蒙·傅汝德（Edmund Froude）退休时，他与其父[8]主持测试过的模型共可代表33级战列舰、46级巡洋舰、61级驱逐舰和14级潜艇的船型。①

即使拥有最优船型，为获取高航速也需要庞大的动力。在一定的空间和重量限制下，涡轮机较三胀式蒸汽机（Triple-expansion Engine）输出功率更高。更为重要的是，在长时间满功率条件下涡轮机可靠性更高。后文将对涡轮机的发展加以详述。通常轴马力（shp）[9]的变化与速度的幂成正比，但对不同舰种而言幂的指数不尽相同。

为了削减为满足航速所需的动力，设计师通常倾向于——且往往正确地——增加船体长度。然而，增加船体长度需付出重大代价。较长的船体通常意味着船体结构需要承受更大的应力。在主力舰上，这还意味着增加需要施以装甲防护的要害区长度。

表1-1：不同舰种极速下n的值

战列舰	4
巡洋舰	5~6
驱逐舰	4.5

注：巡航速度条件下，各舰种n的值均大致为3。

① 在托基（Torquay）和海斯拉分别完成4.6万次和19.4万次单独试验。参见D K Brown. 'R E Froude and the Shape of Warships', Journal of Naval Science, Vol 13. No 3 (1987).

战列舰设计

至19世纪晚期，设计舰船所需的工具已经相当完善。设计师们可以通过计算得到船体强度和稳定性相关参数的数值，并根据以往经验判断是否可以接受。①如上所述，设计师可以开发出合适的船型，并较为准确地估计出为实现目标航速所需的动力（后文将提及少数反例）。尽管如此，任何一项设计仍是独创性的工作，且设计师的技术水平也体现在其使用各种工具的方式上。

威廉·傅汝德，模型测试技术的开创者。这一技术有助于设计师改善船型，并在技术上给予皇家海军宝贵的领先优势［皇家海军架构师学会（Royal Institution of Naval Architects）收藏］。

在所有设计浮在水上的船舶规程中，必须遵守两个基本准则。其一是阿基米德定理（Archimedes' principle），即船舶重量须等于其所受浮力。由于重量增加将导致船舶吃水加深，直至增加的浮力足以平衡所增加的重量，因此这一准则通常总能被自动满足。不过这一准则在设计过程中通常也会引发一些老生常谈的循环论证，诸如在确定动力系统重量前船舶排水量无法确认，但动力系统的体积以及由此得到的重量取决于排水量。第二个准则艰深得多：船舶内可用空间总不小于所需空间。这一准则的困难之处在于对“空间”的定义，例如究竟是指关键项目的体积、面积抑或仅仅是长度（理论上说，三者中的任何一个甚至其他参数都可能成为关键指标）。此外，虽然可以对不同空间之间的相对位置和绝对位置进行调整，但其布置也是重要的考量。

对设计风格大致相近的舰只而言，通常总有成熟且较为可靠②的捷径可供估计重量。设计时通常假设各种武器的总重量占舰只满载排水量的比例与早前舰只相当。③然而，如果设计舰只采用了全新种类且重量未知的火炮［例如“伊丽莎白女王”级所使用的15英寸（约合381毫米）主炮］[10]，那么需要根据早先相应武器及其底座的重量按比例缩放进行估算。对战列舰而言，武器系统的总重量一般占排水量的16%~18%。通过与早前舰只数据估算重量类似的方式，也可以对新设计舰只所需的空间进行估算。

表1-2：各分系统所占重量百分比④[11]

舰只	设备	武器	动力系统	燃料	装甲	船体
“伊丽莎白女王”号	3	16.5	14.5	2.5	31	32.5
“铁公爵”号	3	16	10	3.5	32	33.5
“虎”号（Tiger）	3	12.5	21	3	27	34.5
“声望”号（Renown）	2.5	12.5	21	3.5	21.5	39
“勇敢”号（Courageous）	3.5	12	16	4	18.5	46
轻巡洋舰	6	5.5	22	7.5	8.5	51
驱逐舰	4.5	4	35	15	—	41.5
巡逻艇	6	2.5	35	9	—	48
轻护卫舰	8	2	25	15	—	50
“厄瑞波斯”号（Erebus）	4.5	14.5	9	3	26	43

① 今人可能会认为前人过于关注稳定性的范围，而非初始进水角。后者指可使海水通过船体上永久性开口进入船体的最小侧倾角。当船体侧倾角度超过初始进水角时，显然扶正力矩已经失去实际意义。

② 凡事总有例外，参见第10章中所提及的利用这一方法设计装备6英寸（约合152毫米）火炮的浅水重炮舰时遇到的问题。

③ 不同标准下，载重排水量（Load Displacement）的定义有细微差别，但通常而言，这是指舰只满载，但仅装载一半燃料的情况。这与舰只投入战斗时的情形大致相仿。

④ d'Eyncourt papers, DEY 37. National Maritime Museum.

海军架构师们通常倾向于将舰只分为重量主导型设计，以及空间或布局主导型设计。人们通常会认为，由于装备沉重的炮塔和装甲，因此重量对设计的影响在战列舰上体现得最为明显。然而这一观念并不准确。下文将显示，对战列舰设计而言，上层甲板布局才是设计上影响最大的因素。这也在一定程度上解释了——若非仅仅是借口的话——装备12英寸（约合305毫米）主炮的无畏舰扭曲的布局方式。

时任海军军械总监（Director of Naval Ordnance, DNO）的杰里科[12]曾在菲利普·沃茨的帮助下完成一篇提及火炮布局的论文。该论文的提要参见附录1。其中提到：

> 由于高初速火炮的炮口风暴效应使各炮位置必须保持一定距离，因而主炮在舰上所能占据的位置也随之确定……仅从重量角度出发，舰上可以布置更多的主炮，但是上述各炮之间的空间要求实际上使大幅增加主炮数量的设想无法实现，因为这样会导致若干甚至全部主炮无法有效运作。增加主炮数量的唯一可能是大幅加长船体直至反常程度，如此才能在主炮之间留下相当的距离。①

① HM Ships Dreadnought and Invincible. Tweedmouth Papers, MoD Library.绝密，原文及副本共25份。

位于海斯拉的1号船模试验池。该实验池由威廉·傅汝德之子艾德蒙主持修建，1887年投入运营。在本书写作前不久，所有水面舰艇都在此接受测试。如今此地被重新布置为会计办公室［海军部实验工厂(Admiralty Experiment Works)收藏］。

相较于直观感觉，这一论述无疑具有更重大的意义。这说明海军建造总监将战列舰设计视为布局主导型而非重量主导型（引文中的“空间”实际上指代的是上层甲板长度）。

了解这一思路后，为满足设计的空间要求，设计的初始步骤便应该是绘制上层甲板布置草图，将设计要求规定的武器安置在适当位置，然后将其他重要结构尽量见缝插针地安置入剩余的上层甲板空间中，一如“无畏”号设计委员会当初考虑的各种方案。海军建造总监部门辖有一个规模不大的制模部门，在设计早期该部门负责制备简易模型——毕竟海务大臣们并不会审阅图样。所有舰艇的设计工作都面临着巨大的政治压力：由于舰艇每吨造价相对固定，因而舰艇排水量成为指示投标价格的可靠指标。如此一来，政府总要求尽可能压缩每艘舰艇的大小。①

需要布置在上层甲板的其他设施包括数量日趋增加的火控设备、桅杆、烟囱和小艇（详见第3章）。由于战列舰通常停靠在离岸较远的泊位而非直接停靠码头，因此小艇仍是舰上的重要设施，可供放假上岸的官兵在港口与所属舰只之间交通所用。此外，当时还认为在必要时可将较大的蒸汽艇改装为二级鱼雷艇或小型炮艇。对早期无畏舰（以及战列巡洋舰）而言，拥挤的布局无疑在相当程度上影响了它们的战斗力。毕竟，在当时布局下，火控桅楼的所在位置通常会被烟囱排出的烟气流或其他障碍所阻碍。这一缺陷可通过适当加长船体解决，但对战列舰而言，加长船体需要付出高昂的代价。由于船型的改善抵消了部分排水量增加的影响，因此达到相同最高航速所需的动力最多只能少许提高，但为实现巡航速度所需的马力必然会增加，这意味着需要消耗更多的燃料。更重要的是，如果艏艉炮塔之间的距离增加，那么装甲的重量会随之显著增加。此外，装甲本身同样造价不菲（每吨单价约92英镑），而拉长船体本身所导致的造价上升则更加高昂。

炮口风暴效应对布局有着重要影响，通常30磅/平方英尺（约合146.5千克/平方米）被普遍接受为最大可承受压强②。海军军械总监（杰里科）曾坚称应在主炮炮塔顶部设置开放的瞄准镜护罩，这一要求意味着无法使用背负式炮塔布局，而后者可减轻设计布局时的困难。诸如舰桥、火控桅楼等开放而又驻人的空间需要避开炮口风暴极限的影响。在设计“无畏”号时火控仍是一个较新的概念[13]，因此设计师对高温肮脏的煤烟给火控系统带来的影响并未有充分认识，这也导致早期舰只的所谓“作战桅楼”（Fighting Top）通常位于烟流下方。在设计“无畏”号期间，杰里科主持研究操作小艇这一课题的团队，他决定将主桅设于烟囱之间，以便布置小艇主吊杆。这一决定使导致火控桅楼直接位于烟流之中，进而不仅导致火控桅楼因桅杆过热而难以接近，而且导致桅楼的视野

① 由于造船厂也很清楚这一点，因此他们通常要求固定的每吨位造价。常人或许会觉得较大的舰艇其每吨造价较低，这倒是一个可应验的预言。

② 参见原作者所著Warrior to Dreadnought，伦敦，1997年。该书第189页上的图表显示了设计“无畏”号时所使用的炮口风暴范围曲线。

威廉·傅汝德设计的推进器功率计。直至20世纪30年代末期设计"马恩岛人"级（Manxman）布雷舰时仍在使用。虽然看似农械，但其精度令人满意。该设备利用皮带传动（海军部实验工厂收藏）。

被煤烟所阻碍。虽然在较矮的第二桅杆上设有副火控桅楼，但该设备几乎同样无法使用。

舰船大小和布局一旦确定，按比例计算船体、设备等系统重量便成为一项相对简单的工作。①参考傅汝德在其编纂的Iso K一书中列出的阻力数据，以及相应的推进型性能数据，设计师可以估测出所需动力以及动力系统的重量。当然，有时排水量在设计早期阶段便已确定，此时设计师必须进行调整，以便将各系统总重量限制在排水量规定范围内，并确保提供足够的浮力以保证水线位于预设位置。现存记录显示，在对各系统重量限制进行平衡以便实现排水量在规定范围内的过程中，装甲重量乃是优先考虑的指标，为此装甲的范围及其厚度均会接受调整。这一行为几乎成为设计师下意识的习惯。在需要对总排水量进行调整时，设计团队总是选择在增加或减少装甲上大做文章。根据选定的布局得到的排水量随后会与根据武器重量百分比得到的排水量进行对比，以确保数字有效。两者严重不符的情况通常意味着设计方案中存在某些错误。

曾任战列舰部门领导多年的阿特伍德（Attwood）曾谈及其早期设计之一"邓肯"级（Duncan）前无畏舰[14]的设计经验。他谈到当时为了追求较高的航速，"分配给防护的重量只允许安装7英寸（约合177.8毫米）装甲带"②。日后设计战列巡洋舰时选择较薄的装甲很可能是受类似思维的影响。

动力系统演进

轮机军官

直至1903年，随舰一同出海的海军轮机人员依然没有军衔。严格按照条例而言，他们身着的也是平民制服。当年3月轮机人员首次获得海军军衔，但作为非指挥军官，他们依然无权指挥舰艇，而且在其制服衣袖上也没有执行军官所特有的螺旋图案。表1-3列出了部分新旧头衔：

表1-3：新旧头衔对比

旧头衔	新军衔
机器总监察长	轮机少将
机器监察长	轮机上校
舰队工程师	轮机中校
主管工程师、主任工程师、工程师	轮机上尉

① 由于几乎每年都开展新设计，因此按比例计算重量的精度稳步提高。每级舰艇中均有至少一艘根据比例对重量进行细节计算，即对日后将安装在舰上的各部分均独立计算重量，并记录其位置，从而在建造完成后各部分重量及其重心可与设计时的估计值进行比对，从而可对模型进行优化以供后续设计时使用。

② E L Attwood, Warships -A Text Book (London 1910), p157.

某艘无畏舰上的动力系统控制台，图中可见各种调节阀和压力计。该舰可能是“猎户座”号[转引自海军轮机学报（Journal of Naval Engineering）]。

1902年12月海军部公开了在日后被称为“塞尔伯恩—费舍尔体制”（Selborner–Fisher Scheme）[15]的改革方案。该方案规定，指挥、轮机、皇家海军陆战队的候补军官统一在12~13岁时招募，直至20岁获得中尉军衔后再区分为三个部门。所有部门出身的军官一律享有平等的晋升为将官的机会。轮机军官以其军衔后的（E）缩写区分，其制服上饰以紫色条纹，并可获得执行军官所特有的螺旋图案。①直至1914年以原方式加入海军的轮机军官才获得相同的制服标识。

涡轮机（透平）

安装在“无畏”号和其他早期英国涡轮动力战舰上的涡轮由帕森斯公司生产。虽然该公司的涡轮机表现令人满意，但是其他国家也在生产竞品。帕森斯公司出产的早期型号涡轮为“反动式”设计，其叶片形状特殊，相邻两叶片实际可看作一个喷嘴。蒸汽在通过上述喷嘴的过程中膨胀，由此导致的压力差反作用于叶片，从而推动转子转动。②瑞典的德拉瓦尔（De Laval）和美国的寇蒂斯先后于1889年和1896年申请了“冲力式”涡轮机专利，该种涡轮机的工作原理则有所不同。③该设计中蒸汽经由固定的喷嘴膨胀，在此过程中其压强降低、速度提高。高速蒸汽此后冲击固定在转子上的叶片，其工作方式与水轮类似。

① 笔者在1949年加入德文波特造船厂（Devonport Dockyard）时，该厂的工程经理便是一位轮机少将。据称他是海军中最后一位拥有过“工程师”头衔的人。此后的年轻军官们则仅在其军衔后加上一个小E。

② D Griffiths, Steam at Sea (London 1997), Ch 11.

③ 此外，拉托（Rateau）在法国也申请过“冲力式”涡轮机专利。兹里（Zoelly）则于1899年在德国申请了复合涡轮机专利。

两种涡轮机通常都包括若干段叶栅。

1905年5月美国海军订购了3艘巡洋舰，其动力系统各不相同。其中“伯明翰”号（Birmingham）装备三胀式蒸汽机［活塞运动最高速度为每分钟1200英尺（约合305米）］。“塞勒姆”号（Salem）装备寇蒂斯式涡轮机，“切斯特”号（Chester）装备帕森斯式涡轮机。①三舰设计指标均为以2.4万匹马力达到24节航速。完工后各舰在4小时试航中达到的速度分别为：②

- “伯明翰”号：24.3节；
- “切斯特”号：26.5节；
- “塞勒姆”号：25.9节。

由测试结果可得出的大致结论是：对比帕森斯式涡轮机和寇蒂斯式涡轮机，三胀式蒸汽机在航速分别不超过20节（对比帕森斯式）和21节（对比寇蒂斯式）时更为经济。帕森斯式涡轮机的过载能力稍高于寇蒂斯式涡轮机，但两种涡轮机均不仅在这一指标上明显优于三胀式蒸汽机，而且在可靠性这一指标上大幅领先。此后不久，约翰·布朗公司购得许可证，开始生产寇蒂斯式涡轮机。当时认为寇蒂斯式涡轮机的优势在于使用过热蒸汽，对零配件的公差要求相对较低③，以及轮机舱布局较为简单。虽然燃油和蒸汽的泄漏仍不可避免，但与安装三胀式蒸汽机的轮机舱相比，安装涡轮机的轮机舱无疑要整洁得多。不过，当时已知压力润滑技术可以极大地提高往复式动力机的可靠性[16]。

约翰·布朗公司首先在克莱德班克（Clydebank）的岸上制造并组装了一具布朗—寇蒂斯涡轮机，并对其进行了测试。到场观摩测试的人员中包括皇家海军总工程师派出的军官。由于测试结果令人满意，因此该型涡轮机先后于1909年和1910年被安装在驱逐舰“活泼”号（Brisk）和巡洋舰“布里斯托尔”号（Bristol）上[17]。其中“布里斯托尔”号上设有两座独立的轮机舱，分别驱动一根独立的推进轴，这一布局迥异于安装帕森斯式涡轮机的设计，后者设有四根推进轴。该舰的设计指标为以2.2万匹马力达到25节航速，但在试航中该舰取得了以24227匹马力达到26.84节航速的成绩。据称该舰的管道和阀门布局较使用帕森斯式涡轮机的设计简单得多。次年“雅茅斯”号（Yarmouth）巡洋舰和5艘 “冥河”级驱逐舰均安装了布朗—寇蒂斯涡轮机。④至第一次世界大战结束，共有至少250艘驱逐舰、22艘巡洋舰、7艘主力舰和12艘K级潜艇安装了布朗—寇蒂斯涡轮机。作为回应，帕森斯公司推出了“冲力式”与“反动式”复合涡轮机设计，其效率可提高约7%。

油类燃料的引入

虽然有关这一时期的大部分研究都提到海军引入油类燃料，但详细分析该种燃料优点的研究却很少，而描述皇家海军工程师在率先将油类燃料引入海

① E C Smith, A Short History of Naval and Marine Engineering (Cambridge 1937), p290.
② 上述速度均根据航行日志推算，因此可能并不十分可靠。
③ 最为明显的是，寇蒂斯式涡轮机对叶片游隙的要求不如帕森斯式涡轮机严格。K T Rowland, Steam at Sea (Newton Abbot 1970), Ch 6.
④ 分别由雅罗公司和约翰·布朗公司生产。

军的过程中所克服的种种难题的材料一直是空白①。油类燃料的部分优点显而易见，例如燃油的装载、储存和向锅炉供给均较为方便（因此减少了所需司炉数量），但在当时油类燃料的一些缺点似乎更为重要。这些缺点包括有限的供应源、较高的单价以及早期锅炉蒸发率较低等问题。此外，对很多舰只而言，煤舱乃是其防护体系的有效组成部分。②油类燃料如今被普遍接受的两项优势在早期则被视为劣势。油料的热值大约为每磅1.9万英热单位（约合每克44.1千焦），相较于顶级威尔士煤每磅1.45万英热单位（约合每克33.7千焦）的热值本应具有明显优势，然而当时由于技术所限，燃烧不充分，因此燃油热值上的优势在实际使用中无从体现。此外，燃烧不充分还导致早期的燃油船只烟尘很重。直至19世纪90年代末，就"引入油类燃料"这一课题，皇家海军仍满足于在进行少量试验的同时密切关注其他领域燃油技术的发展这一态度。

截至1898年，大东方铁路公司（the Great Eastern Railway）[18]在霍尔登式燃烧器（Holden Burners）的使用上获得一定成功，这促使皇家海军在驱逐舰"乖戾"号（Surly）上安装了试验性燃油锅炉，并配备了霍尔登式及鲁斯登—伊莱斯式（Rusden & Eeles Burners）两种燃烧器。1898—1899年间进行的试验结果令人失望，在生成大量黑烟前生成的蒸汽量仅占理论全部可生成蒸汽量的50%，且每磅燃油仅能生成8.8磅（约合4千克）蒸汽，而每磅煤能生成10.7磅（约合4.86千克）蒸汽。1901年海军使用两家公司改进后的燃烧器进行了进一步试验，但其结果较上一次仅有细微改善。

进入20世纪后，燃油设备的研发被赋予较高的优先级。德文波特造船厂安装了若干锅炉，专门用于测试各种燃烧设备③。1902年针对燃烧器进行了一系列试验，参与试验的燃烧器不仅包括与安装在"乖戾"号上相同的种类，而且包括后续经过修改以改善燃烧效率的型号。这一次试验结果有所改善，海军随后对三艘战舰进行了改装，将各舰的部分锅炉改为燃油。其中战列舰"火星"号（Mars）和"汉尼拔"号（Hannibal）[20]各自原有的8个锅炉中均有2个被改为燃油，另各有1个被改为煤油混烧。巡洋舰"贝德福德"号（Bedford）[21]所有的前部锅炉均被改为燃油，接受改造的锅炉数量约占锅炉总数的四分之一。

1902年海军还利用"乖戾"号进行了一系列其他试验，其对象包括克莫德（Kermode）和沃德（Order）两种燃烧系统。前者利用压缩热空气喷射燃油，试验结果为在输出功率为满功率的91%时，每磅（约合0.454千克）燃油可生成12.2磅（约合5.53千克）蒸汽。这一结果颇令人侧目。后者则利用高温蒸汽实现燃油的汽化和喷射，不过其试验结果稍逊。

同年，海军还在海斯拉炮艇厂（Haslar Gunboat Yard）建立了一座试验车间④，其具体位置与傅汝德建立的船模试验池相邻⑤。该车间内设有一座试验性砖衬砌熔

① 本段内容基于Journal of Naval Engineering历任编辑们提供的相关材料，原作者在此深表谢意。

② 2英尺（约合610毫米）厚的煤层提供的防护能力大致相当于1英寸（约合25.4毫米）厚的钢板。此外，即使在进水的情况下，满载的煤舱也可保持大部分浮力和稳定性（引自阿特伍德）。

③ 包括一具诺曼德型锅炉［Normand boiler，与安装在三等防护巡洋舰"布隆德"号（Blonde）上的型号相同］、一具贝尔维尔型锅炉（Belleville Boiler）、一具圆筒型锅炉，以及从二等巡洋舰"圣文德"号（Bonaventure）上拆下的两座圆筒型锅炉。[19]

④ 该设施通常被称为海军部燃料试验站（Admiralty Fuel Experimental Station, AFES）。

⑤ 即海军试验工厂（Admiralty Experimental Works, AFES）.

炉和两座小型水管锅炉①。引入开槽圆锥体喷嘴后，空气和燃油喷雾的混合效果大为改善，从而使高燃烧率成为可能。这不但使燃油的经济性大大提高，而且显著消除了燃烧产生的烟云。从1903年起，向轮机部门官兵们提供的训练也涵盖了燃油相关内容。

同样在1903年，海军对战列舰“苏丹”号（Sultan）[22]的2个锅炉进行改装，使其可使用由燃油与不同种类的煤构成的混合燃料，沥青和无烟煤也在混合原料之中。根据在该舰上获得的试验结果，“火星”号、“汉尼拔”号和“贝德福德”号上所有的试验性燃油锅炉均被改为使用煤油混合燃料。在海斯拉还进行了若干其他试验②，但其结果均不甚成功。改进后的克莫德燃烧系统也曾安装在“乖戾”号上进行试验。虽然此次试验结果较此前改善明显，但随着结构更简单的“压力燃烧”系统试验成功，克莫德燃烧系统依然被海军所放弃。在“压力燃烧”系统中，燃油在压力下通过一特制喷嘴，并在开槽圆锥体中与空气混合。由于这一过程中无需复杂的蒸汽或压缩空气，因此整个结构更为简单。该系统先后于1902年和1903年在“乖戾”号和其姊妹舰“恶意”号（Spiteful）上进行试验，之后在“苏丹”号和德文波特进行的试验同样顺利。1904年，海军部决定在所有战列舰和巡洋舰上安装燃油动力系统，作为燃煤动力系统的辅助。1905年设计的驱逐舰则全部只使用油料作为燃料。此后梅尔罗斯代表海军部申请秘密专利，其内容涵盖燃油锅炉系统的主要特点③。此后海军又在海斯拉安装了五座锅炉，并在其开始运作后关闭了位于德文波特的试验所④。与此同时，“乖戾”号和“苏丹”号上的试验仍在继续。

1904年9月至1905年1月间，完全使用燃油的“恶意”号与其使用燃煤的姊妹舰“皮特里尔”号（Peterel）进行了一系列比较试验，部分结果如表1-4所示。

表1-4：“恶意”号与“皮特里尔”号的对比

试验条件	“恶意”号		“皮特里尔”号	
	航速（节）	每小时油耗（吨）	航速（节）	每小时煤耗（吨）
各使用两座锅炉，最大轴马力	22.4	2.17	20.6	2.262
朴次茅斯至普利茅斯（Plymouth），各使用两座锅炉	21.8	2.52	19.5	2.47
绕怀特岛航行（Isle of Wight），各使用两座锅炉	22.3	2.7	21.4	2.5
绕怀特岛航行，各使用一座锅炉	18.9	1.28	19.0	1.97

与数据相比更重要的是，“恶意”号仅需要3名水兵在锅炉舱中操作，而“皮特里尔”号需要6名。1905年还在陆上与“乖戾”号上对封闭通风管式强制排风系统进行了测试，结果发现其操作不如封闭生火间式强制排风系统便利。

① 两座均为舢板锅炉，一座为怀特—福斯特型（White-Forster），一座为芒福德型（Mumford）。
② 例如克拉克森 & 查普尔（Clarkson & Chapel）系统和梅（May）系统。
③ 杰姆斯·梅尔罗斯（James Melrose）时任轮机总监察，其助手为轮机中校乔治·弗赖尔（George Fryer）。
④ 5座锅炉分别为巴布科克—威尔科特斯型锅炉（Babcock & Wilcox）、雅罗大管径型锅炉、贝尔维尔型锅炉、雅罗小管径型锅炉和托尼克罗夫特小管径型锅炉。

这主要是因为前一设计中人员接触喷雾器与圆锥体较为困难。“火星”号、“汉尼拔”号此后再次接受改装，其燃烧系统由蒸汽喷雾式改为压力式。此外还有若干艘舰艇改装了类似的压力式燃烧系统，以便在煤上燃烧燃油，其结果颇令人满意。①1905年11月海军部指定3名轮机军官加入舰队，专门负责与燃油相关的问题。

1905年造舰计划中，首批海岸驱逐舰被称作“油团”，并于1906年完工。它们装备的锅炉在测试中表现良好，每磅（约合0.454千克）燃油平均可生成14.58磅（约合6.61千克）蒸汽。然而出海航行后，各舰暴露出一系列磨合问题，其中最为明显的是发生在圆锥体内的空气速燃现象。此外还发现在冷油条件下生火会生成过量烟气。得益于海斯拉研究所的不懈工作以及在“乖戾”号上的试验验证，上述问题逐步得到解决。航行中燃油补给于1906年首次进行，当时战列舰“胜利”号（Victorious）[24]拖曳一艘油轮航行，输油管由拖曳缆索支撑。②[25]

燃油设施的改进使得装备煤油设备的舰只也可以纯以燃油为燃料，但仅燃油条件下的输出功率仅为满功率的60%。随着技术的继续发展，第一份有关燃油的正式指令于1908年2月颁布，其修订版则于1910年8月颁布。虽然燃油已经被广泛接受，但仍有一些小问题亟待解决。例如从火车车皮上卸载浓稠且低温的油料这一问题（最终通过向车厢内吹入压缩空气的方式得以解决）。1908年海军还就灭火进行了研究，其结论为最佳灭火方案为大量使用海水。此外海军还就漂浮在水面上的油料在何种条件下方会起火进行了若干试验。1908年4月29日“不列颠尼亚”号（Britannia）[26]在以煤块上洒上燃油的方式进行混烧时锅炉发生爆炸，但在海斯拉进行的试验显示造成这一事故的原因是锅炉给水不足，燃油本身对此事故并无影响。

由于各补给站燃油储存不足，因此海军部只能勉强同意将1908年造舰计划中的16艘“小猎犬”级（Beagle）驱逐舰设计为燃煤。该级舰每磅（约合0.454千克）燃煤仅能生成9.8磅（约合4.45千克）蒸汽，远逊于燃油舰只每磅（约合0.454千克）燃油生成14.6~15.2磅（约合6.62~6.89千克）蒸汽的成绩。至此燃油终于被正式接受，而此前被指定承担特殊职责的3个军官岗位也于1908年底被撤销。至1911年海军部建立起了足够的燃油储存港，以备整个舰队之需。

为了保证即使在冷油状态下也可将燃油泵入，1908年海军部规定了可接受的燃油最大黏性标准：使用雷氏黏度计在32华氏度（约合0摄氏度）条件下测量值为1万秒[27]。1909年在TB1号鱼雷艇③上对新式通风管进行的测试取得了令人满意的结果，该通风管很快便在海军中普及，至1911年海军各舰普遍使用了该设备。1910年本土舰队（Home Fleet）指挥官要求去除对使用燃油的所有限制，其理由为：

① 这些舰只包括战列舰“乔治亲王”号（Prince George），装甲巡洋舰“阿盖尔郡”号（Argyll）、“黑王子”号（Black Prince）、“爱丁堡公爵”号（Duke of Edinburgh）和战列舰“英王爱德华七世”号（King Edward Ⅶ）。[23]

② 1914年《简氏年鉴》（Jane's）上的广告版刊登过一张当时的照片。

③ 为一艘重新编号的海岸驱逐舰。

由于与煤相比燃油的补给较为方便和快捷（且对人力需求颇低），因此扩大燃油的使用范围自然会减少对煤的需求，从而节省大量出海时消耗在发火、平衡存煤以及入港时消耗在加煤工作上的时间和人力。使用油类燃料还极大地减少了燃煤时的发烟，同时燃油的持续使用在相当程度上消除了以燃油生火以及突然提速时产生的浓烟。

对驱逐舰而言，燃油的使用极大地增加了在相同锅炉舱面积条件下可获得的动力，同时燃料消耗量也明显降低。表1-5对比了燃煤的“小猎犬”号与燃油的“防御者”号（Defender）的性能差异。两舰马力相同，性能类似。

表1-5：“小猎犬”号（燃煤）与“防御者”号（燃油）的对比

	“小猎犬”号（燃煤）	“防御者”号（燃油）
锅炉面积	**26000平方英尺（约2415.5平方米）**	**19000平方英尺（约1765.2平方米）**
锅炉舱重量	187吨	142吨
锅炉舱长度	92英尺（约28米）	61英尺（约18.6米）
轮机总重	345吨	300吨
舰长	270英尺（约82.3米）	240英尺（约73.2米）
燃料重量	225吨	175吨
续航能力（实际）*	2200海里（15节）	2600海里（13节）
轮机舱和锅炉舱额定人员	58人	24人
实际航速（标准航速27节）	27.2节	28.5节
造价	10.6万英镑	8.3万英镑

注*：“小猎犬”级设计指标为以15节航速航行时续航能力为1500海里，“防御者”号则为以13节航速航行时续航能力为2000海里（与以15节航速航行时续航能力为1500海里的要求相当）。

在“防御者”号上取用各油槽内储存的燃油均无困难，但在“小猎犬”号上取用某个煤舱深处的燃煤颇为繁琐。此外，“防御者”号的动力系统总能轻易达到满功率并长期保持运行，而燃煤驱逐舰即使在试验条件下也难以取得相当的表现，这还须考虑到演习时功率变换相对简单。燃油系统可以更方便有效地控制烟尘及蒸汽输出，在必要时还可控制锅炉输出极高功率直至燃料耗尽，整个过程不仅无须通知司炉，而且不必排除煤灰和泥土。海军对后续驱逐舰的动力要求更高［例如列入1911—1912年造舰计划中的“阿卡斯塔”级（Acasta）驱逐舰］，这一要求只能通过燃油实现。为获得2.45万匹轴马力，须为这些驱逐舰设计77英尺（约合23.5米）长的锅炉舱，以及2.7万平方英尺（约合2508.4平方米）的加热面积。

燃油也自有其缺点：燃油的价格更高，且在面对炮火攻击时无法为舰船提供防护，不过日后燃油构成了舰艇鱼雷防御体系的一部分；舰上的储油量无法临时增加，而燃煤可通过装载袋装煤块的方式临时增加；最后，燃油所面临的着火风险更高。

1912年海军大臣（丘吉尔）建立了以费舍尔海军上将为首的“皇家燃料与轮机委员会”（Royal Commission on Fuel and Engines），专门就“燃油供应”这一课题提出建议。该委员会由一群卓越的海军军官和工程师组成①，其中包括菲利普·沃茨和亨利·奥拉姆爵士。②委员会建议各储油点应保持相当于平时4年消耗量的储备，同时油槽容量应在此基础上保持30%的冗余。1913年委员会又建议战争储备应从3个月消耗量增至6个月消耗量，但由于资金不足这一建议无法实现。[28]

委员会名称中的“轮机”一词乃是在费舍尔的坚持下加入的。上将对此执着的原因在于他一直梦想能设计出一艘以柴油机为动力且无烟囱的高速战列舰。然而当时的柴油机技术水平有限，甚至不足以驱动一艘驱逐舰（详见第5章）。[29]更令人惊讶的是，费舍尔甚至要求开发燃气轮机。但查尔斯·帕森斯爵士(Sir Charles Parsons)声称：“我不认为内燃机会有在船舶上大规模运用的可能。至于内燃涡轮机则完全不可能运用。”③

该委员会1912年11月发布的报告总结称：与燃煤或煤油混烧相比，燃油能实现更高的航速、更大的作战半径，以及更快和更便捷的燃料补给。司炉的数量可削减55%，且产生蒸汽的速度更快，甚至可能节省造船成本。由于燃油轮机需要的轮机人员数量更少，且其养护和维修工作量较低，因此其运行成本较低。总而言之，较低的造船成本和运行成本构成了支持燃油的主要论据。实际

① R F Mackay, Fisher of Kilverstone (Oxford 1973), p439.

② 纳贝斯（J H Narbeth）乃是委员会秘书之一，参见'Fifty Years of Naval Progress', The Shipbuilder (1927)。

③ 阿瑟·克拉克（Arthur C Clarks）曾这样描述他的第一定律：“如果一位中年科学家或工程师声称某事可能，那么他很可能是对的。反之，如果他声称某事绝不可能，那么他很可能是错的。”如果帕森斯曾声称用当时的材料无法实现，那么他倒或许是对的。正如在引擎演化的历史上经常发生的那样，燃汽轮机能否实现取决于更佳材料能否问世。

最后一级燃煤驱逐舰“小猎犬”号。当时世界上仍有部分区域燃油供应稀缺——例如地中海——但这一选择并非是针对上述状况的反应[世界船舶学会（World Ship Society）收藏]。

上，在对上述因素的论证中还隐藏着若干重要的技术要点，例如由于手烧燃煤锅炉的格栅宽度无法超过7.5英尺（约合2.29米），因此为取得一定输出功率需要较多数量的锅炉。反之，燃油锅炉的格栅则可宽达30英尺（约合9.14米），因而可显著降低锅炉舱长度，从而有利于设计分舱。

1910年发布的油类燃料标准中提出燃油的闪点应不低于200华氏度（约合93摄氏度），含硫量应不超过0.75%。上述要求大大限制了供应商数量，不过1913年发布的新标准放宽了要求，最低闪点下降为175华氏度（约合79.4摄氏度），含硫量上限则升高至3%，这自然大大增加了潜在供应商数量。为了降低因过于依赖海外供应商而导致的潜在风险，英国政府更是于1914年购买了英伊石油公司（Anglo-Persian Oil Ltd）51%的股份。[30]

在海军中全面推进引入燃油燃料的最后一步则体现在"伊丽莎白女王"级战列舰（纳入1912年造舰计划）的设计上。海军部最终决定该级快速战列舰应只使用燃油作为燃料。皇家海军由此再次在技术方面领先了全世界，不过这一次皇家海军较美国海军的领先仅仅维持了数天——"伊丽莎白女王"号与"俄克拉荷马"号（Oklahoma）战列舰的订购日期非常接近[31]。凭借黑海地区的石油资源，俄国海军更早地在该地区使用燃油燃料。德国海军的进展则落后较多，即使其战时完成的最后一艘战列舰"巴登"号（Baden）也同时使用燃油和燃煤锅炉。

齿轮减速涡轮机

所有早期安装上舰的涡轮机都面临一个共同的问题：为追求效率，涡轮须以较高转速（以每分钟转速即rpm为单位）工作，而推进器在较低转速下表现更好。①在两者之间进行妥协则意味着两者都无法取得最优效率。因此显然需要某种形式的转换，使在满足涡轮高速旋转工作条件的同时能满足推进器低速旋转的工作条件。然而最初这种转换并不存在。设计齿轮或齿轮组传导并转换高功率并非易事，其研发演进需要相当长的时间才足够成熟。帕森斯对这一问题早有预见，并于1897年建造了一艘配备齿轮减速涡轮机的小型汽艇"夏米安"号（Charmian）②。

12年后，帕森斯又收购了货船"维斯帕先"号（Vespasian）以供试验之用。该轮建于1887年，其主机为三胀式蒸汽机，工作压强为每平方英寸145磅（约合1兆帕）。为提供可靠的参照数据，帕森斯公司首先翻新了锅炉，然后又用一个齿轮减速涡轮单元取代了原有的主机，原有锅炉、艉轴和推进器则得以保留。齿轮减速涡轮单元包括并排安装的高压（HP）和低压（HP）涡轮，两涡轮共同驱动齿轮减速箱，从而使转速从涡轮端的1700转每分转变为推进器端的

① 现代护卫舰装备的推进器在每分钟435转时效率为0.62，每分钟210转时效率为0.72。

② Smith, A Short History of Naval and Marine Engineering, eh 18.

74转每分。包括齿轮箱在内，整个涡轮单元总重为75吨，而原三胀式蒸汽机重100吨。改装后该轮极速提升9.5节，达11节，同时煤消耗量也下降了15%。

安装在“维斯帕先”号上的齿轮组由英国动力公司（Power Plant Company）这一专业公司特制，在“维斯帕先”号上共运转了4年，此后被拆下安装至其他船只，在此期间其表现总体令人满意。不过帕森斯此后发现，受当时切削技术水平的限制，在使用手头机械对后续齿轮进行切削加工时会产生较大的节距误差。他最终开发出一套独特的切削工艺，且取得了满意的成效。

1911年海军部订购了驱逐舰“獾”号（Badger）和“海狸”号（Beaver），两舰的涡轮单元构成如下：一具输出功率为3000匹轴马力的高压齿轮减速涡轮，一具直接驱动传动轴的低压涡轮。齿轮组中主齿轮为双螺旋齿圆柱齿轮，共207齿，与其咬合的小齿轮由镍钢制成，齿数分别为41和62。考虑到受热膨胀的影响，两小齿轮之间还使用了特殊的耦合方式。①

1912年两舰即将完工时，海军部又订购了装备全齿轮减速涡轮的驱逐舰“莱奥尼达斯”号（Leonidas）和“路西华”号（Lucifer）。②帕森斯提议的转速组合如下：低压涡轮每分钟1800转，高压涡轮每分钟3000转，推进器每分钟380转。预期该套组合在总体效率上可较涡轮机直接驱动推进器的组合提高10%，这也意味着为获得相同的速度，使用该套组合的驱逐舰仅需2.25万匹轴马力，而装备涡轮机直接驱动单元的驱逐舰需2.45万匹轴马力，因此两种驱逐舰造价相当[32]。与装备涡轮机直接驱动单元的驱逐舰相比，两舰在满功率下燃油经济性可提高9%，在低功率下则可提高26%。不过，两舰的合同造价实际较同级大部分姊妹舰高5%，但仍非姊妹舰中最昂贵者。③

帕森斯和海军部［其代表为古道尔（S V Goodall）］曾就推进器几何形状进行过友好辩论。当时已经知道桨叶面积较小的推进器在低速下效率最高，在高速下会发生严重的空腔化效应④，导致效率下降，因此在此条件下更大面积的桨叶表现更好[33]。不过当时还没有可靠的理论或实践基础可作为某一舰只专门设计推进器的指导。最终海军部决定索性制造两套推进器，其中按帕森斯构想制造的推进器桨叶面积54平方英尺（约合5.02平方米），按海军部意见制造的则为42.5平方英尺（约合3.95平方米），两螺旋桨直径和桨距[34]完全相同。虽然由于战争爆发无法进行进一步试验，但在“莱奥尼达斯”号上进行的试验大体证明了齿轮减速涡轮可以提高效率的论断，因此海军部很快在所有驱逐舰上均安装了该设备。“莱奥尼达斯”号在1098吨排水量条件下以2.3125万匹轴马力达到30.7节航速，由此成为同级舰中最快的舰只之一，值得注意的是不仅该舰轴马力在同级舰试航条件中最低，而且其排水量是同级各舰试航时最重的。

① “獾”号的右舷齿轮组被收藏在科学博物馆（Science Museum）船用主机部门下，其编号为Inv1929-670。

② 齿轮减速涡轮由帕森斯制造，但船体由帕尔默斯船厂制造。

③ 10.42万英镑。

④ 空腔化指水在推进器桨叶前部的低压区呈类似沸腾的形态。液体空腔化不仅会导致推力损失、损伤桨叶，而且会产生明显的噪音。

后期驱逐舰——M级和R级

一战期间海军部决定未来建造的所有驱逐舰均应安装齿轮减速涡轮（海军部更偏好采用布朗—寇蒂斯型），由此设计的驱逐舰被称为R级。与稍早的M级相比，除后者未装备减速齿轮外，其他设计均非常相似。海军利用驱逐舰“诺曼”号（Norman）与“罗慕拉”号（Romola）进行了一系列细致的对比试验。前者装有3具推进器，其中两侧的推进轴与巡航用齿轮减速涡轮相连，中央推进轴则直接与涡轮相连。后者仅装备2具推进器，且均与齿轮减速涡轮相连。在18节航速下，“罗慕拉”号平均每吨燃油航程为8.2海里，而“诺曼”号仅为7海里（低15%）。在25节航速下两舰上述指标分别为3.88海里和2.8海里（后者低28%）。以上数据的重要性毋庸置疑。这意味着在18节航速下R级驱逐舰的航程要多775英里（约合673海里）（续航能力多约43小时，接近两天）。

巡洋舰

海军部在1913年造舰计划中列入8艘轻巡洋舰。鉴于早先的“林仙”级（Arethusa）未能达到要求的30节航速（尽管这一结果并不使人感到意外），海军建造总监遂建议采用齿轮减速涡轮以提高推进效率。由于当时齿轮减速涡轮技术未经充分验证，因此海军部认为在整级全部8艘巡洋舰上均采用该技术风险太高，但同意在其中两艘上采用。这便是“史诗女神”号（Calliope）与“冠军”号（Champion），但两舰的轮机设计并不相同。

“冠军”号由霍索恩—莱斯利公司（Hawthorn Leslie）承建，该公司提议使用双推进轴设计，其中左舷推进轴由后部轮机舱驱动。起初公司估计通过获得较高效率，可在将锅炉的安装功率降至3.75万匹马力的同时仅安装6座锅炉，从而将锅炉舱长度减短14英尺（约合4.27米）。此后该公司又提议对锅炉进行修改，通过在重量上付出8吨的代价将总功率提升至4万匹轴马力，这正是采用涡轮机直接驱动单元的其他舰只的设计功率。此后巡航涡轮的引入又增加了32吨重量，导致整个动力系统重795吨，推进器转速为每分钟340转。

巡洋舰“卡罗琳”号（Caroline）的涡轮机，摄于1998年（作者本人收藏）。

“史诗女神”号则由查塔姆造船厂建造，其动力系统包括4个推进轴，轴马力为3.75万匹，推进器转速为每分钟480转，由帕森斯公司制造。该级舰中首艘装备涡轮机直接驱动单元的“卡罗琳”号于1914年12月接受试航，“冠军”号则于一年后进行试航。表1-6比较了同级若干舰只的试航成绩，其中“史诗女神”号使用的是非官方数据。

表1-6：“卡罗琳”号与“冠军”号试航数据对比

	排水量（吨）	轴马力	航速（节）	满功率运行下每日油耗（吨）
“卡罗琳”号	3822	41020	29+	550
“冠军”号	3850	41188	29.5	470
“冠军”号	—	31148	28.2	—
“史诗女神”号	?	30917	28	420

注意低功率下“史诗女神”号的数据与“冠军”号相当接近，但由于前者的安装功率低于后者，因此其航速可能不会超过28.5节。[1]上述比较无疑再次清晰地证明了齿轮减速涡轮的优势，因此海军在以后的所有舰只上都尽可能地使用这一设计。值得注意的是，虽然在第一次世界大战期间建造过相当多套齿轮减速涡轮，但在第二次世界大战期间绝大多数护航舰只只能使用三胀式蒸汽机。

推力轴承

在直接驱动推进轴的设计中，直接作用于涡轮扇叶上的蒸汽压力反冲了对主轴的大部分冲力，但在齿轮减速涡轮设计中，冲力直接由齿轮箱之后的轴承轴心承担。幸运的是，对此问题的解决方案在问题本身变得严峻前便已提出。澳大利亚工程师米歇尔（Michell）设计了一种推力轴承，其核心技术为针对压力进行润滑的衬垫。[2]米歇尔式轴承的摩擦系数仅为0.0015，而老式多轴环式轴承的摩擦系数为0.03。此外，两种轴承能承受的最大压强分别为每平方英寸200~300磅（约合1.38~2.07兆帕）和50磅（约合0.34兆帕）。米歇尔式轴承最早是使用在跨海峡汽船“巴黎”号（Paris）上，此后又在“莱奥尼达斯”号上安装。战列巡洋舰“胡德”号（Hood）推进轴直径为24英寸（约合0.61米），每根推进轴传送的功率为3.6万匹轴马力。其单轴环直径为4英尺6英寸（约合1.37米），厚度为7.5英寸（约合0.19米）。轴承的垫圈面积为1176平方英寸（约合0.759平方米），满功率下可承受的最大压强为每平方英寸200磅（约合1.38兆帕）。如果没有米歇尔式轴承，那么齿轮传动几乎不可能实现。[3]在历史上，工程技术的进步取决于某一子组件的类似例子比比皆是。

液压传动

德国工程师傅廷格（Föttinger）博士发明的液压传动系统不仅被广泛运用在德

① A Raven and J Roberts, British Cruisers of World War II (London 1980), p44.
② Smith, A Short History of Naval and Marine Engineering, p397.
③ 金斯伯里（Kingsbury）也在美国独立发明了类似轴承。

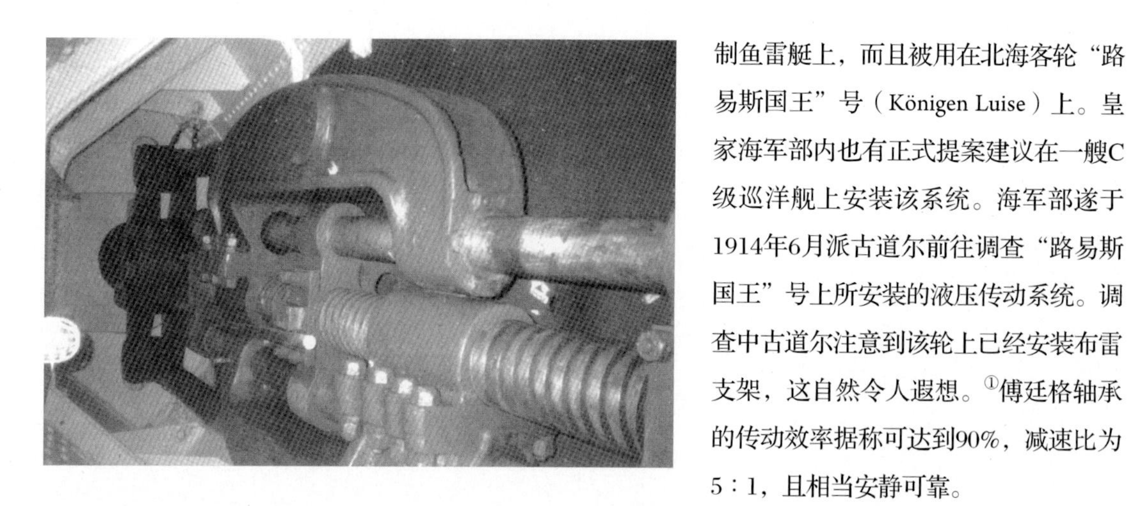

巡洋舰“卡罗琳”号(Caroline)的转向机构，摄于1998年(作者本人收藏)。

制鱼雷艇上，而且被用在北海客轮“路易斯国王”号（Königen Luise）上。皇家海军部内也有正式提案建议在一艘C级巡洋舰上安装该系统。海军部遂于1914年6月派古道尔前往调查“路易斯国王”号上所安装的液压传动系统。调查中古道尔注意到该轮上已经安装布雷支架，这自然令人遐想。[①]傅廷格轴承的传动效率据称可达到90%，减速比为5∶1，且相当安静可靠。

锅炉

锅炉的主要问题集中在大管径锅炉上。1904年锅炉委员会推荐使用该种锅炉。[②]这一决定的影响从表1-7英德战列巡洋舰“虎”号（Tiger）和“兴登堡”号（Hindenburg）的对比中可以窥见。后者装备的是基于英国设计生产的托尼克罗夫特—舒尔茨型锅炉（Thornycroft-Schultz）。

根据1916年“胡德”号最早两个设计方案的对比结果也能得到类似结论。与使用大管径锅炉的设计方案相比，使用小管径锅炉的设计方案排水量轻3500吨，舰体长度也要短45英尺（约合13.72米）。这说明缩小锅炉舱大小可导致船体其他部分进一步缩减，同时可缩短需施加装甲防护部位的长度。1904年报告认为大管径锅炉更为可靠，养护工作也更为简单。很难确定这一结论在当时是否正确，即使正确也并不意味着几年之后这一结论仍能成立。此后几年中轴承和燃油的引入可导致舰只重量进一步缩减，但如本书所述，虽然总工程师在上述方面表现得颇为进步，但是更早地将这类技术引入主要舰只无疑是草率的决定。[③]

① 该轮完成布雷任务后于1914年8月6日沉没。其敷设的水雷击沉了侦察巡洋舰“安菲翁”号（Amphion）。[35]

② 参见原作者所著Warrior to Dreadnought，第165页。

③ 在“虎”号的设计过程中，曾就是否采用全燃油设计方案进行过探讨，但这一设想最终未被采纳。

表1-7：“虎”号与“兴登堡”号轮机数据对比

	排水量（吨）	轴马力	锅炉舱面积	轮机舱面积	最大空间	轮机重量	功重比（轴马力/吨）
“虎”号	28500	85000	11900平方英尺（1105.5平方米）	6970平方英尺（647.5平方米）	76400立方英尺（2163.4立方米）	5900英担（299.7吨）	14.4
“兴登堡”号	26513	72000	9480平方英尺（880.7平方米）	5110平方英尺（474.7平方米）	36000立方英尺（1019.4立方米）	3632英担（184.5吨）	19.8

译注

1.该舰为1876年下水的一艘铁甲舰，由于其稳定性遭到质疑，该舰曾中途停工等待对其设计方案的审查结果，因此直至1881年方才完工。此后德国海军在其首艘战列巡洋舰“冯·德·坦恩”号上采用了类似设计，但其效果未达预期，因此未在后续舰只设计上沿用。

2.疑似应为1882年，费舍尔于1881年出任该舰舰长。

3.该舰为装备撞角和鱼雷管的驱逐舰，用于近距离攻击敌舰。该舰既没有姊妹舰，又没有后继舰。

4.威廉·亨利·怀特，1885年8月1日出任海军建造总监，1902年1月31日退休，详见原作者所著Warrior to Dreadnought。

5.该级舰为前无畏舰，也是皇家海军设计建造的倒数第二级前无畏舰。

6.疑为1915—1916年间出任第一海务大臣的亨利·杰克逊上将。

7.1916年5月31日至6月1日夜间，日德兰海战中英方参战舰只就曾出现过若干起无线电传输失败的记录。

8.即威廉·傅汝德。

9.即传递到驱动轴上的功率。

10.“伊丽莎白女王”级的设计工作开始时，381毫米火炮尚未定型，因此在采用何种主炮这一问题上存在争议。最终决定采用381毫米主炮无疑是一种冒险。这一决定在很大程度上应归功于时任海军大臣的丘吉尔。

11.前两行为战列舰，第3~5行为战列巡洋舰，最后一行为浅水重炮舰。

12.杰里科1905年2月24日至1907年8月25日担任此职，当时军衔为上校。

13.设计该舰时火控系统的各个分系统已经诞生，但各分系统的整合和自动化远未完成。

14.1903年逐步建成的一级前无畏舰。

15.以时任海军大臣和第一海务大臣的两人名字命名。

16.三胀式蒸汽机亦为往复式动力机的一种。

17.该舰隶属“城”级轻巡洋舰的“布里斯托尔”批次，1910年下水。

18.1862年成立的英国铁路公司，其服务范围主要为英国东部地区，最重要的运营路线为伦敦利物浦街站至诺维奇之间的铁路，此外还经营若干酒店及其他产业。1923年并入伦敦及东北铁路公司。

19.诺曼德型锅炉为一种三筒式锅炉，贝尔维尔型锅炉为一种早期船用水管锅炉。

20.均为“庄严”级前无畏舰。

21.属“蒙默思郡”级装甲巡洋舰。

22.铁甲舰，1870年下水。

23.“乔治亲王”号隶属“庄严”级前无畏舰，“爱丁堡公爵”号与“黑王子”号同属“爱丁堡公爵”级，均参加了日德兰海战，其中“黑王子”号在海战中被击中殉爆沉没。

24.隶属“庄严”级前无畏舰。

25.然而，由于此时皇家海军所预期的主要战场位于大西洋与地中海，且在上述海域皇家海军拥有大量补给站，因此皇家海军并未意识到航行中燃油补给技术在今后战争中的巨大意义，从而再未对航行中燃油补给这一课题进行研究，直至第二次世界大战前往太平洋战场参战时才临时抱佛脚。

26.隶属“英王爱德华七世”级前无畏舰，1904年下水。

27.雷氏黏度计的测试方法为取一定量的试样，在规定温度下，从雷氏度计流出50毫升所需的秒数。秒数越大则黏度越高。

28.一战初期皇家海军的确面临过一段时间的燃油不足。

29.在1909年设计“国王”级战列舰时，德国海军也试图采用柴油机作为动力，然而船用柴油机的表现一直无法令人满意，最终直至列入1915年造舰计划的“拜仁”级三号舰“符腾堡”号真正可用于主力舰的柴油机出现，不过为该舰建造的柴油机最终被改装到3艘潜艇上。

30.即英国石油公司（BP）的前身，1954年更为现名。

31.“伊丽莎白女王”号于1912年10月21日开始铺设龙骨，“俄克拉荷马”号则于同月26日开始铺设龙骨。尽管隶属“内华达”级，但是“俄克拉荷马”号轮机系统设计与“内华达”号差异颇大，后者燃煤，但使用齿轮减速涡轮机，而前者的主机是旧式的三胀式蒸汽机。

32.锅炉上节省的造价被用于建造减速齿轮组。

33.液体在温度恒定时，一旦压力降低到某一临界值就会发生汽化，从而产生大量气泡。

34.指桨叶旋转形成的螺旋的螺距，其直观反应为桨叶攻角。

35.后者与“路易斯国王”号同日沉没。德国海军也对该种传动系统产生过兴趣，但并未采用。

2 攻击与防御：战前试验

虽然距离皇家海军参加的上一次海战已经过了近一个世纪[1]，但在第一次世界大战爆发前，海军已经就“各种武器对舰效果”这一课题进行了大量试验。大体而言，这些试验不但设计精密，而且涵盖范围颇为广泛。较早期试验已经在笔者前作中讨论过，此处仅提及其要点①。

① D K Brown, Warrior to Dreadnought, pp176-8.

已有很多实例说明设计的改动几乎与试验同时发生，某些改动甚至早于试验。这说明有关改动的决定早在试验进行前就已经做出，而试验的目的主要是确认。实际上这是对试验审慎且正确的运用方式，尤其考虑到在进行对于防护系统的大规模测试前，需要花费相当长的时间搭建测试环境，因此两次试验间隔的时间必然较长。

旧式战列舰“爱丁堡”号（Edinburgh），摄于本章所述的1909年射击试验后（作者本人收藏）[3]。

早期试验

鉴于对此后设计的影响，1900年对老式战列舰“贝尔岛”号（Belleisle）[2]

进行的射击试验尤为重要。进行射击的是战列舰“庄严”号（Majestic）[4]，射击距离为1300~1700码（约合1188.8~1554.5米），命中率为30%~40%。此次试验的主要结论为装填立德炸药（Lyddite）的高爆弹可造成极大破坏。由于薄装甲即可挡住该种弹药，因此此后战列舰不仅设计了由薄装甲构成的上部装甲带，而且以该种装甲作为主装甲带向前后的延伸部分。

此次试验的目的还包括确认在采用一般防火措施后，木制设备起火的风险。这也许是受美西战争期间[5]西班牙舰只上发生若干起大火的影响。虽然试验中共发生6处起火，但均在射击试验结束后被轻易扑灭。①试验中还注意到木制设备不应安装在装甲内侧，否则重型炮弹命中时的冲击力将导致设备移位，甚至导致其在舰体内四处飞舞，造成危险。

鱼雷炮艇“长脚秧鸡”号（Landrail）于1906年10月在一次火控射击试验中被击沉。当时有若干艘舰只同时对该靶船开炮，其中4艘战列舰仅使用装填惰性物的炮弹进行射击。1907年和1908年海军还两次使用旧式战列舰“英雄”号（Hero）[6]进行试验。两次试验的主要目的是协调管控两舰射击，试验中动用了实弹，其中包括12英寸（约合305毫米）炮射击的普通弹、9.2英寸（约合233.9毫米）和6英寸（约合152.4毫米）炮射击的普通弹及装填立德炸药的炮弹。结果显示，由9.2英寸（约合233.9毫米）炮射击，装填立德炸药的高爆弹造成的破坏尤为严重。

日俄战争经验

战争期间一支皇家海军观察团随日本舰队参战，其团长为帕克南上校（W C Pakenham）[7]。海军部仔细研究了观察团的报告，并针对从中得出的较为明显的教训迅速采取了行动。总体而言，海军部认为日俄战争中的海战仍是在前无畏舰之间展开的旧式海战，双方均缺乏火控手段。②自甲午战争和美西战争以来，皇家海军已经为减小火灾付出相当努力。在对现有防火措施进行审查后，海军部认为仅需对现有措施略加修改，不过为了减少目标面积应缩小上层建筑。若干俄国战舰的迅速倾覆则应完全归咎于其船舷内倾设计。此外，虽然帕克南上校在报告中特别警告，但舰船中央的纵向舱壁所带来的潜在风险仍被忽视。[8]

此次战争还使皇家海军认识到水雷的危险，并在此后付出相当努力建立有效的扫雷部队（详见第10章）。当时认为除水雷爆炸导致药库殉爆的情形外，现有战列舰可承受单枚水雷爆炸的攻击，因此海军部此后特意研究了对药库的防护。战争中穿甲弹表现不佳的现象也被皇家海军所注意到，但由于当时皇家海军即将引入一系列新型号炮弹，因此海军部很可能估计新炮弹的表现会优于

① 不过这一现象或许具有误导性。在舰只未遭受攻击时，小规模的起火的确较易扑灭，可一旦救火过程中断，起火便有可能发展为大规模火灾。

② D K Brown, 'The Russo-Japanese War. Technical Lessons as Perceived by the RN', Warship 1996 (1996).

日俄战争中的炮弹。此外，海军部还注意到鱼雷成功命中并造成损伤的战例很少，不过海军部将其归因于较差的战术水平，同时还认为随着加热器和用于保持航向的陀螺引入，鱼雷的性能将得到大幅提高。早先鱼雷的引擎仅由压缩空气驱动，而在配备加热器的鱼雷上，燃料被雾化后与空气混合，从而大幅提高了进入引擎的空气所含的能量，同时增加了鱼雷的航速和航程。

值得注意的是，海军部认为日俄战争中的两场大规模海战体现了全重型主炮的“无畏”号的价值，同时6英寸（约合152.4毫米）速射炮组虽然在战斗中“弹如雨下”，但却未能造成严重伤害。虽然很多批评意见对该口径火炮的结论正好与海军部相反，但事后看来在这一点上官方的解读还是大致正确的[9]。

“爱丁堡”号实验，1909—1910年①

在上述一系列实验中，海军对重型炮弹的着靶速度进行了调整，以模拟尖拱曲径比[10]为4的炮弹在6000码（约合5486.4米）距离上射击的情形。在此条件下12英寸（约合304.8毫米）炮弹轨迹相对水平线下偏3°，6英寸（约合152.4毫米）炮弹轨迹则下偏约5.5°，因此设置靶船时有意造成10°的侧倾，以模拟实战中弹道和横摇或侧倾的影响。不过在大多数实验中，“爱丁堡”号自身也会发生幅度为几度的横摇，因此实际的弹着角只能近似估计。

薄侧甲

海军将两块4英寸（约合101.6毫米）厚的克虏伯表面硬化装甲板安装在“爱丁堡”号前部上层建筑的侧面，然后动用火炮对装甲板以及未被装甲板覆盖的上层建筑进行射击。参与测试的炮弹包括装填立德炸药的13.5英寸（约合343毫米）和9.2英寸（约合233.9毫米）炮弹（手册并未指明使用的是何种炮弹，不过根据描述推测应为高爆弹）。此外，测试中还使用装填立德炸药的6英寸（约合152.4毫米）炮弹轰击装甲板，并用12磅炮（口径为76.2毫米）（装填立德炸药的炮弹和普通弹）以及3磅炮的普通弹（口径为47毫米）轰击上层建筑。与小口径炮对上层建筑的攻击结果类似，装填立德炸药的6英寸（约合152.4毫米）和9.2英寸（约合233.9毫米）炮弹对4英寸（约合101.6毫米）装甲板几乎没有造成破坏，不过后者不仅对装甲板背面造成一定破坏，而且对装甲板前方的甲板造成一定破坏。命中上层建筑的9.2英寸（约合233.9毫米）炮弹在目标上方和下方的甲板上击出大洞，并摧毁了附近的所有设备。

装填立德炸药的13.5英寸（约合343毫米）炮弹在命中4英寸（约合101.6毫米）装甲板后摧毁了舰艏以及装甲外侧的甲板，并在装甲板上击出一个大小为3英尺×2.5英尺（约合0.91米×0.76米）的弹孔。受撞击和爆炸影响，装甲板

① 本节内容源自1915年《炮术手册》（1915 Gunnery Manual），原作者曾对该文件进行过总结，并撰写Attack and Defence 5. Prior to World War I一文，刊载于Warship 34，1985年。

本身向后位移，其后部位移幅度最大，为27英寸（约合0.686米）。装甲板破裂造成的破片对其后方造成了相当大的破坏，但装甲板内侧并未出现爆炸波效应发生的迹象。另一枚13.5英寸炮弹则瞄准了无防护的上层建筑后部，导致中弹位置所在的舱室全毁，另有一块大小为25英尺×8英尺（约合7.62米×2.44米）的上层建筑侧板向后飞出。中弹位置上方和下方的甲板被毁，且出现一处小规模起火。第三枚13.5英寸（约合343毫米）炮弹射向了尚未被破坏的4英寸装甲板，其结果再次确认即使是如此薄的装甲板也能相当程度地削弱一枚重型高爆弹的威力。

重型高爆弹对烟囱和锅炉的破坏

在另一系列试验中，直接位于烟囱下方的两座锅炉保持生火状态，其蒸汽压强保持在每平方英寸25磅（约合172.4千帕），同时保持炉膛深处仍有火苗持续燃烧。一枚装填立德炸药的13.5英寸（约合343毫米）炮弹射向烟囱，弹着点位于锅炉上方20英尺（约合6.1米）处。烟囱当场被击倒，并在中弹位置遭到严重破坏，不过破坏也仅限于中弹位置附近。其前侧和左侧被摧毁，但其他立侧几乎未受损伤。装甲格栅的防护效果非常明显，将大多数破片挡在其外侧，但未能挡住冲击波。炉膛和锅炉烟室门所遭到的破坏显示，如果炉膛内火势正常，那么火焰将被吹进生火间。蒸汽管道、阀门以及地板均遭到相当程度的破坏，一具用于模拟司炉的假人则被一破片“击毙”。针对装填立德炸药的炮弹产生的细小弹片，格栅的防护效果令人惊讶。安装在同时代无畏舰“海王星”号上风井上的防护系统或许与此次试验有关。

甲板防护

为进行此项实验，海军部在0.75英寸（约19.1毫米）爆炸防护屏后建立了三层试验甲板，其细节如下：

K：覆于1英寸（约25.4毫米）低碳钢板上的2英寸（约合50.8毫米）克虏伯表面未硬化冷焠装甲板；

L：覆于0.75英寸（约19.1毫米）低碳钢板上的1.5英寸（约合38.1毫米）克虏伯表面未硬化装甲板；

M：覆于0.75英寸（约19.1毫米）低碳钢板上的1.5英寸（约合38.1毫米）低碳钢板。

一枚12英寸（约合304.8毫米）被帽穿甲弹首先以大落角射向K甲板，炮弹本身破裂，在甲板上造成一个大弹孔，同时造成大量破片落至甲板下方。另一枚类似炮弹则被甲板L弹开，在甲板上造成一个大弹孔。一枚12英寸（约合

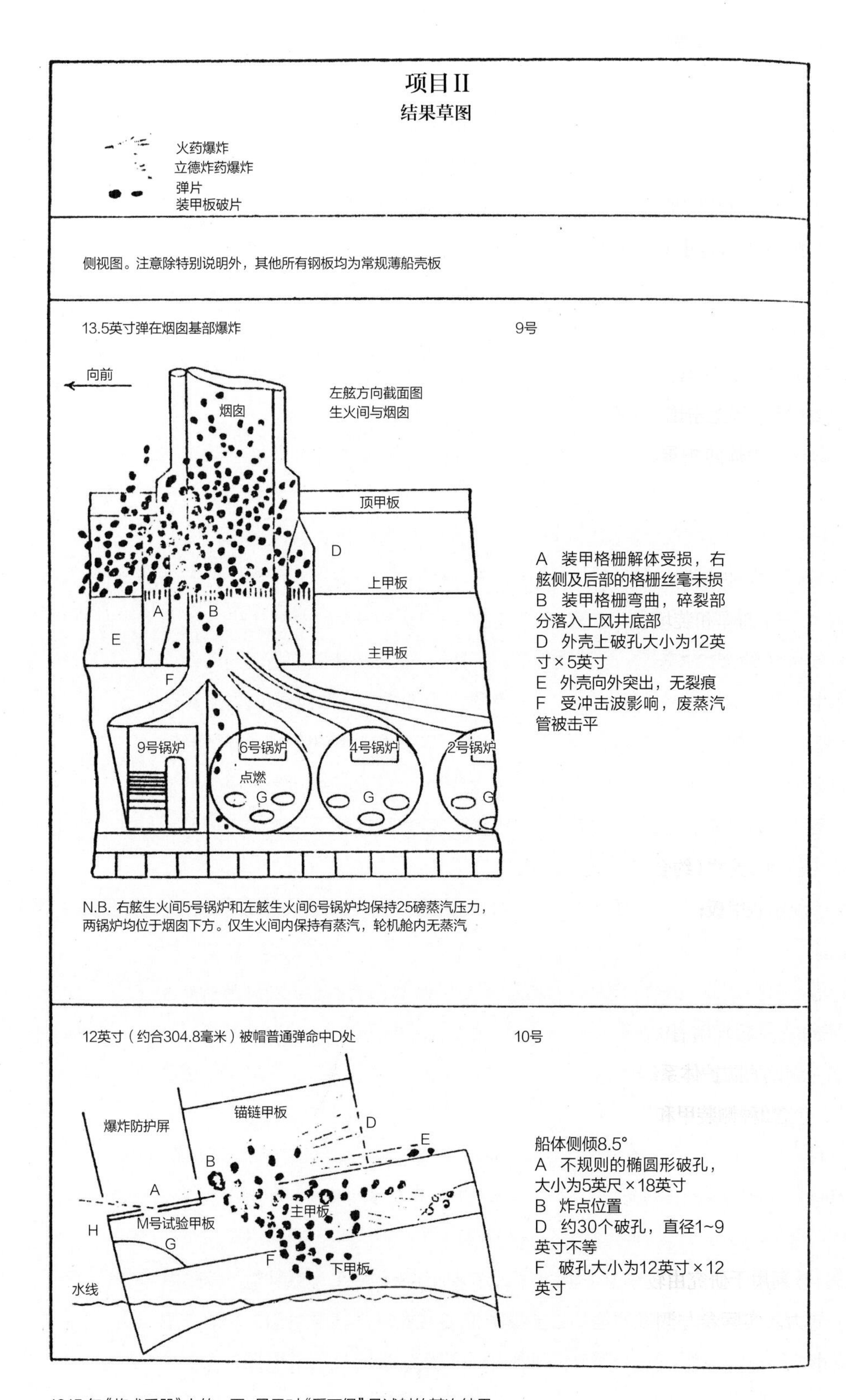

1915 年《炮术手册》上的一页，显示对“爱丁堡”号试射的某次结果。

304.8毫米）被帽尖端普通弹被甲板M弹开，并在甲板外侧爆炸，同样在甲板上造成一个大弹孔。

海军部随后又安装了另外两层甲板，但其侧面的爆炸防护屏有所不同：

G：覆于0.625英寸（约合15.9毫米）低碳钢板上的0.75英寸（约合19.1毫米）低碳钢板，爆炸防护屏厚0.75英寸（约合19.1毫米）；

H：覆于0.625英寸（约合15.9毫米）镍钢板上的0.75英寸（约合19.1毫米）镍钢板，爆炸防护屏厚2英寸（约合50.8毫米）。

两座爆炸防护屏均被6英寸（约合152.4毫米）普通弹击穿，但炮弹炸点位于测试甲板后方。装填立德炸药的6英寸（约合152.4毫米）炮弹在2英寸（约合50.8毫米）防护屏上击出一个破孔，但并未损伤甲板。另一枚射向0.75英寸（约合19.1毫米）爆炸防护屏的类似炮弹在目标后方爆炸，造成的破片击穿测试甲板。2英寸（约合50.8毫米）防护屏引爆了一枚装填立德炸药的12英寸（约合304.8毫米）炮弹，在防护屏后方造成轻微破坏。对0.75英寸（约合19.1毫米）防护屏而言，类似炮弹则击穿防护屏并在其后方爆炸。海军部还用6英寸（约合152.4毫米）普通弹和装填立德炸药的炮弹射向原有上甲板，其结构为木甲板覆盖在0.5英寸（约合12.7毫米）或0.75英寸（约合19.1毫米）钢板上。相对而言，普通弹生成的破片更大，造成的破坏也更严重。由此看来，即使是仅2英寸（约合50.8毫米）厚的钢板，其防护价值也值得重视。不过实验中也发现，配备弹底引信的炮弹可轻易将其击穿。

之后的一系列实验则针对可能在小型巡洋舰上使用的侧面及甲板防护体系：

D：覆于0.5英寸（约合12.7毫米）低碳钢板上的1.25英寸（约合31.8毫米）克虏伯表面未硬化装甲板；

E：覆于0.75英寸（约合19.1毫米）镍钢板上的1英寸（约合25.4毫米）镍钢板；

F：覆于0.75英寸（约合19.1毫米）低碳钢板上的1英寸（约合25.4毫米）镍钢板。

上述3种甲板均附有0.75英寸（约合19.1毫米）厚的防护屏。

接受测试的防护体系结构如下：

A：包含2种侧装甲和甲板组合

一种由3英寸（约合76.2毫米）侧装甲和0.375英寸（约合9.5毫米）甲板组成，另一种由2.5英寸（约合63.5毫米）侧装甲和0.75英寸（约合19.1毫米）甲板组成；

B：计划用于研究由较薄上甲板和其下方保护甲板组成的体系针对下落炮弹的防护能力。实际参与测试的结构以舱壁方式安装在上层建筑内部，其前部厚0.75英寸（约合19.1毫米），后部厚0.375英寸（约合9.5毫米），炮弹以较小角度命中。

一系列6英寸（约合152.4毫米）普通弹和装填立德炸药的炮弹，以及12英寸（约合304.8毫米）装填立德炸药的炮弹被用于向上述目标射击。[1]总体结论如下：炮弹击穿0.75英寸（约合19.1毫米）和0.375英寸（约合9.5毫米）甲板的概率几乎相同，因此为减重起见应采用较薄的甲板，以便加强侧装甲厚度。对更厚甲板进行的试验体现了高质量钢板的价值。

同时期其他结论

大量装填立德炸药的大口径弹造成重大破坏的能力再次凸显，其造成的爆炸波效应可在较大面积内对结构造成开放性损伤。该种炮弹造成的破片总体而言较小（平均重量约0.5盎司，折合14.2克），但其数量极多，且可被击中的任何结构反弹，从而使得破片绕过转角传播的能力极强。弹片可打断其击中的任何设施，切断电线和传声管，同时可造成大量伤亡。不过另一方面，破片太小，不足以击穿船体结构。海军部还注意到虽然对普通结构而言，爆炸波效应的威力巨大，但有证据显示强度稍高的船体结构可很好地承受爆炸波效应的冲击。据此海军部认为对重要部分而言，可以较小的成本实现对冲击波的抵御能力，例如烟囱外壳。

普通弹造成的破片则要大得多，因此其击穿甲板和舱壁的能力也强得多，且通常不会因反弹偏离弹道。海军部由此建议战斗中除攻击重型装甲外，应混合使用装填立德炸药的炮弹和普通弹。即使是非常薄的装甲板也能将重型高爆弹在舰只外侧引爆，这一防护价值也在一系列实验中展现得淋漓尽致。因此应为尽可能多的舰只提供类似防护。装甲甲板可有效地反弹直接命中的炮弹，但反弹炮弹的过程中产生的甲板破片会猛烈地射向甲板下方的空间。因此甲板下方不应布置要害设备。[2]内部装甲可用于保护其内部空间，但也要相应地减小装甲外侧的可用空间。可抵御冲击波的烟囱外壳则被认为是一种理想的设备，且已经在"海王星"号上实施。

与此前已经反复证明的结果一致，试验显示在遭到高爆弹攻击时，薄侧装甲也能提供极大的防护价值。但试验也显示了一些此前也许没有能够透彻认识的东西，即在遭到重型高爆弹攻击时，除非与较薄的侧甲一同使用，否则现有厚度的装甲甲板无法为要害区提供有意义的防护。

由此总结的经验——侧装甲应向船体两端尽可能延长并覆盖尽可能大的区域——体现在此后的舰船设计中。与不设防的侧面和防护甲板的组合相比，装甲重量分配给侧装甲的效率更高。对小型舰只而言，分配给防护的重量用于侧甲要

① 详见1915年《炮术手册》。
② 在"皇权"级的设计过程中，将防护甲板设于船体内较高位置的决定很可能受这一结论影响。

比用于甲板效果更佳①。测试报告还显示，将克虏伯表面未硬化装甲板用于甲板的价值不高，不过这一点与前述对甲板防护的相关结论并不完全一致。

总体而言，上述实验显示的当时有关防护的概念大体正确。此后“猎户座”级战列舰在舰体两端大幅度增设薄装甲（参见第3章），其原因可能与这一系列试验的早期结果有关，不过更可能的是设计思路已经在向这个方向演进。对大量装填高爆炸药的炮弹的重视，在一定程度上显示了英制穿甲弹的性能之差，同时也掩盖了更好性能弹药的潜力。“查塔姆”级和“林仙”级巡洋舰上装甲带的价值在此次试验中得以体现。1917年炮弹委员会（Projectile Committee）在其报告中提及，此次试验获得的部分教训并未被充分理解。

1913年“印度女皇”号（Empress of India）试验[11]

1913年11月4日对该舰进行的射击试验的主要目的是给官兵提供对实际舰只而非练习靶进行实弹射击的经验，因此并未指望从中获得多少与实际材料有关的教训，并且也未进行这类探索。首次射击由巡洋舰“利物浦”号（Liverpool）[12]实施，靶船通过单锚固定。在约4750码（约合4343米）的距离上该舰在1分58秒时间内发射了16枚6英寸（约合152.4毫米）炮弹，取得7次命中，此外还在3分7秒时间内发射了66枚4英寸（约合101.6毫米）弹，取得22次命中。由于目标固定且体积较大，同时射击距离较近，因此上述命中数看来颇令人失望，不过目击者们对此次射击印象颇深，尤其是在能见度不佳的情况下，轻巡洋舰遭遇一艘毫无防备的战列舰并对后者造成严重破坏，这令人非常震惊。②

此后另外3艘战列舰依次进行了射击，结果如下：

表2-1：四艘战列舰对“印度女皇”号的射击结果[14]

	发射数目	距离	命中数目
“朱庇特”号	40枚13.5英寸（约合343毫米）弹	9800码（约合8961米）	7
“猎户座”号	40枚13.5英寸（约合343毫米）弹	9800码（约合8961米）	9~10
“英王爱德华七世”号	16枚12英寸（约合305毫米）弹	8500码（约合7772米）	5
	18枚9.2英寸（约合233毫米）弹	8500码（约合7772米）	7
	27枚6英寸（约合152.4毫米）弹	8500码（约合7772米）	5

此后4艘战列舰“英王乔治五世”号、“海王星”号、“朱庇特”号以及“前卫”号（Vanguard）在8000~10000码（约合7315~9144米）距离上展开集火射击，各舰在2分钟内共发射95枚炮弹，达成22次命中，其中大部分均为旧式普通弹。射击结束后不久，当天下午4时45分“印度女皇”号燃起大火，其一侧完全陷入红热状态，且船艄纵倾。此后该舰船艄纵倾的幅度缓慢增大，最终于

① 注意与19世纪巡洋舰设计不同，上述甲板上方没有设置位于船体深处的煤舱。
② 似乎是对日后所罗门群岛（Solomon Island）历次海战的先见。[13]

18时30分倾覆。此次射击的经验显示，在顶风（风力2~3级）条件下射击甚为理想，在此情况下柯达无烟药（Cordite）[15]所生成的烟气很快便从射击各舰附近吹散。靶船上产生的烟气曾导致射击短时中断。“印度女皇”号的前桅桅楼完全不被烟气遮挡，因此理论上可持续实施火控作业，不过根据此次实弹射击经验，海军仍希望加强桅楼的地板以保护校射团队。由于“印度皇后”号的舰艏一直未被烟气遮挡，因此海军部认为在舰艏附近设置有一定防护能力的应急火控及校射战位颇有价值。这的确成为后续部分战列舰设计中的特点（1914—1915年造舰计划，参见本书第3章）。

“印度女皇”号上的起火始于“利物浦”号所发射的装填立德炸药的炮弹，后续的若干命中助长了火势的蔓延。起火的原因之一是木甲板。在这艘旧式战列舰上，木甲板背后并未以钢板加强。这正是从美西战争中吸取的教训之一，在后续的英国战舰设计上已经相应地加以修正。此外，很多舱口均被冲击破冲开，从而为舰体内部的起火创造了良好的通风条件。

1915年《炮术手册》对此次试验总结如下：

> 在此次射击中，关于首次命中造成的破坏最为重要的这一观念得到充分证实。除达成首次命中可使我方士气提升、敌方士气遭受打击外，后续倾泻迅猛而准确的大量炮火也使敌方很难还击，甚至无法还击。

鉴于此次试验结果，各炮持续处于待射状态以及从司令塔操舵的重要性得到强调。在能见度不佳的条件下前者尤为重要。①

反鱼雷艇武器

在鱼雷艇或驱逐舰得以施放鱼雷之前将其摧毁，或至少使其失去动力这一课题的难度一直颇高。加热器和陀螺的引入不仅增加了鱼雷的射程，而且提高了其航向保持能力，这无疑使得上述课题的难度进一步提高。火炮最大有效射程与鱼雷发射距离之间的差距很小，且随着驱逐舰的航速接近30节或每两分钟1海里，对火炮的要求提升至一次命中便足以使目标失去动力，然而由于射速较低，因此在相同的射击窗口内大口径火炮取得命中的次数总是相对较少。

1899年海军在舒伯里内斯（Shoeburyness）进行岸上模拟实验，靶标为一艘鱼雷艇的复制品，其中包括一座锅炉和煤舱。结果显示1磅炮（37毫米机关炮）炮弹几乎完全无效，3磅炮（口径为47毫米）炮弹也仅仅对靶标侧面有效，且其中仅有一枚炮弹幸运地命中锅炉。1894年举行的类似试验则显示，3磅炮（口径为47毫米）和6磅炮（57毫米速射炮）几乎不可能阻挡鱼雷艇，12磅炮（口径

① 这看似与日俄战争的教训矛盾，那场战争中司令塔几乎毫无用处。实际上，除非观察缝足够大，否则司令塔中的指挥官几乎无法观察到外面的动向。但如果观察缝很大，那么炮弹在司令塔附近一旦爆炸，弹片就可能在司令塔中横飞，造成大量伤亡。

为76.2毫米）则可能仅用一枚炮弹便使目标失去动力。①1906年针对老式驱逐舰“溜冰”号（Skate）进行的试验确认了上述结论，不过这一次还证明了4英寸（约合101.6毫米）炮（25磅炮）是一种非常有效的武器，尤其是在使用装填立德炸药的炮弹时。

1909—1910年间针对驱逐舰“雪貂”号（Ferret）进行的试验表明，一枚装填立德炸药的4英寸（约合101.6毫米）炮弹可在侧船板（5磅或8磅）[16]上造成大约29英尺×20英尺（约合8.84米×6.1米）的破孔，同一火炮的普通弹则可在侧船板上造成大约8英尺×5英尺（约合2.44米×1.52米）的破孔。虽然普通弹造成的破孔较小，但在命中满载的煤舱时其后效更好（不过也应注意到目标为一艘小型旧式驱逐舰）[17]。就炮弹命中时产生的爆炸、弹片以及对士气的潜在影响而言，装填立德炸药的炮弹效果都更好。参加此次试验的火炮包括马克Ⅶ型和马克Ⅷ型4英寸（约合101.6毫米）后膛炮（BL），所发射的炮弹为较此前重得多的31磅（约合14.1千克）炮弹。英国火炮的这一变化显然为德国方面所忽视，后者仍在其驱逐舰上使用22磅（约合10千克）炮弹。日俄战争后日本设计的第一级驱逐舰“海风”级于1907年完成设计，并于1910年下水[18]。该级舰上首次引入4.7英寸/40倍径（约合120毫米）火炮。帕克南在其报告[19]中强调驱逐舰应配备更大口径的火炮，显然日本海军也赞同这一观点。

此外还进行过一系列有关火炮对鱼雷艇的早期试验。1902年以“溜冰”号为目标，使用两枚特制的葡萄弹（Case Shot）进行试射。该弹由12.5英寸前装线膛炮（Rifled Muzzle-Loader）发射，每枚炮弹中含有100枚铁球。虽然靶船被破坏，但试验结论显示其射程仅有1200码（约合1097米），且发射时会对火炮膛线造成严重破坏。榴霰弹也曾被先后用于对“溜冰”号和“雪貂”号的射击试验，但其结果不甚成功。此外海军还曾试验使用6英寸（约合152.4毫米）和4.7英寸（约合120毫米）火炮对“溜冰”号进行跳弹攻击，其结果也不成功。②

炮塔顶部

1907年间海军在舒伯里内斯进行了一系列实验，其目标为两个代表炮塔顶部装甲的靶标（炮塔顶部面积约占战列舰水平面积的17%）。两个靶标均由3英寸（约合76.2毫米）克虏伯表面未硬化装甲板制成，其中靶标A由若干小块装甲板拼接而成，靶标B由两大块装甲板拼接而成。试验时射击弹着角为10°和15°，前者模拟12英寸（约合304.8毫米）炮在11400码（约合10424米）距离上、7.5英寸（约合190.5毫米）炮在8400码（约合7681米）距离上以及6英寸（约合152.4毫米）炮在7400码（约合6767米）距离上射击的情形，后者则模拟命中时目标舰发生5°横摇的情形。

① 这也许是“无畏”号装备12磅炮的原因。
② D K Brown, 'Attack and Defence prior to World War I'.

“英王乔治五世”号战列舰。注意炮塔顶端部分约占整个甲板面积的17%［帝国战争博物馆（Imperial War Museum）收藏，Q19556号］。

6英寸（约合152.4毫米）弹并未造成直接破坏，但造成很多螺栓和铆钉折断，类似效应在7.5英寸（约合190.5毫米）弹命中的情形中更为明显。12英寸（约合304.8毫米）弹尤其是普通弹对目标造成了严重破坏，支撑梁结构的损伤尤为严重。靶标B的大块装甲板受损较轻，但两靶标上都出现了破片飞入靶标内部的迹象。总体结论如下：

●在炮塔内设置绳制防盾可有效地防止横飞的螺栓和铆钉造成伤亡；

●冲击波可能经炮塔顶端的开口（如瞄准镜罩）进入炮塔内部，因此最好一律取消；

●应为炮塔顶部提供牢靠的支撑［“不倦”号（Indefatigable）上设置的较强支撑件即由此而来，详见第4章］；

●应防止炮塔顶部的障碍物提前引爆炮弹而非将其直接弹飞。因此炮塔顶部不应布置轻型火炮。此后几年中海军的确将此类火炮从炮塔顶端拆除；

●装填立德炸药的炮弹造成的破片倾泻在弹着点周围区域，如舰桥。

1913年海军在舒伯里内斯又进行了一系列实验，这一次使用的装甲板厚度为4英寸（约合101.6毫米），其生产商与此前相同。此次试验的弹着角为20°，其中7.5°假设为弹道与水平面的夹角，7.5°假设为炮塔顶部自身的倾斜度，5°假设为舰只的横摇。试验时所使用的炮弹为13.5英寸（约合343毫米）马克IA型穿甲弹（1400磅，约合635千克），不过其中装填的是盐。战争爆发前，试验所得的结果如下：

表2-2：对不同装甲板的测试结果

装甲板	击穿装甲板的最小着靶速度
低碳钢	1050英尺/秒（约合320米/秒）
克虏伯表面未硬化装甲	1100英尺/秒（约合335.3米/秒）
钒钢板	1550英尺/秒（约合472.4米/秒）

水下防护及试验

1903年海军为旧式战列舰"贝尔岛"号安装了一套复杂的防雷系统以供试验使用。该系统内使用15~25磅（厚度约9.53~15.88毫米）纵向隔壁板将整个系统划分为五间舱室，从内向外依次装填水、软木、煤、空气和煤，整个系统深12英尺（约合304.8毫米）。①[20]一块在船体板外侧引爆的230磅（约合104.3千克）火棉炸药（Gun Cotton）不仅撕裂了全部6道舱壁，而且导致一座锅炉位移2英尺（约合0.61米）。由于海军对上述防雷系统普遍寄予厚望，因此这一结果令人震惊。然而众所周知，水下爆炸后效的一致性很差，因此"贝尔岛"号或许只是不走运。②

日俄战争后海军利用商船"骑乘谷"号（Ridesdale）进行防雷试验。当时英国海军误认为俄国海军"皇太子"号（Tsessarevitch）[21]曾成功阻挡日军鱼雷的攻击，因此前者在"骑乘谷"号上以一块单独的厚舱壁对其防鱼雷舱壁进行模拟。③实验中这一结构成功地承受了230磅（约合104.3千克）火棉炸药爆炸产生的冲击，此后"无畏"号也安装了类似的防护结构。④

1914年"胡德"号实验

为进行这一系列试验，战列舰"胡德"号[22]（1891年下水）在朴次茅斯接受了大规模改造。改造项目之一为在动力系统舱室外部加装纵向舱壁，其范围除覆盖上述舱室外，还向两端延伸120英尺（约合36.6米）。在轮机舱外侧，距离17磅（约10.8毫米）轮机舱侧舱壁7英尺（约合2.13米）处加装了一道80磅（约合50.8毫米）舱壁，其布置与"伊丽莎白女王"级战列舰非常相似。在锅炉舱位置则设有两道舱壁，其中较厚的80磅（约合50.8毫米）舱壁位于内侧，位于外侧的另一道舱壁较薄。原有的双层舰底得以保留。

第一次试验于1914年2月9日在比利河（Beaulieu River）进行。此次试验中使用的爆炸物为280磅（约合127千克）湿火棉炸药，其炸点为水面下12英尺（约合3.66米）深处的轮机舱中央正横位置。炸点前方的两个大型水密舱为空舱，后方的两个水密舱则注水。双层舰底舱为空舱。爆炸在船体上产生的破孔长30英尺（约合9.14米），高18英尺（约合5.49米）。⑤空舱遭到的破坏最为严重。构成双层舰底上部的是较轻的15磅（约厚9.53毫米）舱壁，受冲击波影响，这部分舱壁向内位移，直至被较厚的舱壁挡住，后者则出现严重的凹陷。

爆炸还造成大量船壳板破片。在空水密舱内，厚舱壁被该种破片击穿。最内侧的17磅（约10.8毫米）舱壁出现轻微扭曲变形，铆接处出现漏水现象，但漏水量在水泵的处理能力之内。观察人员还注意到，在爆炸中冲击波沿着用以连接各层舱壁的水平撑杆传导至最内侧舱壁，因此决定在第二次实验中将上述

① D K Brown, 'Attack and Defence Pt Ⅲ', Warship 24 (1982). 试验时温度很可能低于使钢板保持延展性的临界值，在此条件下钢板变脆且易碎。当时的优质低碳钢约在环境温度低于20摄氏度时变脆。"泰坦尼克"号（Titanic）所使用的便是这种钢板。

② 海军审计长（Controller）梅上将似乎早已认定针对鱼雷的有效防护本就不可能实现。造船厂的普遍观点则是试验说明成功在望。

③ 此次试验目标的准确实质仍不确定。在海军建造总监历史上仅将其称为"'骑乘谷'箱体"。

④ D K Brown, Warrior to Dreadnought, p186.

⑤ 考虑到炸药的威力，这一破孔显得过大。但由于试验是在2月进行的，因此钢板（以及铆钉）很可能处于较脆的状态。

撑杆切断，然后以其他方式重新连接，确保撑杆只承受拉力负荷。在此次试验中，船壳板碎片所引发的投射效应显示应对其外侧空间注水。

第二次试验于同年5月7日在斯皮德海德（Spithead）进行。此次试验中，双层船底和靠外侧舱室注水，内侧舱室即80磅舱壁（约合50.8毫米）外的部分则为空舱。这一次280磅（约合127千克）炸药所造成的破孔较小，但爆炸产生的冲击力沿注水舱室传播，因此对船体结构造成的损伤更大。实验中厚舱壁仅出现轻微下陷，漏水则同样可由水泵轻松应付。两次试验的总体结论如下：

● 在厚舱壁内侧应再设置一道薄舱壁，虽然厚舱壁上的漏水不可避免，但是这道薄舱壁可控制其范围；

● 各舱壁应以受压缩时强度较弱的连系材连接（例如撑杆便不可用）；

● 强度足够的厚舱壁可以防止主要舱室进水。

1914年9月在朴次茅斯举行的会议上对此前的历次水下防护试验的结果进行了研讨。[①]与会人员注意到虽然进行了一系列实验，但对防雷系统中哪些舱室应当注水而哪些舱室应保持空舱这一问题仍未能得出结论，尽管可以确认最接近炸点的舱室应保持空舱，以免填塞效应（Temping Effect）的影响。与会人员还一致同意防雷体系中厚舱壁外侧的舱室应灌注液体，从而降低破片飞行的速度。会议提议就优化舱室布置、改进厚舱壁设计和排气布置的价值进行进一步试验。然而由于战争的影响，上述建议无法实施。“胡德”号于1914年11月4日沉没，以阻塞波特兰港（Portland）南入口，至今在天气良好时其船体仍然可见。

1914年英国21英寸（约合533毫米）鱼雷装药225磅（约合120.1千克），因此利用“胡德”号进行的试验很有代表性。但不久之后英德两国的鱼雷都实现了装药量翻倍。[②]鱼雷的破坏半径大致与装药量的平方根成正比。爆炸摧毁距离炸点D英尺处横向舱壁的概率同样大致与装药量的平方根成正比。[③]

战前炮弹[④]

20世纪初，大口径炮弹主要为装备弹头引信、装填炸药的普通弹，该种炮弹在对付轻防护结构时非常有效。可击穿厚装甲的炮弹（穿甲弹）通常不装填炸药（称为Shot）。虽然锻钢（Forged Steel）制穿甲弹已经问世，但由于其价格高昂，因此大量的冷硬铸铁（Chilled Iron）制帕利瑟无装填穿甲弹（Palliser Shot）仍在服役，尽管此时该种炮弹对表面硬化装甲已经无计可施。[24]

海军曾多次试图开发一种真正的穿甲弹，这种穿甲弹应能在击穿厚装甲后在目标内部爆炸。此种弹药的难点主要在于弹底引信，但由于该种引信可能被发射时的震动而非命中时的震动激活，因此先天面临早爆的危险。此外，装填

① 包括1913年对“歌舞女神”号（Terpsichore）进行的试验，但其细节不详。[23]

② 英国马克Ⅳ型21英寸（约合533毫米）鱼雷装药515磅（约合233.6千克），德国600毫米鱼雷装药550磅（约合249.5千克）。

③ 对第二次世界大战期间装填六硝基二苯胺炸药（Hexanite）的鱼雷而言，装药量W与舱壁破坏概率为50%时的距离D之间的关系为$D=2.25W^{0.422}$，或近似$D=\sqrt{W}$。

④ 本节主要根据麦卡勒姆（K I McCallum）未刊登的手稿The Riddle of the Shells写成。

立德炸药的炮弹本身就特别容易发生早爆，因此海军在很多年内都禁止在直径超过8英寸（约合203.2毫米）的炮弹上使用立德炸药。

1903年托马斯·福斯公司（Thomas Firth）对其研发的“可撕裂式”（Rendable）穿甲弹进行了测试，结果显示该弹在相对较近的距离上可击穿厚度与其直径相当的装甲，并在击穿后爆炸。该弹装填的火药较少，因此破坏力不强，但与当时皇家海军的炮弹相比已经是很大的进步，所以在海军中小规模配发。从日俄战争中总结的教训仍未能被透彻理解[①]，且大部分人依然认为，对马（Tsushima）海战中大部分伤害主要由大量装填立德炸药的炮弹造成，尽管当时日制炮弹更可能装填的是火药。[②]双方的所有炮弹均未有击穿厚装甲的记录。在引入装备全重型主炮的“无畏”号后，费舍尔及其顾问将装填火药的普通弹和大容量高爆弹视为主要弹种，此外仅需装备少数穿甲弹以供在近距离上了结敌舰。[③]

被帽炮弹

1906年哈德菲尔德公司（Hadfield）对“赫克隆”式（Heclon）被帽弹（被帽穿甲弹）进行了测试。该弹设有较软的钢制被帽，在命中目标装甲表面时被帽首先对装甲施压，随后硬化的炮弹尖端本身再接触装甲。据称一枚12英寸（约合304.8毫米）被帽穿甲弹可在1000码（约合9144米）距离上击穿9英寸（约合228.6毫米）克虏伯表面硬化装甲，或在6000码（约合5486.4米）距离上击穿12英寸（约合304.8毫米）同种装甲。一年后该公司又推出了“埃伦”式（Eron）被帽尖端普通弹（Common Pointed Capped Shell）。该公司的两种炮弹均由“艾拉”（Era）式铬镍钢锻造，配备15号引信。后者由伍尔维奇兵工厂（Woolwich Arsenal）生产，几乎可以确定乃是以从克虏伯公司购买生产许可证的方式生产。从1908年起旧式炮弹逐步从海军中退出，并被被帽穿甲弹以及被帽尖端普通弹所取代。两种炮弹均以火药装填。装填立德炸药的高爆弹仍在海军中服役。[④]

炮弹命中表面硬化装甲板后的行为非常复杂，且被帽弹和非被帽弹表现不同。对非被帽弹［或速度低于1750英尺/秒（约合533.4米/秒）的“低速”被帽弹］而言，命中硬化装甲板后炮弹尖端以及位于接触点附近的装甲板均会被压缩，并以对顶圆锥的形式各自向后位移，从而导致向尖端运动的弹体分裂，炮弹能量由此损失。装甲板则在直径约为炮弹直径3倍的范围内下陷，从而扩散撞击效果。硬化表面可能会产生剥落现象，但此时装甲板可能已经完成击碎炮弹的任务。因此装甲板需要承受的是一系列未充分发育的破片的冲击，而非穿透性的冲击。如果装甲板未能承受这种冲击，那么其后果通常是一块圆锥形装甲板破片被击出，其顶部直径约与炮弹直径相等，基部直径则约为炮弹直径的三倍。

① D K Brown, 'The Russo-Japanese War, Technical Lessons as Perceived by the RN'.
② D K Brown, Warrior to Dreadnought, p171.
③ 这可能解释了仅对穿甲弹在正碰条件下进行测试的原因。
④ 值得注意的是，引进新设备与彻底排除旧设备之间通常有相当的时间差。不过这个时间差通常不会被计入档案。

被帽则将把碰撞产生的冲击力分散到整个弹头。虽然被帽本身较软，但仍能对装甲板施压，从而削弱后者在真正遭到炮弹尖端时的抵抗力。在击穿装甲板的硬化表面后，炮弹尖端仍能保持其设计形状，并继续如钻床一般击穿韧性较高但较软的装甲板后部部分，从而在装甲板上钻出一个直径大致与炮弹相当的弹孔。被帽炮弹完成动作所需的能量较非被帽弹的冲压动作更低，因此就克虏伯表面硬化装甲的击穿能力而言，前者拥有约20%的优势。①

表2-3：3000码（约合2743米）距离上的穿甲能力

口径	炮口初速	穿甲能力	
		被帽	非被帽
12英寸（304.8毫米）	2500英尺/秒（762米/秒）	18英寸（457.2毫米）	16英寸（406.4毫米（a）
12英寸（304.8毫米）	2600英尺/秒（792.5米/秒）	16英寸（406.4毫米）	14英寸（355.6毫米（b）
12英寸（304.8毫米）	2400英尺/秒（731.52米/秒）	13.5英寸（343毫米）	12英寸（304.8毫米（c）
9.2英寸（233.7毫米）	2800英尺/秒（853.4米/秒）	11.5英寸（292.1毫米）	10英寸（254毫米（d）
6英寸（152.4毫米）	2600英尺/秒（792.5米/秒）	4.5英寸（114.3毫米）	4.5英寸（114.3毫米）

注：（a）“印度斯坦”号（Hindustan）[25]；（b）“英王爱德华七世”号；（c）“庄严”号；（d）“英王爱德华七世”号。

早期对被帽穿甲弹的测试在正碰条件下进行，此时被帽与弹体本身表现均很理想。然而火控技术的革命性进展导致交战距离增大很多，从而使实战中炮弹和目标的接触几乎必然以斜碰方式进行。很快海军便发现英制炮弹在此条件下容易破裂。这一点在被帽穿甲弹上尤为明显。在以30°甚至更小的角度命中目标时，装甲厚度一旦与炮弹直径相当，炮弹就会在命中时破裂。造成这一现象的主要原因似乎是炮弹外壳的肩部过硬且过脆，在碰撞时容易折断。若希望贯穿4英寸（约合101.6毫米）克虏伯表面硬化装甲板，且确保炮弹后效发生在装甲后方，则不同炮弹的弹着速度如下所示：

表2-4：不同口径炮弹的弹着速度

口径	弹着速度
12英寸（约合304.8毫米）	1700英尺/秒（约合518.2米/秒）
9.2英寸（约合233.7毫米）	1850英尺/秒（约合563.9米/秒）
7.5英寸（约合190.5毫米）	2000英尺/秒（约合609.6米/秒）

1915年《炮术手册》指出，即使是较薄的钢板也可以有效削弱装填立德炸药的被帽穿甲弹的威力。虽然12英寸（约合304.8毫米）和9.2英寸（约合233.7毫米）炮弹可以30°弹着角击穿1.5英寸（约合38.1毫米）钢板并在其后方爆炸，但13.5英

① 本段主要基于1915年《炮术手册》的内容，但笔者对其进行了缩写和简化。

寸（约合343毫米）和7.5英寸（约合190.5毫米）同种炮弹不能确保同样的表现。在斜碰条件下，就穿甲能力而言，通常装填火药的被帽尖端普通弹更为优越。

表2-5：被帽尖端普通弹在5000码（约合4572米）距离上以30°弹着角上靶条件对克虏伯表面硬化装甲板的击穿能力

火炮	型号	弹着速度	击穿厚度
12英寸（304.8毫米）	马克Ⅷ型	1719英尺/秒（524米/秒）	8.8英寸（223.5毫米）
	马克Ⅸ型	1907英尺/秒（581.3米/秒）	9.7英寸（246.4毫米）
9.2英寸（233.7毫米）	马克Ⅹ型	1826英尺/秒（556.6米/秒）	6.5英寸（165.1毫米）
	马克Ⅺ型	1928英尺/秒（587.7米/秒）	7.0英寸（177.8毫米）
7.5英寸（190.5毫米）	马克Ⅰ型	1640英尺/秒（499.9米/秒）	4.5英寸（114.3毫米）
	马克Ⅱ型	1683英尺/秒（513米/秒）	4.5英寸（114.3毫米）
6英寸（152.4毫米）	马克Ⅶ型	1321英尺/秒（402.6米/秒）	2.0英寸（50.8毫米）
	马克Ⅺ型（尖拱曲径比为2）	1502英尺/秒（457.8米/秒）	3.0英寸（76.2毫米）
	马克Ⅺ型（尖拱曲径比为4）	1746英尺/秒（532.2米/秒）	3.5英寸（88.9毫米）

注意上述结果乃是使用装填盐的炮弹获得的。

在以20°弹着角和1760英尺/秒（约合536.4米/秒）条件命中10英寸（约合254毫米）克虏伯表面硬化装甲板时，一枚“轻型”13.5英寸（约合343毫米）被帽尖端普通弹在击穿装甲弹的过程中爆炸，“并对装甲板正面和背面造成相当的破坏”。6英寸（约合152.4毫米）被帽尖端普通弹以1570英尺/秒（约合478.5米/秒）速度正碰命中3.76英寸（约合95.5毫米）克虏伯表面硬化装甲板时，其爆炸效果完全体现在装甲板背侧，而类似炮弹以1660英尺/秒（约合506.0米/秒）速度击中4英寸（约合101.6毫米）克虏伯表面硬化装甲板时，则在装甲板内部发生爆炸。

装药

虽然被帽穿甲弹（Capped Armour-piercing）颇具潜力，但多年间一系列问题限制了其实际表现。问世后不久被帽穿甲弹内的装药便由火药改为立德炸药，以追求更剧烈的爆炸效果。但立德炸药非常敏感，往往在炮弹穿透厚度与其直径相当的装甲板过程中便发生爆炸，虽然这种情形下也可对装甲板以后区域造成可观破坏，但仍不够理想。立德炸药的敏感性掩盖了克虏伯设计的引信常常发生故障这一事实。一枚被帽穿甲弹在命中较薄装甲板时往往不仅能完成击穿，而且能在继续飞行一段距离后爆炸，例如一枚13.5英寸（约合343毫米）炮弹在击中4英寸（约合101.6毫米）克虏伯表面硬化装甲板后，将在其后方5~18英尺（约合1.52~4.57米）处爆炸。

布尔战争期间英国组织成立了一个由杰出科学家组成的爆炸物委员会，

试图找到供炮弹使用的安全高爆炸药。该委员会对包括TNT炸药在内的多种候选炸药进行了调查，其中TNT炸药据信将被引入德国海军。虽然其爆炸剧烈程度稍弱于立德炸药，但TNT炸药相对稳定，因此可作为穿甲弹装药的潜在候选者。1908年过后军械局（Ordnance Board）对装填TNT炸药的炮弹进行了若干试验，其结果非常理想。但由于克虏伯公司不愿泄露有效引爆TNT炸药的关键技术，如复杂引信的设计细节和增益细节，因此海军无法采用装填TNT炸药的炮弹。鉴于这一情况，军械局于1910年决定在能生产出适合的引信前不应使用TNT炸药作为装药。此外军械局还建议使用大量装填立德炸药的炮弹针对旧式战列舰进行试验，由此引出了前文描述的针对"爱丁堡"号的试验。根据这一系列试验结果，海军获准在13.5英寸（约合343毫米）炮上使用装填立德炸药的被帽穿甲弹。

因此1914年步入战争时，皇家海军共装备3种主要炮弹：（1）装填火药的被帽尖端普通弹，装备弹底引信，该弹种在对付无防护或轻装甲结构时尤为有效；（2）装填立德炸药的被帽穿甲弹（13.5英寸，约合343毫米），按设计该弹应在击穿装甲后爆炸，但实际上该弹往往在击穿过程中爆炸；（3）装填立德炸药的高爆弹，装备弹头引信，主要用于对岸炮轰，该弹种似乎也不如预期那样有效。

柯达无烟药和药库安全

1886年维耶勒（Vielle）和杜滕霍夫（Duttenhoffer）分别在法国和德国独立发明了一种由胶凝硝化纤维制成的发射药。[①]两年后诺贝尔（Nobel）发明了无烟火药（Ballistite），其成分中含有40%~50%的硝化甘油，其余成分则为硝化纤维，其中硝化甘油起溶剂作用。次年（1889年），伍尔维奇兵工厂的弗雷德里克·艾贝尔（Frederick Abel）和乔治·杜瓦（George Dewar）两人生产了一种类似的火药，并将其命名为柯达无烟药。由于其成分与诺贝尔发明的无烟火药近似，因此后者直接起诉了英国政府。起诉及此后的上诉一直迁延至1895年。[②]这一法律问题，以及发生在设于沃尔瑟姆修道院（Waltham Abbey）的硝化甘油生产厂的爆炸事故，导致柯达无烟药直至1893年才开始被引入海军。

马克Ⅰ型柯达无烟药含有58%的硝化甘油、37%的硝化纤维（主要为火棉，含13.1%的氮），以及5%的凡士林油。其中凡士林油起润滑剂作用，但同时能起到一定程度的稳定剂作用：除纯度最高的硝化纤维外，大部分硝化纤维的分解产物均可由凡士林中的不饱和碳氢化合物吸收。马克Ⅰ型柯达无烟药生成的气体温度极高，且极具腐蚀性，因此对炮管的损耗较重。为克服这一问题，海军于1901年采用了第一批MD型柯达无烟药。[③]该型发射药成分为30%

① J Campbell, 'Cordite', Warship 6 (1978).
② 1 MeCallum, The Riddle of the Shells (unpublished).
③ 不过马克Ⅰ型柯达无烟药的生产似乎仍继续了较长时间，至少供较小口径火炮使用的发射药是如此。1916年霍尔顿·希思公司（Holton Heath）就生产过部分该型火药。参见M R Bowditch. 'Cordite-Poole', MOD PE (1983)。

的硝化甘油、65%的硝化纤维（主要为火棉，含13.1%的氮），以及5%的凡士林。该型发射药每克散热较马克Ⅰ型下降1270~1020卡路里。此外海军还怀疑马克Ⅰ型柯达无烟药可能变质并变得不稳定，尽管这一现象对舰只的影响似乎并未被认识到。

一战前的试验及事故

即使是在风帆时代，各国海军也采取了严格的预防措施，以确保药库的安全。随着更为剧烈的柯达无烟药作为发射药引入，一系列有关安全存储的试验随之展开。1891—1892年期间“杰出”号（HMS Excellent）[26]举行了一系列试验，以测试炮弹在提弹井内爆炸的效果。在首次试验中，一枚被引爆的4.7英寸（约合120毫米）炮弹位于提弹井，另有2个4.7英寸（约合120毫米）发射药药筒和一枚同口径炮弹位于提弹井低处。试验中两个发射药药筒均爆炸，但另一枚炮弹并未爆炸。在第二次实验中，一枚被引爆的6英寸（约合152.4毫米）炮弹下方是3个发射药药筒和另一枚炮弹。试验中两个发射药药筒被引爆。在进一步试验中，一串发射药药筒被安放在提弹井中，其中位于上层的药筒以电击发方式被引爆。虽然药筒之间的距离仅为2英尺6英寸（约合0.76米），4.7英寸（约合120毫米）炮药筒（装填火药以及无烟药）均未起火，但6英寸（约合152.4毫米）炮药筒（装填火药）需要8英尺6英寸（约合2.59米）的间隔距离才能保证安全。一个在药库门后方距离库门9英尺6英寸（约合2.9米）处爆炸的发射药药筒则可能摧毁药库门。由此得到的教训如下：任何条件下提弹井都不应与药库直接相连，且提弹井与发射药药筒之间距离应保持至少12英尺（约合3.66米）。

1899年“复仇”号（Revenge）[27]的6英寸（约合152.4毫米）炮药库发生了一起意外爆炸事故，据推测此次事故中一个速射炮发射药药筒自爆，并导致盛放于同一容器内的另外2个药筒爆炸。1906年在“狐狸”号（Fox）[28]上发生过一起类似事故，但此次容器内盛放的4个发射药药筒仅3个发生爆炸。随后在岸上进行的试验显示，一个发射药药筒爆炸并不一定导致同一容器内其他3个药筒爆炸，且必然不会影响相邻容器。盛放在100磅（约合45.4千克）容器内的柯达无烟药仅仅起火燃烧，容器盖子被吹飞，并在3秒内燃烧殆尽。

上述试验和两起事故使得皇家海军确信新发射药不会发生灾难性的药库爆炸事故①。当时海军更担忧的是装填立德炸药的安全性，因此药库被设计在弹库上方。然而此后海军逐渐认识到硝化纤维可能会被分解，并导致自发式爆炸。如果硝化纤维内含有杂质，则分解现象更容易发生。高温会加快分解的速度，因此海军为药库加装了复杂的降温设备，并规定日常需保留药库温度记录。

日俄战争似乎肯定了海军的观点。②俄国战列舰“博罗季诺”号

① E L Atwood, The Modern Warship (Cambridge 1913). 阿特伍德（Atwood）时任战列舰部分领导，在撰写柯达无烟药安全性问题时颇为自得。

② D K Brown, The Russo-Japanese War: Technical Lessons as perceived by the RN.

（Borodino）[29]在对马海战中药库发生爆炸进而沉没（其发射药为硝化纤维），但其细节当时不详①。在1904年8月14日的蔚山海战中，日本装甲巡洋舰"磐手"号的上层甲板炮廓发生一起爆炸事故，爆炸蔓延至下方及后方相邻炮廓。事实上与皇家海军操作规范不同，"磐手"号的6英寸（约合152.4毫米）发射药储存在黄铜容器中，因此可能限制了爆炸的范围。在对马海战中，一枚炮弹在"富士"号[30]后炮塔发生爆炸，引燃了3份12英寸（约合304.8毫米）发射药。幸运的是，炮弹爆炸时炸飞了大部分炮塔顶部，从而使气体得以排出。此外，爆炸中被毁的水管也有助于灭火。

海军部认为已经采取的措施和操作流程可以大幅降低小规模概率，从而防止灾难的发生。然而，此前进行的一两次测试本应让海军部提高警惕。在一次试验中，试验人员堆积了两堆12R容器，然后点燃了储藏在某个位于下层容器内的柯达无烟药。两堆容器中，装有散装柯达无烟药（大小为3.75份）的一堆发生爆炸，并造成一个宽26英尺（约合7.92米）深9英尺（约合2.74米）的弹坑。该堆中柯达无烟药仅被容器约束。另一堆容器内则装有12英寸（约合304.8毫米）药桶，这一堆中仅装载被引燃发射药的容器起火，并导致其他容器被抛飞。

上述可能正是海勒姆·马克西姆（Hiram Maxim）曾提到的试验：

在高官们宣称英制柯达无烟药不会爆炸后，我很快宣称只要数量足够多，该种火药便会爆炸。我将250磅（约合113.4千克）火药置于由薄铁皮制成的容器中，然后用大威力雷管将其引爆。其爆炸效果与硝化甘油完全一致，并在地面造成一个深坑。这次试验后，政府专家们主持进行了另一次试验，试图推翻我的论调。这一次他们动用了大量柯达无烟药，我推测大概有2吨之多。所有柯达无烟药被堆积在普伦斯德（Plumstead）[31]的湿地上，然后直接从顶部点燃。起初无烟药燃烧的情形和脂松刨花类似，随后发出嘶嘶声，火势迅速变大。在约半吨柯达无烟药烧尽后，剩余发射药发生了爆炸，其情形与炸药爆炸如出一辙，并在松软的地面上造成一个深15英尺（约合4.57米）、直径24英尺（约合7.32米）的大坑，同时还对附近房屋造成相当程度的破坏。②

表2-6：第一次世界大战前在舰上发生的其他事故[32]

	国籍	时间	发射药种类	备注
"缅因"号（Maine）	美国	1898年	火药	当时认为该舰遭到破坏③
"三笠"号	日本	1905年	柯达无烟药	可能由船员造成的事故引发
"阿基达邦"号（Aquidaban）	巴西	1906年	柯达无烟药	—
"耶拿"号（Iena）	法国	1907年	BN硝化纤维	—
"松岛"号	日本	1908年	柯达无烟药	原因不详
"自由"号（Liberté）	法国	1911年	硝化纤维	—

① 根据该舰唯一幸存者的回忆所总结的记录显示，该舰当时发生的可能是一次低速爆炸。

② 致美国国务卿的信，1911年1月17日。感谢麦卡勒姆分享这一信息。

③ I S Hansen and D M Wegner, 'Cemenary of the Destruction of USS Maine', Naval Engineers'Journal (March 1988).

除上表记录的事故外，日本装甲巡洋舰“日进”号也发生过爆炸（虽然此次爆炸起初被视为一起事故，但此后有人自首称其破坏行为导致了爆炸。然而笔者对所有归因于“破坏”的理由均表示怀疑）。此外，美国海军“奇尔沙治”号（Kearsage）以及“密苏里”号（Missouri）在1904年发生过爆炸[33]，但其细节不详。法国海军使用的BN为布兰奇—努韦勒（Blanche Nouvelle）的缩写，其成分仅为硝化纤维。该发射药在法国、沙俄和美国海军中颇受欢迎。发生在“耶拿”号和“自由”号上的事故似乎反而肯定了皇家海军的观点，即柯达无烟药很安全。

就发射药安全性所进行的试验、对事故结果的解读，以及对外国实战经验的研究而言，本书堪称仔细和全面。之后的章节将对第一次世界大战中的实战经验进行讨论，此处仅需指出，实战经验显示包括战前试验在内的诸项研究准确地预测了发射药爆炸所造成的破坏。然而这一系列试验仍存在两处空白：一是没有试验在封闭空间内引燃大量柯达无烟药的效果（普伦斯德试验本应为海军敲响警钟），二是没有对完整的炮塔—提弹井—药库结构进行试验。①

① 1914年拆解的旧式战列舰“声望”号本可用于进行类似试验。更有可能的是选择一艘“老人星”级（Canopus）进行试验。[34]

译注

1.指1805年特拉法尔加海战。
2.隶属“贝尔岛”级铁甲舰，1876年下水。
3.隶属“巨人”级铁甲舰，1882年下水。
4.隶属“庄严”级前无畏舰，1895年下水。
5.1898年。
6.隶属“巨人”级铁甲舰，1885年下水。
7.日德兰海战期间上校以少将军衔出任第2战列巡洋舰中队指挥官，在当日双方参战官兵中，他可能是唯一此前曾目睹战舰在战斗中殉爆的人。
8.两次大战期间设计的“利安德”级轻巡洋舰仍采用这一危险设计。这一设计可能导致海水迅速灌满一侧的船舱尤其是锅炉舱或轮机舱，从而造成较大的力矩，且难以通过反向注水之类的手段实现扶正。
9.这也是费舍尔坚持无畏舰副炮口径不应超过4英寸（约合101.6毫米）的原因之一，然而英国主力舰的副炮口径最终还是慢慢攀升到更大口径，如“伊丽莎白女王”级和“皇权”级战列舰装备的152.4毫米副炮和“胡德”号装备的140毫米副炮。不过应该注意的是，此时副炮所针对的目标早已不是对方主力舰。
10.Calibre Radius Head，即炮弹弹头部分纵向曲率半径与炮弹口径之比。
11.该舰隶属“皇权”级前无畏舰，1891年下水。
12.隶属“城”级轻巡洋舰，1909年下水。
13.考虑到主力舰参战这一条件，作者所指应为1942年11月13日和15日凌晨的两场瓜岛夜战。战斗中日方“雾岛”号和美方“南达科他”号战列舰分别遭敌方中口径舰炮集中射击，伤痕累累。
14.“朱庇特”号隶属“猎户座”级。
15.当时皇家海军所采用的发射药。
16.英国有时用重量表示钢板厚度，1英寸（约合25.4毫米）钢板对应的重量约为40磅。此处5磅或8磅应分别对应1/8英寸或1/5英寸，即约3.2毫米或5.1毫米。
17.“雪貂”号于1893年下水。
18.该舰于1936年被拆解。
19.日俄战争随舰观察团报告。
20.第51页的原注①和原注②位置似乎有误，但原文如此。
21.亦作“Tsesarevich”，由法国建造的前无畏舰。1904年2月8日至9日夜间日本海军对旅顺的夜袭中，该舰被鱼雷命中左舷后部防鱼雷舱壁，并出现18° 侧倾。该舰此后启动，但在港口入口处搁浅。日后该舰脱浅并在旅顺港内接受维修，直至6月7日。
22.隶属“皇权”号前无畏舰，不过与姊妹舰相比稍有修改。
23.隶属“阿波罗”级防护巡洋舰。
24.其弹体为铸铁，弹头则是经过冷处理硬化的铸铁。
25.隶属“英王爱德华七世”级前无畏舰。
26.“杰出”号实际并非某艘舰船，而是设于朴次茅斯的一处皇家海军岸上设施，即皇家海军炮术学校。
27.隶属“皇权”级前无畏舰，1892年下水。
28.隶属“正义女神”级二等巡洋舰，1893年下水。
29.前无畏舰，“皇太子”级的改进型。
30.前无畏舰，由英国制造，1896年下水。
31.位于伍尔维奇兵工厂以东，当地居民主要是各兵工厂工人。
32.“缅因”号装甲巡洋舰或二等战列舰，1889年下水，1898年因发射药爆炸沉没。“三笠”号前无畏舰，1900年下水，1905年起火且药库爆炸，坐沉于锚地，后被打捞继续服役。1923年退役后改为纪念馆开放至今。“阿基达邦”号铁甲舰，1885年下水，1906年因药库爆炸沉没。“耶拿”号前无畏舰，1898年下水，1907年因发射药陈旧分解导致弹药库爆炸被毁。“松岛”号防护巡洋舰，1890年下水，1908年因弹药库爆炸倾覆沉没。“自由”号前无畏舰，1905年下水，1911年因弹药库爆炸被毁。
33.分别隶属“奇尔沙治”级和“缅因”级前无畏舰。1906年“奇尔沙治”号上发射药起火，并造成人员伤亡。1904年“密苏里”号因主炮回火导致3份发射药起火，造成人员伤亡。
34.这里的“声望”号是一艘二等前无畏舰，曾被费舍尔选作旗舰。费舍尔对该舰性能非常欣赏，其日后对无畏舰的构想在一定程度上便是受该舰的影响。“老人星”级为前无畏舰。

第二部分

战前设计

3 战列舰

① D K Brown, Warrior to Dreadnought, Ch 11.
② 同本页原注1。

几乎所有现役皇家海军和海军部高级军官都对“无畏”号的成功欣喜不已，然而该舰的理念却遭到很多退役军官以及海军事务写手的攻击。①很多人谴责海军部主动挑起了设计上的革命，从而使皇家海军中的大量旧式舰只迅速过时[1]。然而无论如何评说都已经太晚。潘多拉的盒子已经打开。就做出“主力舰设计革命已经不可避免”这一判断而言，费舍尔和他的团队几乎立于不败之地，而推出“无畏”号的时机也很恰当：随着沙俄海军舰队在日俄战争中几乎被全歼，潜在对手的数目也随之大大缩减。英国在涡轮轮机系统上的技术优势也使得向“无畏”号理念的转变不仅完全可以承受，而且很及时。

“无畏”号问世后，“弹雨学派”在海军内外的支持者仍为数众多。这一派理论的支持者认为战舰副炮的速射炮火能够使敌方战列舰迅速瘫痪，然后我方主力舰可在近距离处利用12英寸（约合304.8毫米）穿甲弹将其从容地击沉。关于对马海战中沙俄舰队便是被此种方式瘫痪的论调在当时颇有市场。然而在对海战经过进行仔细研究后即可发现，实战表现并不能支撑上述论调。日俄战争中另一场大规模海战——1904年7月10日爆发的黄海海战——更鲜明地突出了大口径主炮的优越性。②海军部准备了两份密级相当高、仅在小范围内传播的文件，并由此统一了海军部内高级参谋们的观点。从性质上来说，这两份文件可

停泊在斯卡帕湾的“伊丽莎白女王”号。注意由于经常进水，该舰主甲板后部炮廓内的副炮已被拆除。该舰烟囱和桅杆上的三角形物体用于妨碍敌方测距仪的工作，其原理是加大确认垂线的难度。不过这种把戏仅对双象重合测距仪有效，对于德制立体镜测距仪毫无用处（作者本人收藏）。[2]

能都是摘要性的简报，其意图是充实读者的论据库，使读者可以使用充分的事实来为全重型主炮舰只辩护。这两份文件主要出自杰里科的手笔，当时他任海军军械总监一职。时任海军建造总监的菲利普·沃茨以及海军审计长对其也有贡献。下文将总结两份文件的主要内容。①

由于两份文件构成了针对无畏舰批评意见的有力驳斥，且海军部内部对此几乎没有反对意见，因此附录1大范围引用了两份文件的原文。随着交战距离增大，重型主炮的命中次数将显著提高，且命中后造成的破坏也严重得多。大多数论证对战列巡洋舰同样有效，但仍有很多人认为9.2英寸（约合233.7毫米）炮更适合该舰种（详见第4章）。对巡洋舰而言，质量和数量之间的权衡与战列舰应有区别。[3]

① 'The Building Programme of the British Navy', Tweedmouth Papers, MoD Library(极密——原文如此——仅印刷12份)；'HM Ships Dreadnought and Invincible'(绝密，25份)。

体积增加

嘲讽"无畏"号体积和造价过度增加的批评者显然是错的。该舰仅比前一艘战列舰"阿伽门农"号（Agamemnon）稍大和稍贵[4]。威廉·怀特的批评意见则较为微妙。他认为"无畏"号将是灾难的开端，后续舰只的大小和造价都将迅速增加。据下图显示，他对趋势的预言在一定程度上的确应验了。"无畏"号的两级后续战列舰[5]体积仅稍微增大，同时其造价反而降低。事实上，"无畏"号自身倒是颇为昂贵，其原因很可能是建造过程中需要工人长时间加班——加班的昂贵不仅体现在直接支出上，而且意味着生产率下降。

纳入1909年造舰计划的"猎户座"级造价较此前明显上升，该级舰首次引入13.5英寸（约合343毫米）主炮。此后两级舰[6]的造价仅平稳上升。"伊丽莎白女王"级的造价则再次大幅上升。该级舰不仅引入15英寸（约合381毫米）主炮，而且其航速和动力大幅提升（改用燃油作为燃料可能也导致造价增加）。列入1913年预算的"皇权"级战列舰每吨平均造价较高，不过这也许是战时通货膨胀的体现。虽然造价提升的速度总体而言并不快，但8年间战列舰的造价从160万英镑提升到了200万英镑，增幅为25%。

图表3-1：战列舰排水量及造价

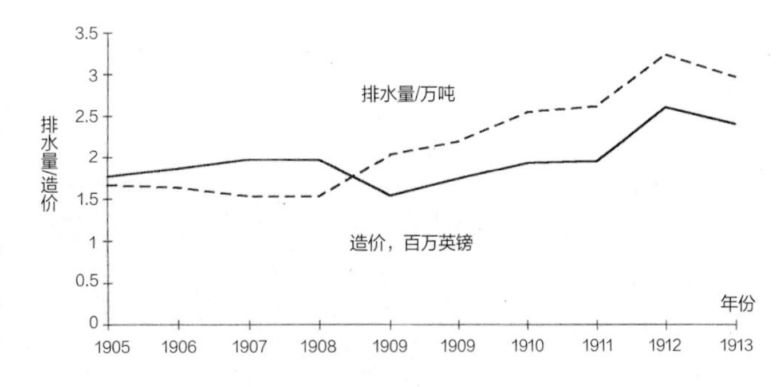

主炮

导致战列舰体积增大和造价上升的主要因素是口径更大的主炮，这相应地要求用更厚的装甲覆盖更长的舰体，要求采用更大的舰体以承受主炮的重量并提供足够的主炮间隔，以防止炮口风暴的影响。大体而言，上文中支持“全重型主炮”的论据也大致可用于论证使用口径更大、威力更强的主炮的必要性。[①]

表3-1：战列舰和战列巡洋舰主炮

马克Ⅹ型12英寸（约合304.8毫米）炮，45倍径	“无畏”号、“柏勒洛丰”级（Bellerophon）、“无敌”级（Invincible）、“不倦”级（Indefatigable）
马克Ⅺ型12英寸（约合304.8毫米）炮，50倍径	“圣文森特”级(St Vincent)、“海王星”号、“巨人”级（Colossus）
马克5型13.5英寸（约合343毫米）炮［1250磅（约合567千克）炮弹］	“猎户座”级、“狮”级（Lion）
马克5型13.5英寸（约合343毫米）炮［1400磅（约合635千克）炮弹］	“英王乔治五世”级、“铁公爵”级、“玛丽女王”号（Queen Mary）、“虎”号
马克Ⅰ型15英寸（约合381毫米）炮	“伊丽莎白女王”级、“皇权”级、“声望”级、“勇敢”级、“胡德”号
马克Ⅰ型18英寸（约合457.2毫米）炮	“暴怒”号（Furious）

“无敌”号装备的马克Ⅹ型12英寸（约合304.8毫米）炮起初使用尖拱曲径比为2的弹头，但自1916年起换用尖拱曲径比为4的弹头。表3–2显示了不同主炮的穿甲能力，但英制炮弹往往在命中目标时破裂，或未击穿厚装甲即已爆炸，详见本书第11章。[②]

表3-2：各炮不同弹种穿甲能力数据

	穿甲厚度（对克虏伯表面硬化装甲板）		装药重量	
火炮（弹重）	被帽穿甲弹	被帽尖端普通弹	被帽穿甲弹*	被帽尖端普通弹**
马克Ⅹ型12英寸（约合304.8毫米）炮［弹重850磅（约合385.6千克）］	8.0英寸（203.2毫米	6.0英寸（152.4毫米）	26.7磅（12.1千克）	80.0磅（36.3千克）
马克Ⅺ型12英寸（约合304.8毫米）炮［弹重850磅（约合385.6千克）］	9.0英寸（228.6毫米）	8.0英寸（203.2毫米）	27.3磅（12.4千克）	80.0磅（36.3千克）
13.5英寸（约合343毫米）炮［弹重1250磅（约合567千克）］	10.6英寸（269.2毫米）	9.0英寸（228.6毫米）	40.0磅（18.1千克）	117.3磅（53.2千克）
13.5英寸（约合343毫米）炮［弹重1400磅（约合635千克）］	11.7英寸（297.2毫米）	10.7英寸（271.8毫米）	44.5磅（20.2千克）	117.3磅（53.2千克）
15英寸（约合381毫米）炮［弹重1920磅（约合870.9千克）］	13.4英寸（340.4毫米）	11.7英寸（297.2毫米）	60.7磅（27.5千克）	131.9磅（59.8千克）

注*：装填立德炸药。
注**：装填火药。

综合看来12英寸（约合304.8毫米）炮的测试结果最好，但应注意该炮数据未提及测试时的中弹角。其他主炮的数据均根据正常测试结果，基于中弹角较垂直偏转30° 这一假设计算。[③]较大口径火炮炮弹的装药量要比较小口径的炮弹大得多。各炮的射速差别不大。考虑到校射的需要，各炮的射速大约均为每分钟1发，但在必要时可以实现每分钟两发。

① Carnpbell, 'British Naval Guns', Warship 17, 18, 19 (1981).
② Gunnery Manual 1915. MoD Library.
③ 可能未安装引信，也可能没有装填炸药或火药。

上层甲板布局

已有文献对设计过程中炮口风暴、桅杆、小艇布置等因素之间的相互作用进行过详细研究。①不过如本书第1章所述，上甲板布局乃是战列舰设计的起点，因此此处仍有必要对其进行简述。“无畏”号拥有早期火控系统的一切要素，例如设于刚性三角桅上的大型校射桅楼，其内安装新式9英尺（约合2.74米）[7]测距仪以及一对杜莫瑞克变距率盘（Dumaresq）[8]，后者将所得数据传输至设于发送台（Transmission Station）的维克斯距离钟（Vickers Clock）[9]。在设计“无畏”号的过程中，设计师特意对火控系统各组成部分以及炮塔之间的联络线路加以保护，并在信号平台上设置了后备火控站，尽管后者几乎没有实际价值。然而该舰桅杆位于烟囱之后，由此带来的热量不仅导致桅楼不易接近，而且使其能见度大受影响，当风从舰艉方向吹来时上述影响尤为恶劣。

考虑到随后设计大致相同的“柏勒洛丰”级和“圣文森特”级的桅杆布局均与“无畏”号不同，因此上述问题显然在后者尚未完工时便已经被察觉。设有校射桅楼的前桅被移至烟囱前方，但与之类似的另一桅杆和后备桅顶位于两个烟囱之间，因此几乎同样毫无用处。“无敌”级战列巡洋舰的前桅设计与“柏勒洛丰”级、“圣文森特”级类似，其主桅位于所有烟囱之后。

“海王星”号（列入1908年造舰计划）的上层甲板布局则颇为怪异。其舷侧炮塔交错排列，从而理论上可以跨甲板向两舷射击，同时其舰体长度仅增加10英尺（约合3米）。为达到这一目的，该舰的小艇被置于其舯部炮塔[11]上方的

① J Brooks, 'The Mast and Funnel Question', Warship 1995 (1995).

“前卫”号。该照片清晰地显示了在布置无畏舰上层建筑时的困难。如果舷侧炮塔在偏离中线不足30°的角度射击，其产生的炮口风暴可能导致舰体结构受损。该舰前桅及其桅楼恰好位于烟囱前方，然而主桅及布置在其上的后备校射桅楼处于前烟囱的废气流之中，因此几乎毫无用处。“前卫”号在1917年7月因药库意外爆炸而沉没（详见本书第11章）（世界船舶学会收藏）。[10]

无畏舰上层甲板布局

本部分选择若干线图［由珀金斯（R Perkins）提供］用以说明无畏舰所面临的上层甲板布局问题。重型主炮以及副炮的炮口风暴不仅可能会伤害各控制站的暴露人员，而且可能经由炮塔顶部的瞄准镜罩伤害其他炮塔内的炮组成员，后者很可能是因为早期各舰上未采用背负式炮塔布局。由于加长有装甲防护的要害区代价高昂，因此烟囱和桅杆的布局颇为拥挤。这导致在很多舰只上，校射桅楼处于烟囱喷出的高温、稠密的废气流中。此外，舰载小艇的存储和操作便利性也相当重要。

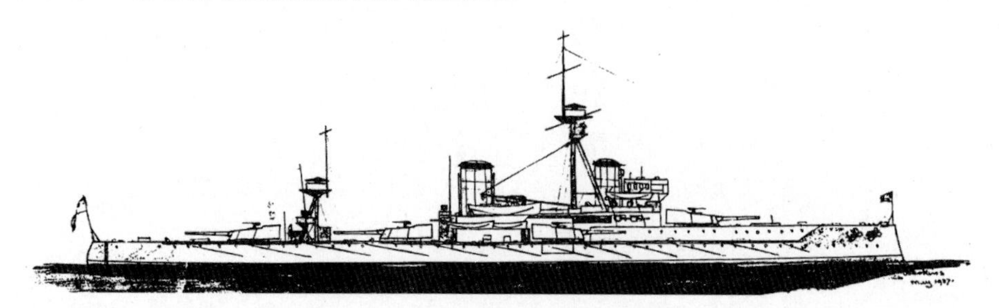

“无畏”号。在一定程度上，该舰的布局乃是由“阿伽门农”号改进而来的，后者上的 9.2 英寸（约合 233.7 毫米）火炮炮位在前者上被 12 英寸（约合 304.8 毫米）主炮炮塔所取代。根据杰里科的提议，该舰的桅杆被设于烟囱后方，以利于操作舰载小艇。这常常使烟囱喷出的高温和烟气导致前桅桅楼的环境令人无法忍受。

“圣文森特”号。该舰的布局与“无畏”号非常相似，但其前桅设于烟囱前方。其后桅上设有后备火控站，可是其表现无法使人满意。

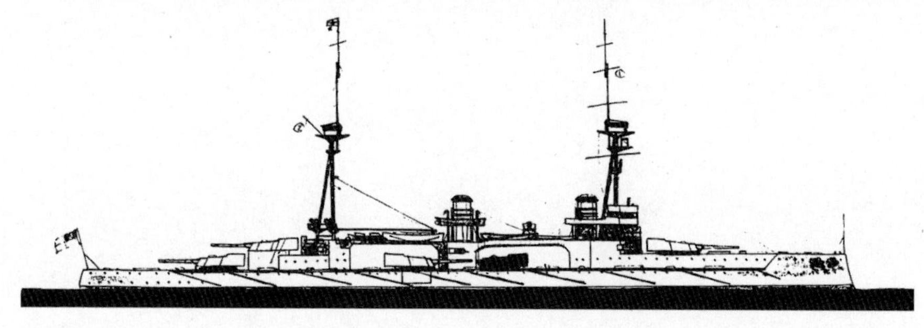

“海王星”号。由于舰载小艇被安排在位于炮塔上方的顶甲板（Flying Deck）上，因此该舰的长度有所缩短。然而一旦小艇及顶甲板受损，其下方的炮塔就很可能无法运转。按原先设计意图，舷侧炮塔应拥有跨甲板射击的能力，但在实战中炮口风暴的威力使这一设想无法实现。

“巨人”号。该舰不仅继承了“海王星”号的所有缺点，而且其主火控站再次被置于烟囱后方。

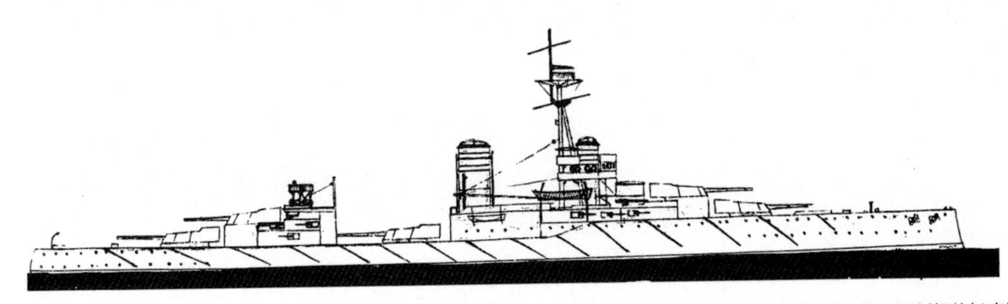

“猎户座”号。由于引入了13.5英寸（约合343毫米）主炮及相应更大的炮塔，因此各炮之间的距离需相应加大。为了限制舰体长度增加，该舰引入背负式炮塔设计。不过其中位于较高处的炮塔不能向中线两侧各30°角范围内射击。

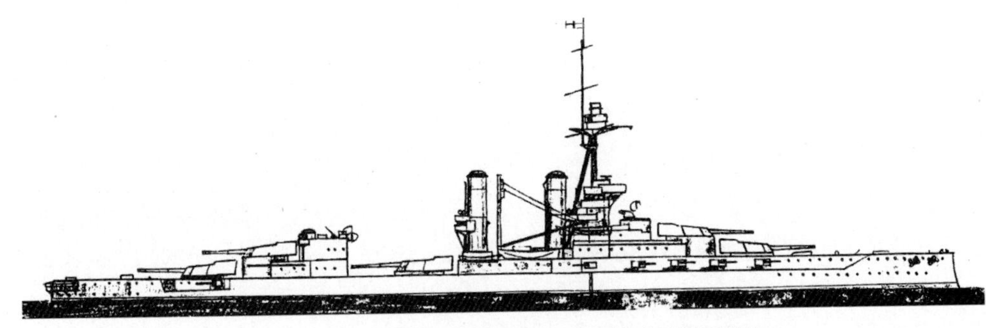

“铁公爵”号。为了布置副炮，舰体长度被进一步拉长。这意味着终于有更多的空间妥善布置桅杆和烟囱。

“不倦”号。较此前“无敌”号战列巡洋舰更长的舰体使得跨甲板射击成为可能，但进行这种射击需接受甲板受损的代价。

“狮”级。在那些桅楼设于烟囱后方的战列舰上，烟囱排出的高温气体已经造成足够多的问题，然而在主机功率更高的战列巡洋舰上类似布置引发的问题更为严重。从烟囱喷出的热气温度高达550摄氏度，因此不得不对图中所示布置进行改造。为此耗资6.8万英镑。

顶甲板上。然而一旦该甲板受损坍塌，甲板残骸便很可能落在炮塔上，因此这种布置的潜在风险颇大。类似的，该舰的舰桥也被布置在司令塔正上方，因此如果较轻的舰桥坍塌，司令塔的运作也会受到阻碍。该舰的两座艉炮塔采用背负式布局，但其X炮塔[12]无法设计在舰艉两侧30° 范围内，否则炮口风暴将沿低处炮塔上的瞄准镜罩进入炮塔内部。该舰前部的窄三脚桅位于前烟囱前方，其主桅则位于烟囱后方较远处。然而在实际操作中发现跨甲板射击可能对甲板造成过重伤害，所以只能在紧急情况下实施，因此上述布置大部分是白费苦心。“海王星”号也是第一艘在完工时即装备指挥仪的战舰，其指挥仪位于前桅桅楼下方。

至1908年海军意识到各舰校射桅楼所存在的问题已经在实践中充分暴露。本土舰队（Home Fleet）总指挥布里奇曼爵士（Sir Francis Bridgeman）建议，由于桅杆存在风险，因此校射应从司令塔上方一处有装甲防护的位置开始进行。将校射桅楼设于高处的优点首先自然是较远的水天线距离，这一距离大致与桅杆高度的平方根成正比。但也有观点认为，在北海（North Sea）典型天气条件下，水天线无论如何都难以看清①。一座妥善设置的桅楼应既不被烟囱排出的烟气影响，又不被战斗中因起火导致的烟气影响。

“巨人”号和“大力神”号（Hercules）（列入1909年造舰计划）重新采用了与“无畏”号类似的单一桅楼布置，但在司令塔顶部加装了校射塔，并为其提供了6英寸（约合152.4毫米）装甲防护。炮塔的布置方式则与“海王星”号类似。虽然该舰舰桥位于司令塔上方，但由于舰桥、前烟囱和桅杆之间距离太近，因此热和烟气对两处校射设施的影响仍不可避免。由于装备的雅罗式锅炉

① 这一论点在设计现役的“城堡”级（Castle）近海巡逻舰（Offshore Patrol Vessel，OPV）时也被加以考虑。不过根据完善得多的统计数据，最终结论是即使在北海天气条件下，桅杆瞭望台（Crow's Nest）也有其价值。[13]

“海王星”号体现了在布置炮塔和上层建筑时更扭曲的尝试。舯部炮塔在跨甲板射击时可能对舰体造成破坏，此外一旦其上方顶部甲板被击中，舯部炮塔本身就很可能无法运转（感谢罗伯茨提供）。

排出的废气温度更高，因此这一问题在“大力神”号上尤其严重。1912年提升烟囱高度的改动虽然改善了舰桥的环境，但是桅楼的问题愈发严重。

“猎户座”级引入了13.5英寸（343毫米）主炮，因此其体积明显增大。为了限制体积的增幅，该舰前部和后部均采用背负式炮塔设计，尽管为防止炮口风暴对较低处炮塔的影响，位于较高处的炮塔不能向中线附近角度射击。该级舰唯一的桅杆及桅楼设在前烟囱之后，因此仍受传统的烟气和热的问题困扰，但得益于舰体加长，舰桥被布置在司令塔之后位置——至少在战争中延伸舰桥前是如此。

由于蒸汽动力系统功率显著增大[14]，“狮”级战列巡洋舰原布置于其前两座烟囱之间的三脚桅环境相当不适宜人员驻守，为此不得不耗资6万英镑对其实施改造，在舰桥和烟囱之间设立一单杆桅（参见第67页的线图）。此后为承担指挥仪的重量，又将单杆桅改造为三脚桅。

马克Ⅰ型13.5英寸（约合343毫米）主炮双联装炮塔内左炮炮尾特写，可能摄于“猎户座”号（作者本人收藏）。

“英王乔治五世”级的炮塔布置与“猎户座”号基本一致，并在烟囱前方设有一单杆桅。随着指挥仪的引入，该级舰的3号和4号舰[16]在建造时便被改建为较窄的三脚桅，1号和2号舰[17]则在此后接受改造。“铁公爵”级的舰体进一步加长25英尺（约合7.62米），并且在完工时就已安装合适的三脚桅。至此英国设计师们终于达成了正确的布局风格，这一风格也延续到此后的“伊丽莎白女王”级和“皇权”级上，在这两级战列舰上还取消了舯部炮塔。为了达成令人满意

“征服者”号。该舰的B炮塔和X炮塔可相应地跨越A炮塔和Y炮塔进行射击。然而由于开炮时炮口风暴可能经由瞄准镜罩（照片中各炮塔顶部前沿物体）进入位置较低处的炮塔，因此B和X两炮塔无法向中线及附近角度射击。该舰的前桅和桅楼布置在前烟囱之后，因此暴露在烟气和高温之下（世界船舶学会收藏）。[15]

"百夫长"号。该舰的烟囱和桅杆已经设在合适的位置，但其瞄准镜罩仍位于原处（作者本人收藏）。

的布局所耗时间之长，这无疑令人惊讶。其关键原因之一是海军军械总监坚持保留摄于炮塔顶部的瞄准镜罩，另一原因则是杰里科过于强调与操作舰载小艇有关设施的布局。前述不甚圆满的设计代价甚高，其影响包括削弱火力、侵害防雷系统，甚至可能包括增加成本。先后担任海军军械总监和审计长的杰里科无疑应为早期各舰的布局缺陷负主要责任。此外，另一因素也可能对此有所贡献。在稳定发展一支舰队的过程中，通常较理想的方式是汲取早先一级设计中的经验教训，并在后继各级中加以改进。然而在本书讨论的那个年代，海军部几乎每年都会推出新设计。考虑到平均建造时间为2.5年，因此当设计新一级战列舰时，至少前两级设计的教训无法被获得。

副炮

杰里科在其为全重型主炮战舰辩护的论文中，明确指出除用于反鱼雷艇的武器外，任何口径小于12英寸（约合304.8毫米）的武器都毫无用处。[①]他还声称："或许可以假设，未来战列舰上将不再在主甲板上以单装方式安装6英寸（约合152.4毫米）炮。然而如果该口径炮的确再次被引入，那么大概会和其他大口径火炮一样以双联装（成对）炮塔的形式出现，并被布置在上甲板上。"——虽然在上述论文中他同样明确指出，在主炮炮口风暴范围之外的上甲板上已经没有其他空间可用于布置火炮。有人或许会注意到所有德制无畏舰均装有150毫米副炮。"虎"号档案集（Ship's Cover）中的一篇文档显示，德制战舰上的150毫米副炮主要用于摧毁英国反鱼雷艇火力，从而方便己方实施鱼雷

① 'HM Ships Dreadnought &Invincible'. Tweedmouth Papers, MoD Library（该文由杰里科撰写，沃茨对此也有贡献）。

攻击。至1909年，由于鱼雷射程因引入加热器而显著增加，以及驱逐舰的体积增大，因此引入更大口径的副炮似乎确有必要，马克·克尔上将（Mark Kerr）在当年6月27日致沃茨的信中便指出了这一点。[①]然而，上将支持再次引入6英寸（约合152.4毫米）炮的部分理由仍基于陈旧且被抛弃的理论——6英寸（约合152.4毫米）炮形成的“弹雨”对敌战列舰的作用，另一部分理由才是远距离反鱼雷艇武器。克尔声称他的观点已经在现役军官中获得可观支持，而且他对自己的论断颇具信心。海军大臣麦克纳[18]（McKenna）被此论断打动，遂要求海军建造总监对此加以研究。

由此诞生的“铁公爵”级排水量比装备4英寸（约合101.6毫米）炮作为反鱼雷艇武器的“英王乔治五世”级高约2000吨。后者的平均造价为193万英镑，而“铁公爵”级为200万英镑。造价差异主要是因为6英寸（约合152.4毫米）炮的引入[②]，不过“铁公爵”级上加装的鱼雷设备以及更高的储油量对造价增加也有所贡献。虽然新的6英寸（约合152.4毫米）炮布置在炮廓中，但为容纳这些火炮，“铁公爵”级的舰体长度仍较“英王乔治五世”级长25英尺（约合7.62米）。由于位置过于靠前，因此海水常常经由炮廓进入舰体。此后有意见认为6英寸（约合152.4毫米）炮组不仅用处有限，而且有害舰只安全。

日德兰海战（Jutland）中副炮的效力

日德兰海战中双方主力舰副炮弹药消耗量对比如下[③][19]：

表3-3

	6英寸（152.4毫米）	4英寸（101.6毫米）	—
英方	850	192	—
	5.9英寸（150毫米）	3.5英寸（88毫米）	6.7英寸（170毫米）
德方	3135	282	95

主力舰副炮取得的命中次数为：

表3-4

目标	由英方获得	由德方获得
战列舰	0	9
巡洋舰	0	10
驱逐舰	4	18

对海战中沉没舰只的命中次数只能依靠估计（由坎贝尔完成），但其量级大致正确。由此计算的英方副炮的命中率为0.5%，德方为1.0%。对依靠人力操作、位置因靠近水线而能见度很差的火炮而言，命中的可能性几乎为0。对较

① O Parkes, British Battleships (London 1956), quoting Admiral Mark Kerr, 'The Navy in my Time'.
② “铁公爵”号装备的是马克Ⅶ型，此后战列舰装备的是马克Ⅻ型。
③ J Campbell, Jutland (London 1986), p358.

重、炮管较长的6英寸（约合152.4毫米）45倍径火炮而言，惯性导致其难以迅速旋转和俯仰，在舰只发生纵摆、横摇以及进行转向时则更为困难。副炮通常在7500~8000码（约合6858~7315.2米）距离上开火。德方记录显示英国战列舰对德方鱼雷艇的射击并不十分有效。①对此成绩唯一的争议只能是战后安装的副炮火控指挥仪能否使命中率或命中次数明显提高。

① Campbell, Jutland, p213.

海战中双方副炮对主力舰造成的破坏都很轻微，唯一的例外是直接命中“厌战”号（Warspite）Y炮塔左侧15英寸（约合381毫米）主炮的一枚炮弹，该次命中直接导致该炮无法运作。巡洋舰“史诗女神”号被“边疆伯爵”号（Markgraf）[20]所发射的5枚150毫米炮击中，导致前者的2门4英寸（约合101.6毫米）炮无法运作。装甲巡洋舰“防守”号（Defence）[21]遭到若干德国战舰150毫米炮集火攻击，但与“武士”号（Warrior）[22]类似，其中弹次数以及由此造成的损伤无法确认[23]。各驱逐舰中，“阿卡斯塔”号于18时20分被德国战列巡洋舰所发射的2枚150毫米炮弹命中，导致其唯一的轮机舱停转。该舰后来不得不被拖曳回港口。“布罗克”号（Broke）则被9枚150毫米炮弹命中，其中1~2枚来自战列舰“威斯特法伦”号（Westfalen）[24]。虽然遭到重创，但该舰还是依靠自身动力返航。“莫尔人”号（Moorsom）和“突击”号（Onslaught）均被1枚炮弹命中，但未受严重损害。“昂斯洛”号（Onslow）则在遭到战列巡洋舰“吕佐夫”号（Lutzow）[25]所发射的3枚150毫米炮弹命中后受重创，最终被拖曳回港口。“爆竹”号（Petard）被“威斯特法伦”号所发射的炮弹命中4次，但仅其航速略

战争之初的“铁公爵”号。该舰被杰里科选为大舰队旗舰。与“英王乔治五世”级相比，该舰的主要区别是引入了6英寸（约合152.4毫米）副炮。这一改变代价高昂，且存在潜在危险（国家海事博物馆收藏）。

"朱庇特"号射击中的4英寸(约合101.6毫米)副炮就阻止驱逐舰而言,该炮的31磅(约合14千克)弹丸显得略小(作者本人收藏)。

微下降。"鼠海豚"号(Propoise)被战列舰"波兹南"号(Posen)[26]或"奥尔登堡"号(Oldenburg)[27]命中2次。海战中失去动力的"内斯特"号(Nestor)和"游牧民"号(Nomad)则被德国战列舰的150毫米炮击沉。

德国方面,V48号被驱逐舰"鲨鱼"号(Shark)命中进而失去动力,此后又被战列舰"刚勇"号(Valiant)的6英寸(约合152.4毫米)炮命中。G41号被英国战列舰所发射的1枚6英寸(约合152.4毫米)炮弹命中艏楼并因此减速,S51号于19时30分被英国战列舰所发射的1枚6英寸(约合152.4毫米)炮弹命中,并因此损失一座锅炉。差不多与此同时,V28号前部被命中并因此减速。总而言之,为数不多的几次命中所造成的破坏颇为有限,但战列舰"莱茵兰"号(Rheinland)[28]曾被"黑王子"号所发射的2枚6英寸(约合152.4毫米)炮弹命中,其中1枚造成大规模轻微破坏。

凡事总有例外。"威斯特法伦"号的副炮乃至88毫米炮都实现了惊人的射击精度,这一成绩应部分归功于其对探照灯的熟练运用。注意德国海军曾对失去动力的驱逐舰V4号发射35枚88毫米炮弹试图将其击沉,但未获成功。

副炮的危害

副炮炮组通常沿舰体两侧布置,且其位置靠近水线,因此不仅有进水的风险，还有起火及爆炸的风险。日德兰海战结束后，1916年6月1日战列巡洋舰“塞德利兹”号（Seydlitz）[29]吃水很深，以致海水经由炮门进入船体。此时该舰几近沉没。危险最大的是“铁公爵”级和“伊丽莎白女王”级上安装在主甲板后部的副炮。两级舰上副炮的位置离水线非常近，以至于正常航行时都有可能进水。一旦两级舰后部受创，海水必然直接进入船体深处。此外，安装在这一位置的副炮在实战中几乎毫无用处，因此不久后便被移至艏楼甲板。

为副炮炮组提供的装甲仅限于中等厚度，其典型值为6英寸（约合152.4毫米），因此可以被战列舰主炮在任何距离上击穿。在这一薄弱防护之后的是相当数量的备便弹药，更多的弹药则处于从药库和弹库提升的过程中。一旦被击穿，其可能的后果在“马来亚”号（Malaya）[30]上得到了鲜活的展示。该舰在海战中起火，几乎沉没。日德兰海战当天下午5时30分，一枚大口径半穿甲弹（SAP）以20°~26°弹着角击中该舰1英寸（约合25.4毫米）艏楼甲板，摧毁了右舷3号6英寸（约合152.4毫米）副炮。2英寸（约合50.8毫米）厚的上甲板下陷若干英寸，而弹片击毁了厨房和烤面包房。皇家海军通常习惯为每门副炮储备12份备便发射药，发射药储存在容器中，每个容器内储有4份发射药（出于追求尽可能高射速的目的，即使炮组舱室内存有的备便发射药数量超过每炮12份也让人毫不意外）。部分发射药被炙热的弹片引燃，并由此引燃其他发射药，但并未发生爆炸。整个右舷副炮炮组由此失去运作能力，并造成102名人员伤亡。火焰沿着提弹井向下蔓延至弹库，几乎引燃另外10份正待被提升的发射药。如果这10份发射药也被引燃，那么整个6英寸（约合152.4毫米）药库都有可能被引爆，并由此引爆该舰前部15英寸（约合381毫米）药库。此外，在“巨人”号上发生的小规模起火也涉及4英寸（约合101.6毫米）炮发射药（共4个装载发射药的容器被波及，每个容器装有6份发射药），但并未发生爆炸，且火势很快得到控制。

德国战列舰“国王”号（Konig）[31]于18时30分遭到“铁公爵”号的射击并因此起火，火势波及若干150毫米炮发射药。18时19分战列巡洋舰“吕佐夫”号上150毫米副炮炮廓起火，但此次起火仅波及舱储物资并未涉及弹药。

日德兰海战中装甲巡洋舰“防守”号的沉没以及1915年多格尔沙洲之战[32]（Battle of Dogger Bank）中“布吕歇尔”号（Blüeher）[33]的沉没显示了火焰沿弹药输送道传播会导致的危险。此外，日德兰海战中英国轻巡洋舰“南安普顿”号（Southampton）[34]也发生过起火，火焰沿提弹井一直蔓延到弹药输送通道，但很快被扑灭。

总而言之，在主力舰上安装6英寸（约合152.4毫米）及150毫米副炮的代价非常高昂。一方面该炮取得命中的可能性几乎为0，另一方面其暴露的弹药可能危及战舰本身的安全。保护战列舰免受驱逐舰攻击的正确方式乃是在其附近布置一道由轻巡洋舰和驱逐舰构成的保护网。至于更轻的4英寸（约合101.6毫米）炮倒是可能更有用处，但其作用主要是激发士气而非保护母舰。

① D K Brown., 'The Russo-Japanese War, Technical Lessons as Perceived by thc RN'.

鱼雷

对大多数海军战列舰而言，水下鱼雷发射管是另一个潜在危险。带加热器的鱼雷问世使鱼雷的射程和航速大幅增加，而更早安装在鱼雷上的陀螺则大幅改善了其射击精度。曾有观点错误地认为上述结果得益于改进，此前导致鱼雷在日俄战争中效率低下的问题已经完全解决。[①]英制21英寸（约合533毫米）马克Ⅱ***型鱼雷的性能如下：

表3-5：英制21英寸（约合533毫米）马克Ⅱ***型鱼雷参数

航速	射程	航行时间
45节	4200码（约合3840.5米）	3分钟
29节	10750码（约合9829.8米）	11分钟

宣传部门在夸耀鱼雷性能时通常同时引用最高航速和低航速设置下鱼雷的最大航程。对鱼雷威胁的担忧是将预测炮战距离提升至10000码（约合9144米）以上，并在战列舰上装备更重和射程更远的反鱼雷艇炮群的主要原因。然而，在10000码（约合9144米）距离上鱼雷的航行时间可达11分钟， 在此期间敌舰大致可以航行 6000码（约合5486.4米），其航向无法预测。在此情况下，由战列

“马来亚”号。该舰的 6 英寸(约合 152.4 毫米)副炮炮组清晰可见，日德兰海战中造成 102 人伤亡的柯达无烟药起火正发生在那里。这张照片拍摄于第一次世界大战晚期，此时皇家海军已经对各战列舰进行大量改建，其中部分在照片中有所体现，最明显的是设于该舰 B 炮塔和 X 炮塔顶部的飞机操作平台。此外还可看见烟囱附近的遥控探照灯平台，以及火控指挥仪(作者本人收藏)。

舰水下鱼雷发射管所射出的1~2枚鱼雷命中概率非常低，日德兰海战的结果支持了这一论断。

当然也有例外。由轻巡洋舰“威斯巴登”号（Wiesbaden）[35]的水下鱼雷发射管所发射的一枚鱼雷可能命中了“马尔伯勒”号（Malborough）[36]，其射击时的条件和上文所述大致相当。在日德兰海战当晚的混战中，“南安普顿”号通过水下鱼雷发射管发射的鱼雷命中并击沉了德国轻巡洋舰“弗劳恩洛布”号（Frauenlob）[37]，但这一战例发生在很近的距离上。常常有人宣称一艘战列舰可以利用其装备的鱼雷击沉失去动力的敌舰，但显然派遣一艘驱逐舰完成这一工作更为合理。

表3-6：日德兰海战中的主力舰鱼雷统计

	英方		德方	
	战列舰	战列巡洋舰	战列舰	战列巡洋舰
鱼雷发射管数目*	84		80	
发射鱼雷数目	5	8	1	7
命中次数	0	0	0	0

注 *：双方主力舰均携带10~16枚鱼雷参战，其中英方共携带364枚21英寸（约合533毫米）鱼雷［18英寸（约合457.2毫米）鱼雷未计入］。

鱼雷装备的危害可大致分为两类，第一类是携带鱼雷意味着携带2~3吨爆炸物，这一风险在那些装备水线上鱼雷发射管的战列巡洋舰上更为突出。①[38]第二类也更危险的是操作鱼雷系统所需大型空间进水的可能。在“无畏”号上，鱼雷舱占据该舰底舱的整个宽度，其长度则为24英尺（约合7.32米），并且舱室下部设有通往鱼雷战斗部储藏舱的舱门，后一舱室的长度同样为24英尺（约合7.32米）。后继舰只上用于操作鱼雷的舱室面积更大，且设于舰体两端。“吕佐夫”号的进水在相当程度上应归咎于该舰巨大的鱼雷平台以及从该舱室经“水密门”发生的漏水。与6英寸（约合152.4毫米）副炮类似，在主力舰上安装鱼雷装备不仅代价高昂，而且效能有限且可能危及战舰安全。

火控

对火控问题的完整研究可参见苏迈达和布鲁克斯的作品。②本书在此处仅对火控问题以及为解决这一问题而发明的各种设备进行简单介绍，其重点是战舰为加装火控系统所必须做出的改动。第一个方面是由校射设备、测距仪、相应的计算机械以及稍后问世并将所有火炮联系在一起的设备所组成的系统，尽管完成这一联系的设备本身很脆弱。随着这一系统的问世，战列舰首次具有了中

① “胡德”号装备的水线上鱼雷发射管可能是其1941年沉没的原因之一。
② J T Surnida, In Defence of Naval Supremacy (London 1989), J Brooks, 'Fire Control and Capital Design', War Studies Journal, Vol 1 No 2 (1996) and 'Fire Control in British Dreadnoughts: a Technical History', Third Conference for New Researchers in Maritime History. Portsmouth, 1995.

枢神经系统，且可能在未被击沉的情况下丧失战斗力。这一进步的意义在当时就被认识到，为此海军付出了相当大的努力，试图尽可能地将各部分之间的连接置于装甲保护之下。对于不得不暴露在外的部分，则试图通过增加备份的方式加以保护。然而，20世纪初系统工程的概念才刚刚出现，因此很可能早期火控系统仍易遭到破坏。

一直以来，火控都是一个非常复杂的问题。火炮必须排除舰体本身运动的影响，如纵摆、横摇、偏航和主动转向，然后在正确的仰角和水平指向下射击。为完成解算，敌我双方距离必须已知，并对敌舰的航速、航向进行可靠估算，再结合我舰的航速和航向，如此才能计算出炮弹完成12秒以上飞行后敌舰的可能位置。“无畏”号已经包含火控系统的若干早期环节，并由此得出解算。这些环节包括9英尺（约合2.74米）测距仪、杜莫瑞克变距率盘和维克斯距离钟。

第一次世界大战爆发时，火控系统的各个组成部分都得到完善，并且整个系统的整合程度得到提高。1907年埃尔斯维克公司（Elswick）推出了功率更高且更易操控的6气缸液压机，该机械被安装在战列巡洋舰“不挠”号（Indomitable）[39]和“柏勒洛丰”级战列舰的炮塔内。得益于这一机械，上述舰只的主炮可以连续指向固定的瞄准点。因此1908—1909年预算中列入了在舰队

“柏勒洛丰”号。该舰的炮塔由功率更大也更灵敏的液压设备驱动，从而实现连续瞄准。1910年该舰被用于测试早期型火控指挥仪。本照片摄于第一次世界大战晚期，可看见A炮塔上涂装的偏转角示意图样，以及设于炮塔上的飞行平台（作者本人收藏）。

所有液压驱动炮塔中安装该机械的预算。更为精确的控制阀以及此后问世的旋转斜盘发动机后来进一步改善了对重型主炮的操控效果。

1905年杰里科向接替其海军军械总监一职的培根（Bacon）建议，继续支持珀西·斯科特（Perecy Scott）提出的“指挥仪统一射击”试验。这一试验最终于1907年开始实施，最初利用前无畏舰“非洲”号（Africa）[40]各炮塔的右炮进行，此后试验范围于当年7月扩展到该舰的其余主炮。1910年类似系统被设计并安装在“柏勒洛丰”号上进行测试，测试所获得的理想结果导致类似指挥仪被安装在“猎户座”号、“狮”号以及后继主力舰上。早期火控指挥仪仅控制各炮的回旋角度，使各炮在固定的仰角进行射击。但从“朱庇特”号开始，主炮连续瞄准成为可能。1912年在装备完善火控指挥仪的“朱庇特”号和未装备类似设备的“猎户座”号之间进行了测试，测试结果最终证明了火控指挥仪的价值，由此至战争爆发共有8艘战舰装备了指挥仪。这一成就较同时期列强海军大为领先。珀西·斯科特曾宣称海军部拖延了火控指挥仪引入舰队的进度。[①]但应考虑到火控指挥仪系统不仅就当时技术水平而言过于先进，而且是在精密工程下设计完成的复杂设备，因此必然对英国工业实力提出极高要求。制造火控指挥仪需要大量熟练工人。布鲁克斯给出各单位使用熟练工最高数字如下：维克斯·伊利斯工厂（Vickers Erith）360人，巴罗工厂（Barrow）107人，沃尔斯利发动机工厂（Wolseley Motors）400人，另有140人负责在舰上安装火控指挥仪系统。

后续舰只安装马克Ⅳ型德雷尔火控台（Dreyer Fire Control Table），其性能远胜于早期火控台。有观点认为坡伦（Pollen）火控台性能更佳——虽然也更昂贵，但马克Ⅳ型德雷尔火控台理应足以应付战列舰的实战需要。在设想交战情景中，双方战列线将沿大致平行的航向航行，因此双方之间的距离变化率较低。对更可能在距离快速变化条件下作战的战列巡洋舰而言，坡伦公司的亚尔古（Argo）设备可能更为有效。

装甲分布

直至“伊丽莎白女王”级，菲利普·沃茨一直沿用了威廉·怀特在旧式战列舰“声望”号上首先引入的装甲分布方案。中甲板被设为防护甲板（并通过其上方的煤舱加强），其两侧向下倾斜且厚度增加，边缘与装甲带下端相连并提供对后者的支撑。类似的防护系统设计风格从“无畏”号一直延续到“伊丽莎白女王”级，但各级之间装甲厚度和延伸范围略有变化，这种变化不仅体现在纵向上，也体现在垂直方向上。因此，很难对各级舰的防护设计进行列表比较，对于下表的摘要需要相当数量的其他参考资料才能进行恰当的比较。

① J Brooks, 'Percy Scott and the Director', WARSHIP 1995 (1995).

表3-7：装甲厚度①

	装甲带				甲板		炮座		
	主装甲带	上装甲带	前部	后部	水平部分	倾斜部分	厚度	重量	百分比
“无畏”号	11英寸（279.4毫米）	8英寸（203.2毫米）	6英寸（152.4毫米）	4英寸（101.6毫米）	1.75英寸（44.5毫米）	2.75英寸（69.9毫米）	11英寸（279.4毫米）	5000吨	28%
“柏勒洛丰”级	10英寸（254毫米）	8英寸（203.2毫米）	6~7英寸（152.4 ~177.8毫米）	5英寸（127毫米）	1.75英寸（44.5毫米）	3英寸（76.2毫米）	9英寸（228.6毫米）	5389吨	29%
“圣文森特”级	10英寸（254毫米）	8英寸（203.2毫米）	2~7英寸（50.8~177.8毫米）	2英寸（50.8毫米）	1.5英寸（38.1毫米）	1.75英寸（44.5毫米）	9英寸（228.6毫米）	5500吨	29%
“海王星”号	10英寸（254毫米）	8英寸（203.2毫米）	2.5~7英寸（63.5~177.8毫米）	2英寸（50.8毫米）	1.75英寸（44.5毫米）	1.75英寸（44.5毫米）	10英寸（254毫米）	5706吨	29%
“巨人”级	11英寸（279.4毫米）	8英寸（203.2毫米）	2.5~7英寸（63.5~177.8毫米）	2.5英寸（63.5毫米）	2英寸（50.8毫米）	2英寸（50.8毫米）	11英寸（279.4毫米）	5474吨	27%
“猎户座”号	12英寸（304.8毫米）	8英寸（203.2毫米）	4~6英寸（101.6~152.4毫米）	2.5英寸（63.5毫米）	1英寸（25.4毫米）	1英寸（25.4毫米）	10英寸（254毫米）	6460吨	29%
“英王乔治五世”级	12英寸（304.8毫米）	8~9英寸（203.2~228.6毫米）	4~6英寸（101.6~152.4毫米）	2.5英寸（63.5毫米）	1英寸（25.4毫米）	1英寸（25.4毫米）	10英寸（254毫米）	6960吨	30%
“铁公爵”号	12英寸（304.8毫米）	9英寸（228.6毫米）	4~6英寸（101.6~152.4毫米）	4~6英寸（101.6~152.4毫米）	1英寸（25.4毫米）	1英寸（25.4毫米）	10英寸（254毫米）	7700吨	30%
“伊丽莎白女王”级	13英寸（330.2毫米）	6~9英寸（152.4~228.6毫米）	4~6英寸（101.6~152.4毫米）	4~6英寸（101.6~152.4毫米）	1. 25英寸（31.8毫米）	1. 25英寸（31.8毫米）	10英寸（254毫米）	8600吨	32%
“皇权”级	13英寸（330.2毫米）	13英寸（330.2毫米）	6英寸（152.4毫米）	4~6英寸（101.6~152.4毫米）	1英寸（25.4毫米）	2英寸（50.8毫米）	10英寸（254毫米）	8250吨	32%

① 基于R A Burt, British Battleships of World War I (Annapolis 1986); K McBride, 'After the Dreadnought'. WARSHIP 1992 and 'Super Dreadnoughts, the Orion Battleship Family', WARSHIP 1993。

“决心”号，可能摄于战后，但除了更时髦的涂装外，与战时几乎没有变化[感谢曼纳林（Julian Mannering）提供]。

厚度4英寸（约合101.6毫米）以上的装甲带通常由克虏伯表面硬化装甲板构成，较薄的装甲带则可能由克虏伯表面非硬化装甲板制成。两种装甲板钢成分相同，但后者没有经渗碳硬化工艺处理过的表面。甲板则通常由高抗拉钢（High Tensile Steel）构成，其原因参见本书第8章［厚度超过1.75英寸（约合44.5毫米）的甲板则通常由两层钢板铆接拼合而成］。

在“皇权”级之前，战列舰主装甲带下缘通常逐渐变薄至8英寸（约合203.2毫米）。生产逐渐变薄的装甲板所需的工作量相当可观，因此在“皇权”级上采用将厚装甲一直向下延伸的设计实际上可能反而节约了造价。

对舰体两端的防护则经常变化。不出意外的是，很难就这一区域的防护设计达成适当的指导原则。艏炮塔前、艉炮塔后的舰体迅速变窄，因此上述部分遭遇战损对船体浮力，以及更重要的稳定性影响不大。舰体前部一般不设重要舱室，对转向机构则单独加以防护。舰体前部进水可导致航速略微下降，布置在这里的防护一般而言足以抵挡除近失弹造成的大块弹片之外的打击。除较薄的两端装甲带外，防护甲板通常也向舰体两端延伸，且其厚度一般较舯部更厚（表3-7中未体现）。

各级舰特别备注

“柏勒洛丰”级：该级舰较薄的主装甲带厚度很可能基于对日俄战争期间海战进行的研究，在这场战争中厚度超过6英寸（约合152.4毫米）的装甲没有被击穿的记录。由此节省的重量用于改善其防雷系统。“圣文森特”级大致与其相似，仅略微增加了厚装甲带总长度。

“海王星”号：该级舰上首次对中甲板以上部分的上风井加装了1英寸（约合25.4毫米）钢板作为防护，这一变化的效果在对“爱丁堡”号的测试中得以验证。[①]

“巨人”级：该级舰装甲带厚度增加，但防雷系统遭到削弱。

“猎户座”级：该级舰主装甲带厚度增加，以匹配其更重的主炮火力，此外也改善了装甲带两端的防护。

“英王乔治五世”级：该级舰的防护设计进行了一系列小幅度加强，主要集中在要害区两端的舱壁上。“铁公爵”级延续了上述改进趋势。

“伊丽莎白女王”级的装甲总体而言较此前各级都厚。其防护体系的特别之处在于，该级舰防鱼雷舱壁从要害区一端舱壁一直延续至另一端舱壁，其厚度也增加至2英寸（约合50.8毫米）。在改用燃油作为燃料后，煤舱对防护的作用，尤其是对甲板防护的作用似乎被设计师们所遗忘。

装甲重量分解

“巨人”号的档案中列出了各种装甲重量的分解，如表3-8所示：

① 参见本书第2章，“爱丁堡”号测试相关内容。

表3-8

项目	重量（吨）	项目	重量（吨）
11英寸（279.4毫米）主装甲带	1026	8英寸（203.2毫米）装甲带	434
7英寸（177.8毫米）装甲带	150	A炮塔炮座	352
P炮塔及Q炮塔炮座	451	X炮塔	341
Y炮塔	200	29号舱壁	68
42号舱壁	26	后部防护屏	147
螺钉	32	主甲板	675
中甲板	805	—	—
下甲板前部	110	下甲板后部	180
防雷系统	210	上风井	57
前部司令塔	125	后部火控指挥塔	12
下部司令塔	8	衬垫	65
合计	5474	—	—

由表3-8可见，主装甲带重量仅占装甲系统总重约五分之一。此外，虽然各层甲板的厚度均远逊于主装甲带，但其总重量所占比率明显高于主装甲带。这主要是由于其面积明显大于主装甲带。

甲板高度和稳定性

在“皇权”级上，“……决定在该级舰上采用较低的定倾中心高度[41]（Metacentric Height），以求使其与此前定倾中心高度较大的舰只相比，成为更稳定的射击平台”（达因科特爵士）①。根据倾斜试验（Inclining Experiment）结果，该级舰的定倾中心高度的确显著降低。

表3-9：定倾中心高度比较

	“刚勇”号，1916年9月	“皇家橡树”号（Royal Oak），1917年	“拉米雷斯”号（Ramillies），加装防雷突出后
满载状态	5.0英尺（1.52米）	2.0英尺（0.61米）	4.0英尺（1.22米）
重载状态	6.5英尺（1.98米）	3.4英尺（1.04米）	4.5英尺（1.37米）
轻载状态	—	1.14英尺（0.35米）	—

改变定倾中心高度对战舰横摇状况的影响颇为复杂，且降低定倾中心高度与改善战舰作为射击平台的性能之间没有明确关系。船舶的横摇周期与定倾中心高度的平方根成反比，因此将定倾中心高度减半会导致横摇周期增长约30%。最大横摇角度的变化则不会非常明显，但在定倾中心高度较低的船舶上，最大横摇角度发生在船舶正横之后，而在定倾中心高度较高的船舶上则发生在船舶正横之前。由于横摇加速度与定倾中心高度成正比，因此较低的定倾中心高度有助于显著降低横摇加速度。表3-10显示了上述参数之间的数量关系，注意表中数值乃是使用电脑对一艘现代驱逐舰进行计算得出的：

① Sir Eustace Tennyson d'Eyncourt. 'Naval Construction During the War', Trans INA (1919).

表3-10：定倾中心高度与横摇

定倾中心高度	3英尺（约合0.91米）	5英尺（约合1.52米）
最大横摇角度（海况6级）	16°	18°
最大横摇发生方位 （发生方位和船体中心连线与舰艏和船体中心连线的夹角）	110°	90°
最大加速度	8°/秒^2	14°/秒^2

达因科特宣称通过两种手段实现降低“皇权”级定倾中心高度的目的：一种是将该级舰的舰体宽度减少18英寸（约合457.2毫米），另一种是将防护甲板的位置升高[①]，从而提高重心高度。然而与正常情况下定倾中心高度的影响相比，这一手段对舰体进水后的稳定性影响更大。达因科特及其领导下的战列舰设计部门人员［可能是阿特伍德（E L Atwood）］对此的确有所认识，因此他们决定提高防护甲板 “至明显高于重载水线的高度，从而使该级舰的受保护干舷高度在战损情况下高于此前任何一级舰”[②]。

在围绕达因科特的论文进行讨论的过程中，这些“此前舰只”的设计者菲利普·沃茨明确表示了异议：

> 在直至“皇权”级的所有无畏舰设计中，较厚的防护甲板大致被安置在重载水线位置，这一位置也被认为是布置该甲板的最佳位置。对从水线附近击穿装甲，或从装甲以上位置落下的炮弹而言，该甲板是阻止炮弹进入船体要害区的最后一道防线。该甲板位置越低，其被较平弹道火力直接击打的可能性就越小，同时下落的炮弹在击穿2~3层甲板的过程中、抵达防护甲板前就已经爆炸，因此该甲板只需挡住破片。因此，我认为新布置方式无法取得与此前一直遵循的设计近似的表现。

达因科特自然进行了反击，指出虽然沃茨设计的舰只将防护甲板设于略高于满载水线高度的位置，但战时战舰载荷的增加必然导致该甲板较实际水线位置相对下降。对以煤为燃料的战舰而言，设在防护甲板以上位置的上部煤舱同时起着保留浮力和稳定性的作用，因此防护甲板低于实际水线位置尚不是一个很严重的问题。但对燃油的战舰如修改后的“皇权”级[42]而言，却不能指望会发生类似的情形。此外，弹药库上方还设有较厚的水平装甲，以使其免受高抛弹道炮弹的威胁。

现在回顾来看，应该可以认为就其各自的时代而言，两位伟大设计师的观点均可称正确。在沃茨主持设计的时代，战列舰预期射击距离从未明显超过10000码（约合9144米）。在这个距离上炮弹弹道并不会出现陡峭下坠，因此直

① 笔者并不相信升高甲板是为了降低定倾中心高度，这两者之间并无必然联系。事实上的确有升高甲板并降低定倾中心的例子，但同时也存在以不同方式（尽管笔者个人并不接受）降低定倾中心的例子。笔者并不认为达因科特爵士描述了全部事实。实际上，区分原因和结果非常困难。

② 引自达因科特，同上。

接命中防护甲板的概率很低。这一观点在日德兰海战中得到验证（参见本书第11章）。另一方面，达因科特对于上层煤舱提供防护作用的观点也很重要。第二次世界大战中德国海军“俾斯麦”级战列舰（Bismarck）的设计大致遵循怀特的设计风格，事实上该级舰的防护设计风格与早先的“巴登”号完全相同，在“俾斯麦”号最后的近距离战斗中其表现也颇令人称道。虽然该舰的装甲带曾被击穿，但装甲带后方的倾斜装甲几乎没有被击穿的记录。①此外值得注意的是，在达因科特的主持下，原计划中“伊丽莎白女王”级6号舰“阿金库尔”号的装甲分布设计也被改为与“皇权”级类似的风格。

“皇权”级的设计发生在对“爱丁堡”号的射击试验之后，因此本应更重视试验中所暴露出的防护甲板防护效率偏低的问题。1~2英寸（约合25.4~50.8毫米）厚的甲板并不能阻挡破片［不考虑煤舱的防护作用，注意煤舱的防护价值大致相当于3英寸（约合76.2毫米）钢板］，因此其厚度应至少增至3英寸（约合76.2毫米）——由此新增的重量也非常可观。②由于“皇权”级没有被炮弹命中的记录，因此很难确认其防护设计的实际表现。该舰的13英寸（约合330.2毫米）主装甲带要比“伊丽莎白女王”级厚实得多，后者的主装甲带在上下两端均逐渐变薄。③因此在第一次世界大战条件下，“皇权”级的防护水平可能较“伊丽莎白女王”级更为优越。另一方面，“皇权”级较低的定倾中心高度，或更为重要的指标即较高的重心高度，则是导致难以对其实施现代化改造的原因之一。如上表43所示，该级舰防雷突出部分的外形经过特殊设计，以提高定倾中心高度，但在大规模进水条件下，这一手段的效果会大打折扣。

与“皇权”级同一时代的美国战列舰“宾夕法尼亚”级（Pennsylvania）则采用了完全不同的防护设计风格。后者的13英寸（约合330.2毫米）主装甲带位置较低，并由3英寸（约合76.2毫米）甲板封顶。除炮座、指挥塔和上风井之外，该舰的其他部位不再设防护。“宾夕法尼亚”级比英国和德国同期战列舰稍大，因此也便于该级舰采用较厚的装甲。在遭到重型高爆弹攻击时，该舰未受保护的部位可能遭到严重破坏，但很难说这种破坏是否会导致该舰失能。实际上这取决于主要线缆尤其是火控交互系统的运作情况，以及对舱门、舱口和垂直管道的防护。在下文提及的古道尔以及阿特伍德的报告中，两人都认为美制战列舰在上述方面做得不够好。

与部分他国设计的比较④

结构

1918年，斯坦利·古道尔就“胡德”号舰体重量与美国海军“列克星敦”级战列巡洋舰（Lexington）以及BB49［1922年取消的“南达科他”级战列舰

① W H Garzke and R O Dulin, 'The Bismarck Encounter', Marine Technology, Vol 30 No 4 (1993).同时可参考笔者对此的讨论。

② 附加1.5英寸（约合38.1毫米）甲板导致的增重约为1000吨，由此会导致舰体增大。

③ 厚度逐渐变薄的装甲板造价高昂，因此统一厚度的13英寸（约合330.2毫米）装甲板实际上反而可能较廉价。

④ 本章节大部分基于古道尔在华盛顿撰写并提交海军建造总监的若干报告，上述报告现藏于公共档案馆（Public Record Office），并构成古道尔在朴次茅斯所做讲座的基础内容。该讲座内容经整理后刊载于Engineering，1922年3月17日。此外还参考了阿特伍德所做的若干报告，转引自N Friedman,US Battleships (Annapolis 1985)。对“巴登”号的评论则主要摘自S V Goodall, 'The ex-German Battleship Baden',Trans INA (1921)，以及同一期上Sir ETd'Eyncourt, 'Notes on some Features of German Warship Construction'。

（South Dakota）］进行了比较。由于对各重量组的定义有所区别，因此这种比较颇为复杂。但他总结了英美两国在设计风格上的主要区别，如表3-11所示。

表3-11

美国设计中较轻的部分	英国设计中较轻的部分
横向框架结构	内层舰底
舱壁	防护甲板
强度甲板	支柱
装甲后方的框架和船体板	上风井及下风井（美式设计中的围笼）
通风系统	涂装及接合部分
桅杆	小艇提升设备
电线	舱门及舱口

三种设计的整体体积（长宽高的乘积）大致相同[①]，因此其舰体总重可以直接比较如下：

表3-12

	舰体重量	舱壁重量
“胡德”号	17978吨	4182吨
“列克星敦”号	16553吨	3283吨
BB49	19227吨	4890吨

古道尔仅仅注意到两级战列巡洋舰以及BB49重型舰体之间的相似之处。[②]整体上的相似掩盖了细节上的巨大差距，例如舱壁。

第一次世界大战结束后对德国战舰的检查结果显示，德国设计标准能接受的应力标准比英国高约10%~20%，因此德国设计的舰体重量也较轻［例如“巴登”号的外层舰底仅厚16毫米，而类似的英制战列舰该部位厚度约为1英寸（约合25.4毫米）］。然而，这也对嵌接和铆接技术提出了较高的要求（详见本书附录3），进而不仅导致战舰造价大幅增加，而且导致战前平均造舰时间高达37个月，而英制战列舰平均只需28.5个月。

“伊丽莎白女王”级和稍后完成的德国战列舰“巴登”号在主装甲带和防护甲板设计上非常类似，但后者拥有更厚的上部装甲带（第二次世界大战中的“俾斯麦”级与其非常相似）。在“皇权”级上，达因科特提高了防护甲板位置，从而提高了受创条件下保护区域内的浮力，为此付出的代价则是甲板被炮弹命中的概率大大增加。体积更大的“宾夕法尼亚”级的防护设计则有所不同。该级舰拥有更为厚重的主装甲带和甲板，除此之外不设防护。

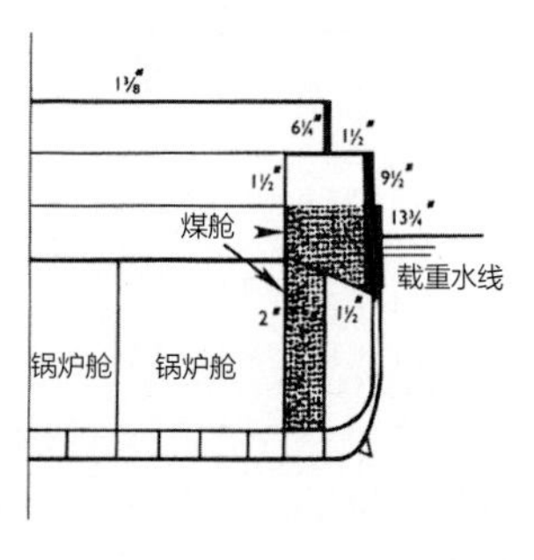

“巴登”号，31690吨

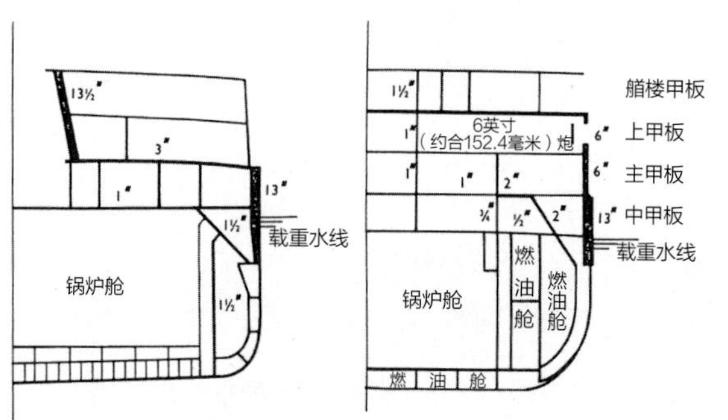

“宾夕法尼亚”级，32567吨

“皇权”级（129号船肋位置），31000吨

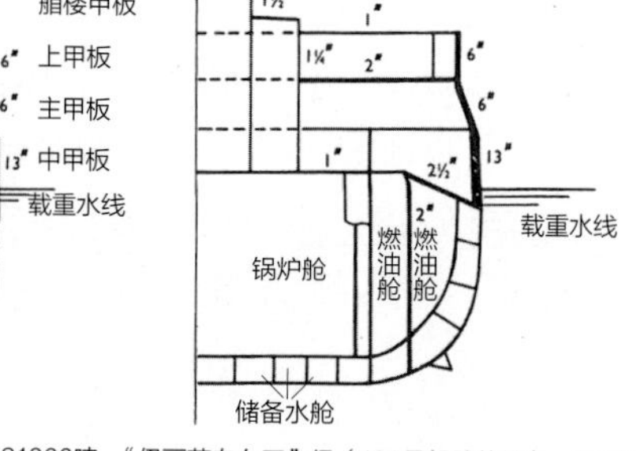

“伊丽莎白女王”级（129号船肋位置），31500吨

① 注意由于美国战舰的重量乃是设计早期阶段的估计值，因此如果战舰实际建造，那么重量可能增加。古道尔撰写其官方档案时（1918年5月）“胡德”号即将建成，因此其数据很可能基于实际称量重量，并根据下水排水量进行检校。

② 由于两级战列巡洋舰舰体长度几乎均比战列舰长200英尺（约合61米），因此可能有人认为两级战列巡洋舰更重。设计上最大的区别是战列舰设有更重的防护甲板。

动力系统

动力系统上的区别则更为明显。英制战列舰，以及除最后几艘之外的全部战列巡洋舰都装有由涡轮机直接驱动推进器的动力系统，而美国海军和德国海军都建造了相当数量由三胀式蒸汽机驱动的无畏舰。齿轮制造的问题导致美国海军采用蒸汽轮机驱动发电机进而驱动推进器的系统。这一设计优点有限，且缺点很多。

与采用涡轮—电力动力系统的“田纳西”级（Tennessee）和“新墨西哥”级（New Mexico）相比，“胡德”号所采用的齿轮减速涡轮机组的功率重量比（总轴马力与总重量之比，其单位为轴马力/吨）是前两者的2.5倍，功率面积比（总轴马力与总投影面积之比，其单位为轴马力/平方英尺，注意1平方英尺约合0.093平方米）则是前两者的3倍。在几乎所有航速下英制动力系统的经济性都更高。就生成每轴马力每小时所需蒸汽重量这一指标[44]而言，英美两国设计的区别在满功率、五分之一额定功率和十分之一功率条件下分别为0.5磅（约合0.227千克）、0.2磅（约合0.091千克）和0.2磅（约合0.091千克）。然而，发电机的引入使得更细密的分舱成为可能，这一点将在下一节中进一步讨论。

“巴登”号则装备三套帕森斯型涡轮，并直接驱动推进器。该舰共装有14座托尼克罗夫特—舒尔茨型小管径锅炉，其中前3座锅炉仅使用燃油，其余可使用煤或燃油（通常为煤）。古道尔声称：“对于该舰的动力系统空间，一名海军架构师会用‘布局紧凑’来形容，而一名轮机工程师会将其形容为‘非常拥挤’。”

分舱设计

美式动力系统设计使得设计师有颇为优越的条件对动力系统进行更细致地划分。“田纳西”级装备8座设有高温加热器的大型锅炉，每座锅炉均独立占用一个舱室，全部8个锅炉舱平均分布在2座大型涡轮发电机舱室两侧。该舰还设有3个电动机舱，其中位于中央的舱室内装有两部电动机。然而，一系列缺陷使得这一出色设计的实际表现不尽如人意。该舰仅设有一座配电舱，用于控制所有电力，且大型通风管道又极大地削弱了该舱室的防护水平。①此外，发电机舱舱壁上较低位置还设有玻璃窗，且大量通风管道穿透舱壁。

美制战列舰似乎装备着当时世界上最为完善的防雷系统。该防雷系统由5层舱室构成，每层舱室宽约3英尺（约合0.91米），其中最里层和最外层舱室均为空舱，其他舱室则储油。②在这里古道尔再次表达了对管道等结构穿透舱壁的担忧。他写到，以“鲁莽”号沉没[45]为代表的战例显示皇家海军忽视了控制进水蔓延的问题，而美国海军在这一方面做得更差。

“巴登”号设有连续的纵向防鱼雷舱壁，其厚度为50毫米，且其外侧设有约1.5米宽的煤舱，再向外则是约1.75米宽的空舱，空舱宽度在舰体两端位置有

① 1942年装有类似动力系统的“萨拉托加”号（Saratoga），仅被一枚鱼雷命中后便失去动力。该鱼雷导致该舰控制舱进水。

② 古道尔发表在期刊《工程》（Engineering）上的论文中给出了防护系统的详细线图，笔者本以为这一信息在当时属于保密内容。

所降低。分舱水平总体而言较细密，但也有若干例外。其前部和后部鱼雷舱体积很大①，且靠近该舰380毫米主炮弹库，后者本身体积亦很大。煤舱在横向和纵向舱壁上均设有舱门。整个舰体被划分为5个主要区域，每个区域均设有两座排水能力不低于900吨/小时的水泵。强大的排水系统需要配备大量穿透舱壁的管道，此外还有大量传声管在舱壁上造成穿透。

主炮

与最后两级英国战列舰相似，“巴登”号也装备了8门380毫米主炮，且同样以双联装炮塔安装。炮塔回旋部分重量高达1020吨，明显高于重770吨的英制马克Ⅰ型炮架对应部分。古道尔注意到德制战列舰炮塔结构中并没有为发射药设置输弹舱，因此一旦提弹井内的舱门处于打开状态，发射药就可能直接暴露在火焰下。[47]

美国海军的三联装14英寸（约合355.6 毫米）主炮炮塔重980吨。该炮塔布局紧凑，但主炮之间距离太近，不仅可能导致相邻两炮的炮弹在飞行过程中互相干扰，而且有一次中弹即导致3门主炮全部无法运作的危险。鉴于炮塔的装填系统设计，其3门主炮的总射速可能还不如英制双联装炮塔。与英制和德制战列舰的炮座不同，美制战列舰的炮座在装甲后方并未设有框架结构，而是完全依靠装甲板之间良好的连接件保持完整。

桅杆

在一次炮术训练中，古道尔曾登上“新墨西哥”号的笼式桅杆，并注意到在桅楼中只出现了轻微的振动现象，且振动很快便消失，因此不会妨碍射击。虽然笼式桅杆重量更轻，但古道尔认为由于火控系统需要在桅杆上布置越来越多的平台，因此难于加设平台的笼式桅杆并不适应未来需要。

住宿条件

古道尔写道：“在我亲自登上美制战舰之前，我认为英制舰只在有关住宿舒适性的方面要差一些，但如今我不再持有这一观点。”美制战舰在这方面的确有其优点，例如住舱甲板井井有条，并设有足够的“豪华”设施，如理发店、牙医室、读书室等。但关于厕所的抱怨非常突出，其中厕所气味难闻，小便斗与洗衣设备设于同一舱室。“厕所颇为开放，坐便器由两列平行放置的平板构成，其下方则是长流水水槽。”通风系统性能堪用，但仍不及皇家海军标准。整体设计缺乏隔断阀，因此可能导致进水或毒气蔓延。

阿特伍德在美国战列舰“纽约”号（New York）抵达英国后[48]不久便参观

① “巴登”号触雷后，海军并未对其前部鱼雷舱进行修复，而是对其进行更细致地分舱。鱼雷舱是导致“吕佐夫”号沉没和“塞德利兹”号几近沉没的原因之一。[46]

了该舰，他对该舰的评价与古道尔大致相同。他对该舰的燃油厨房以及电热面包房评价很高，但认为其舰桥设施不足，有较强的穿堂风。同时认为就支撑火控系统设备而言，美制战列舰特有的笼式桅杆并不是令人满意的平台。军官住舱较为宽大，设施豪华。阿特伍德担心美制战列舰上水密门的数量不足，同时发现可以在船舱甲板上从轮机舱一直走到转向机构。他于1919年访问了“新墨西哥”号，并做出类似评论。在赞赏该舰电动辅机的同时，他也对所有锅炉舱均使用同一上风井的设计表示担忧。与其前任（及将来）的助手古道尔一样，阿特伍德也对美制战列舰的厕所提出了批评。

美方观点

驻伦敦的美国造船师是麦克布莱德（L B McBride），他提出了有趣但不同的观点[①]（下文中作者的评论将在中括号中标注）。他注意到英制战列舰船体比美制战列舰更重[笔者无法确认这一观点是否基于古道尔此前的详细比较结果]，对此他指责英国造船师过于屈从皇家海军，称英国同行们倾向于通过加厚装甲来避免发生任何问题，而非深思熟虑地解决问题[就其评论针对的时代而言，这一点或许没错，但这并非屈从，而是由于战争期间设计人员缺乏时间进行充分思考]。他还认为相对轻便而言，英国更追求廉价[无误，参见与“巴登”号的对比]。

麦克布莱德认为与美国同行相比，英国绘图员素质普遍较差，因此所有计算通常由少数工作负担过重的助理造船师完成。这导致英国计算结果远较美国同行的计算结果粗糙。[很多或者说大部分绘图员都在造船厂学校完成了4年的学习，并拥有相当于学士学位的证书。绘图员普遍参与计算工作。不过，助理造船师和绘图师之间仍存在明显的阶级差异，且重要的计算工作总是由助理造船师完成。麦克布莱德在这里明显低估了英国绘图师的能力。]他还认为计算不充分导致英国战舰完工时普遍超重，但也承认没有找到任何相应的证据以支持这一观点。[由于通常无法确定最终图例或在设计建造过程中批准了哪些改

表3-13

	设计重量	完工重量（载重状况）
“无畏”号	17850吨	18120吨
“不屈”号	17250吨	17290吨
“不挠”号	17250吨	17410吨
“无敌”号	17250吨	17420吨
“柏勒洛丰”号	19018吨	18596吨
“海王星”号	19906吨	19680吨
“猎户座”号	22250吨	21922吨
“英王乔治五世”号	22960吨	25420吨（1918年重量）
“虎”号	28120吨	27550吨

① N Friedman, US Battleships, p140.

动，因此很难对设计重量和完工重量之间的差距进行检查。表3-13虽然并非完全准确，但大致体现英制战舰完工时的重量通常很接近设计重量，有时甚至比设计重量轻。］

“伊丽莎白女王”级和“皇权”级的数据则不甚清晰。有线索显示由于各种改动，因此这两级战列舰的完工重量明显高于其设计重量，其中包括后者从

在第一次世界大战前后，战列舰住舱甲板上的生活条件依然较为艰苦。吊床、木制长凳以及餐桌与纳尔逊时代相比几乎毫无变化，只有很少舰只配备了加热或隔热设备（收藏于帝国战争博物馆，Q18979号和Q18666号）。

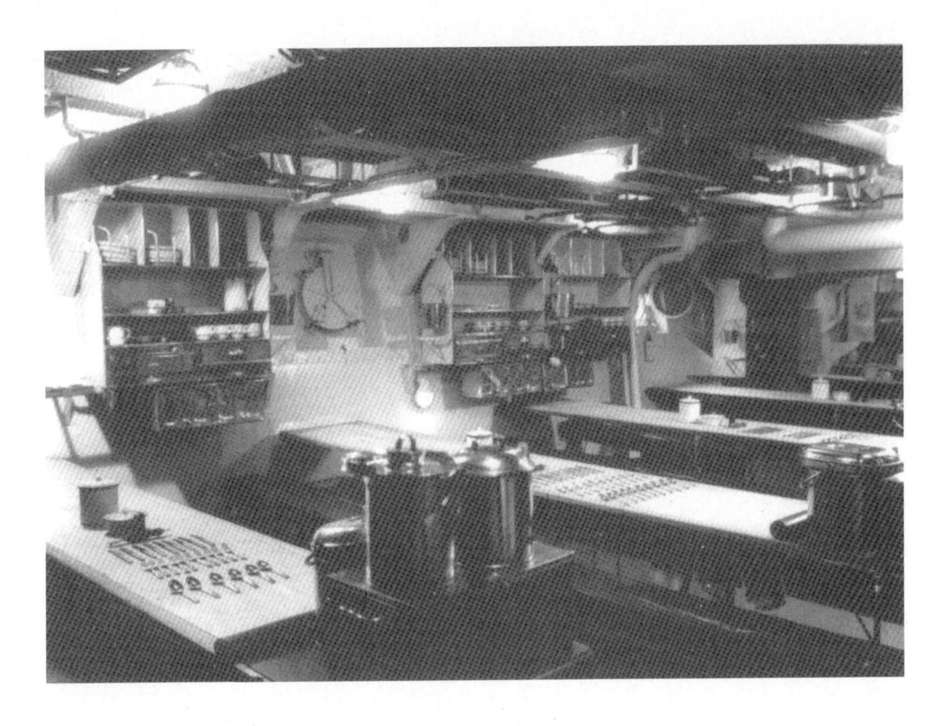

烹调设备同样较为简单。厨房通常仅仅煮制简单菜肴，例如炖菜和硬面布丁。上述菜肴也是在住舱甲板预先制备（帝国战争博物馆，A20530号）。[50]

燃煤到燃油的改动（麦克布莱德的上述评论可能仅指这两级舰）。测量完工舰只排水量实际非常困难。即使完全按照设计线图建造，在给定吃水条件下计算船体容积的方式也远难被称为完美。对于如此庞大的舰只，200吨上下的不确定性完全可以接受，参见三艘“无敌”级的例子。[49]

回顾

三国海军都拥有能力出众的设计师，且分别得到其预期的战列舰。事后回顾，三国设计最大的弱点都是防雷系统。美国海军拥有其中最为完善的设计，但细节方面的诸多缺陷导致其无法发挥全部防护潜力。其他海军也有类似缺点，“鲁莽”号的沉没即体现了此类问题。德国海军的战例（如“吕佐夫”号和“塞德利兹”号）则显示，其战舰上类似的漏水途径可能更多。

1914年战列舰设计

1914—1915年造舰计划中包括4艘战列舰，即计划在朴次茅斯建造的“阿金库特”号——隶属“伊丽莎白女王”级，以及3艘“皇权”级——计划在德文波特（Devonport）建造的“抵抗”号（Resistance），计划在帕尔默斯（Palmers）建造的“反击”号（Repulse）和计划在费尔菲尔德（Fairfields）建造的“声望”号。虽然早先假设上述舰只与各自较早的同级姊妹舰设计相似，但现在有充实的资料显示上述舰只将接受相当程度的改动。几年前一本作为达因科特爵士私人记录一部分的设计研究笔记公布于世，其中包含若干1914—1915年战列舰的早期设计方案。①

X1号设计方案大致说来是"伊丽莎白女王"级的延续，两者之间区别如下。13英寸（约合330.2毫米）主装甲带采取统一的厚度，放弃此前"伊丽莎白女王"级上昂贵的厚度渐变式装甲。此外还设有与"皇权"级类似的2英寸（约合50.8毫米）厚倾斜甲板，其舰宽被放大至94英尺（约合28.7米）以适应排水量的增加。该设计最为重要的特征是甲板装甲分布的改变，这一次采用的是达因科特继任菲利普·沃茨时所采用的设计。

X2号设计方案则是对"伊丽莎白女王"级更为激进的重新设计。其主机功率被削减至6万匹马力[51]，但通过将舰体长度拉长20英尺（约合6.1米），航速得以保持原先水平。通过削减主机功率所节约的重量被用于"增加装甲重量"——如笔记本上所写，但如表3-14的数据所示，装甲实际上被削弱了。装甲带厚度被削减至12英寸（约合304.8毫米），但甲板倾斜部分的厚度增至2.5英寸（约合63.5毫米），炮座部分最厚的装甲厚度增加1英寸（约合25.4毫米），最薄的装甲厚度增加2英寸（约合50.8毫米）。该设计中6英寸（约合152.4毫米）副炮组被重新布置，舰舯部位设有两层炮组，共布置其中12门副炮。该设计的舰宽意味着该级舰只能在罗塞斯船厂（当时尚未完工）、朴次茅斯船闸或大型浮动船坞入坞。

笔记本总结称，由于其动力系统和维护保养费用更为经济，因此X2号设计方案更为优先。该设计的油耗较X1号设计方案低约20%。两个设计方案于1914年5月30日提交，后来被否定。"阿金库特"号在第一次世界大战爆发前夕被取消，此后也没有进行进一步设计方案研究的记录——也许海军部决定再建一艘"伊丽莎白女王"级战列舰。

表3-14：1914—1915年设计方案

	"伊丽莎白女王"级	X1号设计方案	X2号设计方案	W1号设计方案	W2号设计方案	"皇权"级
舰长	600英尺（182.9米）	600英尺（182.9米）	620英尺（189米）	590英尺（179.8米）	580英尺（176.8米）	580英尺（176.8米）
舰宽	90.5英尺（27.6米）	94英尺（28.7米）	94英尺（28.7米）	90.5英尺（27.6米）	88.75英尺（27.1米）	88.5英尺（27米）
吃水深度（载重状况下）	28.75英尺（8.76米）	28.75英尺（8.76米）	28.75英尺（8.76米）	28. 5英尺（8.7米）	28. 5英尺（8.7米）	28.75英尺（8.76米）
载重排水量	2.75万吨	2.85万吨	2.79万吨	2.67万吨	2.575万吨	2.55万吨
动力	7.5万匹马力	7.5万匹马力	6万匹马力	3.1万匹马力	3.1万匹马力	3.1万匹马力
航速	25节	25节	25节	21节	21节	21节

① 由隶属皇家海军造船部的约翰·卡梅隆（John Cameron）赠予国家海事博物馆，并被后者收藏为MS93/011号藏品。

最大燃油储量	3500吨	3500吨	3000吨	3000吨	3000吨	3000吨
储煤	—	—	—	1500吨	1500吨	1500吨
武器						
15英寸（381毫米）主炮	8门/每炮备弹100枚	8门/每炮备弹80枚	8门/每炮备弹80枚	8门/每炮备弹80枚	8门/每炮备弹80枚	8门/每炮备弹80枚
6英寸（152.4毫米）副炮	16门/每炮备弹130枚	16门/每炮备弹150枚	16门/每炮备弹150枚	16门/每炮备弹150枚	16门/每炮备弹150枚	16门/每炮备弹150枚
3英寸（76.2毫米）高炮	2门	4门/每炮备弹200枚	4门/每炮备弹200枚	4门/每炮备弹200枚	4门/每炮备弹200枚	4门/每炮备弹200枚
21英寸（533毫米）鱼雷发射管	4根	4根/20枚鱼雷	4根/20枚鱼雷	4根/20枚鱼雷	4根/20枚鱼雷	4根/20枚鱼雷
装甲						
侧装甲，舯部	13英寸（330.2毫米）	13英寸（330.2毫米）	12英寸（304.8毫米）	12英寸（304.8毫米）	13英寸（330.2毫米）	13英寸（330.2毫米）
侧装甲，前部	6英寸（152.4毫米）	6英寸（152.4毫米）	6英寸（152.4毫米）	6英寸（152.4毫米）	6英寸（152.4毫米）	6英寸（152.4毫米）
侧装甲，后部	4英寸（101.6毫米）	4英寸（101.6毫米）	4英寸（101.6毫米）	4英寸（101.6毫米）	4英寸（101.6毫米）	4英寸（101.6毫米）
舱壁	6英寸（152.4毫米），4英寸（101.6毫米）	6英寸（152.4毫米），4英寸（101.6毫米）	6英寸（152.4毫米），4英寸（101.6毫米）	6英寸（152.4毫米），4英寸（101.6毫米）	6英寸（152.4毫米），4英寸（101.6毫米）	6英寸（152.4毫米），4英寸（101.6毫米）
艏楼甲板	1英寸（25.4毫米）	1英寸（25.4毫米）	1英寸（25.4毫米）	1英寸（25.4毫米）	1英寸（25.4毫米）	1英寸（25.4毫米）
上甲板	2英寸（50.8毫米）	1.25~1.5英寸（31.8~38.1毫米）	1~1.25英寸（25.4~31.8毫米）	1.25~1.5英寸（31.8~38.1毫米）	1.25~1.5英寸（31.8~38.1毫米）	1.25~1.5英寸（31.8~38.1毫米）
主甲板	末端1.25英寸（31.8毫米）	1~2英寸（25.4~50.8毫米）	1~2英寸（25.4~50.8毫米）	1~2英寸（25.4~50.8毫米）	1~2英寸（25.4~50.8毫米）	1~2英寸（25.4~50.8毫米）
倾斜甲板	—	2.5英寸（63.5毫米）	2.5英寸（63.5毫米）	2.5英寸（63.5毫米）	2英寸（50.8毫米）	2英寸（50.8毫米）
下甲板	末端3英寸（76.2毫米）	1~2.5英寸（25.4~63.5毫米）	1~2.5英寸（25.4~63.5毫米）	1~2.5英寸（25.4~63.5毫米）	1~2.5英寸（25.4~63.5毫米）	2.5~4英寸（63.5~101.6毫米）
炮座	7~10英寸（177.8~254毫米）	6~10英寸（152.4~254毫米）	6~11英寸（152.4~279.4毫米）	6~11英寸（152.4~279.4毫米）	4~10英寸（101.6~254毫米）	4~10英寸（101.6~254毫米）
6英寸炮组	6英寸（152.4毫米）	6英寸（152.4毫米）	6英寸（152.4毫米）	6英寸（152.4毫米）	6英寸（152.4毫米）	6英寸（152.4毫米）
造价	约250万英镑	约222万英镑	约217万英镑	约203.5万英镑	不详	约250万英镑
重量						
设备	750吨	710吨	710吨	710吨	700吨	750吨
武器	4550吨	4600吨	4600吨	4600吨	4550吨	4550吨
动力系统	3950吨	4100吨	3515吨	2500吨	2250吨	2500吨
燃料	650吨	650吨	650吨	900吨煤	900吨煤	900吨煤
装甲*	8600吨	9450吨	9150吨	9150吨	8600吨	8100吨
舰体	8900吨	9000吨	9135吨	8660吨	8400吨	8600吨
大致排水量余裕	100吨	140吨	140吨	130吨	50吨	100吨
载重排水量	2.75万吨	2.85万吨	2.79万吨	2.67万吨	2.575万吨	2.55万吨

注*：包括衬垫部分。

针对“皇权”级的两个1914年设计方案分别是在海军部所属造船厂建造的W1号方案和招标建造的W2号方案。据称两方案都是基于“皇权”级原先的设计方案（代号为T1号方案，但该方案中设有两座较单薄的烟囱，且两者之间距离很近）。W1号方案的改变主要是主装甲带厚度削减1英寸（约合25.4毫米），倾斜甲板厚度增加0.5英寸（约合12.7毫米）。炮座的最大厚度增加1英寸（约合25.4毫米），且最大厚度的覆盖范围有所扩展。该设计中前部炮塔每炮备弹增至100枚（不过图示上仍为80枚）。其6英寸（约合152.4毫米）副炮被重新布置在舯部双层炮组中，导致侧面装甲和内部装甲重量增加140吨，此外甲板装甲重量也增加140吨。防鱼雷舱壁延伸至中甲板的部分其厚度增加至1.5英寸（约合38.1毫米）。

W2号设计中包括若干其他改变，但从设计草图来看这些改变似乎也反应在W1号设计上。鱼雷控制塔和司令塔的体积均增大，出入司令塔的通道也得到改善。此外舰艏部分还加设了一个有防护的校射观测站。垂直龙骨“分两部分”建造，另外增加水平龙骨的宽度以试图在坐墩负荷条件下提供更刚性的结构。

该系列设计研究还延续至U1号和U2号设计方案，这两个方案被描述为加拿大战列舰设计。两方案均基于“伊丽莎白女王”级设计，额定航速为25节，其武装也与“伊丽莎白女王”级相同（无绘图案）。U3号设计似乎与前两个设计方案非常相似，但设有一座较大的烟囱。U4号设计则与其他设计大相径庭，全部4座炮塔均设在同一平面①，且司令塔位于A、B两炮塔之间（参见草图）[52]。U5号设计中A、B两炮塔错开排列，以求不损失向前的火力。U4号和U5号设计方案均设有两层6英寸（约合152.4毫米）副炮炮组。3个方案中主装甲带厚度被削减至12英寸（约合304.8毫米），甲板或其他位置得以加厚。根据“印度女王”号的测试结果，U系列和W系列均在舰艏设有一座校射观测站。

除上述方案外，笔记中还载有一项为1914—1915年造舰计划准备的“高速战列舰”方案。该方案于1914年7月8日提交，但因其防雷系统过于薄弱而未被接受。该设计中包括8门15英寸（约合381毫米）主炮和16门6英寸（约合152.4毫米）副炮，在高达10.8万匹马力的主机超负荷输出功率条件下，其航速可达30节（额定功率为8.5万匹马力）。装甲带厚度为11英寸（约合279.4毫米），甲板装甲厚度为1.5英寸（38.1毫米）。为保证锅炉舱宽度，倾斜装甲设计被取消。由于该设计中没有空间安装第二道防护性舱壁，因此有人建议设置围堰作为防护。另一个可供选择的设计方案中，X、Y两炮塔的位置各升高5英尺（约合1.52米），舰体长度则增加55英尺（约合16.8米），从而在上层甲板后部位置加设6英寸（约合152.4毫米）副炮炮组（重量增加385吨，造价增加5万英镑）。仅使用燃油作为燃料可节约300吨重量和2.5万英镑造价。

① 早期火控指挥仪系统在控制不同高度炮塔时存在一定问题，因此U4号设计可能试图解决这一问题。采用这一设计更可能的原因则是为了降低重心高度。如果跨越射击炮塔无法在低处炮塔上方射击，那么提升炮塔位置又有何意义？

译注

1.持这种观点的典型代表之一便是费舍尔的私敌贝雷斯福德海军上将，两人在海军改革方面有着广泛的冲突。
2.皇家海军使用双象重合测距仪，其工作过程中的关键步骤是将测距仪两目镜内的景象拼合，这通常需要一条明显的垂线作为参考。
3.原作者将战列巡洋舰视为巡洋舰的加强，因此这里的巡洋舰实际是指战列巡洋舰。
4.“阿伽门农”号为“纳尔逊勋爵”级前无畏舰的最后一艘，1906年6月下水，甚至比“无畏”号的下水日期还早4个月，其入役则几乎比“无畏”号晚了一年半。“无畏”号比“阿伽门农”号长约20%，满载排水量大约15%。
5.“柏勒洛丰”级和“圣文森特”级。
6.“英王乔治五世”级和“铁公爵”级。
7.基线长度。
8.利用相似原理估算敌舰相对敌我两舰连线切向速度和径向速度的仪器，其输入值为我舰速度、敌舰相对我舰航向、敌舰估计速度、敌舰方位。根据输入值调整变距率盘即可得到敌舰相对敌我两舰连线的径向和切向速度，从而设定火炮瞄准点距离和提前量。实战中操作员可通过连续调整输入值对所得速度进行修正。
9.用于预测弹着时敌我之间距离的仪器。其输入值为由测距仪测得的敌我两舰距离、由杜莫瑞克变距率盘测得的敌舰径向速度（或称速度变化率）、由射表得出的炮弹飞行时间，其实质为机械式积分器。理论上，通过对敌舰速度变化率进行连续调整，可对敌舰位置连续进行精确预测，从而不依赖测距仪的结果，这在实战中当测距仪操作因频繁遭遇烟雾、能见度差、敌火射击干扰而无法顺利进行时具有重要意义。
10.隶属“圣文森特“级。
11.即舷侧炮塔。
12.这里指较高的炮塔。
13.原作者负责该级舰设计。该级舰被用于执行护渔和巡逻油气田等任务，1982年起在皇家海军中服役，后被出售给孟加拉海军。本书初版写作时其仍在皇家海军中服役。
14.“狮”级的额定功率约为7万匹马力，其前作“不倦”级仅4.3万匹马力。
15.隶属“猎户座”级。
16.即“鲁莽”号和“阿贾克斯”号。
17.即“英王乔治五世”号和“百夫长”号。
18.1908—1911年任该职。
19.统计含德国前无畏舰。
20.隶属“国王”级战列舰。
21.隶属“牛头怪”级，1907年下水。
22.隶属“爱丁堡公爵”级装甲巡洋舰，1905年下水。
23.两舰均在海战中沉没，其中前者当场殉爆沉没，后者遭重创后于海战次日因无法挽救而被放弃。
24.隶属“拿骚”级。
25.隶属“德弗林格”级。
26.隶属“拿骚”级。
27.隶属“赫尔戈兰”级。
28.隶属“拿骚”级。
29.该级舰仅此一艘。
30.“伊丽莎白女王”级。
31.隶属“国王”级。
32.爆发于1915年1月24日的海战。由于怀疑英国通过在多格尔沙洲附近作业的英荷两国渔船猎取有关德国公海舰队的情报，德方因此决定以其战列巡洋舰编队对该海域实施突袭，并由公海舰队掩护，此外还试图捕捉并歼灭英国大舰队一部。在截获相关无线电报后，英方相应地实施了伏击。海战中英国战列巡洋舰编队达成了对德方战列巡洋舰的突袭，后者随即撤退，追击战随之展开。战斗中德方“塞德利兹”号发射药起火并被重创，“布吕歇尔”号重伤落后，“狮”号也失去动力，并损失大部分通信设备。由于通信失误，接替贝蒂指挥英方战列巡洋舰编队的摩尔少将错误地理解了贝蒂的意图，率队围攻重创落后的“布吕歇尔”号，德国战列巡洋舰编队趁机逃脱。
33.该级舰乃是装甲巡洋舰与德制战列巡洋舰的中间产物，仅此一艘。

34.隶属“城”级，1912年下水。
35.隶属“威斯巴登”级，该舰在英德双方之间失去动力，因此成为大舰队数舰的射击目标。
36.“铁公爵”级。
37.隶属“凳羚”级。
38.从较新的研究成果来看并非如此。
39.隶属“无敌”级。
40.隶属“英王爱德华七世”级，1905年下水。
41.即重心和浮心之间的高度差。
42.该级舰原先设计为燃煤，直至费舍尔在第一次世界大战爆发后重任第一海务大臣，才坚持将其改为燃油。
43.表3-8。
44.即单位功率每小时所需蒸汽量。
45.该舰于1914年10月27日触雷沉没。
46.“巴登”号于1917年下半年触雷。
47.在英制炮塔结构中，输弹舱位于药库/弹库与提弹井之间，炮弹/发射药运出弹库或药库后先在输弹舱停留，然后经提弹井提升。理论上发射药位于输弹舱期间，药库与输弹舱之间的舱门应处于关闭状态。
48.隶属“纽约”级，1917年12月与其他4艘美国战列舰一同抵达斯卡帕湾，并被编为大舰队第6中队，与皇家海军并肩作战。
49.即“无敌”号、“不屈”号和“不挠”号。
50.水兵们按部门领取原材料后，每天轮班进行粗加工，然后送至厨房进行烹调。这一状况直至“胡德”号才得以改变，后者设有中央厨房，可以完成包括粗加工在内的全部烹调工作，且菜式也更为丰富。
51.“伊丽莎白女王”级主机功率为7.5万匹马力。
52.原书未给出相应草图。

巡洋舰 4

“不屈”号，1915年5月摄于直布罗陀（Gibraltar）船坞。该舰此前在达达尼尔海峡（Dardanelles）触雷，拍摄时正在修理（详见第11章）（作者本人收藏）。

战列巡洋舰

有关战列巡洋舰引入的经过已经在本系列前一册中进行过描述，罗伯茨最近出版的作品[1]也对此进行了记述，但为了完备起见，此处仍对其进行简述。战列巡洋舰在相当程度上可以被视为费舍尔海军上将独创的概念。与上将的很多设想类似，随着时间的推移，战列巡洋舰这一概念从角色到技术解决方案上都发生了剧烈变化。值得注意的是“战列巡洋舰”这一术语直至1911年11月才出现。在此之前，该舰种常常被归类为装甲巡洋舰。

与同时期战列舰的情况类似，世纪之交的大型装甲巡洋舰均设有混合口径主炮，通常包括9.2英寸（约合233.7毫米）、7.5英寸（约合190.5毫米）和6英寸（约合152.4毫米）三种口径。通常认为该舰种足以在战列线中扮演支援者的角色。日俄战争中，在因触雷损失约三分之一的战列舰后，日本海军的确以这种方式使用了其巡洋舰。装甲巡洋舰的主装甲带通常由6英寸（约合152.4毫米）克虏伯表面硬化装甲构成，这与防护偏弱的战列舰防护能力相当，足以在通常交

① D K Brown, Warrior to Dreadnought, and J Roberts, Battlecruisers (London 1997).

战距离（约3000码，折合2743.2米）上抵挡全部6英寸（约合152.4毫米）炮弹、大部分9.2英寸（约合233.7毫米）炮弹以及全部的高爆弹。

1902年费舍尔最初的构想并未偏离传统设计太远。他预期中的舰种应装备4门9.2英寸（约合233.7毫米）炮和12门7.5英寸（约合190.5毫米）炮，并配备6英寸（约合152.4毫米）装甲带。1904年撰写《海军必需品》（Naval Necessities）第一卷时，他已经在考虑装备全重型主炮的装甲巡洋舰。这种装甲巡洋舰装备16门9.2英寸（约合233.7毫米）主炮①，仍配置6英寸（约合152.4毫米）装甲带。此后不久他又接受了其他观点，进而认为"无畏"号全部装备12英寸（约合304.8毫米）主炮的方案也应运用在装甲巡洋舰上，由此"无敌"级的设计改为装备12英寸（约合304.8毫米）主炮，但仍保留6英寸（约合152.4毫米）装甲带。做出这一决定的理由并未记录，但培根曾写道：

> ……具有足够大小和吨位的舰只……应有额外用途，即拥有在战列线交战时构成一个快速中队，作为对己方战列舰的补充的能力，并对敌战列线前端或末端的战舰展开攻击或袭扰。该舰种从未被赋予单独与敌战列舰交战的任务，但该舰种的设计应赋予其在一般交战条件下通过攻击那些已经与我方战列舰交火的战舰，从而帮助我方战列线作战的能力。②[1]

培根还写道该舰种应拥有足够高的航速，从而执行追踪并摧毁任何武装商船的任务。③

早在1904年10月费舍尔就萌生了战列巡洋舰最终将取代战列舰的想法，但时任海军大臣的塞尔伯恩勋爵并不愿意接受如此激进的建议。1905年12月费舍尔组建了一个委员会，就将战列舰和装甲巡洋舰这两个舰种融合为一种新设计

① 他似乎更偏爱10英寸（约合254毫米）炮，但也承认引入口径与9.2英寸（约合233.7毫米）炮非常接近的一种新火炮无疑代价过于高昂。

② 当时似乎没有人考虑过建造足够数量的战列巡洋舰以执行猎杀破袭舰任务所需的造价！

③ Admiral Sir R H Bacon, The Life of Lord Fisher of Kilverstone (London 1929), Vol I, p256. 注意培根的回忆并非总是可靠。

"不屈"号。该舰121号船肋位置的截面图尤为重要。在日德兰海战中沉没的"无敌"号是该舰的姊妹舰，海战中前者Q炮塔顶部中弹，由此引发的火焰一直蔓延至下方的发射药库。火焰（可能还包括炽热的破片）在舰体内部蔓延，并在A炮塔和Y炮塔发射药库中引发低阶爆炸（详见第11章）。[3]

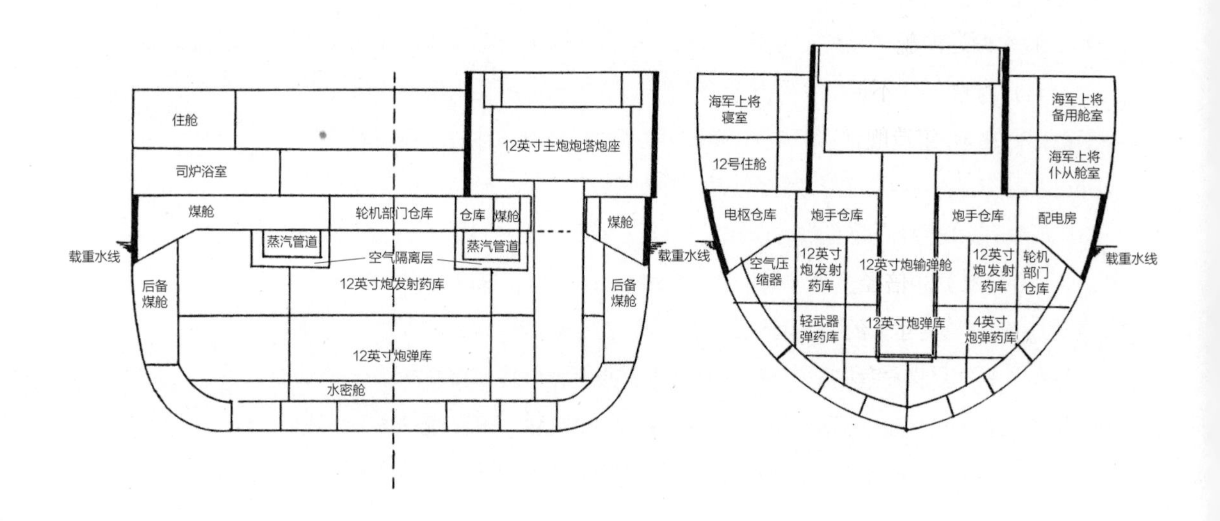

“不倦”号摄于1910年。虽然舯部炮塔之间的距离加大，但该舰仍无法在不损伤甲板的前提下实现跨甲板射击（世界船舶学会收藏）。

的思路进行研究，该委员会此后事实上扮演了设计委员会的角色。新设计应装备10门12英寸（约合304.8毫米）主炮，航速为25节，排水量约为2.25万吨。①然而由费舍尔亲自选择的该委员会竟一度不支持他的观点。②他们认为随着1904年与法国达成合约[2]以及沙俄舰队的毁灭，对快速而强力的巡洋舰的需求已经不复存在。同时面对来自德国方面日趋增长的威胁，海军仍应集中精力于建造无畏式战列舰，且该型战列舰的造价也较融合设计更为低廉。③当时财政方面要求削减海军开支的压力越来越大，因此并不适宜提出更昂贵的新舰只设计方案。

“不倦”号

第一艘战列巡洋舰“无敌”号于1908年6月首次出海④，并于同年10月正式试航。对其后继舰，“不倦”级的设计方案研究始于1906年12月。“不倦”号被列入1908—1909年造舰计划，并于1909年2月动工建造，因此从早期舰只那里获得的反馈意见对新设计几乎毫无影响［参见本章后文所提及的装备9.2英寸（约合233.7毫米）主炮的较为廉价的替代方案］。E号设计方案配备8门12英寸（约合304.8毫米）50倍径主炮以及9英寸（约合228.6毫米）装甲带，F号设计方案则配备10门12英寸（约合304.8毫米）50倍径主炮以及10英寸（约合254毫米）装甲带。F号设计方案在A、X两炮塔位置装备了三联装12英寸（约合304.8毫米）炮塔。由此开发出基于F号方案的变种J1~J5号方案，装备3座三联装炮塔的J6号方案，以及装备4座三联装炮塔的J7号方案。⑤设计师曾估计三联装炮塔

① A Lambert, 'Sir John Fisher and the Concept of Flotilla Defence, 1904-1909', Journal of Military History (October 1995).

② 由费舍尔亲自组建的委员会推翻了费舍尔本人的观点一事非比寻常。苏迈达在其所著In Defence of Naval Supermacy一书中探讨了这一话题。

③ 这一想法此后仍延续了相当时间，并且可在培根（时为少将衔）的论文中看出痕迹。参见'The Battleship of the Future', Trans INA (1910)。

④ 该舰直至1908年10月才正式完工。当年6月的航行乃是执行前往加拿大参加魁北克（Quebec）建市300周年庆典的特殊任务。

⑤ 参见该舰档案集第230页。

的回转部分重量约为500吨，但各公司给出的初步估计就已经高达610吨（维克斯公司）或655吨（埃尔斯维克），后续估计所给出的值甚至超过700吨。这一系列研究就此告终。

虽然在其建造过程中，官方就大肆宣扬“不倦”号较“无敌”级先进得多，但实际改进相当有限。实际上，该级舰将暴露费舍尔对战列巡洋舰原有构想中最大的弱点。按照费舍尔的构想，战列巡洋舰应利用其火力上的巨大优势压倒敌方侦察线，进而确定敌战列线位置，甚至与之交战，但他似乎从未考虑过敌方舰队拥有类似舰只的可能性。事实上，第一艘德国战列巡洋舰“冯·德·坦恩”号（Von der Tann）（该舰日后将在日德兰海战中击沉“不倦”号）已于1908年3月下水。虽然1908年时英国还不确定该舰的设计细节，但显然该舰是对于“无敌”级的回应，因此皇家海军需要性能远强于“不倦”号的战舰。

“不挠”号的舷侧炮塔照片。照片中该炮塔设于炮塔前部的瞄准镜罩清晰可见。注意设于炮塔顶部的4英寸（约合101.6毫米）炮（作者本人收藏）。

“不倦”号的主炮与“无敌”级完全相同，即8门马克Ⅹ型12英寸（约合304.8毫米）45倍径火炮。“不倦”号较“无敌”级长23英尺（约合7米）的舰体使得其舷侧炮塔在向异侧射击时拥有更大的射界（约70°），但跨甲板射击仍很可能导致舰体被破坏。P炮塔位置非常接近舰桥，因此为防止炮口风暴伤害指挥人员，该炮塔无法向舰艏附近方向射击。虽然该舰的后部控制桅楼与第三座烟囱之间的距离较“无敌”级稍远，但该桅楼在实际中仍无法使用，且在该舰建成后被拆除。该舰反驱逐舰火力为16门马克Ⅶ型4英寸（约合101.6毫米）炮，其炮弹重31磅（约14.1千克），各炮位置与“无敌”级上的25磅炮[4]相同。

该级舰的装甲较“无敌”级稍有削弱：其6英寸（约合152.4毫米）装甲带仅在舯部延伸298英尺（约合90.8米），6英寸（约合152.4毫米）装甲带的总重量则仅为721吨，而在“无敌”级上该装甲带总重量为815吨。在艏艉炮塔位置“不倦”号装甲带厚度仅为4英寸（约合101.6毫米），且

封闭装甲盒两端的舱壁厚度同样为4英寸（约合101.6毫米），而“无敌”级上类似舱壁的厚度为6英寸（约合152.4毫米）。“不倦”号较高（约27英尺，折合8.23米）且不设装甲防护的干舷高度饱受批评，但这对一艘快速战舰而言不可或缺。①两艘后继舰只即“澳大利亚”号（Australia）和“新西兰”号（New Zealand）的防护则略有改动。舰体两端位置2.5英寸（约合63.5毫米）装甲被取消，但装甲带两端的厚度增至5英寸（约合127毫米）。炮塔装甲与“无敌”级相同，但炮塔顶部的支撑梁得到加强，这一改动的效果在第2章中描述的1907年试验中得到验证。

1921年时任海军建造总监的达因科特[5]在海军船舶学院（Institution of Naval Architects, INA）的期刊上表示：“在回顾整个战列巡洋舰设计史时，我不由得认为，在订购‘不倦’级时，该级舰实际上重复采用了‘无敌’级设计——一个事实上已经过时的设计——而非发展出一款改进型设计，这一决定非常糟糕。改进型设计的防护应至少与同时期的德国战列巡洋舰‘毛奇’号（Moltke）、‘戈本’号（Goeben）大致相当。”②[6]作为回应，菲利普·沃茨正确指出，决定舰只特征的是海军部委员会而非海军建造总监。他还指出曾希望组建1个由6艘同型战列巡洋舰组成的中队，但他否认“无敌”级的设计已经过时，除非认为任何舰只在其完工时就已过时。然而，为更晚的“澳大利亚”号和“新西兰”号辩护更为困难。

“狮”级和1909—1910年造舰计划

在公众的压力下（见本书引言部分提要），次年的造舰计划中包含8艘主力舰。费舍尔希望这8艘主力舰均为战列巡洋舰③，但遭到新任第二海务大臣布里奇曼[8]的反对，后者坚持认为应尽力建造战列舰，以对抗德国海军日益增长的实力。费舍尔的战略思维则与此迥然不同，这一思维后来被称为“小舰队防御”（Flotilla Defence）。④ 在他看来，驱逐舰所发射的鱼雷带来的威胁，在使皇家海军无法对德国实施传统近距离封锁的同时也使德国无法入侵英国本土。因此，本土防御的任务今后将主要由驱逐舰队和潜艇承担。另一方面，在远海进行的巡洋舰战（Cruiser Warfare）[9]不仅严重威胁着英国贸易，而且可能隔绝英国与其殖民地之间的联系。因此费舍尔似乎将战列巡洋舰中队视为一支应对巡洋舰战所必需的压倒性力量。⑤由于早先的战列舰和战列巡洋舰在续航能力上并不存在明显区别，因此这一理念似乎并未体现在新战列巡洋舰的上述指标上。最终确定的造舰计划包括3艘战列舰和1艘战列巡洋舰（“狮”号），以及列入后继“意外”计划中的4艘类似战舰，其中战列巡洋舰为“皇家公主”号（Princess Royal）。

① 这一干舷高度几乎完全符合“舰体长度平方根的1.1倍”这一经验法则。
② Sir Eustace Tennyson d'Eyncourt, 'Notes on some features of German WarshipConstruction', Trans INA (1921), 及相关讨论。
③ 费舍尔曾致信伊舍勋爵（Lord Esher）[7]称：“鄙人已让菲利普·沃茨设计新的‘不挠’号，一种能让阁下目睹后垂涎不已的设计，一种能让德国人咬牙切齿的设计。”
④ Lambert, 'Sir John Fisher and the Concept of Flotilla Defence 1904–1909'.
⑤ 不过他似乎仍未意识到这些舰只或许将与类型相似的敌舰交战。

"狮"号，摄于其桅杆移至烟囱前方之后。该改动于1912年实施（作者本人收藏）。

早期德国战列巡洋舰的续航能力明显弱于"狮"级，例如"冯·德·坦恩"号在22.5节航速下续航能力为2500海里，在14节航速下续航能力为4400海里。"毛奇"号的数据与此类似。

表4-1："狮"号的续航能力

航速	续航能力
24.6节	2420海里
20.45节	3345海里
10节	5610海里

与此前的战列巡洋舰相比，"狮"号的排水量高出7600吨，这使其可以装备更为强大的火炮，即8门马克Ⅴ型13.5英寸（约合343毫米）45倍径主炮，同时其航速达到27节，但其防护能力仅得到略微加强。其主装甲带厚度为9英寸①（约合228.6毫米），但在B炮塔炮座位置装甲带厚度仅为5~6英寸（约合127~152.4毫米），在A、X两炮塔炮座位置装甲带厚度仅为5英寸（约合127毫米），装甲带两端分别向前后延伸的部分仅厚4英寸（约合101.6毫米），且延伸部分的长度很短。装甲带末端则以4英寸（约合101.6毫米）舱壁加以封闭，构成装甲盒。在主甲板和上甲板之间还设有6英寸（约合152.4毫米）上部装甲带。下甲板两端最厚，为2英寸（约合50.8毫米），但大部分区域仅厚1英寸（约合25.4毫米）。

战损情况将在第11章中进行讨论，此处仅进行简要总结。在多格尔沙洲之战（1915年1月24日）中，"狮"号被17枚大口径炮弹命中并失去动力。其9英寸（约合228.6毫米）装甲带看起来似乎恰好可抵挡德制280毫米炮弹，但在"德

① 与后期装备12英寸（约合304.8毫米）主炮的战列舰相比，厚度仅减小了1英寸（约合25.4毫米）。

弗林格”级305毫米炮弹的打击下，“狮”号的装甲带支撑结构发生断裂。此后对该舰进行的维修延续了2个月。对一艘防护水平较弱的舰只而言，被17枚大口径炮弹命中足以被认为是一次严峻的考验，不过从结果来看该舰很好地经受住了这一考验。在日德兰海战中，该舰被“吕佐夫”号所发射的13枚配备弹底引信的高爆弹[10]命中。其中命中该舰Q炮塔的一枚炮弹几乎导致该舰因发射药库爆炸而沉没，但其他命中仅造成轻微损伤。其姊妹舰“皇家公主”号在多格尔沙洲之战中未能追上敌舰，在日德兰海战中则被8枚305毫米炮弹和1枚280毫米炮弹命中，但并未遭受重大损伤。

“狮”号完工时其三脚桅位于前烟囱后方，其上设有火控桅楼（参见第67页图）。该桅楼距离烟囱口仅39英尺6英寸（约合12米），后者为该舰的10座前部锅炉所共用，其喷出的烟气温度高达550摄氏度。因此桅楼内的环境完全无法为人所忍受。为解决这一问题，这一桅杆很快被设于烟囱前方的单杆桅所取代。此后又加设支柱对单杆桅进行加强，支柱与桅杆交接位置位于火控桅楼以下。“狮”号的第二和第三烟囱原先设计高度较矮，但随着桅杆的改造两烟囱高度得到提升。“皇家公主”号在其建造过程中也接受了类似修改。上述修改耗资为每舰6.8万英镑。

“玛丽女王”号

“玛丽女王”号（1913年8月完工）与“狮”级非常相似，但其对应的战列舰是“英王乔治五世”级，正如“狮”号对应的是“猎户座”级一样。该舰13.5英寸（约合343毫米）主炮发射较重的1400磅（约合635千克）炮弹[11]，因此其精度更高。其副炮炮组布置也更为理想，并施以3英寸厚（约合76.2毫米）装甲防护。相比“狮”级，“玛丽女王”号的防护体系仅进行了细微修改，其前部和后部药库位置仅有5英寸（约合127毫米）侧装甲防护。

“玛丽女王”号恢复了将军官住舱设于舰体后部的传统布局，这一改动颇受欢迎。根据该舰首任舰长雷金纳德·霍尔（Reginald Hall）的建议，该舰水兵的居住条件得到明显改善，其中包括增设小礼拜堂、书报摊、电影放映机、洗衣机以及条件大大改善的浴室。阿特伍德于1913年撰文①，其中强调了“近期”对水兵们生活设施所进行的改善，文中提及现在已经为水兵提供了浴室，而非原先一般仅限于为司炉提供。②霍尔还介绍了若干组织架构的改变，这使水兵们的日常生活变得略微舒适。

对改善居住条件有兴趣似乎是当时的普遍现象。表4–2由达因科特文稿中的相应表格简化而成③，显示了当时下甲板的居住环境是何等拥挤。读者不妨想象一下在12.5平方英尺（约合1.17平方米）范围内完成饮食起居的情景！

① Lambert, 'Sir John Fisher and the Concept of Flotilla Defence 1904–1909'.

② 水手们此前只能在他们所能找到的地方用水桶洗澡，或干脆不洗。

③ d'Eyncourt papers, DEYI4.National Maritime Museum.

表4-2：人均面积[12]

	军官人数	水兵人数	军官人均面积	水兵人均面积
“庄严”号	50	707	142平方英尺（13.2平方米）	21.4英方英尺（1.99平方米）
“英王爱德华七世”号	34	768	306平方英尺（28.4平方米）	27.9平方英尺（2.59平方米）
“柏勒洛丰”号	50	679	260平方英尺（24.2平方米）	22.7平方英尺（2.11平方米）
“猎户座”号	46	691	350平方英尺（32.5平方米）	32.7平方英尺（3.04平方米）
“英王乔治五世”号	69	870	219平方英尺（20.3平方米）	24平方英尺（2.23平方米）
“狮”号	57	943	305平方英尺（28.3平方米）	16.8平方英尺（1.56平方米）
“蒙默斯郡”号（Monmouth）	38	660	204平方英尺（19平方米）	21.8平方英尺（2.03平方米）
“防守”号	43	784	342平方英尺（31.8平方米）	28.7平方英尺（2.67平方米）
“挑战者”号（Challenger）	23	423	305平方英尺（28.3平方米）	20.4平方英尺（1.9平方米）
“布里斯托尔”号	20	359	138平方英尺（12.8平方米）	12.5平方英尺（1.17平方米）
“伯明翰”号	21	374	217平方英尺（20.2平方米）	22.8平方英尺（2.12平方米）

注：包括宿舍面积，但不包括医务室面积。

“虎”号

1911—1912年造舰计划中包含1艘战列巡洋舰，即“虎”号，其渊源可参见罗伯茨的作品。①该舰对应的战列舰为“铁公爵”级，两者同样装备无必要的6英寸（约合152.4毫米）副炮。在1911年8月提出的A设计方案中前后均按照背负式炮塔布局设计，但在此后提出的方案中X炮塔的位置显著前移。分离两座艉炮塔可能是为了使X炮塔能向舰艉方向射击，而由于炮口风暴对低处炮塔的影响，这一点在传统的背负式炮塔布局设计上无法实现。除了炮塔前移外，加设后部鱼雷平台也导致该舰后部锅炉舱明显前移。

① J Roberts, 'The Design and Construction of the Battlecruiser Tiger', Warship 5 and 6 (1978) and Battlecruisers, pp36-39.

“虎”号，摄于第一次世界大战末期。该舰前部顶桅于1918年移至吊杆起重架支柱，但仍保留了设于B炮塔顶部的飞机平台（世界船舶学会收藏）。

该舰副炮炮组设有5英寸（约合127毫米）装甲，这一结构将该舰的总体防护水平提高了些许，但为此付出暴露6英寸（约合152.4毫米）副炮炮组供弹系统的代价。在主装甲带下方还设有一块厚3英寸（约合76.2毫米）、深2英尺6英寸（约合0.76米）的装甲板。据称这一设计乃是基于日本从日俄战争中吸取的经验教训①，这也是“虎”号受“金刚”级战列巡洋舰设计影响的唯一迹象。②主装甲带厚度仍保持9英寸（约合228.6毫米），且并未完全覆盖两端炮塔位置。③为防止鱼雷攻击，该舰弹药库得到1~1.5英寸（约合25.4~38.1毫米）装甲板保护。该舰主甲板以下位置的横向舱壁、轮机舱与压缩机舱的纵向舱壁以及下甲板与上甲板之间的煤舱均不设水密门。据计算如果一间轮机舱及相邻压缩机舱进水，那么该舰将出现15° 侧倾。④

表4-3：“虎”号的扶正力矩（定倾中心高度）

	最大定倾中心高度	角度
重载条件下	3.71	44°
图例设计条件下	2.81	42°
轻载条件下	2.55	41°

战列巡洋舰舰体结构所受应力颇大。

表4-4

	舯拱		舯垂	
	甲板	龙骨	甲板	龙骨
“虎”号	每平方英寸7.05吨（108.9兆帕）	每平方英寸5.06吨（78.1兆帕）	每平方英寸5.48吨（84.6兆帕）	每平方英寸5.87吨（90.7兆帕）
“玛丽女王”号	每平方英寸7.02吨（108.4兆帕）	每平方英寸5.12吨（79.1兆帕）	—	—
“狮”号	每平方英寸7.02吨（108.4兆帕）	每平方英寸5.14吨（79.4兆帕）	—	—

注意“玛丽女王”号和“狮”号未计算舯垂数据。

英国本土共有隶属军方造船厂的11座船坞和6座商业船坞可容纳“虎”号，海外还有5座船坞可容纳该舰。此外当时有提案建议新建4座船坞以容纳该舰。“虎”号几乎标志着战列巡洋舰这一舰种的终结，此后的1912—1913年预算、1913—1914年预算，以及1914—1915年预算中均未再列入战列巡洋舰。

小型装甲巡洋舰

海军部内部似乎无人支持小型战列舰方案，但有迹象显示小型且更廉价的装甲巡洋舰方案得到强烈支持。于1907年初列入1907—1908年造舰计划的一艘

① 参见该舰档案集，收藏于国家海事博物馆。
② 阿尔伯格先生曾在私人通信中提到，他曾根据阿部康夫和中川勉[13]所撰论文调查日本“金刚”级战列巡洋舰的渊源。“金刚”级和“虎”号之间似乎并无直接联系，但当时日本获得广泛参阅英国设计思想的许可。此外不出意料的是，日本还广泛接触到了维克斯公司的设计思想。因此最好将“虎”号和“金刚”级视为由类似思路生成的独立产物。
③ 当时厚装甲板［如9英寸（约合228.6毫米）］造价约92英镑/吨，2英寸（约合50.8）装甲板造价约74英镑/吨。
④ 参见该舰档案集第279页。档案集中研究了约25例进水场景，但大部分都不重要。15° 侧倾已是相当严重的情况，在此条件下舰上官兵即使是行走也颇为困难，遑论作业。

改进型“无敌”级被取消。[1]杰里科（时任海军军械总监）于1907年6月提出为节约开支，列入1908—1909年造舰计划的装甲巡洋舰应装备9.2英寸（约合233.7毫米）主炮，而非12英寸（约合304.8毫米）主炮。他的观点在当月得到海务大臣们的一致支持。[2]由皇家海军造船部的佩恩（S Payne）起草的该种舰只的设计草案大约就在这一时期成稿。与此草案稍有区别的E号方案图例注有1911年11月的日期，该方案此后也被提及（见表4-5）。第一个设计方案装备4座双联装炮塔，估计造价为145.4万英镑。装备3座双联装9.2英寸（约合233.7毫米）炮塔、体积较小的设计方案也曾被海军部考虑，该方案造价为110万英镑（4座炮塔设计方案此时的预计造价为128万英镑），但由于德国在其1907—1908年及1908—1909年造舰方案中均列入了装备重炮（280毫米主炮）的战列巡洋舰，因此有关装备9.2英寸（约合233.7毫米）主炮战舰的研究就此告终，最终列入造舰计划的是“不倦”号。

1913年10月还有一次设计装备9.2英寸（约合233.7毫米）炮巡洋舰的尝试。达因科特在笔记本中[3]描述了两种设计变种，分别是E2号和E3号设计方案。两方案也与“无敌”级以及更早的“武士”级装甲巡洋舰进行比较。[4]

① Sumida, In Defence of Naval Supremacy, p114 (quoting ADM 167/40).
② 同本页原注①。
③ 国家海事博物馆MS93/011号藏品。
④ 在Warrior to Dreadnought一书中也有一张类似表格，此处再次列出作为对战列巡洋舰概念的一般讨论。注意Warrior to Dreadnought一书中讨论的方案实际上是E3号方案，而非原文中所写的E2号方案。

1907年前后就仅装备9.2英寸（约合233.7毫米）主炮的装甲巡洋舰构想提出的设计研究方案。该方案由佩恩拟就，其线图由作者之子赠予作者。该设计中后部的笼状桅杆颇引人注目，且难于解释。

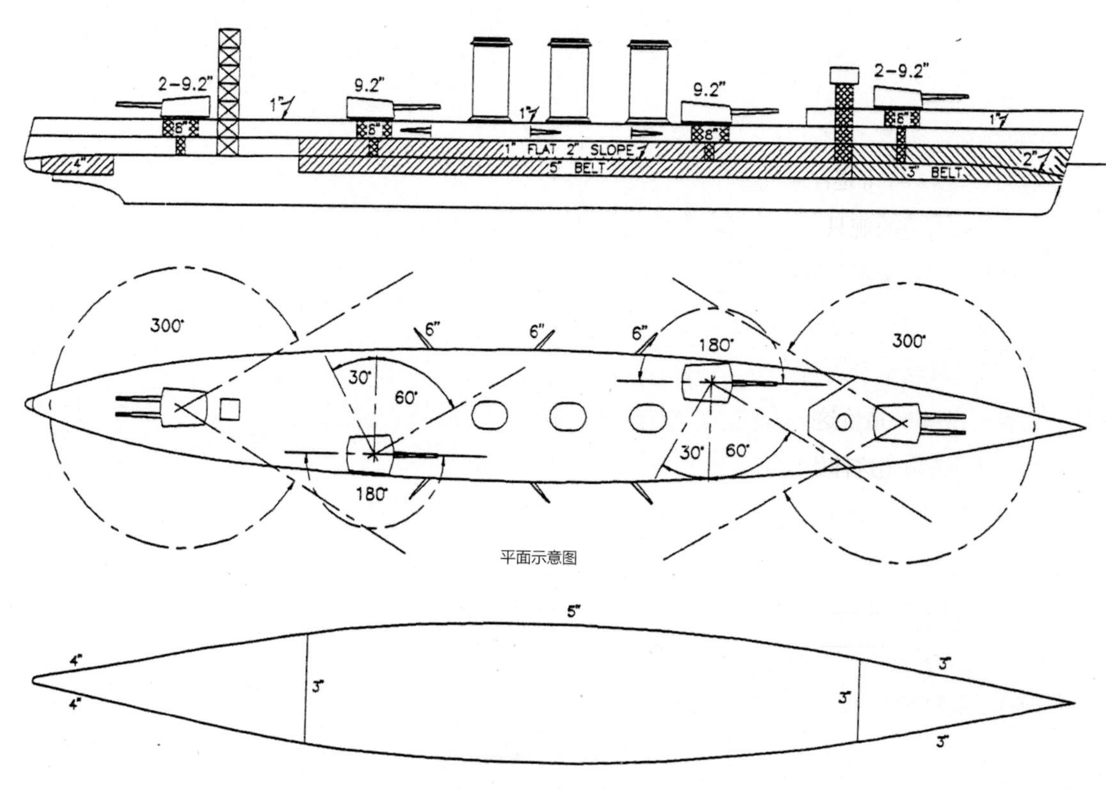

平面示意图

载重水线平面示意图

表4-5：装甲巡洋舰

	“武士”级	“无敌”级	设计方案E	设计方案E2	设计方案E3
大致时间	1903年	1905年	1908年?	1913年	1913年
排水量	13350吨	17300吨	15750吨	15500吨	17850吨
造价	120万英镑	175万英镑	?	135万英镑	150万英镑
武器	6门9.2英寸（233.7毫米）炮 4门7.5英寸（190.1毫米）炮	8门12英寸（304.8毫米）炮 16门4英寸（101.6毫米）炮	8门9.2英寸（233.7毫米）炮 16门4英寸（101.6毫米）炮	8门9.2英寸（233.7毫米）炮 8门6英寸（152.4毫米）炮	8门9.2英寸（233.7毫米）炮 8门6英寸（152.4毫米）炮
航速	23节	25节	25节	28节	28节
装甲带最大厚度	6英寸（152.4毫米）	6英寸（152.4毫米）	6英寸（152.4毫米）	6英寸（152.4毫米）	6英寸（152.4毫米）
重量					
舰体	5190吨	6120吨	5890吨	5500吨	6000吨
武器	1585吨	2500吨	1690吨	1900吨	1900吨
装甲	2845吨	3370吨	2985吨	3560吨	5070吨
动力系统	2270吨	3140吨	3400吨	2700吨	3000吨

E2与E3方案之间最大的区别是后者设有4英寸（约合101.6毫米）上部装甲带，用于保护6英寸（约合152.4毫米）炮组下方的舰体侧面。在与“无敌”级单舰交战的情况下，后者获胜的概率显然要大得多，而1913年设计方案节约的成本可能并不足以对可建造舰只的数量造成显著影响。

技术考量

在设计战列巡洋舰的过程中，成本显然是最主要的制约因素。当时被广为接受的标准是战列巡洋舰的造舰不应明显高于同时期的战列舰，这一标准可以追溯至很久之前的一等巡洋舰时代。

由于没有对应的舰只，且受战时货币贬值的影响，因此直接与战时战列舰造价进行比较并不现实。根据记录，各战时战列巡洋舰的报价如下：“声望”级311.7204万英镑，“勇敢”级203.8225万英镑，“胡德”号602.5万英镑。对战列巡洋舰每吨位造价进行比较则较有意义，且可用于体现战时货币贬值的影响。表4-7中，每吨造价这一数据根据各舰下水时零售价格指数进行处理，以排除货币贬值的影响（这种处理方式并不完全合适，但已经是最好的手段）。

表4-6：战列舰和战列巡洋舰造价（单位：英镑）

战列巡洋舰	舰体造价	火炮造价	战列舰	舰体造价	火炮造舰
“无敌”级	1621015[1]	90000	“无畏”号	1672483	113200
“不倦”级	1430091	98500	“巨人”级	1540403	131700
“狮”级	1965699	118300	“猎户座”级	1711617	144300
“玛丽女王”号	2078491	—	“英王乔治五世”级	1961096	—
“虎”号	2100000	—	“铁公爵”级	1945824	—

① 实际造价为167.7515万英镑。

表4-7

	每吨造价	零售价格指数	处理后每吨造价
“无敌”级	94	106	89
“不倦”级	77	104	74
“狮”级	75	109	69
“玛丽女王”号	77	115	67
“虎”号	74	116	64
“声望”号	113	186	61
“勇敢”号	95	186	51
“胡德”号	142	267	53

根据数据，每吨造价这一指标相对恒定（“无敌”级高昂的每吨造价无法解释，可能是参与竞标的公司以其乃是一种全新舰种为理由，调高了投标报价）。由于每吨造价变化相对不大，因此对总造价的限制直接意味着对总吨位的限制，而对总吨位的限制取决于可用船坞设施的大小。在怀特任海军建造总监的时代，海军部投入了相当精力试图削减舰体重量①，因此进一步削减舰体重量的可能性不大。不过由于动力系统庞大而又沉重，因此在这方面有望取得可观的重量削减（参见本书第1章）。

轻巡洋舰

“无畏”号委员会存续期间，费舍尔认为除少数充当驱逐领舰的侦察巡洋舰外，在战列巡洋舰与驱逐舰之间没有其他舰种存在的意义。对早期侦察巡洋舰而言②，阿姆斯特朗公司的设计方案得到青睐。1907年至1910年间③，以“博阿迪西亚”号（Boadicea）为首，彭布罗克造船厂（Pembroke Dockyard）建造了7艘类似舰只。最早两舰仅装备6门马克Ⅷ型4英寸（约合101.6毫米）后膛炮，后于1916年增至10门。[14]其余各舰则装备10门4英寸（约合101.6毫米）炮。[15]各舰均设有较薄且由煤舱加强的防护甲板，各装有帕森斯式涡轮机系统，直接通过4根传动轴驱动推进器。各舰设计航速均为25节。但此后不久海军便意识到这一航速在实战中并不够快，又在颇长时间后认识到4英寸（约合101.6毫米）炮弹杀伤力太小，无法实现一次命中即保证敌驱逐舰无法运作。

设想中分配给巡洋舰的角色包括：

（a）侦察并跟踪敌战列舰队；

（b）破交战，保护己方贸易线并破袭敌方贸易线；

（c）在殖民地执行警备任务；

（d）驱逐领舰；

（e）反制敌驱逐舰。

① Brown, Warrior to Dreadnought, p147.

② Brown, Warrior to Dreadnought, p163.

③ “博阿迪西亚”号被列入1907年造舰计划，“司战女神”号（Bellona）被列入1908年造舰计划，“布兰奇”号（Blanche）和“布隆德”号被列入1909年造舰计划，“积极”号（Active）和“安菲翁”号（Amphion）被列入1910年造舰计划，“无惧”号（Fearless）被列入1911年造舰计划。

皇家海军轻巡洋舰合照，可辨认出照片中最近处4艘为“城”级（Town）轻巡洋舰。从“布里斯托尔”号起，英国轻巡洋舰在实战中不仅表现出较高的作战效率，而且证明能经受相当程度破坏的考验（作者本人收藏）。

另一通常不会明确说明的角色则是在远离战列舰队的海域独立承担作战任务。

费舍尔认为战列巡洋舰足以适应角色（a）和（b），尽管战列巡洋舰高昂的造价意味着其数量永远不足，至少不足以承担保护贸易航线的任务。虽然无线电的引入降低了侦察、追踪和保护任务的难度[①]，但完成上述任务仍需要大量舰只。

“城”级

在英国建造侦察巡洋舰时，德国已经在建造大量大体与该英制舰种相似的轻巡洋舰。[②]海军部于1909年决定未来5艘新巡洋舰应拥有更强的火力。这一批起初被称为“‘博阿迪西亚’级改进型”的巡洋舰应装备2门单装马克Ⅸ型6英寸（约合152.4毫米）50倍径火炮，以及10门4英寸（约合101.6毫米）炮。航速仍维持在25节，弹药库及动力系统舱室上方的甲板则加厚至2英寸（约合50.8毫米），并得到煤舱加强。该批巡洋舰最终成为“布里斯托尔”级，使用煤油混烧锅炉，16节航速下其图例设计续航能力为5070海里。“布里斯托尔”号装备布朗—寇蒂斯涡轮机和两根传动轴，其姊妹舰则装备帕森斯涡轮机和四根传动轴。该级舰的布置相当拥挤。费舍尔本人决定将该级舰上的军官住舱布设在舰体前部，这一决定虽然合乎设计逻辑，但是不受欢迎。空间不足导致第一次世界大战期间该级舰几乎没有接受改装。对在水线位置设置防护性甲板的战舰而

① Sir A Hezlet, Electron and Sea Power (London 1975).

② 这些轻巡洋舰各装备10门105毫米火炮，其射程明显优于皇家海军的4英寸（约合101.6毫米）炮。

与早期的侦察巡洋舰相比，“布里斯托尔”号体积更大、火力更强、防护更好（世界船舶学会收藏）。

言，为实现在甲板上方进水的情况下仍维持战舰稳定性，需要设计较高的定倾中心高度。而上述对定倾中心高度的要求导致战舰横摇加速度颇高，进而导致战舰作为射击平台的性能很差。

第二批4艘巡洋舰[列入1910年造舰计划的“韦茅斯”级(Weymouth)]在“布里斯托尔”级出海试航前即开始铺设龙骨,但后者的部分问题此时已经被海军相关部门认识到,并在“韦茅斯”级的设计上加以修正。该级舰取消了混合火炮设计,代之以8门6英寸(约合152.4毫米)火炮。布置在上甲板中部的火炮在航行时常常没入海中,导致操作上述火炮不仅困难而且危险,因此靠前的两门舷侧火炮被提升至延长的艏楼甲板上,其余火炮则被设于较高的舷墙之后。由于操作火炮的炮组成员仅受到轻型防盾的保护,因此各炮只能分散布置,以防单次中弹导致一门以上的火炮无法运转。此外,分散布置火炮也有助于限制炮口风暴效果。

此后的“查塔姆”级（Chatham）（该级舰中有3艘隶属皇家海军，隶属澳大利亚的另外3艘在1911—1913年间先后开始铺设龙骨[①]）接受了进一步改进，这些改进同样是在“韦茅斯”级出海试航前就已经决定的。该级舰的艏甲板延伸至舰体三分之二处，剩余两门布设在上甲板的舷侧火炮位于艏楼甲板中断处后不远位置，因此得到艏楼甲板的适当保护。由于舰宽仅增加6英寸（约合152.4毫米），因此该级舰的定倾中心高度相应降低，从而使该级舰成为比此前各舰更稳定的射击平台。该级舰装备的是8门身管较短（45倍径）的马克Ⅻ型6英寸

① 大部分设备由英国本土提供。隶属澳大利亚的3艘舰建造周期较长，这和战争期间运输速度减慢有一定关系。

右：“墨尔本”号（Melbourne），该舰是澳大利亚拥有的“查塔姆”级轻巡洋舰之一。这一上方视角照片显示了该舰各炮的位置。在此类仅具有轻型防护的舰只上应将各炮之间的距离尽量拉开，以防一次中弹即导致一门以上的火炮无法运作。就对排水量的影响而言，与在舰体中线布置一门火炮的方式相比，两门火炮分设于两舷的方式造成的影响通常不会是前者的两倍。这主要是因为前一布置方式可能导致舰体被拉长（感谢罗斯·吉勒特提供）。

下：射击中的“悉尼”号（Sydney）后部6英寸（约合152.4毫米）炮。火炮型号为45倍径的马克XII型，较早前巡洋舰配备的马克XI型轻约2吨，因此在航行时更易操作。注意位于炮架后方的俯射轨（Depression Rail），其作用是防止炮弹射入自身舰体［感谢罗斯·吉勒特（Ross Gillett）提供］。

（约合152.4毫米）火炮。该型火炮较马克XI型轻约2吨，但最大射程几乎同样为14500码（约合13.26千米）。由于较短的新火炮炮管惯性较小，因此在航行中实现俯仰和回旋操作更为容易（参见本书第7章）。

“爱丁堡”号射击试验结果（参见本书第2章）显示，防护甲板的价值颇为有限，因此“查塔姆”级的甲板厚度被削减。其位于动力系统上方部分厚0.75英寸（约合19.1毫米），其余位置厚0.375英寸（约合9.5毫米）。该舰的防护主要由设于水线位置的装甲带提供，该装甲带由加在1英寸（约合25.4毫米）船壳板之上的2英寸（约合50.8毫米）镍钢板构成。由于镍钢板无法被加工为双曲面造型，因此该级舰舰体在装甲带覆盖部分呈两舷平行造型。该级舰中“南安普顿”号装备布朗—寇蒂斯涡轮机和两根传动轴，其余各舰则装备帕森斯涡轮机和四根传动轴。该级舰的后继为3艘与之非常相似的“伯明翰”级（另有1艘隶属澳大利亚）[16]，后者在艏楼甲板上并列布置两门6英寸（约合152.4毫米）火炮。英国巡洋舰设计此后将进入一个新的阶段，后文将对此进行叙述。不过通过夭折的所谓“大西洋巡洋舰”（Atlantic Cruisers），“伯明翰”级实际上成了所谓“改进型‘伯明翰’级”，即最终的“霍金斯”级（Hawkins）的滥觞。此外英国还为希腊建造了两艘与“伯明翰”级非常相似的巡洋舰。1915年初英国政府接收了这两艘巡洋舰，并重新命名为“切斯特”号和“伯肯黑德”号。两舰各装备10门由考文垂兵工厂（Coventry Ordnance Work）生产的5.5英寸（约

“阿德莱德”号（Adelaide），澳大利亚拥有的最后一艘“伯明翰”级轻巡洋舰。由于部分零件在从英国运输的过程中遭到延误，因此其完工日期也相应延后。该舰日后将在第二次世界大战中服役（感谢罗斯·吉勒特提供）。

合139.7毫米）火炮，其性能堪称卓越。该炮的重量比英制6英寸（约合152.4毫米）炮轻约13吨。与6英寸（约合152.4毫米）炮发射的100磅（约合45.4千克）炮弹相比，5.5英寸（约合139.7毫米）炮使用的85磅（约合38.6千克）炮弹在航行状态下的小型舰只上更易操作。“伯肯黑德”号使用煤油混烧锅炉，其输出功率为2.5万匹轴马力，航速为25节。“切斯特”号则接受改造，仅使用燃油作为燃料。凭借31万匹轴马力主机输出功率，该舰航速可达26.5节。

照片中的“伯肯黑德”号（Birkenhead），及其姊妹舰“切斯特”号均装备较轻的5.5英寸（约合139.7毫米）火炮。该炮发射的85磅（约合38.6千克）炮弹在航行条件下更易操作（世界船舶学会收藏）。

“林仙”级

“林仙”级自身就非常重要[17]，且由于该级舰的第一手设计资料尚存，因此本书将对其进行详细叙述。负责该舰的造船师是古道尔，留存至今的该舰设计资料即出自其手。①该级舰的最初概念颇为简单：航速30节，可伴随现代化驱逐舰一同航行，装备6门4英寸（约合101.6毫米）火炮，设有与后期型“城”级巡洋舰类似的3英寸（约合76.2毫米）舷侧防护。古道尔受命在怀廷（W H Whiting）和贝里（W Berry）的监督指导下负责该舰的设计。此时古道尔毕业仅5年，资历尚浅。完成第一稿草案设计仅用了两天，该草案在海军部引发了进一步讨论，最终海军部要求在两端各加装1门6英寸（约合152.4毫米）炮。这一要求引起了古道尔的担忧：经验显示，在航行状态下的小型舰只上操作100磅（约合45.4千克）炮弹颇为困难。他将设计定倾中心高度降低2~2.5英尺（约合0.61~0.76米），并设计了近似方形的舰底②，此外还设置了较深的舭龙骨[18]。改用油类燃料的决定改变了该舰的稳性特征，在重载状态下该舰的重心颇低。对“曙光女神”号（Aurora）进行的倾斜试验显示，其图例设计定倾中心高度为2.21英尺（约合0.67米），重载状态下则为2.69英尺（约合0.82米），稳度范围

① 古道尔于1918年在波士顿（Boston）麻省理工学院（MIT）对美国造船部成员做了一次讲座，其讲义于1982年公开。笔者曾根据该讲义撰写The Design of HMS Arethusa 1912一文，发表于Warship International 1/83。本书该部分章节即根据该文缩写而成。

② 就其本身而言，方形舰底并不能如当时所相信的那样有助于改善舰艇横摇幅度，但该造型的确能使水流更快地流过龙骨，从而非常有益。

则相应为83° 和86° 。

设计中遭遇的第一个重大问题是决定其动力系统种类。对巡洋舰而言，输出功率为3万匹轴马力的传统动力系统重约1050吨，而“林仙”级的设计要求是用重量不超过850吨的动力系统提供4万匹轴马力。使用油类燃料提供了相当幅度的重量削减，但为满足设计要求仍不得不采用用于驱逐舰的传统动力系统，这进一步引出两个问题。轻量化的动力系统要求采用较高的转速，这意味着需要采用较小且效率较低的推进器。古道尔在笔记中以近乎滑稽的方式，记录了他与怀廷①以及沃茨之间的讨论记录。最终他们起草了一份备忘录提交给海军大臣丘吉尔[19]，其中指出要求的航速很难满足，且需要利用若干套推进器进行长期试验以求得到解决方案。试验于第一次世界大战爆发几天后展开，其时间和项目则被压缩。最终“林仙”号的试航成绩如下：设计功率（3万匹轴马力）条件下航速为27节，过载功率（4万匹轴马力）条件下航速为29节。由于时间太紧，因此设计方案在有机会进行模型试验之前就被冻结，幸而试验证明设计船型的表现令人满意。总工程师最终同意在外侧使用尺寸较小、承受应力颇高的推进轴，同时通过锻造而非浇铸工艺获得体积较小的推进轴支架，由此相应地减小其制造的阻力。②

新采用的锅炉不仅体积较大，而且高度较高，因此无法让中甲板在锅炉舱位置保持连续。由此导致的舰体结构强度降低自然不为人所喜，尤其考虑到该级舰的舰体长度/深度比非常高。雪上加霜的是，储存在舰体两端附近的燃油导

① 怀廷被广泛认为是一名出色的设计师，但也被普遍认为“难以相处”。

② 对一艘巡洋舰而言，推进轴及其支架贡献约6%的阻力。

隶属“林仙”级的“法厄同”号（Phaeton），该级舰是一种新型轻巡洋舰，也是斯坦利·古道尔负责的第一项设计（世界船舶学会收藏）。

致了很高的舯拱/弯曲力矩，由此导致甲板承受很高的张应力。

该级舰的防护主要由1英寸（约合25.4毫米）高强度船壳板及外覆的2英寸（约合50.8毫米）高强度钢板构成，后者可被加工为双曲面造型。以当时的技术条件而言，该舰使用的钢板面积颇大。构成上层和下层船体列板的钢板分别宽5英尺（约合1.52米）和8英尺（约合2.44米），其长度均为36英尺（约合11米）。上层船体列板通过内层船壳板及50磅垫板（约合31.8毫米），利用铆接连接。因此在使用1.125英寸（约合28.6毫米）铆钉时，结合部位总厚度为4.5英寸（约合114.3毫米）。该铆钉被认为是可达成满意连接效果的最大铆钉。2英寸（约合50.8毫米）下层船体列板在铆接过程中未使用垫板，且未被纳入强度计算，但设计师们实际表明了该船体列板可提供一定的额外刚度。承拉和承压条件下图例设计应力分别为每平方英寸6.5吨（约合100.4兆帕）和每平方英寸5.5吨（约合84.9兆帕）。该舰设有较重的司令塔，为其提供保护的是厚度为4英寸（约合101.6毫米）和6英寸（约合152.4毫米）的铸造装甲板。由于该司令塔在实战中很少使用，因此装甲板于1917年晚期被拆除，以作为对因其他改造而重量增加的补偿。取而代之的是0.75英寸（约合19.1毫米）防破片护板。司令塔内原设有厚重的通信管，该设备在此次改造中得以保留。

“林仙”号在完工后第17天就参加了海战，期间被105毫米炮弹命中约30次，但无一击穿其侧面防护。该设计被认为是思路大体正确，但显得过小且过于拥挤。该舰的干舷高度仅17.3英尺（约合5.27米，相当于舰体长度平方根的0.84倍），因此该舰上浪较为严重。该级舰构成了后继C级巡洋舰的设计基础，后者的性能非常出色。

C级第一批

纳入1913年造舰计划的8艘巡洋舰最初仅计划为在“林仙”级基础上稍加改进的版本。其中两艘很快便接受了改造，被用于对齿轮减速涡轮系统进行测试（参见本书第1章）。此外海军还试图在其中1艘舰上引入德国傅廷格液压传动系统，为此古德尔参观了跨海峡汽船“路易斯国王”号[20]，试图考察该轮上安装的液压传动系统。剩余6艘巡洋舰成了“卡罗琳”级。该级舰艏楼甲板上设有两门4英寸（约合101.6毫米）火炮，第二门6英寸（约合152.4毫米）火炮则设于后部跨越射击位置，与装备齿轮减速涡轮的姊妹舰类似。[①]选择这一武器搭配方案的原因是半自动式的4英寸（约合101.6毫米）炮适合追击驱逐舰，而设于后部的6英寸（约合152.4毫米）火炮适合在从更强大敌舰的攻击中逃脱这一场景下使用。战时经验很快导致设于艏楼的火炮被1门6英寸（约合152.4毫米）火炮取代。该级舰比“林仙”级稍大，舰体长度较后者长10英尺（约合3.1米），宽度较后者

① 在设计早期阶段各方人员就该级舰的武器进行过相当多的辩论。全部使用6英寸（约合152.4毫米）火炮方案、全部使用4英寸（约合101,6毫米）火炮方案以及混合使用两种火炮的方案都各有其鼓吹者（参见Records of Warship Construction during the War, DNC Dept。该文件原为机密）。

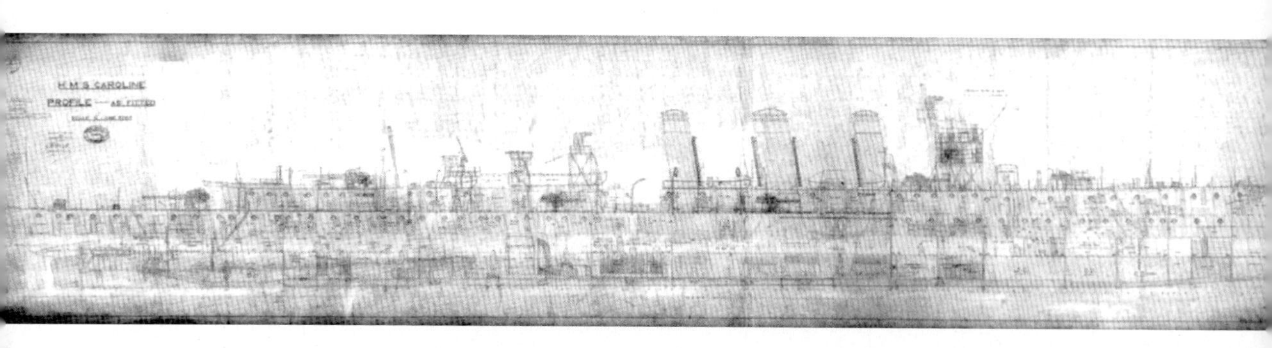

"卡罗琳"号，最早一批C级巡洋舰之一。该级舰乃是林仙级的改进型，至1999年仍以后备训练舰的身份在贝尔法斯特服役，因此也成为日德兰海战所有参与者中最后一艘仍处于浮动状态的战舰。该舰的四推进轴无齿轮减速动力系统大部分仍保留至今（参见第1章）。注意该舰设于后部的两门6英寸（约合152.4毫米）火炮和前部的4英寸（约合101.6毫米）火炮（收藏于伦敦的国家海事博物馆，261228号）。

宽18英寸（约合0.46米），因此该级舰的拥挤情况较"林仙"级稍有改善[1]，同时又留出较多的冗余稳定性可供在其服役期间接受改造。后文将讨论该级舰的战时演进。

"大西洋巡洋舰"

1912年海军部收到一份报告称，德国正计划建造一种装备170毫米主炮、专门用于破袭贸易航路的大型巡洋舰（该报告内容不实）。时任海军大臣的丘吉尔遂要求海军部就反制方案展开研究，以防报告内容属实。[2]根据这一要求，时任巡洋舰设计部门领导的贝里提出了A、B1和B2号3个设计方案（见下表）。有关这些设计的文件并不齐全，但可以假设A方案因火力不足而遭到否决，两套B方案则因太过昂贵而同样遭到否决。然而从常识上说，一个结合了重火力、较为全面的防护和高航速的设计本就应造价高昂。1913年7月，达因科特提交了B3号设计方案，该方案火力强大，设有8门7.5英寸（约合190.5毫米）火炮，同时通过降低航速略微降低了造价。

① 尽管该舰需要为多出的20名官兵提供住宿空间。

② 这部分内容大致基于达因科特笔记本中所记录的一份设计方案研究摘要，该笔记本现保存于国家海事博物馆，MS93/011号。笔者还非常感谢K.麦克布莱德所提供的帮助。此外还可参见Ship's cover 319。

最初状态的"卡罗琳"号（作者本人收藏）。

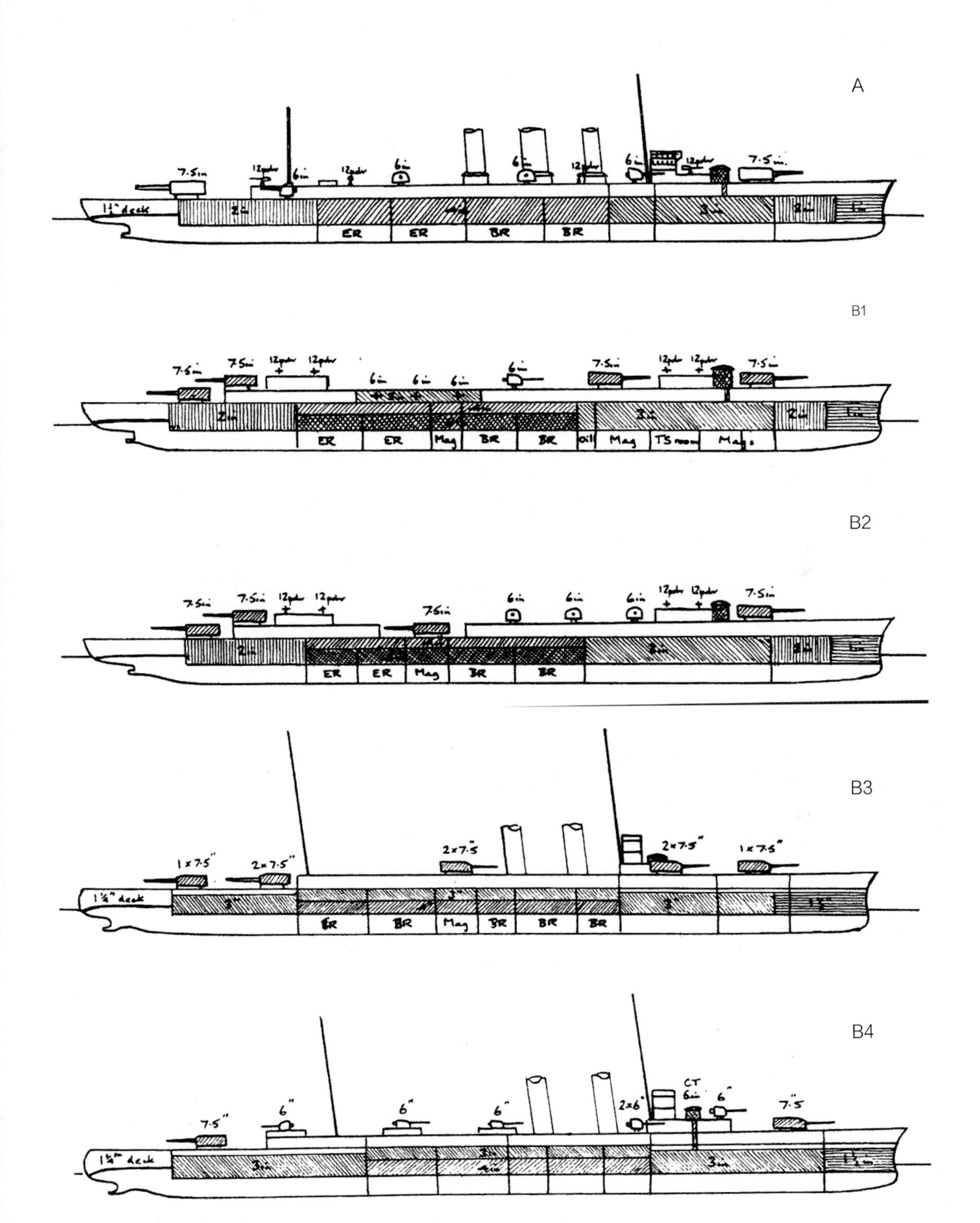

“大西洋巡洋舰”若干设计方案示意图（参见表 4-8）。摘自达因科特笔记本，由罗杰·莫里斯少将重绘。

① 据称1944年在诺曼底附近海域，“霍金斯”号在短时间内实现了每分钟5发的射速。

② D K Brown, 'Atlantic Cruisers'. To be published in WARSHIPS (World Ship Society).

该舰应部署在远离本土的海域作战，因此大部分设计方案都采用煤油混烧。B4方案和完全使用燃油的B3方案造价颇引人注目。所有方案都没有良好的防护，不过B1号和B2号方案中6英寸（约合152.4毫米）装甲带的覆盖范围都很浅。所有设计都具有足够的干舷高度和吃水深度，在海上航行时应能轻松保持航速。

7.5英寸（约合190.5毫米）火炮据推测应是对流言中德国巡洋舰所装备的170毫米火炮的回应。该炮完全由人力装填，炮弹重200磅（约合90.7千克），需置于抓具上，由两人从两侧提起完成装填，持续射速约为每分钟3发[①]。在对火炮瞄准手的测试中，6英寸（约合152.4毫米）火炮通常能实现每分钟12发的射速，但实战中较为实际的射速为每分钟4发。1913年可用于巡洋舰的火控系统几乎还是空白，因此两种火炮在6000码（约合5486米）以上距离几乎无法取得命中。有鉴于此，选择装备数量更多的6英寸（约合152.4毫米）火炮在实战中可能更为有效。注意这一结论并非是对此前在讨论全主炮战列舰时所提出的论点的反对，而是基于较小型舰只防护较弱，舰体运动更为剧烈，同时因缺乏火控设备导致远距离上命中率较低等现实原因得出的结论。对“大西洋巡洋舰”设计方案的研究此后不久便终止，其原因很可能是海军部意识到此前关于德国大型巡洋舰的报告并不真实。由于对该型舰只所知甚少[②]，因此表4–8中仅给出一些关键数据。

表4-8：“大西洋巡洋舰”设计数据摘要

方案号	A	B1	B2	B3	B4，燃油	B4，煤油混烧
舰体长度	500英尺（152.4米）	540英尺（164.6米）	540英尺（164.6米）	540英尺（164.6米）	510英尺（155.4米）	510英尺（155.4米）
轴马力	4万匹	4万匹	4万匹	3万匹	3万匹	2.8万匹
航速	28节	28节	28节	26节	27.5节	26.5节
7.5英寸（190.5毫米）炮	2	4	4	8	2	2
6英寸（152.4毫米）50倍径炮	8	8	8	—	6	6
主装甲带最大厚度	4英寸（101.6毫米）	6英寸（152.4毫米）	6英寸（152.4毫米）	4英寸（101.6毫米）	4英寸（101.6毫米）	4英寸（101.6毫米）
载重排水量	6150吨	8150吨	8000吨	7400吨	6500吨	7000吨
造价	55万英镑	75万英镑	74万英镑	70万英镑	54.8万英镑	58.8万英镑

同时期还有很多关于三等殖民地巡洋舰的设计研究方案，通常均装备2门6英寸（约合152.4毫米）和4门4英寸（约合101.6毫米）火炮。这一系列方案引发了丘吉尔极大的不满，后者声称完全不应该建造明知过时的舰只——这再次体现了数量与质量之间永恒的矛盾。

“罗利”级（Raleigh）

1915年海军部提出设计新一级巡洋舰，用于猎杀遂行破袭战的德国巡洋舰[1]，这就是“罗利”级[2]，曾经也被称为“改进型‘伯明翰’级”。由于该级舰的设计要求包括高航速、重火力，因此必然将得到较大型的舰只。设计部门准备了多种设计方案，包括装备8门、12门乃至14门6英寸（约合152.4毫米）火炮的方案，以及一个装备2门9.2英寸（约合233.7毫米）和8门6英寸（约合152.4毫米）火炮的方案。不过最终中选的是装备7门7.5英寸（约合190.5毫米）火炮和10门12磅火炮（约合76.2毫米口径，其中4门安装在对空炮架上）的方案，其图例设计排水量为9750吨，航速在30~31节。该级舰保留了“大西洋巡洋舰”煤油混烧的特点，其血统可追溯至“伯明翰”级——该级舰设计血统这一问题曾长期困扰历史学家，但随着“大西洋巡洋舰”设计重见天日，构成两级舰之间的中间环节，这一问题最终得以解决。该级舰设计输出功率为6万匹轴马力，使用4个推进轴，从而实现30节图例设计航速。除最早两艘舰之外，该级舰在建造过程中又全部改用全燃油设计，从而将主机输出功率提高了1万匹轴马力。

该级舰舰体侧面在从甲板至舰底部分内倾，从而提高了其3英寸［最厚处由2英寸（约合50.8毫米）钢板和1英寸（约合25.4毫米）钢板叠加，总厚度约合76.2毫米］装甲带的防护效率。其防雷系统由较浅的防雷突出部构成，该突出部内仅设有一道舱室。按原先设计，位于突出部内侧的煤舱应提供一定额外程度的防护作用。该级舰造价高昂，即使不计火炮及炮架，总价也高达75万英镑，因此只能订购5艘。其中“卡文迪许”号（Cavendish）在建造过程中便被改建为航空母舰“怀恨”号（Vindictive）。

① 1915年6月9日海务大臣会议上提出。

② 自1922年“罗利”号失事后，该级舰便被冠以多种称呼，其中最常见的是“霍金斯”级。

译注

1.第96页的原注②、③似乎颠倒，但原文如此。

2.指的是1904年4月8日英法之间签订的一系列协定，两国关系由此得到显著改善。双方不仅就各自殖民地扩张问题达成谅解，而且以此为标志，两国间迁延近千年的对抗至此终结。尽管并非正式结盟，也未正式规定同盟义务，且两国海军之间此后的交流仍较有限，但由于德国外交体系基石之一乃是英法仇视，因此这一系列条约的签订仍对德国造成了威胁。

3.Q炮塔为舯部炮塔，即图中所示炮塔。

4.口径同为101.6毫米。

5.任期为1912—1924年。

6.两舰均属“毛奇”级。

7.伊舍勋爵时任英王侍从官。

8.1909—1911年间任该职。

9.即对海上交通线和海上运输的绞杀战，通常由巡洋舰实施。

10.似乎应为半穿甲弹。

11.“狮”级的主炮炮弹重1250磅，即约567.0千克。

12.该表第1~2行是前无畏舰、第3~5行是无畏型战列舰、第6行是战列巡洋舰，第7~8行是装甲巡洋舰，第9行是防护巡洋舰，第10~11行是轻巡洋舰。其中“蒙默斯郡”号隶属“蒙默斯郡”级装甲巡洋舰，1905年下水；“挑战者”号隶属“挑战者”级，1902年下水；“布里斯托尔”号和“伯明翰”号分别隶属“城”级内的“布里斯托尔”级和“伯明翰”级，先后于1910年和1913年下水。

13.两名日本学者的姓名乃是根据英文翻译推测。

14.“博阿迪西亚”号和“司战女神”号同属“博阿迪西亚”级。

15.“布兰奇”号与“布隆德”号同属“布隆德”级，“积极”号、“安菲翁”号和“无惧”号同属“积极”级。

16.即“阿德莱德”号。

17.该级舰乃是此后C、D、E级巡洋舰设计方案的起点。

18.该结构有助于减轻横摇幅度。

19.任期为1911—1915年。

20.原文第1章称其为北海客轮。

驱逐舰及早期海军航空兵 *5*

“蚱蜢”号（Grass-hopper，前景舰只），隶属“小猎犬”级的一艘燃煤驱逐舰。摄于马耳他（世界船舶学会收藏）。

驱逐舰

在第一次世界大战爆发前，驱逐舰的演进具有明显的连续性，其中穿插着若干次显著技术进步，下文将对此进行叙述。战争爆发时M级驱逐舰正在建造中，战争期间皇家海军又按照该级舰以及以该级舰为基础发展而来的R级和S级舰设计建造了大量驱逐舰。战争爆发前皇家海军还建造了一些更大型的驱逐舰作为驱逐领舰，并由此演化出V级驱逐舰设计，后者是历史上最优秀的驱逐舰设计之一。从V级开始，驱逐领舰逐渐与标准驱逐舰相融合。

“河流”级（River）体现了高艏楼设计的价值，而作为反例，艏楼低矮且设计为拱形甲板的“部族”级（Tribal）在实践中的恶劣性能也进一步验证了高艏楼设计的优势。两级舰在航行中表现的对比不仅显示获得高航速需付出高昂代价，而且显示高航速在实战中价值不大。最终，日俄战争的经验体现了对更强火炮火力的需要。

此前已经就“河流”级（E级）和“部族”级（F级）进行过讨论。[①]列入1908—1909年造舰计划的“小猎犬”级设计方案始于对驱逐舰应扮演角色的长期讨论，马驰（March）曾对此进行过总结。[②]最终达成的一致意见如下：驱逐舰的首要任务是摧毁敌方鱼雷艇，保护英国战列舰免遭敌方鱼雷攻击；其次要

① D K Brown, Warrior to Dreadnought. p194.
② E J March British Destroyers (London 1966), p102.

任务是攻击敌战列线。根据上述结论，随着方案的演进，驱逐舰早期设计方案中装备的6门12磅火炮（约76.2毫米口径）中，安装于艏楼的2门被一门单装马克Ⅷ型4英寸（约合101.6毫米）炮所取代。事实上，已经相对无效的12磅炮（约76.2毫米口径）直至此时仍在使用一事就足以让人惊讶。新驱逐舰28节的航速仅比“河流”级稍快。

表5-1：战前驱逐舰数据简表

	“小猎犬”级	“橡果”级（Acorn）	“冥河”级	“阿卡斯塔”级	“拉弗雷”级（Laforey）	M级
所属造舰计划	1908—1909	1909—1910	1910—1911	1911—1912	1912—1913	1913—1914
排水量	945吨	772吨	778吨	1072吨	965吨	900吨
造价	11万英镑	9.4万英镑	8.8万英镑	10万英镑	9.8万英镑	11万英镑
每吨造价	116英镑	121英镑	113英镑	93英镑	98英镑	122英镑
燃料	燃煤	燃油	—	—	—	—
航速	27节	27节	27节	29节	29节	34节
同级舰数目	16	20	14	12	22	6
“特殊设计”舰数目	—	—	15	8		
4英寸（101.6毫米）炮数量	1	2	2	3	3	3
12磅炮（76.2毫米口径）数量	3	2	—	—	—	—
21英寸（533毫米）鱼雷发射管数量*	2	2	2	2	4	4
干舷高度**	13.9英尺（4.24米）	13.4英尺（4.08米）	15.5英尺（4.72米）	[18英尺]（5.49米）	17英尺（5.18米）	15.8英尺（4.82米）
干舷高度与舰体长度平方根之比	0.84	0.85	0.99	[1.1]	1.03	0.96
舰桥位于舰体全长位置	0.24	0.23	0.27	0.22	0.25	0.21

注*：装备2根鱼雷发射管的各舰载有2枚后备鱼雷。
注**：数据为根据照片得出的估计值。[]内的数字存疑。

虽然早期就使用油类燃料进行过研究，但海军审计长决定改为燃煤，其理由主要是担忧战时是否可以获得足够的燃油。①相同作战半径前提下，该级舰需携带185吨煤，若使用燃油则只需携带140吨。这一差别进而导致燃煤设计方案体积更大且更昂贵。涡轮机通过3根驱动轴直接驱动推进器，其转速为每分钟720~740转。作为降低造价措施的一部分，一门12磅火炮（约76.2毫米口径）被取消，航速也降低至27节，但该级舰依然造价不菲，其平均造价仍约为11万英镑。

“小猎犬”级是最后一级由其建造商设计的驱逐舰。在这种方式下，海军建造总监提出较宽松的设计指标，建造商据此提出相应设计方案。与此前各级

① 事实上，战争期间该级舰主要在缺乏燃油供应的地中海地区服役。甚至有人提议建造更多与之类似的舰只。

舰相比，该级舰中各舰性能差距较小，这说明海军对该级舰给出的设计指标要比此前各级更为具体和严格。海军建造总监抱怨称在这一工作方式下，需要对一系列独立设计方案进行检查，这意味着极大的工作量，大大超过部门自行完成设计的工作量——至今仍如此。

由轮机上尉哈德卡斯尔（Hardcastle）发明的带加热器鱼雷在实验中大获成功，并在该级舰上首次应用，这就是马克Ⅰ型21英寸（约合533.4毫米）鱼雷，其战斗部装药为200磅（约合90.7千克）火棉炸药。①这是一种较短的鱼雷，在第一次世界大战期间该级舰上携带的该型鱼雷被马克Ⅱ型所取代。后者长度长于鱼雷发射管，因此会伸到发射管之外。设定速度为30节时，该型鱼雷射程为5500码（约合5029米），设定速度为45节时为3000码（约合2743米）。由于在高航速下该鱼雷弹道不稳定，因此战争期间高航速标准设定被降低至35节。带加热器鱼雷的长射程以及伴随陀螺引入而来的精度上的提高，对舰炮交战距离拉大有着非常重要的影响（详见本书第1章）。不过，从日俄战争中得到的经验教训尚未被消化透彻，并且仅用两根鱼雷发射管取得命中的希望也颇渺茫。

“小猎犬”级也是第一级采用无锚杆式船锚并搭配锚链筒的驱逐舰，曾有人担心这一组合可能导致更多的水雾，但早期的航行报告显示这一担忧并未成真。虽然此前在6艘“部族”级驱逐舰上对住舱甲板加热设备进行过测试，且在设计“小猎犬”级时相应测试报告已经出炉，但该级舰仍未装备加热设备或衬里。

① 18英寸（约合457.2毫米）和21英寸（约合533.4毫米）各型号编号顺序不同。第一种装备加热器的18英寸（约合457.2毫米）鱼雷是RGF马克Ⅶ型，注意马驰错误地认为“小猎犬”级携带的是该型鱼雷。

从“橡果”级到“拉弗雷”级

“橡果”级（或称H级，被纳入1909—1910年预算）所辖的20艘驱逐舰均为燃油设计，因此其体积较小，9.4万英镑的平均造价也较低廉。该级舰的每吨平均造价稍高，为121英镑，主要应归结于燃油锅炉此时仍属新产品。该级舰的武装较“小猎犬”级稍强，为2门4英寸（约合101.6毫米）炮和2门12磅炮（约76.2毫米口径），装备的鱼雷则是较长的马克Ⅱ型，其战斗部装药为280磅（约合127千克）火棉。其后继舰“冥河”级（或称I级，纳入1910—1911年预算）所辖各舰中，14艘为海军部标准设计，另外6艘略经修改后转隶澳大利亚，还有9艘根据3家造船厂所提出的“特殊设计”建造。本书附录2中将对“特殊设计”舰加以讨论，此处仅需说明主要区别在于“特殊设计”舰航速较高，且通常伴随着造价显著提

上浪中的“红宝石”号（Ruby），隶属“橡果”级。很难根据照片估计当时的海况，但或许是典型的浪高17英尺（约合5.18米）的6级海况。虽然就其体积而言，该舰耐波性能尚可，但毕竟其体积很小（感谢约翰·罗伯茨提供）。

“红极”号(Redpole)，摄于1917年。该舰隶属“橡果”级，使用燃油作为燃料，因此比“小猎犬”级更轻也更便宜（收藏于帝国战争博物馆，SP320号）。

升。按照海军部标准设计完成的驱逐舰则显示了学习曲线带来的收益，其每吨造价也随之从121英镑降至113英镑。

“阿卡斯塔”级（或称K级，纳入1911—1912年造舰计划）航速稍快，为29节，其火力也得到明显增强。该舰共装备3门4英寸（约合101.6毫米）火炮和2座双联装鱼雷发射管。这一武装也成为战争期间大多数驱逐舰的标准配置。虽然火力增强，但该级舰的平均每吨造价仍进一步下落至93英镑。不过由于该级舰体积增大，其总造价上升至约10万英镑。该级所辖各舰中，12艘为海军部标准设计，8艘为“特殊设计”舰。其中2艘“特殊设计”舰有着某些令人感兴趣的设计特点，后文将对此加以讨论。“热情”号（Ardent）舰体采用纵向框架设

“伦诺克斯”号(Lennox)，隶属“拉弗雷”级。该级舰是第一次世界大战期间英国标准驱逐舰，占据着几乎定义性的地位(世界船舶学会收藏)。

搁浅的“云雀”号(Laverock)。这一事故显示其水下船型(作者本人收藏)。

计，而“哈迪”号（Hardy）计划安装一部柴油巡航引擎。

22艘“拉弗雷”级（或称L级，纳入1912—1913年造舰计划）驱逐舰则大体与“阿卡斯塔”级相同。其中“莱奥尼达斯”号和“路西华”号安装了实验性的单级齿轮减速涡轮，从而将推进轴转速降至每分钟360~370转。在涡轮机直接驱动方案下，驱动轴转速为每分钟600转以上。结果显示两舰油耗显著降低（参见本书第1章）。该级舰造价进一步降低至9.8万英镑（每吨98英镑）。

“热情”号与纵向框架

在1911—1912年“阿卡斯塔”级的招标过程中，海军部鼓励各造船厂提交独立设计方案，丹尼（Denny）[1]由此提出意见，声称驱逐舰“乃是尝试纵向框架系统最合适的舰种”①。紧密布置的横向舱壁可保持船型，并减少大量由横向框架构成的网状结构。有建议称这一网状结构的间隔应大致为8英尺9英寸（约合2.67米），但也有观点认为引入不同间隔距离可带来极大的设计灵活性，从而可使船舱长度比传统横向框架结构下更为灵活。

纵向框架系统和横向框架系统之间的界限并不十分清晰。传统横向框架结构舰只也会设置若干纵向框架，以便将舰体各部分连接在一次，而纵向框架结构舰只也需使用若干较深的横向框架。因此主要区别取决于框架的交界处：在传统横向系统中横向框架连续，而在纵向框架系统中，纵向框架连续。

紧密布置的纵向框架不仅有助于提高甲板和舰底在承受屈曲力时的强度，而且可在甲板部位实现与动力系统舱室围板的整合。②随着舰体围长向舰体两端收缩，纵向框架将逐渐靠近并融合，从而在该区域提供更高的强度，而以往经

① 参见舰船档案集第277号，收藏于国家海事博物馆。
② 虽然这一论断本身正确，但很难确定对在役舰只而言，屈曲力是否是一个问题。

验也显示有必要加强上述区域强度。丹尼公司随信附上了一个建议设计方案的1∶4模型。

丹尼公司提交的设计方案较为复杂，共搭配3套不同的动力系统方案，每套方案均配置了纵向和横向框架设计以便比较。其中一个方案的数据如下：

表5-2

	横向框架	纵向框架
排水量	1098吨	1077吨
舰体重量	393吨	372吨
重心较龙骨高度	12英尺（约合3.66米）	12.15英尺（约合3.7米）

纵向框架设计的应力如下：

表5-3

	应力	
	龙骨	甲板
舯垂	5吨/平方英寸（77.2兆帕）	5.2吨/平方英寸（80.3兆帕）
舯拱	5.3吨/平方英寸（81.9兆帕）	7.1吨/平方英寸（109.7兆帕）

海军部对此提议的反应非常热烈："提议的舰只设计似乎非常优秀。"丹尼公司提交的设计方案由汉纳福德（Hannaford）[①]和史密斯负责检查，其结果上报给时任驱逐舰设计部门领导的毕德格（Pethick）。根据汇报结果，丹尼公司被要求对甲板和舰底部分进行加强[②]，再对间距较宽的横向框架设计给出可行性证明，以及就水压造成的横向载荷下大块板格的强度进行研究。此外海军部还建议应再次核查位于甲板边缘的支架。双方同意的重载排水量为1091吨，在此条件下艏倾9.5英尺（约合2.9米）。舰艏干舷高度为15英尺4英寸（约合4.67米）。修改后的强度计算结果如下表：

表5-4

	舯拱	舯垂
排水量	1019吨	861吨
惯性矩	16866（平方英寸×英尺^2）（1.011米^4）	17200（平方英寸×英尺^2）（1.031米^4）
弯矩	11880吨英尺（35.49兆牛·米）	10860吨英尺（32.44兆牛·米）
甲板应力	张应力 6.96吨/平方英寸（107.5兆帕） [7.22吨/平方英寸（111.5兆帕）]	压应力 5.4吨/平方英寸（83.4兆帕） [5.79吨/平方英寸（89.4兆帕）]
龙骨应力	压应力 5.1吨/平方英寸（78.8兆帕） [5.67吨/平方英寸（87.6兆帕）]	张应力 5.4吨/平方英寸（83.4兆帕） [6.25吨/平方英寸（96.5兆帕）]

注：[ ]中数字为同级舰中海军部标准设计舰只数据。通过改变载荷主要是燃料储量，对排水量进行调整，以模拟各种情况下的"最差情形"。

① 此后他将亲自掌管驱逐舰设计，并负责V级和W级驱逐舰的设计。

② 舰底框架1~7号，尺寸为6英寸×3英寸（约合152.4毫米×76.2毫米），重9磅（约合4.08千克）；甲板框架尺寸为5英寸×2英寸（约合127毫米×50.8毫米），重6磅（约合2.72千克）。

甲板的屈曲情况通过所谓"戈登公式"（Gordon Formula）加以考察。①在第二次世界大战结束很久之后、将电脑引入设计工作以前，设计师都无法对带加强材的一大块平板进行总体屈曲计算。"等价"宽度等于板材度的单根加强材通常被作为支撑杆对待，稍后不久，设计师们习惯于将"等价"宽度设为每侧厚度的25倍。对"热情"号而言，设计师所取的"等价"宽度为每侧9英寸，大致与通过上述习惯方式得出的结果相同。据此估计在最大的载荷条件下，安全系数约为2.05。该舰档案集中的一条注释提到，与"特殊设计"相比，海军标准设计的强度明显较高，并进行了相应改动。②丹尼公司此后继续利用布鲁恩法（Bruhn Method）检查横向框架设计的强度。③此后丹尼公司和海军部之间通过信件进行了一系列交流，相互感谢对方的帮助。

实际建造过程并未留下记录。在铆接造船工艺下，建造横向框架设计的舰船更为容易。舰船的横向船肋部件可以通过临时性木制支材的协助安装就位并结合，然后通过铆钉孔将各肋材部件闩上，直至最终装上钢板完成组合。建造纵向框架设计的舰船则可能需要更多的临时支撑件，且直至焊接造船工艺成熟才真正被广泛接受。尽管如此，纵向框架设计方案在当时似乎仍可被称为成功。为建造这一纵向框架设计的驱逐舰，海军部选择按重量计价的方式支付价款。根据该舰完成时的所有重量，海军部统一按每吨100英镑的价格付款。该舰的完工重量似乎符合设计指标。表5-2显示纵向框线设计实现了大约20吨的重量削减，相应航速预计可增加0.4节。试航负责军官［迪皮（Dippy）］报告称该舰在推进器转速为每分钟582转的条件下，在6小时内取得了29.54节的持续航速。据报称该舰在航行中振动非常轻微。最终海军部和丹尼公司达成一致的总价为10.249万英镑（舰体造价仅为4.1264万英镑），和此前所估计的造价非常接近，但仍是该级舰中最昂贵的几艘之一。

该舰服役记录无存，也没有记录解释为何纵向框架设计此后直至1936年"标枪"级（Javelin）驱逐舰[2]才再次被采用。笔者个人猜测主要原因是战争爆发导致海军部未能完成对该舰的全面评估，同时在战时也无法容忍因改用新造舰技术而带来的建造进度延迟。

柴油机

1905年鱼雷艇TB047号按计划将接受锅炉翻新，于是有提案建议借此机会将该艇改为使用柴油引擎。然而寻找合适的柴油机设计非常困难，直到1908年才有唯一的供应商提交了一份设计方案，但即使是这份唯一的设计方案也被海军部认为颇为牵强。维克斯公司曾提出沃格特引擎（Vogt Engine）方案，但该引擎从未正常工作过！时任总工程师的奥拉姆爵士则提议为另一艘鱼雷艇建造

① 设计师通常利用一道非常复杂的半经验公式来体现导致断裂的负载与支撑杆大小、形状与材料之间的关系。这一公式被一直沿用到第二次世界大战之后。

② 笔者认为这一叙述很难使人相信。该文件提及整个甲板在受压情况下都很有效，而在海军部设计方案中仅有一半有效。因此这甚至可能是一次打字错误。

③ 笔者并不认同这个方法。丹尼公司甚至承认他们并不确信自己理解这一方法！

一座600匹制动马力的柴油机组，其中包括4个各提供150匹马力的气缸，但并未得到制造商的响应。

雅罗公司则提议建造一艘使用全柴油动力的“阿卡斯塔”级驱逐舰，同时托尼克罗夫特公司也提出在安装蒸汽动力组以提供满功率的同时，安装以柴油为燃料的巡航引擎这一设计方案。海军部对此热情很高，但很怀疑引擎制造商的供货能力。[①]最终海军部向托尼克罗夫特公司下达了“哈迪”号的订单，该舰将装备1800批制动马力的苏尔寿（Sulzer）柴油机，以驱动该舰中央驱动轴。然而该引擎并未能实际安装。该引擎价格约为1.96万英镑（全舰造价11.365万英镑）。

M级及类似各级

列入1913—1914年造舰计划的是M级驱逐舰，其中6艘海军部标准设计驱逐舰航速大幅提高至34节，另外7艘“特殊设计”舰的航速更高，达35节。提高航速的代价当然非常高昂。海军部设计的M级驱逐舰造价约为11万英镑（折合每吨122英镑），“特殊设计”舰的造价则为12.7万英镑上下。

战争爆发后，英国政府买下了4艘此前为希腊建造的驱逐舰，这些驱逐舰设计与海军部设计的M级大体相似。转隶后这4艘驱逐舰被划归为“美狄亚”级（Medea）。此外，英国政府还征购了4艘稍大的驱逐舰，这批驱逐舰由霍索恩莱斯利公司（Hawthorn Leslie）建造，装备4门4英寸（约合101.6毫米）火炮。转隶后这4艘驱逐舰被划归为“塔利斯曼”级（Talisman）。[②][3]

① 参见舰船档案集第370号。
②上述舰只的缘起并不明确，可参见R Gardiner (ed), Conway's All the World's Fighting Ships, 1906-1921 (London 1985), p7S. 以及K McBride. 'British M Class destroyers of 1913-14', Warship 1991。另有一艘在葡萄牙建造的驱逐舰也曾短暂属于英国，后转隶意大利。隶属英国期间该舰名为“亚诺河”号（Arno）。有关该舰的不完整战史可参见Warship International 1/97, p84。

“墨里”号（Murray），隶属M级第一批。

战争初期海军部追加了一大批M级驱逐舰订单：

表5-5：M级驱逐舰订单

	海军部设计	"特殊设计"
1913—1914年海军预算	6	7（3艘未订购）
"美狄亚"级	—	4
"塔利斯曼"级	—	4
第一次追加，1914年9月	12	8
第二次追加，1914年11月	7	3
第三次追加，1914年11月末	22	—
第四次追加，1915年2月	16	2
第五次追加，1915年5月	16	4
总计	79	32

海军部后期型M级设计驱逐舰装有些微倾斜的舰艏，其舰艏外飘幅度也更大。这两项措施均是为了改善其上浪情况。[①]所有后期型驱逐舰的第二门主炮均安装在高出甲板的平台上。虽然该级舰的设计相当成功，但由于大多数该级舰均以未镀锌钢板建造，因此其舰体寿命较短。由于第一次世界大战结束时皇家海军拥有大量性能更优越的驱逐舰，因此M级驱逐舰很快被皇家海军处理掉。

1915年7月海军部决定，所有此后建造的驱逐舰均应使用驱动两根驱动轴的齿轮减速涡轮系统（海军部更偏好采用布朗—寇蒂斯型涡轮）。由此诞生了与M级非常相似的R级驱逐舰，两者之间的主要不同在于R级的后部主炮安装在高出甲

① 舰艏的倾斜有助于改善上浪，但这些舰只上倾斜幅度很小，其效果几乎可以忽略。

托尼克罗夫特公司生产的R级驱逐舰"金牛座"号（Taurus）。R级驱逐舰装备齿轮减速涡轮机，其燃油经济性较此前各舰明显提高。后者装备非减速涡轮，因此其推进器的转速较高（世界船舶学会收藏）。

“巨石阵”号（Stone Henge）隶属第二批海军部标准设计的S级驱逐舰。在将两座前部烟囱融合之后，舰桥位置得以向后移动。舰桥环境因此较为干燥，且舰桥的振动幅度得以减轻（世界船舶学会收藏）。

板的平台上、干舷高度高1英尺（约合0.31米）、舰艏外飘幅度更大以及舰桥更坚固。“罗慕拉”号与采用涡轮直接驱动驱动轴系统的“诺曼”号之间的对比试验表明，18节航速下前者油耗低15%，25节航速下这一比例则增至28%。此外还建造了11艘“R级改进型”，其主要特点是将原先R级上的前两座烟囱融合为一座，使舰桥位置得以后移。R级及其改进型装备的是马克Ⅴ型4英寸（约合101.6毫米）火炮，其射程为1.2万码（约合11千米），射速为每分钟19~20发。

R级设计进一步演化的结果便是1915年2月设计的S级驱逐舰。此时皇家海军已经认识到德国仅在建造少量大型驱逐舰，因此英国无需将所有的驱逐舰都建造为V级或W级那样的大型驱逐舰。S级驱逐舰舰艏的倾斜更加明显，且带有较明显的舷弧[4]，其艏楼带为退化的拱形甲板造型。部分早期S级驱逐舰两舷均装有固定的横向鱼雷发射管，其位置在艏楼末端后。托尼克罗夫特公司建造的“特别设计”型干舷更高，但其A炮位的火炮仍安装在稍高于甲板的平台上。

航空母舰

莱曼（R D Layman）及其他作者曾对海军航空兵的早期历史进行过详细描述①，因此本章仅就此进行概述，重点则是曾操作飞机的那些舰只。1806年科克伦（Cochrane）在指挥“智慧女神”号（Pallas）期间利用从该舰放飞的风筝散发宣传单，这也是海军航空力量在皇家海军历史上的第一次运用。19世纪

① R D Layman,To Ascend from a Floating Base (Cranbury N J 1979).

前无畏舰“爱尔兰”号（Hibernia）经过改装后被用于试验起飞飞机。摄于1912年（世界船舶学会收藏）。[15]

期间多国海军用气球进行试验，但皇家海军并未参与其中。虽然如此消极的态度或许可部分归结为皇家海军的保守思维，但似乎海军内部已经有充分的理由认定，由于控制方面的问题难以解决，球形气球在海上用处非常有限。1903—1904年借用陆军气球单位进行的实验结果也证实了这一观点。海军部对风筝似乎更感兴趣，这很可能是受科迪（S F Cody）个人魅力的影响，后者是定居英国的一位美国籍载人航空器先驱[6]。1903—1908年间海军部进行了一系列试验①，最终决定这种风筝的实战意义非常有限。②

飞机

首先完成在船舶上起飞和回收飞机的是美国海军。1910年在鱼雷艇“巴格利”号（Bagley）上的试验失败之后，1910年11月4日尤金·P.伊利（Eugene P Ely）驾驶一架寇蒂斯公司的推进式飞机，从搭建在巡洋舰“伯明翰”号[7]艏楼上的平台完成起飞。1911年1月18日他驾驶一架类似飞机于搭建在“宾夕法尼亚”号[8]舰艉的平台上降落。两次试验中舰船均处于下锚状态，且海况平静。以决定建造刚性飞艇“蜉蝣”号（Mayfly）为标志，皇家海军从1909年起展现出对航空的兴趣，1912年也进行了若干次与伊利的早期试飞类似的试验，参与试验的飞行员是萨姆森上尉（C R Samson）。这一系列试验较为混乱，其概要如下表所列。

① R D Layman, 'Naval Kite Trials', Warship 1994.

② 这一系列试验中的一个有趣发现是烟囱及上层建筑后方的紊流现象已经非常明显。这一现象至今仍如此。

① 位于机翼下方的圆筒状物为浮袋，而非在水上飞机上常见的浮筒。

② I Johnston, Beardmore Built (Clydebank Libraries 1993).

表5-6：早期皇家海军飞行试验[9]

日期	舰船	备注
1912年1月10日	“非洲”号	起飞时载舰处于静止状态，使用肖特（Short）推进式陆上飞机①
1912年5月2日	“爱尔兰”号	起飞时载舰航速为10.5节，使用肖特推进式飞机
1912年7月4日	“伦敦”号（London）	起飞时载舰航速为10~15节，跑道长25英尺（约合7.62米）

设于“非洲”号上的起飞坡道带有向舰艏方向较为明显的倾斜，而设于“爱尔兰”号上的起飞坡道几乎水平。由于搭建的起降平台阻挡了大部分主炮火力，因此伊利和萨姆森的试验对于解决在战舰上操作飞机的问题均没有太大帮助。在进行这一系列试验期间，英国组建了皇家飞行部队（Royal Flying Corps），下辖一个陆军联队、一个海军联队，以及一个中央飞行学校。

比尔德莫尔（Beardmore）的航空母舰设计

基于飞行先驱格雷厄姆侯爵（Marquis of Graham）所提出的概念，比尔德莫尔于1912年10月23日向海军部提交了一份“海军飞机母舰”设计方案。②海军部对此方案颇为欢迎，不过在与两位海军内部的热心航空人士——摩尔少将（Moore）和默里·休特（Murray Sueter）——进行商讨之后，比尔德莫尔又提出了第二份体积较小的设计方案。

这张“爱尔兰”号的近距离照片显示，由于该舰的一半主炮火力无法使用，因此为进行飞行试验而搭建的布置无法用于实战。使用的飞机为肖特公司生产的推进式陆上飞机，其翼下的圆筒状物并非通常认为的浮筒，但仍可在飞机迫降时提供浮力（作者本人收藏）。

草图显示比尔德莫尔设计的母舰设有两座上层建筑，每座上层建筑内设有三座机库。烟囱以及“舰桥”设于两座上层建筑之间。海军部考虑到在获得进一步经验之前无法确定未来的飞机载舰究竟需要具有怎样的性能，因此最终否决了比尔德莫尔的设计方案。①然而，比尔德莫尔的设计方案构成了此后大多数战时航空母舰设计的基础，这对于比尔德莫尔羽翼未丰的公司而言无疑是极大的荣誉[10]。不过在数年之后，风洞试验的结果显示比尔德莫尔建议的布局方案实际完全不可行。这一部分内容详见本书第8章。

① Sir A W Johns,' Aircraft Carriers', Trans INA (1934).

② 这些出自高级将领的提案有力地说明，所谓皇家海军反对飞机的传言完全是无稽之谈。

表5-7：比尔德莫尔设计的飞机母舰

	第一稿	第二稿
长×宽×吃水深度	450英尺×110英尺×20英尺（137.2米×33.5米×6.1米）	430英尺×110英尺×?（131.1米×33.5米×?）
排水量*	1.15万吨	1.5万吨
功率	2.2万匹轴马力	?
航速	21节	15节
武器	12门6英寸（约合152.4毫米）炮 4门47毫米高炮	8门4英寸（约合101.6毫米）炮
载机	6架+备件	机库中6架，货舱中4架

注*：排水量数字较为可疑，但按当时数字记录。

“竞技神”号（Hermes）以及至第一次世界大战时的其他活动

1913年海军部又收到了两份关于飞机母舰的设计提案。马克·克尔上将提议建造一艘从设计阶段即以飞机母舰为目标的“真正的”载舰，而时任第一海务大臣的阿瑟·威尔逊（Arthur Wilson）舰队上将[11]则提出了一个相对保守的方案。②他希望利用一艘“日蚀”级（Eclipse）巡洋舰[12]进行改造，拆除其主桅，并在舰体前部和后部分别搭建一座起飞和降落平台。飞机则将由特制的起重机从一个甲板移动到另一个甲板，而实际采用的方案更为保守。

舰龄为13年的旧式巡洋舰“竞技神”号[13]经改装后于1913年5月再次入役，

比尔德莫尔1912年提出的航空载舰方案。考虑到其问世时间，这可谓是一份非常独特的创意。不过此后的风洞试验结果否定了双舰桥布局方案（皇家海军架构师学会收藏）。

准备参加当年的海军演习。该舰前部搭建了一座起飞平台，并在舰体前部和后部加设了帆布机库，每座机库均配备一座颇长的吊杆。改装后该舰可携带2000加仑（约合9092升）汽油。在当年的演习中，该舰于7月初先后进行了9次飞行试验，当月17日另有两架水上飞机加入演习。在演习期间及演习后共进行了约20次起飞，其中两次试验一架高德隆（Caudron）水上飞机从该舰的斜坡平台上起飞。其他试验中使用的飞机则是肖特S64型，该型机装有一对浮筒，而且是世界上第一种机翼可折叠的飞机，因此也被称为肖特"折叠"型。"竞技神"号对海军演习的结果并无贡献，但该舰展现了在舰船上持续进行航空作业的可能。此外，该舰的实际经验还显示了为海军飞机安装无线电设备的重要性。第一次世界大战爆发前该舰再次服役，其状态与此次演习时大致相同。该舰于1914年10月31日被击沉，从而成为世界上第一艘被击沉的飞机载舰。

1913年第一架设计携带鱼雷的飞机，即肖特C型机（Short Type C）升空。该型机于次年3月完成首次空投鱼雷，使用的鱼雷直径14英寸（约合355.6毫米），重810磅（约合367.4千克）。同年7月1日海军联队脱离皇家飞行部队，并成立皇家海军航空部队（Royal Naval Air Service, RNAS），同时海军部内也组建了以默里·休特上校为领导的航空部门。3艘飞艇和17架水上飞机代表皇家海军航空部队参加了斯皮德海德阅舰式[14]。天黑后一架索普维斯"蝙蝠艇"式(Sopwith 'Batboat')水上飞机绕舰队飞行，并放出耀眼的灯光。第一次世界大战爆发时皇家海军航空部队的实力为7艘飞艇、52架水上飞机和39架陆上飞机（并非所有设备均可正常运转）。其中16架水上飞机装备轻型（70磅，约合31.8千克）

巡洋舰"竞技神号"在接受改装后参加了1913年海军演习。该舰艏艉各加装了一座由帆布构成的机库，另外还加装了吊杆，用于将水上飞机放下海面或从海面回收。

无线电设备，其工作距离可达120海里。皇家海军航空部队也由此成为当时世界上规模最大的海军航空兵部队。

“皇家方舟”号（Ark Royal，1913年）

“竞技神”号在1913年海军演习中所表现出的潜力被有识之士注意到，因此1914—1915年海军预算中了列入了一笔专用于携带飞机舰只的经费，计8.1万英镑。[1]1914年5月海军收购了一艘刚在布莱斯（Blyth）开工建造的商船，并将其命名为“皇家方舟”号。收购后海军对其进行了重新设计，原设计安装在舯部的轮机被移至船体后部。对该舰的改造设计由纳贝斯（J H Narbeth）主持[2]，其助手是霍普金斯（C J W Hopkins）。该舰的设计指标由莫里·休特提出，担任后者助手的则是莱斯特兰奇·马龙中校（L'Estrange Malone）。两支团队合作迈出了通往未来航空母舰设计的第一步。[3]

通过把轮机移至后方，设计师在船体前部得到一个长150英尺（约合45.7米）、宽45英尺（约合13.7米）、高15英尺（约合4.57米）的完整空间，可用来布置货舱—机舱。改装后的机舱可容纳10架水上飞机。通过一个大小为40英尺×30英尺（约合12.2米×9.14米）的滑动舱口盖，两部蒸汽起重机可将飞机提升至上甲板。不过蒸汽起重机的运用倒是该舰设计上的缺点之一：该设备只能在该舰不发生横摇时使用。为获得足够的吃水深度，该舰需要相当体积的压舱

① 有迹象显示做出这一决定的是时任海军大臣的温斯顿·丘吉尔，向他说明“竞技神”号潜力的可能是默里·休特。可以确定的是，该舰舰名是由丘吉尔选定的。

② J H Narbeth. 'Fifty years of Naval Progress'. The Shipbuilder (December 1927).当时他的职称不明（可能是造船师）。纳贝斯是一名航空爱好者，曾自学空气动力学相关著作。

③ J H Narbeth. 'A Naval Architect's Practical Experiences in the Behaviour of Ships', Trans INA (1941).

第一次世界大战爆发时，“竞技神”号被海军用作水上飞机母舰。该舰于1914年10月14日被德国U27号潜艇击沉。照片中可见一架水上飞机的后部残骸，该舰威风凛凛的6英寸（约合152.4毫米）火炮清晰可见（作者本人收藏）。

水。设计师将压舱水布置在舰体内较高位置，这不仅降低了该舰过高的定倾中心高度，而且大大减小了该舰的横摇幅度。此外，起重机还用于将飞机放下海面或从海上回收。

该舰配有设施完善的车间，以及各种航空作业所需的仓库，甚至可以满足早期军用机的需要。罐装的汽油储存于特制的舱室内，该舱室外包裹着作为防火设施的水套。舰桥下方特设一两端开放的空间，可供地勤人员在有遮挡的条件下完成飞机引擎试车。该舰艏楼非常整洁，没有任何障碍，因此理论上水上飞机可以利用拖车从甲板上直接起飞。[①]在舰体内相当靠前的位置还设有压载水柜，可供在实施起飞作业时实现艏倾。舰锚及绞缆装置则设于艏楼甲板以下一层甲板。该舰真正的独特性是设于后桅的稳定帆，设计师希望该设备在该舰顶风航行时发挥稳定作用。该舰也由此成为唯一一艘曾装备风帆的航空母舰。

从现有资料判断，该舰的预设角色为“供应舰”，在这一前提下该舰11节的航速也足够使用，但过慢的航速使该舰无法执行作战任务。“皇家方舟”号在达达尼尔海峡战役中表现出色，在两次世界大战之间还被用于弹射器研发试验，并于1935年12月被重新命名为“飞马座”号（Pegasus），以便空出其舰名供新的航空母舰使用。作为“飞马座”号，该舰在第二次世界大战期间运作“管鼻鹱”（Fulmar）式单翼战斗机，但该舰的真正价值在于其证明了现代航空母舰所应具有的大部分主要特征。

① C J W Hopkins, 'The Development of the Aircraft Carrier', RCNC Journal, Vol 11.其副本收藏于国家海事博物馆。很多年后霍普金斯补充称，的确曾有一架飞机尝试从该舰甲板上起飞，但未能成功。没有材料确认这一说法。

1914 年的“皇家方舟”号已经具有了后代航空母舰的诸多特征，设计师在规划时已经对车间、汽油储存等方面进行了细致考量。该舰也是唯一一艘装备风帆的航空母舰：设于后桅的风帆有助于使其稳定地指向顶风方向。该舰唯一的缺点是航速过慢，且很难用起重机从机库提升飞机。1934 年造舰计划中的航空母舰被命名为“皇家方舟”号后，该舰被重新命名为“飞马座”号，并在第二次世界大战中运作舰载战斗机（作者本人收藏）。[15]

译注

1.“热情”号由威廉·丹尼兄弟公司设计建造。
2.通常称为J级驱逐舰。
3.“塔利斯曼”级原由土耳其订购。
4.即舰艏部分略升高。
5.隶属“英王爱德华七世”级，1905年下水，与第一次世界大战期间参加日德兰海战的无畏型战列舰“爱尔兰”号不是同一艘。
6.科迪本人是一名著名演员，他对使用风筝飞行保持着浓厚的兴趣。他设计的风筝首先被用于气象观察，其本人也由此成为皇家气象学会成员。1901年他将自己设计的风筝提交英国陆军部，供英国在布尔战争中实施观察用。此后他也搭乘自己设计的风筝，在折叠式救生艇的拖曳下从空中穿越英吉利海峡，并由此得到海军部的关注。
7.隶属美国海军“切斯特”级侦察巡洋舰，与前文皇家海军的“伯明翰”号轻巡洋舰不是同一艘。
8.隶属美国海军“宾夕法尼亚”级装甲巡洋舰，该舰后来更名为“匹兹堡”号，与战列舰“宾夕法尼亚”号不是同一艘。
9.“非洲”号为前文提及的前无畏舰，“伦敦”号隶属“可畏”级前无畏舰，1899年下水。
10.1900年比尔德莫尔收购了一座造船厂，并开始修建另一座新造船厂，从此涉足造船业。新造船厂曾一度成为英国最大也最先进的造船厂。该造船厂曾建造“征服者”号、“本鲍”号、“拉米雷斯”号3艘无畏舰，以及航空母舰“百眼巨人”号。受战后经济萧条影响，该造船厂于20世纪30年代倒闭。
11.任期为1910—1911年。
12.二等防护巡洋舰。
13.隶属“抱负心”级防护巡洋舰，1898年下水。
14.于1914年7月18日至20日进行的海军动员阅舰式。
15.该舰于1946年被出售，1949—1950年间被拆解。

6 潜艇

潜艇的早期历史已经广为人知①，因此本书仅需大略提及其早期发展史，且重点关注与皇家海军有关的部分。除了科尼利厄斯·德雷贝尔（Cornelius Drebbel）传奇式的桨划潜艇外[1]，1804年富尔顿（Fulton）[2]在英国所做演示可视为潜艇在英国的滥觞。此前富尔顿在法国建造了“鹦鹉螺”号潜艇（Nautilus），但在法国受到冷淡对待，他遂跨海至英国。在皮特（Pitt）首相[3]的支持下，富尔顿在沃尔默（Walmer）附近海域进行的一次演示中，用潜艇击沉双桅横帆船“多萝西娅”号（Dorothea）。这一实验吸引了圣文森特勋爵[4]的注意，后者曾写道：“皮特真是有史以来的第一号蠢蛋，居然会鼓励发展一种掌握制海权的国家不欢迎的作战形式，而这种作战形式一旦成功将会改变制海权的所有。”

诚然，圣文森特勋爵有关潜艇的评论无疑非常正确，他对皇家海军的领导也将在未来的一个世纪内持续影响海军，但这并不意味着海军对所有技术

① 参见R Compton-Hall, Submarine Boats (London 1983)，以及 M Wilson, 'Early Submarines' in Dr A Lambert (ed), Steam, Steel and Shellfire (London 1992)。

A13 号潜艇从“胜利”号（Victory）附近驶过，两者分别代表新海军和旧海军。该艇是第一艘使用柴油引擎的潜艇(作者本人收藏)。

新发展闭目塞听。克里米亚战争（Crimean War）期间[5]，德国人威廉·鲍尔（Wilhelm Bauer）在斯特克·罗塞尔（Scott Russell）设于泰晤士河畔的船厂建造潜艇[6]，但由于怀疑罗塞尔剽窃其构思，因此转往圣彼得堡（St Petersburg）继续建造，并在战争结束后建成一艘潜艇。与此同时，罗塞尔也在建造可下潜的装置。虽然细节稀缺，但从现有资料推测，罗塞尔建造的乃是一种潜水钟，该装置可在海底行动，并攻击停泊在锚地的敌舰。①虽然罗塞尔设计的装置不仅完成建造，而且经过试验，但其结果难称成功。

美国南北战争期间（American Civil War）双方都反复尝试实施潜艇战，但几乎无一成功，很多尝试甚至是自杀性的，但这一系列尝试显示了潜艇战在未来的潜力。1878年加勒特教士（Reverend G W Garret）完成了一艘重4.5吨的潜艇"再起Ⅰ"号（Resurgam Ⅰ）。受该艇测试结果鼓舞，加勒特于次年建造了30吨重、由蒸汽推进潜艇的"再起Ⅱ"号。该艇的蒸汽压力为每平方英尺150磅（约合1.03兆帕），据称可驱动该艇以3节航速完成12海里航程。1880年该艇从利物浦出发前往朴次茅斯，以图向诺登伏尔特（Nordenfult）和海军部展示其性能[7]，但在途经里尔（Rhyl）附近海域时于拖曳过程中沉没，其残骸最近被发现。此后加勒特与诺登伏尔特展开合作，并为后者设计了若干艘潜艇，其中2艘在巴罗弗内斯船厂建造，由此开始了该船厂建造潜艇的历史。但由于诺登伏尔特生产的潜艇无法在下潜状态下控制自身纵倾，因此总体而言并不成功。

1886年威廉·怀特②和查尔斯·贝雷斯福德（Charles Beresford）搭乘法制潜艇"鹦鹉螺"号参与了一次潜水试验，实验中该艇一度卡在海底，最终通过剧烈摇摆机动才从淤泥中挣脱。此后当培根上尉出任皇家海军第一艘潜艇艇长时，怀特甚至对其建议不要下潜！

至19世纪末，虽然实用的潜艇尚未问世，但在法国和美国已经出现了一系列可圈可点的设计，显然皇家海军也应该更多地了解这一新舰种的能力。

皇家海军潜艇——霍兰德和他的潜艇

生于爱尔兰的霍兰德（J P Holland）于1872年移民美国。此后不久他便对潜艇产生了浓厚的兴趣，并先后完成了若干日趋成功的设计。关注到他的进展后，美国海军于1900年购买了他所设计的Ⅵ号潜艇。皇家海军不打算从潜在对手法国那里购买潜艇，同时又从美国电力船舶公司（Electric Boat Company）的艾萨克·莱斯（Isaac Rice）先生那里收到一份颇具吸引力的报价，该公司当时拥有霍兰德设计方案的所有权。由此维克斯公司巴罗弗内斯造船厂依照霍兰德设计方案建造了5艘潜艇，每艘造价3.5万英镑。③美国公司在此期间提供了技术帮助。维克斯公司收到的图纸基于霍兰德的Ⅶ号设计，但从美国收到的图纸来看似乎加上

① 参见原作者编写的J Scott Russell条目，收录于即将出版的New Dictionary of National Biography一书。

② F Manning, Life of Sir William White (London 1923).

③ 合同由时任海军审计长的阿瑟·威尔逊上将订立。上将对潜艇的看法并不正面，曾公开声称潜艇艇长和海盗无异，在战时一旦被俘就应被电死。这大概可以作为言行冲突的典型范例。无论自己的公开言论如何，但作为一名负有责任感的军官，威尔逊还是应理性行事。[8]

霍兰德 4 号潜艇。注意其干舷高度之低，且该艇未设置司令塔，这造成该艇容易进水。照片中最高的管状物是潜望镜。

了很多无用的设计，最终维克斯公司自行删去了这些多余部分。

海军部和维克斯公司的合同要求潜艇能达到如下性能：

●水上航速：8节，普通天气条件下7节；

●续航能力：7节航速下250海里；

●潜水航速：7节，续航能力25海里[①]；

●潜水状态下乘员可坚持距离：15海里；

●潜水深度保持精度：通常为2英尺（约合0.61米），最大为4英尺（约合1.22米）；

●下潜所需时间：2~10分钟，根据成员熟练程度不等；

●下潜深度：正常情况下50英尺（约合15.2米），最大安全深度为100英尺（约合30.5米）。

1号潜艇于1901年10月2日在高度保密的情况下下水，并于次年1月开始试航。试航结果显示大部分设计要求均可满足。[②]水上航速约为7.5节，满功率下续航能力为236海里。潜水状态下，潜艇在航速低于5~6节时难以控制，在此航速下续航时间为225分钟。[③]虽然据称该艇最大下潜深度可达78英尺（约合23.8米），但通常其下潜深度不会超过50英尺（约合15.2米）。

从当时至第二次世界大战后，对强度的计算只能获得近似值。当时设计师已经掌握了用于计算平板所受应力的简单公式，其精度足够满足需要，但使用上述公式通常需假设船舶框架拥有足够的强度，且圆形的船壳可保持其造型。[④]后世打捞起霍兰德1号艇后，设计师采用现代手段对其强度进行了计算，结论是该艇结构将在80英尺（约合24.4米）深度坍塌！迄今为止，潜艇设计过程中最关键的指标一直是强度和操控性，然而这两点常常被设计师所忽视。

虽然各艘霍兰德潜艇均装备一具18英寸（约合457.2毫米）鱼雷发射管并携

① 维克斯公司曾声称能以7节航速完成25海里航程，但这一成绩似乎有误。

② 对早期潜艇的性能数据仍有疑问，参见A N Harrison (ed J Maber). The Development of HM Submarines (BR 3043) (HMSO, London 1979).

③ 艇艏水平舵对取得低速下的良好操控性不可或缺。

④ D K Brown, 'Submarine Pressure Hull Strength', Warship International 3 (1987).

带3枚鱼雷，但其作战能力非常有限。这一批潜艇主要作为后续研究的基础，并参与反潜训练。在这两方面它们出色地完成了任务。[①]相比霍兰德的原始设计，这批潜艇最大的改进是加装了原始的潜望镜。

① 在1904年多格尔沙洲事件后，皇家海军曾计划用其攻击沙俄舰队。[9]

② 维克斯内部杂志(Link Supplement，1981年)中将时任潜艇检察官的培根上校列为合作设计师。

A、B和C级潜艇

维克斯公司此后又相继设计了霍兰德潜艇的后继艇。[②]虽然这些后继艇可以视为霍兰德潜艇的改进型，但这一次美国公司（即电力船舶公司）对此再没有贡献。不过海军部倒是参与了设计过程，例如艾德蒙·傅汝德就曾在海斯拉船模试验池对A级潜艇的模型进行测试。在服役期间，A级潜艇被认为仅较霍兰德潜艇略有改进，但此后的B级以及更完善的C级不仅被认为性能不弱于外国同类舰艇，而且足以达到作战舰艇标准。两级舰更大的艇壳和更高的司令塔使得其在水上航行时适航能力更好。

表6-1：早期潜艇的主要数据[10]

	霍兰德型	A1级*	B级	C级
建造数量	5	13	11	38
水下排水量	122吨	205吨	316吨	320吨
艇长	63英尺10英寸（约合19.5米）	103英尺6英寸（约合31.5米）	142英尺2.5英寸（约合43.3米）	142英尺2.5英寸（约合43.3米）
水面/水下航速	7.5节/6节	9.5节/6节	12节/6节	13节/7节
18英寸（457.2毫米）鱼雷发射管数目	1	1	2	2
装载鱼雷	3	3	4	4
额定乘员人数	8	11	15	16
储备浮力	8.2%	9.2%	10.1%	10.1%
造价	3.5万英镑	4.1万英镑	4.7万英镑	4.7~4.9万英镑

注*：A2号及后续各艇与A1号艇有若干区别，如装有2具鱼雷发射管。各级姊妹艇之间有所不同，部分数据的具体值仍有疑问（参见哈里森文）。

A3号潜艇设有一个较小的司令塔，但该级舰仍容易进水。司令塔之后的物体似乎是一个磁罗经（世界船舶学会收藏）。

总体布置要图

比例为1:12

为拍照记录而临时安装的整套设施

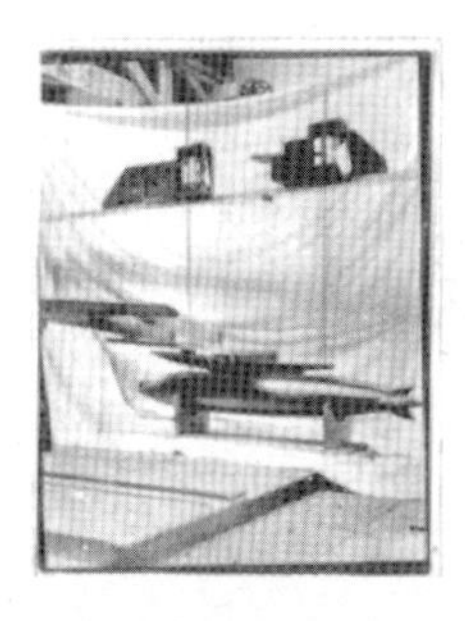

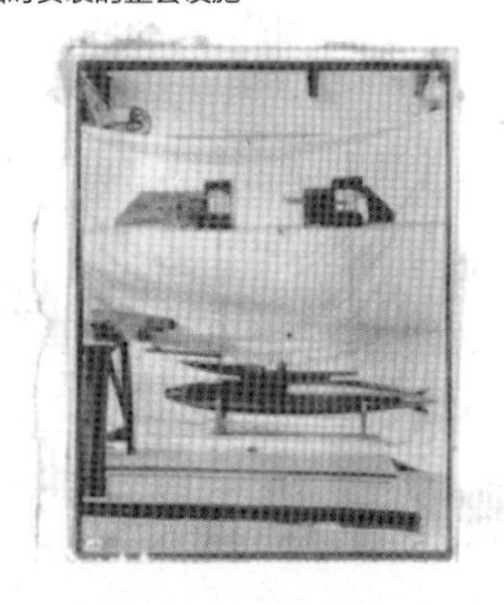

上：A 级潜艇由维克斯公司设计，但海军部也一定程度地参与了设计过程。图中显示了为在海斯拉船模试验池进行一次水下船体试验而安排的试验布置。这也是此类试验的首演（海军部实验工厂收藏）。

下：入坞的 B8 号潜艇，1908 年。该照片清晰地显示了该艇的纺锤形单层艇壳结构（作者本人收藏）。

除6艘在查塔姆造船厂建造的C级潜艇外，其他所有A、B、C级潜艇均在维克斯公司巴罗弗内斯造船厂建造。建造总数令人惊讶，显示了海军部对其新武器的信心。霍兰德潜艇被列入1901—1902年预算，而最后一批C级潜艇被列入1908—1909年预算。上述各级潜艇的航程均较短，但在其活动范围内可扮演重要的作战角色。往往有观点认为由于其体积有限，因此海军部有意将其设计为在近海活动，且该决定可能源自费舍尔。然而更可能的原因是设计师认为当时技术水平尚不成熟，不足以支持建造大型潜艇。各艇的造价缓慢上涨，最后几艘C级艇的造价达5.035万英镑。

这些早期潜艇均装备由维克斯公司生产的沃尔西（Wolsley）汽油引擎，唯一的例外是A13号。该艇装备一台实验性的6气缸霍恩斯比—阿克罗

C6号潜艇展现了司令塔体积逐步增大的结果。C级艇或许可被认为是第一级可用于实战的潜艇，尽管其设计基本仅限于近海作战（世界船舶学会收藏）。

伊德式（Hornsby–Acroyd）重型燃油引擎。[①]该引擎比汽油机重3吨，但其油耗仅为每小时每匹制动马力0.42磅（约合0.19千克），而汽油机为0.9磅（约合0.41千克）。汽油汽化后不仅有毒而且易爆，但当时并没有其他选择。表6–1中的储备浮力指完工时数据，这一数据在服役后便会迅速缩小。如果加装的重量位于艇身上部，为维持稳定性须加装压舱物，这无疑意味着对储备浮力的双重消耗。各艇内部均不设舱壁隔开，这一设计可能在深潜时影响其安全性，但这一点在当时并未被意识到。C21号率先安装了压载龙骨，该龙骨长49.5英尺（约合15.1米），重9吨。

较低的储备浮力和缺乏内部舱壁设计是导致早期潜艇事故连连的主要原因。A级艇中有3艘因碰撞损失，另有2艘沉没。B级和C级则各有1艘和3艘因碰撞损失。导致碰撞的原因之一是难以观察到这些体积较小又低矮的舰艇。潜艇的艇型在航行时较高，甚至高过艇首的艏波，从而可能导致非故意下潜。通过在艇体前部上方位置设置浮力舱可至少在一定程度上解决这一问题，但这一问题及这一解决方案在后继潜艇上会重复出现。

D级潜艇

D1号潜艇以原型舰的身份跻身1906—1907年海军预算中，两年后D2号以同样的身份进入预算，此后1909—1910年海军预算中又列入D3~D8号。该级艇也是海军部独立设计的第一级潜艇。[②]该级艇的排水量几乎是C级潜艇的2倍，因此其造价更加昂贵——D1号的造价为7.991万英镑，后续艇为8.9万英镑（几乎与驱

① 界定“第一”总是颇为困难，以笔者观点，A13号才是世界上第一艘柴油引擎潜艇。

② 有迹象显示该级艇的重量和稳定性相关计算乃是由维克斯公司完成，同时该公司还对该级艇的性能负责。海军部的团队则是由隶属皇家海军造船部的威廉姆斯（H G Williams）率领，他后来加入阿姆斯特朗公司，并为后者开创了潜艇项目。

D 级潜艇乃是第一级拥有远洋巡航能力的潜艇，该级艇装备柴油引擎。D4 号潜艇装备一具实验性 12 磅火炮（口径约合 76.2 毫米），如照片中所示，该炮安装在可收放的炮架上，但这一设计并不成功（世界船舶学会收藏）。

逐舰相当）。该级艇装备柴油引擎，配备两根推进轴，其压载系统较此前潜艇改善明显，储备浮力也因此翻倍。此外，更大的排水量也带来了更大的内部空间。该级艇还装备了双向无线电设备。以上特点使该级艇首次具有了远洋巡逻能力。下文将详述该级艇在技术上的进步之处。

压载水舱

无论是处于水上航行状态还是下潜状态，潜艇均需满足阿基米德定理，即其所受浮力应等于其所受重力。注意航行过程中浮力和重力都会发生变化。在水上航行状态下，潜艇较低的储备浮力主要通过清空压载水舱获得，而当压载水舱注满水时，潜艇便应处于下潜状态，其浮力则完全源自中性浮力。[1]浮力可通过体积和液体密度的乘积计算，而这两者都可能发生变化。不同海域不同深度的海水密度范围在1.005~1.03，而潜艇体积可能在深海下被压缩。艇身压缩这一问题在铆接艇壳的潜艇上尤为严重。奥拉姆曾描述称一艘V级潜艇在25英尺（约合7.62米）深度突然出现压缩现象，在回到19英尺（约合5.79米）深度时艇身又弹回原形，这导致保持下潜深度非常困难。[2]潜艇重量则随着燃料和物资的消耗而改变，更重要的是鱼雷的消耗也会对其产生影响。为抵消上述因素对重量的影响，需设置补偿水箱，通过向其中注水完成重量补偿。这些补偿水箱的位置也需精心布置，以确保潜艇的重心位置不会发生明显改变。对发射鱼雷进行的重量补偿通常以自动方式完成。此外，潜艇内通常设有一个“快

① 早期各级潜艇上储备浮力约为10%，在D级上则增至约20%。
② H K Oram, Ready for Sea (London 1974), Ch 15.

速下潜水箱”（Q水箱）。在水面航行状态下，该水箱通常注满水，因此主压载水舱一旦注水，潜艇就会变得更重，从而更快下潜。而一旦潜艇处于下潜状态，Q水箱中的压载水就会被吹除。为维持下潜状态下的稳定性，潜艇的重心（G）位置应处于浮心（B）位置之下，两者之间的高度差通常被设计为10英寸（约合0.25米）。

压载水箱的三种主要布置方式可参见本书第149页的图，应注意鞍形压载水箱布局与双层艇壳布局之间的区别可能非常模糊。如果像D级之前的几级潜艇一样，采用内部压载水箱布局[①]，那么其结构件需要承受深处的海水压力，或应设计阀门以确保在潜艇下潜时正常关闭，实现水箱与外部海水的隔离。[②]英国设计通常赋予艇体结构足够的强度，使其足以承受海水压力，但同时设计正常关闭阀门。[③]在上浮过程中，潜艇重量、所受浮力以及重心浮心位置均会发生迅速改变，因此很多级潜艇都在上浮过程中有所谓瞬态工况，在此状态下潜艇稳定性很差，在恶劣天气下甚至可能导致危险。双层壳体设计中，压载水舱的位置相对更高，导致确保上浮过程中维持足够稳定性的难度更高。应该认识到如果没有电脑辅助，那么对这一瞬态工况期间的特性几乎无法进行计算。因此虽然很多国家的设计师都认识到这一问题的存在，但其凭直觉做出的设计通常不足以解决这一问题。

D级潜艇采用鞍形压载水箱布局，这一布局在实践中非常成功。该设计使该级艇可实现约20%的储备浮力水平，同时使艇内可用空间更大。该级艇的外部水箱在上下均设有阀门，但战争期间在敌方水域活动的该级艇通常在水上航行时保持下部阀门开启，以便在必要时迅速下潜。[④]上述阀门最终被取消。

虽然早期潜艇均装备小型无线电接收装置，但它们均无无线电发送能力。D级潜艇装备的无线电设备功率更大，该设备虽然拥有发送能力，但是在发送无线电时需升起一根桅杆。这一改进大幅度增强了该级艇在遥远水域作战的能力。D4号艇装备一门实验性火炮，这门12磅火炮（口径约为76.2毫米）可在折叠后收入艇壳。该炮架设计并不成功，最终该炮索性被暴露在外。

在D级艇上实施了一项大胆设计，即用柴油引擎取代了危险性较大的汽油引擎，尽管做出这一决定时装备柴油引擎的实验性A13号潜艇尚未出海接受海试。柴油引擎相对更重，其功重比通常为每匹制动马力70磅（约合31.8千克），而汽油机为每匹制动马力60磅（约合27.2千克）。虽然柴油机通常更高、更长，但这些指标上的增加在一定程度上被柴油引擎较低的油耗所补充。此外，双推进轴布局使该艇可设置一具艇艉鱼雷发射管。当时曾有人认为D级艇过大，但和通常情况一样，其后继艇体积更大。

① 这几级潜艇上的水箱在测试中可承受50磅每平方英寸（约合344.7千帕）的压强，大致相当于可下潜至100英尺（约合30.5米）深度。

② 如果艇体结构需要承担平面钢板在下潜时所承受的压力，那么其结构重量将会非常沉重。

③ 据信法国潜艇“鲁丁”号（Lutin）的沉没原因是一块石头阻挡了该舰阀门的正常关闭。

④ 为实现快速下潜，通常会同时向两座主压载水箱注水。

E级潜艇

虽然D级潜艇总体而言受到海军欢迎，但由于技术进步的速度一日千里，因此设计一级性能更好的潜艇不但具备条件而且势在必行。由此诞生的便是E级潜艇。该级艇甚至可能是英国有史以来设计得最好的一级潜艇，也是第一次世界大战爆发时世界上性能最好的潜艇之一。该级艇最初仅计划在D级艇的设计基础上稍作改进，但和大多数情况一样，改动之处逐步增加。由于担心D级艇艇身过长不利于机动，进而妨碍从艇艏实施射击，因此E级设计有一对舷侧鱼雷发射管。最初的8艘E级潜艇装有一具艇艏鱼雷发射管以及一具艇艉鱼雷发射管，此后的姊妹舰则加设了一具艇艏鱼雷发射管。所有鱼雷发射管的口径均为18英寸（约合457.2毫米）。该级艇装备功率更大的引擎和电动马达，从而实现了水面航速和潜航速度的双双提升，当然这也导致该级艇体积和造价进一步提升。该级艇最初6艘的造价达10.19万英镑。

C级和D级潜艇均在艇身前部设有防撞舱壁，但其他各艇将艇体内部设计为开放状态。这一设计的原因之一是潜艇的控制和阀门的操作通常直接在现地进行。对一艘小型且内部未分舱的潜艇而言，艇长可以直接指挥各操作员，并观察操作员的动作。E级艇内设有两道舱壁，从而将潜艇内部空间分为3块。考虑到一旦E级艇上最大的两个舱室之一被海水注满，潜艇本身必然沉没，因此这一设计颇为奇怪。显然设计师希望在舱室破损的情况下仍能在舱室顶端保留足够的空气，从而保持潜艇的漂浮状态。

E1~E6号潜艇被列入1910—1911年造舰计划，并向维克斯公司订购。[①]该级艇的最后一艘，即第56艘也由海军部于1914年11月向该公司订购。列入1911—1912年造舰计划中的E7和E8号艇与此前6艘设计相同，由查塔姆船厂建造。由维

① 以及为澳大利亚建造的AE1号和AE2号。

E4号被用于测试在是否装有上舵条件下的转向性能。照片中可见位于艇艉的上舵。试验结果显示该设备毫无用处，因此已经安装该设备的各艇此后均将其拆除（世界船舶学会收藏）。

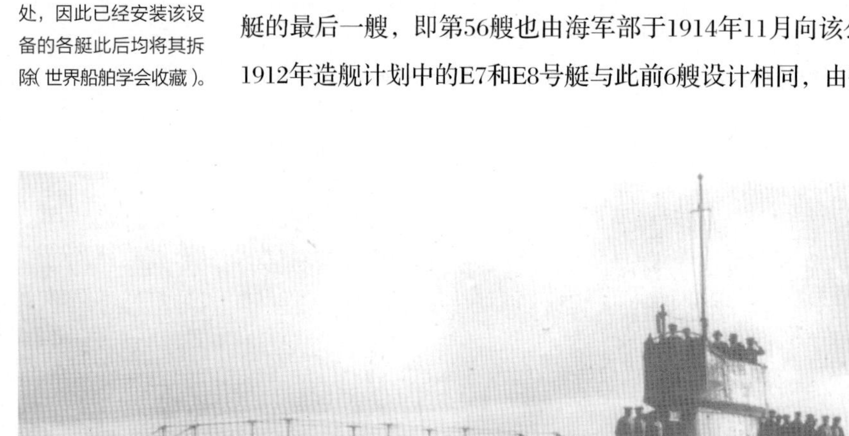

克斯船厂建造的E9~E11号及E14~E16号接受了较为明显的改动，包括装备2具18英寸（约为457.2毫米）艇艏鱼雷发射管，设3道舱壁，引擎位置前移，四分之一的电池组位置后移，以及扩大司令塔体积以容纳操舵战位。其造价则增至10.57万英镑（不包括舷侧鱼雷发射管）。查塔姆船厂则根据较维克斯改进版稍简化的设计方案建造了E12号和E13号[①]，该设计构成了此后包括维克斯公司生产的潜艇在内的所有战时潜艇的设计基础。1914年11月11日举行的会议决定，由维克斯公司和其他12家造船厂承接E19~E56号潜艇的订单。

虽然E级潜艇的设计非常成功，但皇家海军仍根据战时经验对其进行了多处修改。其中最重要的改动或许是加装了可在潜航状况下使用的厕所。这一设施包括一系列复杂的阀门和杠杆体系，如果在操作压缩空气的过程中出现失误，可能导致排泄物喷回使用者本人。[②]此外还改装了更大的无线电设备，该设备要求使用两座可折叠桅杆。另外还在艇壳上加装了一门12磅火炮（口径约合76.2毫米）。加装的其他设施包括费森登（Fessenden）式水下信号设备、测深仪、对空潜望镜、水平舵防撞设施以及垃圾槽。从E19号起，各艇采用外飘的艇艏。不同批次之间还存在若干细微改动。

D级潜艇还首先引入了设于压力艇壳上方的上舵，但根据在E4号潜艇上就是否安装上舵所进行的试验显示，该设备毫无用处，因此此前安装该设备的各艇均将其拆除，而新建潜艇一律取消了该设备。6艘潜艇被改装为布雷艇，其压载水箱各安置20枚鱼雷，取代原有的舷侧鱼雷发射管。

维克斯合同

维克斯公司与美国电力船舶公司的合同中规定，霍兰德的专利权仅可用

① 除电池未被移动外，其他改动均被实施。
② 不同造船厂对阀门的布置方式不同，这自然大大地增加了潜在危险。这一问题直至第二次世界大战期间的A级潜艇才得以改变。

F 级潜艇是由海军部设计的一级双层艇壳近海潜艇。虽然其性能颇令人满意，但实际上并不真正适合分配给该级艇的作战角色，因此该级艇仅建造了 3 艘（帝国战争博物馆，SP1238号藏品）。

于在巴罗弗内斯船厂建造潜艇，或在缴纳每艘2500英镑的特许使用金后在其他海军造船厂建造。维克斯公司则希望在其他商用造船厂以每艘1000英镑的特许使用金建造。双方未能就此达成一致，但由于当时并未计划在其他船厂建造潜艇，因此这一问题被暂时搁置。虽然霍兰德专利并未被用在A级或此后各级潜艇的设计上，但维克斯公司曾经试图就使用其设计方案建造潜艇洽谈另一份类似合同。该合同试图阻止在除巴罗弗内斯造船厂或海军造船厂之外的地方建造潜艇，并且据称该合同由于有助于保持维克斯公司在建造潜艇上的专业性，因此也有益于公众利益。合同中为废止合同规定了2年的提前告知期，这一告知于1911年3月31日正式下达。

创新抑或是越轨？

1910年罗杰·凯斯（Roger Keyes）上校被任命为潜艇上校检察官。他继承的潜艇包括从A级至C级各艇、D1号及其8艘即将完工的姊妹艇，以及第一批即将订购的E级潜艇。他的顾问委员会认为海军部/维克斯公司设计的潜艇性能弱于意大利或法国公司设计的产品，且维克斯公司无法建造足够数量的潜艇，这一观点最终被凯斯上校接受。

当年晚些时候，凯斯的参谋之一与海军建造总监及海军总工程师的代表一同出行访问了意大利和法国的船厂。由此斯科茨公司（Scotts）获准以许可证生产的方式生产菲亚特公司（FIAT）设计的潜艇。前者建造的S1~S3号潜艇

“鹦鹉螺”号的设计目标为大型快速远洋潜艇，然而由于该艇的建造优先级颇低，因此在完工时就已经落后，故从未承担作战任务（帝国战争博物馆，Q22765号藏品）。

每艘造价7万英镑。不顾视察团队的建议，阿姆斯特朗公司从法国施耐德公司（Schneider）购得许可证，获准按照洛伯夫（Laubeuf）式设计生产W1~W4号潜艇。由于海军部认为不值得在上述7艘潜艇上浪费宝贵的潜艇乘员，因此这些潜艇在完工后均被移交给了意大利海军。

一个由潜艇军官组成的委员会于1912年建立，该委员会建议建造两种潜艇，即近海潜艇和远洋潜艇。近海潜艇共有两种设计方案，分别是维克斯公司提出的V级潜艇方案和海军部的F级潜艇方案，前者要价7.5799万英镑。两级艇水下排水量均为450~550吨，且其性能均能理想地满足设计要求，但第一次世界大战期间的实战经验显示，这种小型潜艇的实战价值有限，因此仅建造了3艘F级和4艘V级。

海军部曾希望水面排水量1000吨、水面航速20节的潜艇可满足远洋潜艇的设计要求。依照维克斯公司设计建造的“鹦鹉螺”号于1917年完工，其排水量为1441吨，航速为17节，但该艇从未承担作战任务。受其他更为紧急的工程影响，该艇的建造进度被一再拖延，因此完工时其性能已经落后于战时技术发展水平。该艇的引擎是维克斯公司新开发的型号，其可靠性一直不达标。该艇造价至少为20.385万英镑。

斯科茨公司则提出了基于劳伦蒂（Laurenti，菲亚特公司设计）设计方案的改进设计。该设计采用蒸汽推进系统，预计造价为12.5万英镑（实际造价很可能超过这一数字）。由此建成的“剑鱼”号（Swordfish）水面排水量为932吨，水

蒸汽动力的“剑鱼”号由斯科茨公司根据劳伦蒂专利完成设计建造，其设计要求与“鹦鹉螺”号相同。该艇并未以潜艇身份服役，而是被改装为水面巡逻艇。然而，该艇的很多先进设计构想，例如液压控制和高压空气系统，在后继各级潜艇上得到继承和发扬（帝国战争博物馆，SP25号藏品）。

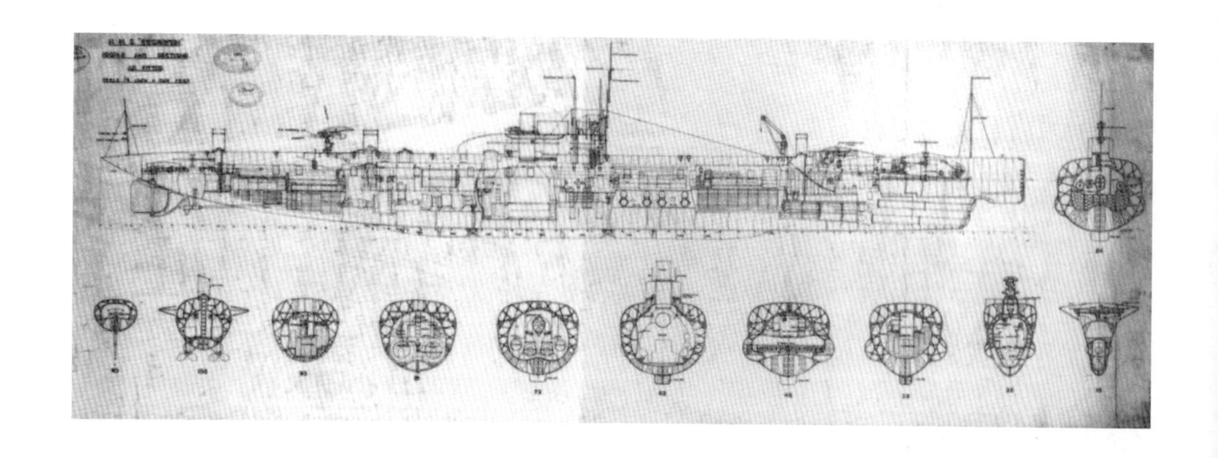

“剑鱼”号设计图。注意艇身中大量的半球形舱壁，该设计可在发生意外时防止进水蔓延。截面图显示了该艇的双层艇壳结构（国家海事博物馆，伦敦，327013号藏品）。

面航速为18节。该艇在下潜前仅需1.5分钟即可完成封闭烟囱的流程。但海军部对“剑鱼”号的总体性能并不满意，该艇在试航后便被改装为水面巡逻艇。该设计的主要问题之一是其储备浮力来源于其双层艇壳的上部空间，这部分空间内的压载水在上浮过程中吹除速度较慢，由此导致该艇稳定性存在一定问题。该设计在很多方面都颇为先进，其很多独创特点在后继的英国潜艇上得以继承。该艇设有中央液压系统——液压传动操作装置——可实现从控制室控制所有的主要溢流阀。高压空气系统也可由控制室通过类似方式控制。该设计艇身内部划分良好，共设有8道主要舱壁，各舱壁呈碟状，因此无须加强件。各舱壁上的舱门均为双层结构，因此进水总能迫使其中一层关闭。该设计中还设有救援浮标，并就向困于海底的潜艇供应液体这一要求设计了相应系统。

双层艇壳：G级

对当时的海军潜艇设计师而言，双层艇壳布局的优点具有相当的吸引力。该布局方案可使潜艇在水上航行状况下所具有的储备浮力增加至40%~50%，而鞍形压载水箱布局的储备浮力仅20%上下。外层艇壳也可针对水上航行的需要进行优化。由于当时的潜艇在其巡逻过程中大部分时间都处于上浮状态，因此这一点对当时的潜艇非常重要。然而，设计的本质便是在某方面的进步需要以其他方面的牺牲为代价。在双层艇壳布局方案下，更大的储备浮力意味着更大的压载水箱，也意味着注水速度更慢（对于位置最高的压载水舱尤其如此），因此下潜时间较长。相应地，吹除压载水的速度也较慢，进而影响到上浮过程中的稳定性。

双层艇壳布局另一不太明显的优点则是可将潜艇框架布置在耐压壳体外的压载水舱中，从而使潜艇内部可用空间增加。在内部框架布置方案中，艇体板被水压压向框架，而在外部框架布置方案中，框架被水压压向艇体板，因此大

上：G14 号潜艇。G 级潜艇为双层艇壳布局设计，其性能与采用鞍形压载水箱布局的 E 级大致相当。虽然 G 级的设计相当成功，但 E 级更受海军欢迎。海军原计划在 G 级上尝试若干种引擎设计，但第一次世界大战的爆发使这一计划无法实现（帝国战争博物馆，SP2511 号藏品）。

部分潜艇设计师更偏好内部框架布置方案。铆钉在受压时强度变弱，尤其是在承受爆炸性载荷这一现象时，其典型场景便是遭受深水炸弹攻击，但没有直接证据显示外部框架布局下的破裂记录。鞍形压载水箱布局与双层艇壳布局之间的区别可能非常模糊。在大部分所谓双层艇壳布局设计方案中，外层艇壳线型向艇体两端逐渐平滑，同时其上部通常被设计为自由浸水而非压载水舱。

鉴于对双层艇壳布局方案高涨的热情，海军建造总监准备了一份性能与E级类似的设计方案。新一级（G级）方案计划在艇艏和艇艉各安装一具21英寸（约合533毫米）鱼雷发射管，此外两舷各装备一具18英寸（约合457毫米）鱼雷发射管，但很快艏部鱼雷发射管被改设为两具18英寸（约合457毫米）鱼雷发射管。该级潜艇共建成14艘（1艘被取消），其性能令人满意，不过海军更偏好鞍形压载水箱布局的E级和此后的L级。G级潜艇装备与“剑鱼”号类似的液压传动操作装置。

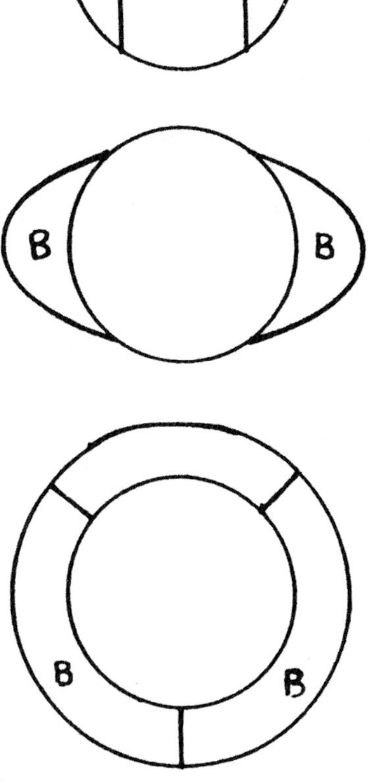

右：从上至下依次是单层艇壳（内部压载水箱）布局方案、鞍形压载水箱布局方案和双层艇壳布局方案的草图。压载水箱在图中以 B 表示。注意单层艇壳方案中平面板结构可能直接暴露在最大下潜深度的水压下。另一方面，如果双层艇壳布局方案中的上部空间如常例那样被设计为自由浸水，那么其与鞍形压载水箱布局的区别便非常模糊。

海军原本计划在G级艇上尝试一系列不同的柴油引擎。例如阿姆斯特朗公司计划在G6号和G7号潜艇上分别安装德国MAN公司[11]和瑞士苏尔寿公司（Sulzers）的柴油引擎，斯科茨公司计划在G14号上安装意大利菲亚特公司的产品，而怀特公司计划在G5号（该艇后来被取消）上安装其针对MAN设计自行改进而成的引擎。然而第一次世界大战的爆发使上述构想全部作废，所有G级潜艇均使用维克斯公司制造的引擎（部分潜艇在查塔姆造船厂建造）。战时英国潜艇的主要缺点是其性能落后的引擎。显然海军早在1914年便对这一问题有所认识，并采取了部分措施试图实现改进，但未获成功。

第一次世界大战爆发时的英国潜艇

第一次世界大战爆发时，英国拥有的潜艇数量超过任何一国海军：

表6-2

国别	潜艇数量
英国	77
法国	45
美国	35
德国	29
沙俄	28
意大利	18
日本	13

由于各国海军中均存有若干老式或试验性潜艇，因此上述数字并不足以体现各国的潜艇实力。①然而，皇家海军拥有的巨大数量优势本身就足以粉碎所谓海军部反对潜艇的谣言。下表比较了战争爆发时各国最新潜艇的性能：

表6-3：1914年各国潜艇主要数据

	英国	英国	美国	德国	法国
设计	D1号	E1号	M1号	U23号	“安菲特里忒”号（Amphitrite）
水面排水量	483吨	667吨	488吨	669吨	414吨
艇长	163英尺（49.7米）	178英尺（54.3米）	196英尺（59.7米）	212英尺（64.6米）	177英尺（53.9米）
鱼雷发射管数量	3	4	4	4	8
鱼雷发射管口径	18英寸（457.2毫米）	18英寸（457.2毫米）	18英寸（457.2毫米）	19.7英寸（500.4毫米）	17.7英寸（449.6毫米）
水上航速	14节	15节	14节	16.7节	13节
水下航速	9节	9节	10.5节	10.3节	9.5节
额定乘员人数	25	30	28	35	29

① 由于德国潜艇设计起步较晚，因此其现代化潜艇的比例更高。

下潜深度是潜艇最重要的指标之一，但并未在上表中给出。实际上，各国给出的数据中很少包含这一指标，这主要是因为难以确定何为安全。第9章给出了部分数据。只有当声呐和深水炸弹在实战中成为有效装备后，下潜深度这一指标才会变得重要。早期潜艇仅满足于消失在视野之中，且除发生意外之外，这些潜艇很少下潜至较深深度。

译注

1.荷兰工程师、发明家，被认为是潜艇的发明者。他所设计的潜艇以皮革包裹木制框架，以桨推进。1620—1624年间他先后建造了3艘潜艇，其中最后一艘设有6具桨，可搭载16人。他曾向英王詹姆士一世展示该潜艇，据称该潜艇可保持潜水状态3小时以上，并在水下4~5米深度航行。他还邀请詹姆士一世亲自搭乘潜艇参加在泰晤士河进行的下潜试验，后者也由此成为第一位在水下航行的君主。2002年英国造船厂复制了该潜艇，后来该潜艇在英国广播电台的纪录片中出场。

2.罗伯特·富尔顿，美国工程师、发明家，被认为是商业实用化轮船的发明者。

3.小威廉·皮特首相，1783—1801年间以及1804—1806年间出任首相。

4.约翰·杰维斯海军上将，英国海军名将，1797年在圣文森特角海战中以少胜多，大败西班牙舰队，阻止了后者与法国海军的汇合，并为英国海军重返地中海创造了条件。杰维斯因此战功被封为圣文森特侯爵，一代名将纳尔逊也在此战中崭露头角。1801—1804年间任第一海务大臣，但与皮特首相关系很差。

5.1853—1856年。

6.威廉·鲍尔，德国工程师和发明家，曾建造若干艘人力潜艇；斯特克·罗塞尔，苏格兰土木工程师、造船工程师，在光学、声学、造船工程上均有造诣。

7.诺登伏尔特为瑞典发明家和实业家。

8.阿瑟·威尔逊于1897—1901年间任该职。

9.又称“北海事件”。1904年10月21日至22日夜间，沙俄海军波罗的海舰队在前往远东参加日俄战争途中，误将一群位于多格尔沙洲海域的英国渔船当作日本海军舰队，并对其开火。在此后的混战中，俄国舰只甚至向彼此射击。当晚3名英国渔民死亡，数人受伤。俄国方面也有1名水兵和1名神父在混战中因己方火力死亡。这一事件几乎导致英国对俄宣战。最终英俄两国同意交由一国际委员会调查，调查结果显示沙俄海军并非有意为之。最终此事以沙俄自愿赔款了结。

10.舰体内的水密舱体积通常被称为水密体积，其中位于水上部分的水密舱体积占总水密舱体积的比例为储备浮力。

11.即奥格斯堡—纽伦堡机械工厂股份公司。

第三部分

战时经验和设计

7 大型舰只

尤斯塔斯·坦尼森·达因科特爵士，1912—1923年任海军建造总监。达因科特人缘颇好，在去世前一直坚持参加皇家海军造船部的社交活动（皇家海军造船部）。

由于战列舰和战列巡洋舰的建造时间过长，因此战争期间完工的主力舰无一能吸取战时经验。随着10艘装备15英寸（约合381毫米）主炮的战列舰[1]逐步加入大舰队，海军对更多主力舰的需求数量逐步降低，这也导致战时经验无法被战时战列舰所吸收。另一方面，战争中建成的战列巡洋舰引入了细管径锅炉，并在重量和空间两方面实现了可观的节约。战争期间建成了大量轻巡洋舰和驱逐舰，其设计主要基于战前设计方案。建造过程中对原有设计方案持续实施了各种改进，这些改进主要与武器和适航性有关。海军航空兵的规模则在战争期间急剧扩张，至第一次世界大战结束时，第一艘真正的航空母舰已经加入现役。潜艇的演化同样持续进行，诞生了非常成功的L级潜艇，同时开发出了技术上颇有特色的潜艇变种，尽管其中一些显得异想天开。巡洋舰和驱逐舰的4英寸（约合101.6毫米）火炮被更大口径火炮所取代，其主要原因是实战显示前者所发射的31磅（约合14.1千克）炮弹无法确保能使敌驱逐舰瘫痪，更遑论敌巡洋舰。

1914年第一次世界大战爆发前任海军建造总监的是尤斯塔斯·坦尼森·达因科特爵士。①他的两位前任首先在海军部接受训练，然后前往阿姆斯特朗公司工作，而达因科特的履历与此恰好相反。他首先在阿姆斯特朗公司任学徒，出师后再进入海军部。他生于1868年，并在位于巴尼特绿地（Barnet Green）附近的富裕家庭长大。毕业后他被爱德华·里德（Edward Reed）之女说服，决定成为一名海军架构师。后者自己便是一名工程师。达因科特进入阿姆斯特朗公司任学徒，最终在该公司总设计师派利特（J R Perrett）手下工作，后者曾任造船师。他曾在格林威治学习（Greenwich）造船师课程，该课程由怀廷教授教授。

他回到埃尔斯维克后主要参与航速测试，还曾参与圣阿布兹海角（St Abbs Head）新测速场地的调查工作。1899年他前往费尔菲尔德工作。1902年菲利普·沃茨重回海军部任职，派利特也随之升职，于是达因科特返回阿姆斯特朗公司，接替派利特的职位。此后他多次出国访问，并和公司的潜在顾客反复讨论设计指标。1912年在巴西进行类似访问期间，达因科特收到派利特发来的电报，电报中派利特透露沃茨即将离开海军部的消息，并建议达因科特申请这一职位[2]。②虽然海军部原先已经选定史密斯（W E Smith）出任这一职务，但在政

① Sir Eustace Tennyson d'Eyncourt, A Shipbuilder's Yarn (London 1948) and D K Brown, A Century of Naval Construction.
② 这导致了非常奇怪的战列舰设计方案，即日后的“阿金库特”号。

府重组后，新任海军大臣丘吉尔亲自选择了达因科特出任海军建造总监。达因科特也是唯一一位未曾加入皇家海军造船部的海军建造总监，但他的背景与其他海军建造总监类似，且其性格魅力使他很快就开辟了良好的人缘。去世前，他一直参加该部的多项体育和社交活动。

适航性、湿度和运动

在任何天气条件下持续高速航行的经验显示出适航性问题。1914年的很多或者说大多数舰艇湿度都很严重，海沫和舰艏上浪席卷甲板、炮位甚至舰桥。此外，严重的船体摇摆性运动不仅使火炮的装填和瞄准颇为困难，而且使乘员的工作效率因晕船和疲倦而降低。造成这一结果的主要原因是大部分船只干舷高度不足，且舰桥位置过于靠前。当然，任何设计都是各种妥协的产物。虽然在战争爆发前海军便已经对干舷高度问题有所认识，但设计干舷高度还受其他因素影响。对大型舰只而言，海军希望削减不受保护的舷侧面积，而对小型舰只而言，海军希望尽量缩小其轮廓大小，这两方面的要求均导致设计师选择的干舷高度过矮。由于平时演习通常在风暴发生概率较小的夏季举行，且发现风暴后各舰通常会采取改变航线、降低航速的措施，以防天气对舰体造成破坏，因此干舷高度不足的问题并未得到足够的重视。新设计的轻巡洋舰和驱逐舰均具有较高的干舷高度，此外其他设计特点也使新设计舰只的湿度有所减轻。同时舰桥和炮位均向后移动至舰体摇摆性运动幅度较小的位置。下文将从上述方面对当时的舰艇进行考察。

航行中的“刚勇”号，摄于战争后期。即使是战列舰，在恶劣天气下也可能颇受影响。根据照片判断当时海况为5~6级，浪高为13~15英尺（约合3.96~4.57米）（感谢约翰·罗伯茨提供）。

在恶劣天气下航行的战列巡洋舰“皇家公主”号，根据照片判断当时海况为5~6级，浪高为13~15英尺（约合3.96~4.57米）（作者本人收藏）。

以斯卡帕湾为基地的大舰队需要不时地前往彭特兰湾（Pentland Firth），后者是世界上风暴最猛烈的海域之一。舰体遭受重大损伤的情况非常普遍：1914年12月15日轻巡洋舰“博阿迪西亚”号舰桥被毁，若干水兵溺水身亡；“布兰奇”号所受损伤相对较轻。之后还发生过更严重的损伤情况。1915年11月6日至7日夜间战列舰“阿尔比马尔”号（Albemarle）[3]的前舰桥被大浪从舰体上撕扯断裂——该结构距离舰艏135英尺（约合41米），距离海面约40英尺（约合12.2米），司令塔即使有装甲防护也在风浪中受损。该舰舰长清醒过来后发现自己已经落在上甲板上，周围遍布着舰桥的残骸。此次事故导致两人溺亡，同时导致数百吨海水涌入舰体深处。同行的“西兰蒂亚”号轻微受损，“阿尔比马尔”号最终在“爱尔兰”号[4]的护航下返回斯卡帕湾。①

舰船在大风浪下的表现可由很多不同的方面表示，对如第一次世界大战期间的驱逐舰这样的小型舰船而言，这一点尤为突出，因此对其重视程度也更高。一名现代设计师可能会基于模型试验结果，使用电脑进行详细分析，但历史研究受限于有限的经费和时间，研究者通常仅使用近似公式和趋势曲线进行分析。而这些公式也是在第二次世界大战后才问世的（尽管有观点认为这些公式本可更早问世）。

湿度

舰艇艏部上浪的概率在相当程度上取决于干舷高度与舰体长度的比例。根据经验原则②，干舷高度不应低于舰体长度平方根的1.1倍（在第一次世界

① John Jellicoe, The Grand Fleet 1914–16 (London 1919), p256.

② 该经验原则基于大量来自实战的意见。干舷高度低于该经验原则的战舰在实战中受到的抱怨更多。针对此后舰只提出的指导原则意味着更高的干舷高度，这一变化显示舰只在执行反潜任务时需在任何天气条件下保持高航速。

一艘战列舰在较为平缓的海况下发生纵摆。该舰可能是“猎户座”号，海况大致为4级，浪高约为6英尺（约合1.83米）（作者本人收藏）。

大战后的设计中，该比例接近1.3）。从“河流”级驱逐舰开始，在平均载重条件下，大部分驱逐舰设计的干舷高度均接近根据上述经验原则所得出的数字。然而，随着重量逐渐增加，干舷高度明显下降，舰只的湿度也随之恶化。这一点在战争期间尤为明显。与现代设计方案相比，当时大多数驱逐舰的舰艏外飘程度较低，这在一定程度上恶化了其湿度。采用大幅度倾斜的舰艏设计，则可明显改善所有驱逐舰的湿度。

大多数战列舰在航行时都较为潮湿，这一现象通常被归罪于较大的舰体重量导致其在遭遇巨浪时舰艏犁入较深，但更可能的解释是简单的干舷高度不足，而其投影面积导致的严重飞沫恶化了这一问题。1916年4月查尔斯·马登海军中将[5]（Charles Madden）在致达因科特的信中①对若干战列舰的性能对比进行了描述，其中提供了有关战列舰湿度的生动例子。中将在信中写道（略作修改）：

根据湿度排列各级战列舰，顺序如下：“复仇”级、“加拿大”号、“铁公爵”级、“爱尔兰”号、“圣文森特”级、“大力神”级、“海王星”号。“复仇”级的前部持续出现大片飞沫，在自由流动的同时形成数个瀑布。此外海中升起一片绵长的羽毛状飞沫海水，其高度不仅超过甲板，而且覆盖炮塔。“加拿大”号的情况几乎同样糟糕。“铁公爵”号的情况稍好一些，没有出现瀑布，且海水仅在被挡浪板阻挡和流经排水口时才流下艏楼。“爱尔兰”号相当干。其他各舰均比

图表7-1：迎浪状况下的纵摆

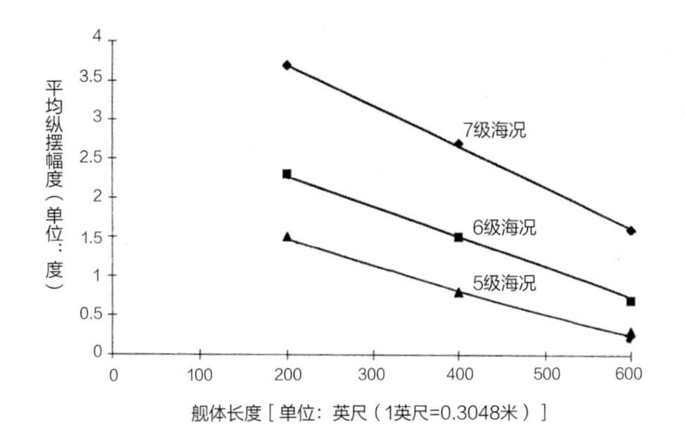

图表7-2：迎浪状况下的舰体起伏

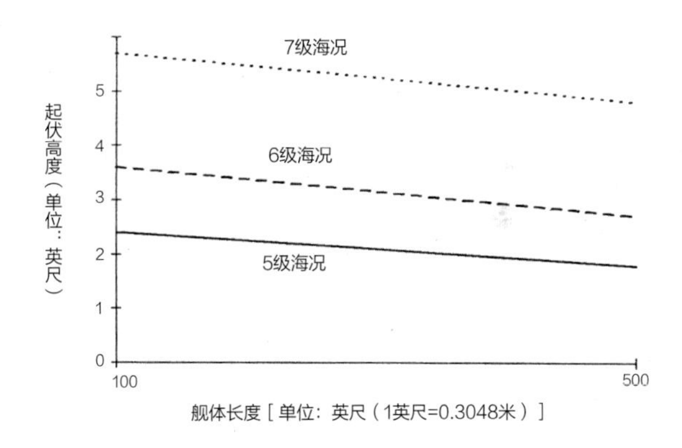

图表7-3：晕船概率

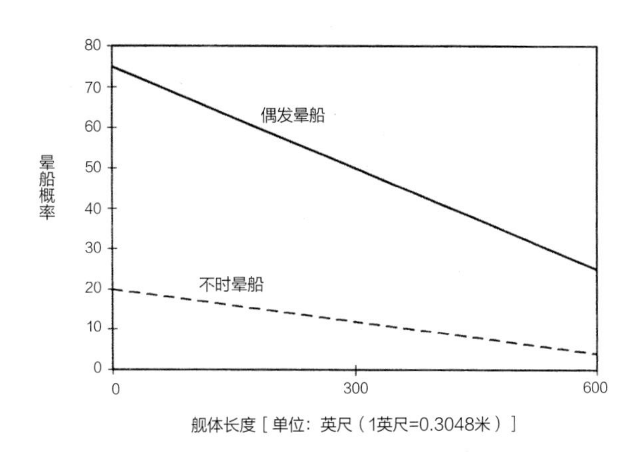

① K McBride, 'Seakeeping, Easter, 1916 Style', Warship International No 1 (1990), p50. 另可参见原作者在同一期上的相关讨论。

较干，海浪偶尔会漫过舰锚，并导致飞沫飞上舰体。观察结果显示飞沫完全是由海浪撞击舰锚的平锚冠所致。在低干舷的各舰上，收纳位置较低的舰锚每次都会被海浪击中，而收纳位置较高的舰锚被海浪击中的概率较低。至于巡洋舰，“史诗女神”级的情况与“猎户座”级相同，而“司战女神”号的情况与“爱尔兰”号相同。[6]

表7-1显示了马登信中所提及的各舰实际干舷高度①。干舷高度与根据舰体长度平方根1.1倍计算得到的数字（英尺）之比一并列出。可见两指标的相对关系与马登给出的次序大致相当。

表7-1：湿度和干舷高度

	舰体长度（L）	干舷高度（F）	$F/1.1L^{0.5}$	顺序	观察顺序
“圣文森特”级	536英尺（163.4米）	26英尺（7.93米）	1.02	1	2
“猎户座”级	581英尺（177.1米）	26英尺（7.93米）	0.98	2	1
“铁公爵”级	622.9英尺（189.9米）	20英尺（6.10米）	0.73	5	4
“复仇”级	620.5英尺（189.1米）	22.5英尺（6.86米）	0.82	4	6
“爱尔兰”号	559.5英尺（170.5米）	23.2英尺（7.07米）	0.89	3	3
“加拿大”号	661英尺（201.5米）	20英尺（6.10米）	0.70	6	5
“史诗女神”级	446英尺（135.9米）	17.5英尺（5.33米）	0.75	—	—
“司战女神”号	405英尺（123.4米）	[20英尺]（123.4米）	[0.90]	—	—

“司战女神”号较高的干舷高度颇为可疑，“爱尔兰”号的排名则大致合理。“史诗女神”号的数据似乎较为准确，但不应与“猎户座”级的水平相当。后期的C级和D级轻巡洋舰通过提高舰艏楼高度的方式降低湿度（见下文）。

体积和运动

在这一方面，设计良好的大型舰艇总比同样设计水准的小型舰艇表现更好。图表7-1显示了不同舰体长度的舰船在不同海况②下的纵摆幅度③，图表7-2则显示了迎浪状况下的舰体起伏④。应注意与舰体本已较长的舰艇相比，加长舰体的效果在小型舰艇上更为明显。笔者当初正是依据对类似图表的研究才决定如今“城堡”级近海巡逻舰的舰体长度应与海军部所设计的S级相当，不过此后又根据电脑分析计算结果对舰体长度进行了优化。不出意外的是，随着舰体长

① 干舷高度根据各舰尽可能接近1916年状态的照片估量。线图通常仅显示设计水线位置。

② 图表中海况所代表的浪高和运动幅度均可被称为“明显”。所谓“明显”一般被认为是所有数据中最高1/3部分的平均值，且与经验丰富的观察者凭感受对相应指标的赋值相当。注意本章节结尾部分对海况的数值定义（蒲福风级常常与海况混淆，应注意蒲福风级与风力相关，而海况与浪高相关，两者之间的联系并不密切）。

③ 纵摆是对舰体跷跷板式运动的度量，通常被视为角向运动，以度为单位。

④ 起伏是指舰体的上下运动幅度，通常以英尺（或米）为单位。

度的增加，舰体的运动幅度会减小，乘员晕船的概率也会随之稳步降低，这可由图表7-3看出。图表7-4则显示了迎浪状况下舰体体积与最高航速之间的关系。所有曲线均基于设计水平良好的现代舰只，假设比例和船型均已经优化。

舰艏在纵摆过程中脱离水面，然后又狠狠砸进水面，这一过程伴随着急剧地冲击——有时被称为“击打里程碑”——这就是砰击。砰击同样可能发生在舰艉，此外舰艏外飘幅度过大时，砰击也会发生在该部分下方（例如在第二次世界大战时期的部分航空母舰上，其飞行甲板前端也可能发生砰击现象），但其概率稍低。在所有与舰体运动相关的特性中，砰击最可能导致舰长决定降低航速，而且这应是一个明智的决定。砰击不仅可能导致舰体局部损坏，撕裂撞击点附近的船壳板，而且有时会导致舰舯附近应力较高的区域出现裂痕[①]。砰击是一种非常复杂的现象，其程度取决于一系列因素，尤其是舰体前部的截面形状。然而，对截面形状大致相同的舰只如驱逐舰而言，砰击发生的概率主要与吃水深度有关。图表7-5显示对典型舰船而言，在一定航速下发生砰击的概率不仅与吃水深度有关，而且与浪高有关。记录数据在拟合曲线附近有较明显的散布（图中竖线所示），但至少该图显示了不同级别舰只之间的区别。

图表7-4：迎浪状况下的速度

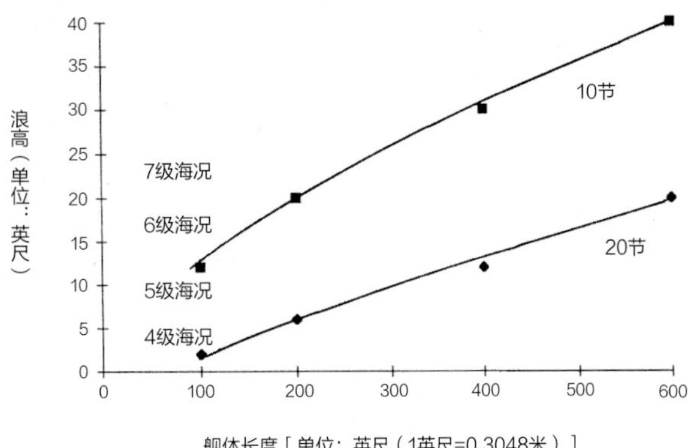

图表7-5：海浪冲击力对航速的限制

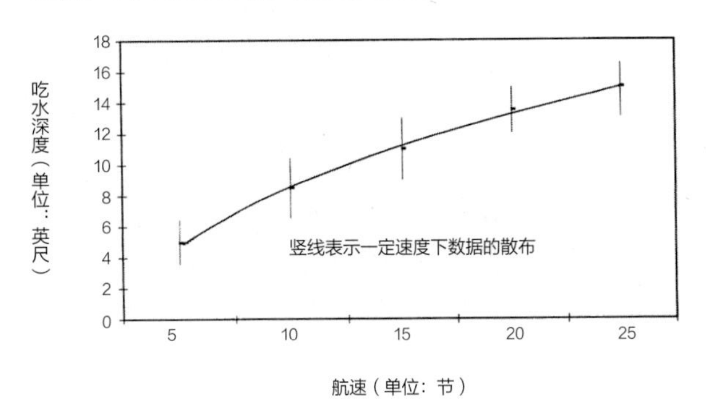

图表7-6：舰体长度上不同位置的纵向速度

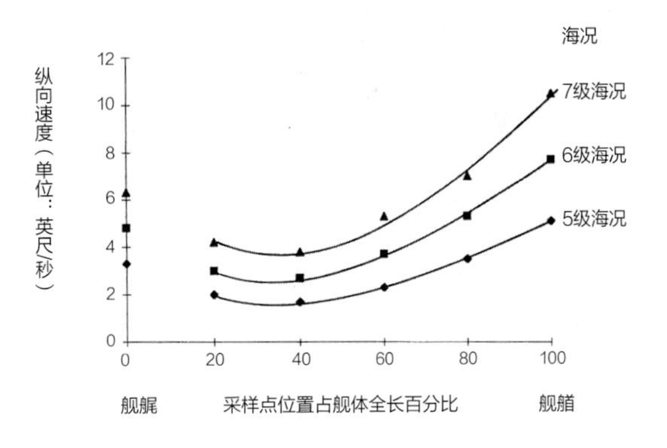

表7-2：6级海况、浪高约18英尺（约合5.49米）条件下发生砰击现象的最低航速[②]

吃水深度	开始发生砰击现象的航速
8英尺（约合2.44米）	10节
9英尺（约合2.74米）	12节
10英尺（约合3.05米）	14节
12英尺（约合3.66米）	18节

① 反复砰击可能导致金属疲劳失效，这是裂缝最可能的成因。
② 该浪高可被称为“明显”，即约所有数据中最高1/3部分的平均值，这与有经验的水手给出的主观赋值大致相当。

感知运动后的反应——晕船及其他

人体对纵向加速度最为敏感，例如纵摆和舰体起伏结合运动所产生的加速度。摇摆频率在0.18~0.3赫兹（次循环/秒）时晕船现象最为严重，很多人在纵向加速度达2.1英尺/秒^2（约合0.8米/秒^2）时便会感到不适。舰体长度不同部位的纵向加速度差别明显，舰体两端加速度最高，其主要来源为纵摆。虽然这一加速度的变化久为人知，但其幅度似乎并未被认识到。有关舰上情况的大部分报告都由舰长写成，而他自然会描述他在舰桥上的感受。因此，舰桥位置的运动是一个重要的参数，而这一参数也取决于舰桥与舰艏的距离。图表7-6显示了舰体不同位置纵向加速度的区别。A炮塔位置的运动幅度明显比舰桥位置的运动幅度更大，而前部住舱甲板位置的运动幅度更为显著。几乎可以确定，指挥决策过程受纵向加速度影响，对那些并未因此感到不适的人而言同样如此。

表7-3[7]

	舰桥与舰艏的距离占整个舰体长度（L）比例	干舷高度F①	$F/\sqrt{L}$
“河流”级/E级	26	16英尺（4.88米）	1.06
“小猎犬”级/G级	22	13.2英尺（4.02米）	0.81
“橡果”级/H级	24	—	—
“冥河”级/I级	26	18英尺（5.49米）	1.15
“橡树”号/I级特殊设计	23	19英尺（5.79米）	1.2
“獒犬”号（Mastiff）	23	17英尺（5.18米）	1.04
“莱特福特”号（Lightfoot）	21	17英尺（5.18米）	0.96
“富尔克努”号（Faulknor）	23	19.9英尺（6.07米）	1.11
R级，海军部设计	21	17英尺（5.18米）	1.03
S级，海军部设计	31	17英尺（5.18米）	0.84
V级和W级	27	19.4英尺（5.91米）	1.10
“斯科特”号（Scott）	25	18.6英尺（5.67米）	1.02
部分外国舰只			
“迪凯特”号（Decatur），美国	24	—	—
B98号，德国	26	—	—

第一次世界大战期间舰队上下屡次抱怨舰桥位置过于靠前，尽管很多抱怨与飞沫对舰桥的影响有关，而非舰体运动。1916年4月6日杰里科致达因科特的信件便是此类抱怨的一例②：

请务必将仍处于建造早期阶段的各驱逐舰的舰桥位置进一步后移。与德国海军相比，我舰队受此影响甚深。在任何速度下，我方舰队的驱逐舰舰长都无法对迎浪方向实施观察。此外，糟糕的舰桥位置迫使我方驱逐舰除静海条件下外，只能从上风方向投入战斗。这是我方舰只上最严重的缺陷。

① 在役各舰的干舷高度乃是根据照片等比例计算得出的。这一方法取决于拍摄照片时目标舰只是否处于严格的正横方向，以及水线位置是否清晰，因而由此得出的结果很容易出现误差。但如果同级若干姊妹舰采取此种方法得出的结果均较为接近，那么这一结果的可信度便颇高。

② D'Eyncourt papers, DEY37. National Maritime Museum.

遭遇恶劣天气的驱逐舰“多功能号”(Ver-satile)。海况约为5级，浪高为10~12英尺（约合3.05~3.66米）（感谢约翰·罗伯茨提供）。

杰里科对英国驱逐舰设计的批评无疑是正确的，而他认为德国舰艇情况稍好的这一观点是错误的。

驱逐舰上的空间相当拥挤，同时要求尽可能缩小其体积的压力又颇高。舰桥和桅杆的位置与前烟囱的位置直接冲突，对此的解决方案是将前烟囱与第二烟囱融合，从而腾出空间供舰桥位置后移。皇家海军采用这一解决方案的时间晚得令人惊讶。然而也应该注意到，有相当数量的证据显示舰桥位置后移会导致各舰舰长提高航速，直至他们感知到的加速度达到他们以往所习惯的程度，这自然又会导致波击损伤。

舰桥位置固然重要，但这仅仅是问题的一方面。德国驱逐舰的舰桥低矮，且艏楼较短，在舰桥之前较远位置便已结束。1919年海军中校英格兰（England）曾搭乘驱逐舰“薇薇安”号（Vivien）护送德国驱逐舰B98号以15节的航速穿越北海。两舰长度相当，航行过程中风力为蒲福风级6~7级，海况为“大风浪”[①]。

我认为该舰(B98号)在此航速下无法作战，而我舰除1号炮之外均可轻易地投入作战。“薇薇安”号的上部舰桥颇为干燥，我发现没有穿着放水油布的必要。[②]

当时的美国驱逐舰——大约50艘旧式驱逐舰在第二次世界大战中加入皇家海军作战——舰体更长，因此理论上其运动幅度也应较低，但实际上由于其上层建筑的强度较为脆弱，因此在实战中不得不通过降低航速来避免结构损伤。

① 浪高为9~12英尺（约合2.74~3.66米），属于较明显的海浪。

② A Preston, V and W Class Destroyers (London 1971), p20.

横摇

第一次世界大战时期战舰的横摇情况并无详尽记录，且没有简单的法则判断舰船的横摇表现。不过根据亲历者的主观回忆，本章所提及的所有舰只横摇情况均较为严重，且横摇幅度可通过加装面积较大（亦即较深）的舭龙骨减轻[①]。1911年夏轻巡洋舰“利物浦”号所报告的严重横摇现象引起了海军的担忧。由于该舰的船型和稳定性都与较早建造的其他巡洋舰类似，且并未从后者收到类似抱怨，因此海军建造总监并不愿意相信该报告中所描述的情况，而倾向于认为该舰在航行中与海浪发生了共振。[②]表7–4比较了不同舰只的舭龙骨尺寸，由于这一指标通常不被记录，因此笔者特意在此重新整理了相关数据。

表7-4：舭龙骨尺寸和稳定性[8]

	舭龙骨面积	长度*深度	定倾中心高度	横摇周期
“利物浦”号	486平方英尺（45.2平方米）	162英尺×1.5英尺（49.4米×0.46米）	3.15英尺（0.96米）	9秒
“博阿迪西亚”号	442平方英尺（41.1平方米）	144英尺×1.5英尺（43.9米×0.46米）	2.8英尺（0.85米）	10.16秒
“紫石英”号（Amethyst）	417平方英尺（38.7平方米）	139英尺×1.5英尺（42.4米×0.46米）	3.5英尺（1.07米）	8.2秒
“冒险”号（Adventure）	420平方英尺（39.0平方米）	140英尺×1.5英尺（42.7米×0.46米）	2.34英尺（0.71米）	9.68秒
“先锋”号（Pioneer）	360平方英尺（33.4平方米）	120英尺×1.5英尺（36.6米×0.46米）	2.2英尺（0.67米）	10.72秒
“柏勒洛丰”号	1516平方英尺（140.8平方米）	—	5.5英尺（1.68米）	13.8秒

即使是现在（1998年），舭龙骨面积与横摇运动之间也不存在较为简单明了的关联。特殊的、不同尺寸的舭龙骨所对应的横摇幅度如下：

表7-5：6级海况下横摇平均角度

基准深度舭龙骨	10.4°
深度为基准深度一半的舭龙骨	15.4°
深度为基准深度1.5倍的舭龙骨	7.7°

海军曾计划将“利物浦”号的18英寸（约合0.457米）单层钢板舭龙骨[③]改建为V形，其延长部分钢板宽度为6英寸（约合0.152米），但无法确定这一改动是否实施。针对减摇水舱进行的研究显示需要68吨水，并将定倾中心高度从3.13英尺（约合0.95米）降至2.55英尺（约合0.78米）。（有资料提及在一艘装备减摇水舱的商船上，该水舱所发出的声音被形容为“海妖斯库拉在卡律布狄斯旋涡中的咒骂”[9]）

横摇加速度对人体或重物的影响通常以惯性力的形式体现。惯性力对依

① 其他国家海军的情况可能更为恶劣。“巴登”号的舭龙骨面积为2500平方英尺（约合232.3平方米），“皇权”级的舭龙骨面积则达5370平方英尺（约合498.9平方米）。值得注意的是两舰的舭龙骨分别导致所需主机功率提高2.9%和7.6%。

② 这一解释倒是颇为合理。海浪冲击舰体的频率对横摇影响非常大。第一次世界大战前后水兵很少抱怨横摇现象。

③ 这一深度远比笔者会为类似大小的现代战舰设计的舭龙骨深度浅。

靠人力进行的作业影响尤为明显，例如火炮装填。这很可能是英制马克Ⅶ型6英寸（约合152.4毫米）后膛炮在“迅速”号（Swift）和“维京人”号（Viking）[10]上表现令人失望的主要原因。德国舰只装备的150毫米炮可能也由于同样的原因表现不佳。受惯性力作用，较长的火炮身管其侧向加速度较高[11]，因此在大浪下通过人力实施火炮俯仰和回旋非常困难［注意皇家海军此后在轻巡洋舰上引入了身管较短的6英寸（约合152.4毫米）火炮，另可参见本书第3章对“皇权”级的讨论］。战后海军在“薇薇安”号驱逐舰上安装了实验性的陀螺稳定仪，但其表现似乎并不令人满意。

回顾

1901年鱼雷艇委员会对最早期驱逐舰的适航性进行了一次完善的调查。此类调查或可针对此后的驱逐舰继续进行，并利用当时的仪器对调查结果进行量化，进而拟合出与本章前文类似的趋势曲线。在适当时候还可结合模型试验结果进行考察。现在已经无法确定当初没有这么做的原因，尽管当时的设计师在其他设计指标上非常热衷于拟合图表或总结公式。由于驱逐舰的对手通常是别国海军的类似驱逐舰，因此改善其适航性似乎并无太大的战术价值。在驱逐舰上服役的官兵们可能也没有认识到适航性存在改善的可能，因此他们只能默默忍受。向他们发放“辛劳津贴”（Hard-lying Money）无疑是对他们忍受艰辛工作条件的正当补偿。

虽然海军早已在理论上对舰艏区域的湿度以及严重的运动有所认识，但是由于缺乏在恶劣天气下的实际经验，因此此类问题的严重程度总是被低估。限制驱逐舰尺寸以及造价的压力一直非常大，这导致设计师只能设置较短的上甲板，从而被迫将舰桥和A炮布置在靠近舰艏的位置。较晚建造的驱逐舰上采用了一些缓解性的措施，包括增加干舷高度、合并烟囱，从而将舰桥位置后移。

海况和风速

风速和浪高之间的联系并不恒定，但下表数据为稳定风力在公海上吹拂一段时间后浪高的典型值。概率则是指一年中北大西洋上出现该天气的百分比。有较明显的迹象显示，近年平均浪高有所增加，但下表数据针对两次世界大战时期依然适用：

表7-6

海况	浪高	风速	概率
0~4	0~8英尺（0~2.44米）	0~21节	59%
5	8~13英尺（2.44~3.96米）	22~27节	21%
6	13~20英尺（3.96~6.10米）	28~47节	13%
7	20~30英尺（6.10~9.14米）	48~55节	6%
更为恶劣	30英尺以上（9.14米以上）	55节以上	1%

动力系统：可用性、可靠性和可维护性

总体而言英国战舰动力系统的可靠性颇高，发生故障的概率非常低，这一成绩背后是轮机部门大量艰辛的养护工作。频繁进行养护作业的需要严重限制了可用于出海作战的舰只数量。杰里科曾声称，任何时候大舰队中总有2艘战列舰（10%）、类似比例的巡洋舰和高达25%的驱逐舰在接受不同形式地整修。有迹象显示德国舰队的问题甚至更为严重。

后来被称为“冷凝器病”的严重故障在1914年8月17日出现。当日战列舰“猎户座”号报告称该舰冷凝器的水管发生严重漏水。这一故障可能导致锅炉给水被盐或盐水污染，从而使锅炉损坏。更严重的情况下，被污染的锅炉给水还会产生汽水共腾现象，即蒸汽中含有水滴微粒，该现象将导致蒸汽接头损坏，甚至导致阀门处发生爆炸。①为排除这一故障，造船厂派出技师加入翻新冷凝管的工作，同时各舰均上交了舰上的冷凝管备件。当年10月“铁公爵”号上也发生了类似故障，但这一次修理基本由该舰轮机部门见缝插针，利用该舰出海之间的一切机会完成。杰里科曾写道这一事件：“……显示出大舰队各舰轮机舱部门极高的工作效率和高昂的士气。”②

此处有必要阐明，单个冷凝器内可能含有400根冷凝管，每根冷凝管的长度可达12英尺（约合3.66米），其材料为黄铜（成分为30%的铜、69%的锌以及1%的锡，后期改为40%的铜和60%的锌）。故障的主要原因是冲击腐蚀，其强度主要取决于水流速度。在装备涡轮机的各舰上，冷凝水流速较快，但这一故障在平时较低航速下并未出现。此外，冷凝管与冷凝器壳体末端之间的密封填料也常常出现问题。第一次世界大战期间各国海军均遭遇类似问题，直到1930年前后，通过在制造冷凝管的黄铜料中添加1%的铝，这一问题才得到缓解。日德兰海战时德国战列舰“皇后”号（Kaiserin）和“大选帝侯”号[12]（Crosser Kurfurst）上，由于冷凝器故障导致一座引擎无法工作，战列巡洋舰“冯·德·坦恩”号则因燃煤不净而速度下降。

巡洋舰上装备的雅罗小管径锅炉也面临若干问题，这些问题最早于1914年12月在“利物浦”号上出现。1904年锅炉委员会③坚持称锅炉管道应尽量保持直线型，这意味着下部锅筒的形状只能为D形，从而导致接头故障，这一故障被称为“封装材料病”。时任海军大臣的巴尔弗[13]（A J Balfour）为此特意召见了轮机少将高丁（Gaudin），询问上述锅炉问题应由谁负责。少将答复称：

> 正是您，先生……您在任首相期间[14]任命一群对海军锅炉一无所知的人组成委员会进行调查。在该委员会的各项建议中，他们声称：“所有锅炉管道都应该是直的。”因此锅筒在管板与封装材料接合处呈D形。④

① Vice Admiral Sir L le Bailly, From Fisher to the Falklands(London 1991), p23.
② J Jellicoe, The Grand Fleet 1914–16, p153.
③ D K Brown, Warrior to Dreadnought, pp 165–166.
④ Engineer Rear-Admiral ScottHill, 'The Battle of the Boilers', Journal of Naval Engineering (July1985).

虽然与长时间可靠输送蒸汽的记录相比，上述问题的影响并不突出，但它们足以让杰里科担忧德国海军会选择最合适的时机出击，即在德国海军所有舰只均可投入作战时，对因各种故障而被削弱的大舰队发动攻击。他曾引用1916年5月[15]（日德兰海战爆发的那个月）的数字为证，当时因修理、整修和派遣任务，大舰队内有2艘战列舰、3艘战列巡洋舰、3艘装甲巡洋舰、3艘轻巡洋舰和12艘驱逐舰无法随大舰队出海作战。[16]

倾斜装甲

在1914—1915年战列舰设计方案起草过程中，设计师们认识到当时已经服役的13.5英寸（约合342.9毫米）炮弹可以在正常交战距离上击穿13英寸（约合330.2毫米）装甲带。①有人——可能是隶属皇家海军造船部的阿特伍德——曾提出采用倾斜装甲板的建议，即将装甲板顶端置于底端的外侧。这样一来，炮弹将以一定角度击中装甲，因此其击穿概率会降低。理论上，倾斜20°的装甲带其防护能力与厚度增加25%的垂直装甲相当。

对倾斜装甲价值最全面的讨论见于与当时英国驻华盛顿造船师斯坦利·古道尔的讨论，当时的论题针对的是BB49战列舰（“南达科他”级）[17]的防护系统。古道尔当时也在对英美两国的装甲测试方式进行比较。1918年3月他向美国海军造船与维修署[18]（Bureau of Construction and Repair）的署长大卫·泰勒少将（David Taylor）发去一份备忘录，其主题为倾斜装甲的价值。②英国曾用不同装甲从不同倾角进行测试，其中包括炮弹以正碰和20°角斜碰命中表面硬化装甲板，以及以与法线成55°至75°的落弹角命中高强度钢板。上述两种装甲板通常被用作侧装甲带、炮塔顶部装甲以及甲板装甲。当时认为上述角度对应“现代交战距离，即1.2万~1.6万码（约合1.1万~1.5万米）”。

英美两国的测试方法类似，但其结果有显著区别。古道尔认为其原因在于美国海军进行测试的时间较早，且使用的炮弹较小。但双方试验结果都显示出了倾斜装甲的优势。炮弹命中倾斜装甲时，落弹角与甲板法线之间的夹角至少为20°［距离为1.2万~1.6万码（约合1.1万~1.5万米）］。在此条件下，英国测试结果显示，为抵挡德制380毫米炮弹，倾斜装甲的厚度较垂直装甲薄约25%，而美国测试结果显示的厚度削减为15%~20%。③这意味着为抵挡在1.2万码（约合1.1万米）距离上所发射的德制380毫米被帽穿甲弹，美制装甲厚度须为15英寸（约合381毫米，基于美国测试结果），英制装甲厚度则须为12英寸（约合304.8毫米，基于英国测试结果）。

1918年11月古道尔留下一份简短的笔记，提及用英制和美制12英寸（约合304.8毫米）装甲板和两国的炮弹进行测试。古道尔声称英制装甲的表现并不是

① D'Eyncourt papers, DEY 37.National Maritime Museum.

② 有文件显示倾斜装甲的构想最初是由阿特伍德在设计过程中提出的，当时古道尔是他的助手。古道尔的信件现在收藏于公共档案局（PRO）。

③ 由于装甲覆盖范围增加6%，因此装甲厚度削减对重量的影响并非与厚度削减比例相当。

很好，但从笔记中记录的少量数据来看，两国生产的装甲板质量相当，但美制炮弹的质量更好。古道尔曾加入日德兰海战后为调查炮弹而组建的委员会，此后他在其1918年备忘录内指出被帽炮弹在以20°斜碰时其行为与正碰时区别很大，这主要是因为：

（a）为正碰场景所设计的被帽无法正确帮助炮弹尖端工作；

（b）炮弹肩部位于炮弹内部空腔的顶端位置，此处应力过大，导致炮弹在撞击装甲板时容易破裂，即使着靶速度很高，目标装甲板也会因炮弹破裂而不会被击穿。

英国测试结果总结如下表[19]。

在对炮塔顶部装甲的测试中英美两国的测试结果再次显现出一定的区别，但其差异幅度不同。在1.2万~1.6万码（约合1.1万~1.5万米）距离上，德制380毫米炮弹的落弹角在9°~15°，在此情况下与同厚度带有5°倾斜的传统炮塔顶部装甲相比，水平顶甲的优势大致相当于15%的厚度。表7-7显示了抵挡德制380毫米炮弹所需的水平钢板厚度。假设舰体横摇幅度为8°，弹道与法线的夹角为60°。

表7-7

	2万码（1.8万米）距离上	1.2万~1.8万码（1.1万~1.6万米）距离上
美国测试结果	6英寸（约合152.4毫米）STS板[20]	4.75英寸(约合120.7毫米)
英国测试结果	5.5英寸（约合139.7毫米）	3.5英寸（约合88.9毫米）

由于落弹角高达30°，因此曾有进行进一步测试的建议。

次月即1918年4月，古道尔向造船与维修署提交了另一份备忘录，其中比较了BB49战列舰的两个防护系统设计方案。第一个方案由造船与维修署提出，采用近乎垂直的13英寸（约合330.2毫米）主装甲带和3.5英寸（约合88.9毫米）第二甲板构成装甲盒。古道尔更偏好的第二个方案则采用80°倾斜的12英寸（约合304.8毫米）主装甲带（由于对舰体宽度的限制，因此无法采用更大的倾角）[21]，装甲带一直向上延伸至主甲板。第二甲板厚度较薄，第三甲板厚度则为2英寸（约合50.8毫米），且甲板两侧向下倾斜，与装甲带底部相连。①第二套方案的装甲总重量稍轻（且与战列巡洋舰“胡德”号的防护系统非常相似）。

古道尔坚持称以防护能力而论，倾斜的12英寸（约合304.8毫米）主装甲带与15英寸（约合381毫米）装甲相当，足以在正常交战距离上抵挡15英寸（约合381毫米）炮弹的攻击。由于装甲带位置较高，因此击中甲板的炮弹数量将会很少，且即使击中甲板，炮弹也将在远高于第三甲板的位置爆炸[22]。在他看来，第

① 当时假设落弹角为30°，且炮弹在距离弹着点18英尺（约合5.49米）处爆炸。

三甲板的厚度足以抵挡所有炮弹因爆炸造成的破片。较高的装甲带也有助于舰船在遭受损伤后维持稳定性。第一套方案中未爆炸的敌炮弹将直接撞击3.5英寸（约合88.9毫米）第二甲板（参见本书第3章中达因科特和沃茨关于“皇权”级甲板高度的辩论），并可能在击穿该甲板后继续进入弹药库或动力系统，然后在上述舱室内爆炸。第二套方案重心位置较高，这意味着舰宽增加（甲板装甲重量也随之增加），同时防雷系统的设计更为复杂。①古道尔在此后的文件中曾再次提到将如此重量置于3.5英寸（约合88.9毫米）甲板上堪称愚蠢，且认为即使是如此厚的装甲也不足以抵挡一枚完好炮弹的冲击。

造船与维修署则更偏好其自己的方案，并且认为古道尔的提案过于激进。该署曾就增加甲板防护能力所需增重进行估计，但结果显示增重幅度过大。古道尔辩称如果甲板防护足以抵挡以较大落弹角命中的2000磅（约合907.2千克）炮弹[23]，那么就足以抵挡一切已知的炸弹。②倾斜装甲的首次使用是在战列巡洋舰“胡德”号上，本章后文将对该舰进行讨论。该舰的12英寸（约合304.8毫米）主装甲带倾斜角度约为12°，其防护能力大致相当于14英寸（约合355.6毫米）垂直装甲。

古道尔对英美两国设计炮塔及炮座装甲背部框架的不同方式很感兴趣。在战列舰“密西西比”号（Mississippi）上[24]：

炮塔防盾装甲之后以及炮塔顶部下方均装有重型纵梁，这与英式设计完全不同。在炮座装甲之后则没有设计框架结构，这同样与英式设计不同。炮座装甲依靠键槽以及重型对接搭板保证强度。给我的印象是，炮塔可能会因一枚重型炮塔命中炮座装甲而无法运作。

美国战列舰上侧装甲后方的框架结构较英国轻得多，“……但由于构成主装甲带的装甲板在接头处以键连接实现连接，因此有关美国系统是否不如英国系统这一问题存在争议，且需考虑到这一连接方式在重量上较为有利的额外优势”③。但本书第8章中的讨论显示，即使是更重的英制框架也面临强度不足的问题。美国战列舰上环绕上风井的重装甲同样引起了古道尔的兴趣，尽管皇家海军的实战经验显示在此处布置重装甲并无必要。1916年贝蒂（Beatty）写信就英制炮塔正面和顶部的斜面提出反对意见，认为这一设计导致来自远距离的炮弹在命中时入射角更接近垂直。④[25]

战时改动

在第一次世界大战前海军就已经开始为各战列舰安装火控指挥仪，因此至

① 倾斜装甲方案在战后被阿特伍德和古道尔领导的新设计团队所抛弃，其原因是该设计无法与新式防雷系统兼容。

② 他似乎考虑过炸弹以垂直角度命中的情形。1918年时，在垂直命中时穿甲能力为3.5英寸（约合88.9毫米）钢板的炸弹已经出现，当然这需要从极高的高度投掷炸弹，且前提是炸弹能命中。

③ 虽然键连接这一方式加强了装甲带本身，但也导致冲击波可以从一块装甲板导向其相邻装甲板，进而导致破坏程度加重。此外，很难移除键连接的装甲板以展开修理作业。

④ 1916年7月14日信，收藏于ADM1/8463/176号档案。

日德兰海战时，除了征购的外国战列舰“爱尔兰”号和“阿金库特”号之外，其他所有战列舰都装备了火控指挥仪。此后各舰又加装了用于控制副炮的火控指挥仪①，1917—1918年间还为巡洋舰安装了火控指挥仪。1917年安装的亨德森陀螺设备用于确保火炮仅在横摇过程中舰体正直时射击。②经过改进、可用于更远距离射击的德雷尔火控台也被安装至舰上。仅有几艘战列舰加装了防雷突出部。各舰的防空炮数量有所增加，但大多数战列舰仍保留3英寸（约合76.2毫米）防空炮。由于完全没有任何火控辅助，该炮命中飞机的概率几近为0。③探照灯的直径和数量都有所增加，且为了防止眩光对其操作人员的影响，探照灯均被改为遥控。各舰还加装了扫雷卫和基线长度更长的测距仪④。1917—1918年间加装的距离钟[26]和涂装在炮塔上的偏转角示意图样显示，皇家海军在尝试协调若干艘战列舰向同一目标集火射击。加装的设施中，最明显的是飞机平台，有关内容将在下一章中提及。上述所有改动都可视为正常发展路线因受战争影响而加速的产物，而并非是针对战前设计思路的弱点而进行的改动，这一点颇为重要。[27]

取代旧炮弹的新炮弹

日德兰海战后，海军部组建了两个委员会，即弹头委员会⑤和之后的炮弹委员会⑥。在委员会举行的听证会上，举出了来自贝蒂[28]的两封强硬信件，其主题与炮弹有关。弹头委员会的任务是找出现有炮弹的缺陷，并就其发现提出临时解决方案，以及指出未来的改进方向。该委员会于1917年提交其报告⑦。

海军所采取的最早行动之一是从各舰上撤除装填立德炸药的高爆弹，仅在可能执行对岸炮轰任务的舰只上继续保留该弹种。采取这一行动的原因是该弹种对舰效果很差，且其装备的马克13型引信在遭受剧烈震动时易爆，因

① 少数舰只于1916年接收过临时火控系统，至战争结束时，所有装备6英寸（约合152.4毫米）火炮的战舰均装备了控制该口径火炮的火控指挥系统。

② 然而，舰体正直时其角速度最大，因此在此时射击也许并非是明智之举。

③ A Raven and J Roberts, BritishBattleships of World War II(London 1976), p90.

④ 海军最终选择安装基线长度为30英尺（约合9.14米）的测距仪，但该测距仪从1919年才开始安装。

⑤ 其成员包括法奎森少将（R B Farquarson）、海沃德中校（L J L Hayward）和隶属皇家海军造船部的古道尔。

⑥ 成员（最终成员）名单：克鲁克上校（H R Crooke）、隶属陆军皇家炮兵的海恩斯中校（K E Haynes）、陆军刘易斯中校（H A Lewis），以及罗斯中校（W B C Ross）（由海军军械总监派出）。

⑦ 完整报告参见ADM186/166号档案。

战争后期的“铁公爵”号。与本书第3章中该舰照片相比，可得出战时改造的程度。改造内容包括在B、Q两炮塔上加装飞机，在B炮塔上涂装偏转角示意图样，加装遥控探照灯等（世界船舶学会收藏）。

此该弹种自身也是颇为危险的安全隐患。①仍保留高爆弹的各舰则受到警告，不得在炮塔内或操作室内堆放该弹种。

此后海军就被帽尖端普通弹［装填火药，使用马克15型引信，无延时，尽管正常工作状态下炮弹应在距离撞击点20~25英尺（约合6.10~7.62米）处爆炸］和被帽穿甲弹（装填立德炸药，使用马克16型引信）的优缺点进行了长期讨论。新的测试结果显示在斜碰条件下被帽穿甲弹的表现甚至比“爱丁堡”号试验中所显示的更差——在20°斜碰条件下，装填惰性物的被帽穿甲弹在击中厚度为其口径2/3的装甲板时会发生破裂。总体而言，考虑到可造成的破坏效果，两弹种之间的区别很有限：在近距离（6000码，约合5486.4米）正横条件（正碰）下，被帽穿甲弹对厚装甲的效果稍好，而被帽尖端普通弹在攻击甲板时效果更好——射击距离为1.6万码（约合1.5万米）时，35%~44%的目标区为甲板。在这一距离上15英寸（约合381毫米）炮弹的落弹角为14.5°，马克X型12英寸（约合304.8毫米）炮的落弹角为16°。为增加斜碰角度，目标舰可能实施1.5~2个罗经点（约合16.9°~22.5°）的转向。②贝蒂指出在多格尔沙洲之战中“狮”号曾向正横前方55°方位射击，这导致弹道与舷侧装甲法线之间的夹角增加22°~24°。即便如此，仍有1枚280毫米炮弹击穿“狮”号的5英寸（约合127毫米）装甲，另有1枚305毫米炮弹击穿6英寸（约合152.4毫米）装甲板。

日德兰海战中还有若干次导致严重破坏的水下中弹[30]。战后海军使用不同炮弹对“狮”号装甲带以下部分舰体的全尺寸模型进行试验，实验中炮弹在紧靠着模型的位置爆炸。被帽穿甲弹造成的破坏程度较实战稍重。装填火药的炮弹则造成较为严重的燃烧效果（与对马海战中的经验类似）。海军当时并不认为德制被帽穿甲弹的表现出色。炮弹爆炸的延迟并不一致。大部分炮弹在距离弹着点6~20英尺（约合1.83~6.10米）范围内爆炸，但也有部分炮弹在距离弹着点40~50英尺（约合12.2~15.2米）范围内爆炸，此外还有12%的炮弹未能爆炸。当弹道与甲板法线之间的夹角在20°~25°范围内时，引信会被顶层甲板激活，进而导致炮弹在其下一层甲板或两层甲板之间爆炸。试验中没有出现炮弹在其下一层甲板下方爆炸的例子。然而，几乎没有炮弹彻底爆炸。在就需要引进更为坚固的炮弹，使用敏感性较低的填药和性能更好的引信达成共识后，海军部解散了弹头委员会，然后成立了新的委员会。

新成立的炮弹委员会在其最终报告中写道，截至1919年5月，共有2.99万枚新炮弹通过验收，仅有7例失败案例③。早在1918年2月，大舰队中约70%的炮弹就已经是新式炮弹，其填药为由立德炸药和二硝基酚混合而成的苦味酸混合炸药（Shellite）。该炸药相对较不敏感，威力也较小（Shellite 60/40，即其成分60%为立德炸药）[31]。海军曾希望炮弹爆炸的延迟为40~60英尺（约合12.2~18.3

① 参加日德兰海战的英国战列舰上携带并发射了相当数量的12英寸（约合304.8毫米）和13.5英寸（约合343毫米）高爆弹，但15英寸（约合381毫米）高爆弹很少。认为该弹种对殉爆事故有所贡献的观点并不具有充足的说服力，尽管并无直接证据证明这一点。[29]

② 1个罗经点为11°15′。

③ 参见档案ADM186/189，1919年5月1日。

米），而实际上平均延迟约为35英尺（约合10.7米）。战后针对德国战列舰“巴登”号及其他舰只的试验（详见第11章）显示这些新炮弹非常有效。同时海军还进行了另一系列试验，以确保单枚炮弹爆炸不会诱使弹药库内相邻炮弹爆炸。

新主力舰设计方案，1914—1918年

第一次世界大战期间皇家海军没有设计及建造新战列舰。如下文所述，始于1914年的若干战列舰初步设计方案此后经历了巨大改变，最终形成了战列巡洋舰“胡德”号。

“声望”号和“反击”号（Repulse）

在相当程度上，这两艘战列巡洋舰可视为费舍尔海军上将[32]的个人创造，后者于1914年重任第一海务大臣。战争爆发时英国方面预计战争可在6个月内结束，因此海军部决定中止与列入1914年造舰计划中的战列舰相关的工作，从而将人力物力集中在预计可在战争期间建成的舰艇上。自福克兰群岛海战[33]后，费舍尔获得了迅速设计建造两艘战列巡洋舰的许可。设计工作从12月19日晨开始，该舰计划安装2座双联装15英寸（约合381毫米）炮塔。由于原计划建造的战列舰停工，因此该炮塔此时已经完工可供安装。当日下午费舍尔改变了想法，要求安装3座双联装15英寸（约合381毫米）炮塔。设计方案于12月28日获得批准，第一块龙骨于1915年1月25日开始安放，最终建成的“反击”号于1916年8月15日进行了满功率试航。①对海军建造总监部门和造船厂而言，这一速度堪称惊人，然而就在两舰正式入役前不久，日德兰海战爆发，而在海战结束后两舰薄弱的防护立即招来了批评。

两舰的装甲带厚度均为6英寸（约合152.4毫米），其覆盖范围从A炮塔中央至Y炮塔中央，但其深度仅9英尺（约合2.74米）。在主装甲带两端还有较短的延长段，艏艉部分延长段的厚度分别为4英寸（约合101.6毫米）和3英寸（约合76.2毫米）。其甲板水平部分厚度为1英寸（约合25.4毫米），倾斜部分为2英寸（约合50.8毫米）［日德兰海战后，弹药库上方位置的水平甲板厚度增至2英寸（约合50.8毫米）］。该级舰设有非常浅的防雷突出部，对当时的鱼雷仅能提供有限的防护。为加快建造速度，该舰的动力系统完全照抄“虎”号。该级舰速度很快，在实施追击战时颇有价值。两舰虽然广受批评，但还是凭借其高航速在第二次世界大战中做出重大贡献。虽然建成后两舰的防护都得到加强，但除1941年12月10日“反击”号被日本鱼雷轰炸机击沉的战例外，两舰的防护系统并没有受到严格考验[34]。

① D K Brown, A Century ofNaval Construction, p112.本节主要根据达因科特文件写成，该文件收藏于国家海事博物馆。

战列巡洋舰“声望”号设计和建造的速度都非常快。照片中该舰舷侧的双排舷窗显示该舰的防护非常有限。注意该舰后部安装的3联装4英寸（约合101.6毫米）炮，其表现难称成功（作者本人收藏）。

“大型轻巡洋舰”

由于无法获得建造更多战列巡洋舰的批准，1915年费舍尔提议建造三艘“大型轻巡洋舰”，这便是“勇敢”号、“光荣”号（Glorious）和“暴怒”号。此前为计划中1914年战列舰准备的15英寸（约合381毫米）炮塔中，有12座已经完成，其中6座已经安装在“反击”号和“声望”号上，另有两座被分配给未来的浅水重炮舰使用。因此“勇敢”号和“光荣”号每艘只能分配2座炮塔。现在已经无法查明当时就分别布置在舰艏和舰艉的两座炮塔如何射击的问题有何解决方案。理论上，为一次齐射进行有效地校射，至少应射击4枚炮弹，而全舷所有火炮齐射意味着射击间隔较长（此外这一齐射方式还可能造成舰体因所受应力过大而受损）。两舰唯一一次参与实战是1917年11月17日[35]。当日两舰主要承担追击任务，且大部分射击均由A炮塔独自完成。[①36]

“勇敢”号和“光荣”号的各项指标中，仅防护水平与真正的轻巡洋舰相当：侧面防护为2英寸（约合50.8毫米）装甲覆盖在1英寸（约合25.4毫米）船壳板上。为使得所建造两舰的价值为自己未来预期的作战方案[37]所证明，费舍尔坚持要求维持较浅的吃水深度，即21~22英尺（约合6.4~6.71米）。[②]根据设计用途，两舰应具有在恶劣天气下执行高速侦察任务的能力，但其舰体强度最初并不够。问题的关键似乎出在相对柔韧的舰艏部分与A炮塔炮座结合处的不连续性上，结构上后者因得到侧装甲的支撑而呈刚性。与“反击”号类似，“勇敢”

① 两舰的炮塔此后经过翻新，改装在最后一艘英国战列舰“前卫”号上。

② 注意在“胡德”号的早期设计方案中，也因不同的理由要求设计较浅的吃水深度。

"勇敢"号是三艘所谓"大型轻巡洋舰"之一，后者是费舍尔用以规避英国政府有关停止建造新主力舰决定而创造的概念（世界船舶学会收藏）。

号与"光荣"号的反驱逐舰武器为发射31磅（约合14.1千克）炮弹的4英寸（约合101.6毫米）炮。不幸的是，两级舰上的大部分该火炮均安装在新式3联装炮架上。由于其炮组的26名成员常常互相妨碍，因此该炮架设计并不成功。

第三艘大型轻巡洋舰"暴怒"号则将该舰种的概念推向极致。该舰计划安装两座单装18英寸（约合457.2毫米）火炮。然而在该舰建成前，其艏部炮塔已经被拆除，以便安装飞行甲板（详见第8章）。为对抗驱逐舰，该舰安装单装5.5英寸（约合139.7毫米）火炮以取代另两舰装备的4英寸（约合101.6毫米）火炮，同样用于对付敌驱逐舰。由于上述3舰的设计思想过于激进，因此其设计此后也未再重复。然而，美国海军也曾有类似的设计方案，另外德国海军也被其性能所吸引，从而设计了与其相当的舰只。①

"胡德"号

"胡德"号的滥觞乃是海军审计长［都铎少将[38]（Sir F C Tudor）］于1915年下半年向海军建造总监提出的有关"实验性"战列舰的提议。少将设想中的战列舰应拥有与"伊丽莎白女王"级相当的武器、装甲和主机功率，但其吃水深度应尽可能浅（如有可能应将吃水深度削减50%），并且应吸收最新的防雷系统设计思想。低吃水深度和高干舷高度不仅有利于降低战舰受伤后舱壁所受的流体静压力，而且意味着更高的储备浮力。此外该舰的副炮［12门新设计的5英寸（约合127毫米）火炮］应布置在较高位置，以免炮门进水。

达因科特于同年11月29日提出了相应的设计方案，设计中舰船的舰体长度为760英尺[39]（约合231.6米），舰体宽度为104英尺（约合31.7米），吃水深度

① 参见K.麦克布莱德所撰The Weird Sisters，刊载于Warship 1990，1990年。

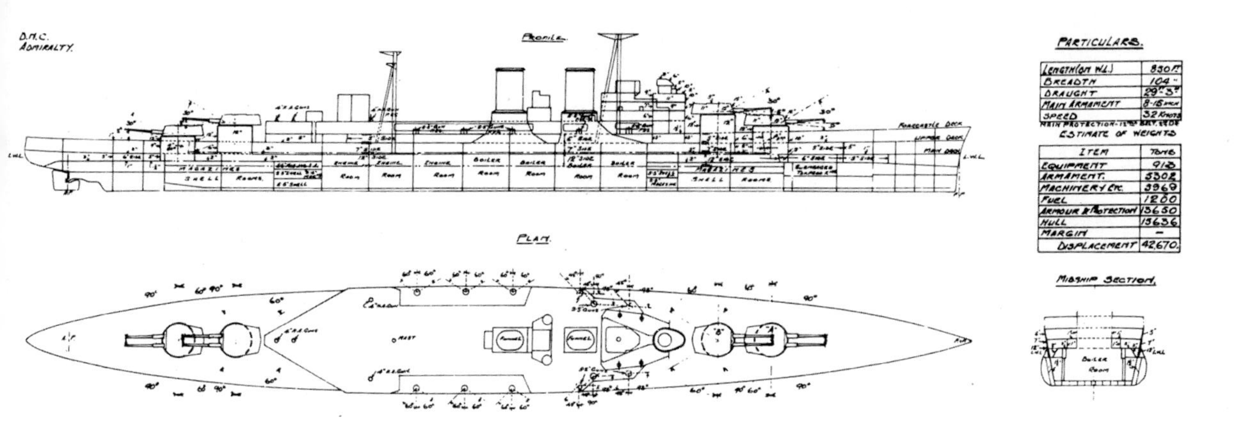

完工状态下“胡德”号的截面资料图。注意该舰的弹库位于药库上方。该舰的姊妹舰则将采用相反的配置。

为23.5英尺（约合7.16米）（该吃水深度较“伊丽莎白女王”级低约22%）。其防护水平据称与“伊丽莎白女王”级相当，尽管通过采用倾斜装甲方案，其主装甲带厚度降低至10英寸（约合254毫米）。不过，皇家海军造船厂中仅有3座干船坞和少数几座造船台可容纳如此庞大的舰体。基于该方案并削减舰体长度和宽度得出衍生型设计方案[①]，但毫不意外的是，这些衍生型设计方案的防雷系统其防护水平均弱于基础设计方案[②]。利用查塔姆浮箱模型（Chatham Float）进行的试验[③]显示，利用防雷突出部实现有效地水下防护的确可能，但为达成这一效果需要相当的舰体宽度。这一系列研究结果被上交给杰里科供后者提出反馈。鉴于大舰队当时在战列舰数量上的优势，上将认为大舰队对战列舰的需求并不迫切。但另一方面，他相信德国海军正在建造至少3艘装备重火力的战列巡洋舰，其航速预计接近30节，主炮口径估计为385毫米。为对抗该种新敌舰，他建议建造一艘新的快速英国战列舰，如果可能的话其主炮口径应不低于15英寸（约合381毫米）。

2月1日和17日海军建造总监又先后提出了2份和4份设计方案。其中3份方案装备8门15英寸（约合381毫米）主炮，其他方案则分别装备4门、6门和8门18英寸（约合457.2毫米）主炮。除第一份方案外，其他方案均装备细管径锅炉，从而可节省约3500吨重量。即使如此，各设计方案所提出的仍是非常大型的舰只，其排水量在3.25万~3.95万吨。大部分设计方案设有8英寸（约合203.2毫米）主装甲带。最终3号设计方案被选中供进一步研究。由于18英寸（约合457.2毫米）主炮尚未研究完毕，因此该舰将装备8门15英寸（约合381毫米）主炮，其航速应为32节。该舰的装甲带厚度应与初始厚度相同，即10英寸（约合254毫米）而非新设计方案系列中的8英寸（约合203.2毫米），不过最终设计方案中主装甲带厚度又被改为8英寸（约合203.2毫米）。1916年3月27日海军建造总监又提交了两份

① A Raven and J Roberts, BritishBattleships of World War Two, Ch 4. 两位作者在该书中对该战列舰和战列巡洋舰衍生设计方案进行了精彩地描述，附有大量细节。
② J Roberts, Battlecruisers (London 1997), pp55-56.
③ D K Brown, 'Attack and Defence', WARSHIP 24 (October1982).

基于3号设计方案并进行少许修改的新设计方案，最终B方案被选中。由于该方案实际代表了在日德兰海战爆发前，海军部和大舰队总指挥就可建成的最佳战列巡洋舰方案达成的共识，因此有必要将该设计的要点列表如下：

表7-8："胡德"号，日德兰海战前

排水量	3.63万吨
舰长×舰宽×吃水深度	860英尺（舰体全长）×104英尺×25.5英尺 262.1米×31.7米×7.77米
武器	8门15英寸（约合381毫米）主炮 16门5.5英寸（约合139.7毫米）副炮 2具21英寸（约合533.4毫米）水下鱼雷发射管
装甲	装甲带厚度为8英寸（约合203.2毫米） 上装甲带厚度5英寸（约合127毫米） 装甲带前部厚度4~5英寸（约合101.6~127毫米） 装甲带后部厚度3~4英寸（约合76.2~101.6毫米）
动力系统	14.4万匹轴马力，航速32节
储油量	载重状况下1200吨，最大载油量4000吨

最终该设计方案于1916年4月7日获得批准，同日海军部按该设计方案下达3艘该级舰订单。第4艘的订单则于同年7月下达。[①] "胡德"号于1916年5月31日开始铺设龙骨，同日日德兰海战爆发[40]，建造工作随之暂停。根据大舰队内部的研究结果，杰里科要求为新战列巡洋舰配备更全面的防闪火设施，并加厚弹药库附近的甲板厚度，从而提高防护水平。在1916年6月25日的会议上杰里科和贝蒂一同提出了上述意见，但加厚甲板防护水平的提议遭到海军建造总监的反对，其论据主要基于佩恩（Payne）和古道尔联合撰写的报告（详见第11章）。7月12日提交的修改后设计图样显示防护系统仅接受了细微修改。8英寸（约合

① 日德兰海战结束后不久相关记录较为混乱，部分记录显示时间为6月。

"胡德"号可视为日德兰海战前一系列设计研究的最终产物。海战后该舰被重新设计，大幅加强了装甲，最终得到一个令人不太满意的折中方案。不过，在两次世界大战之间该舰乃是世界上最大且最快的主力舰。照片中该舰正在试航，该舰在4.46万吨重载排水量状况下，以15.022万匹轴马力功率实现了31.9节航速（收藏于帝国战争博物馆，Q17879号）。

203.2毫米）主装甲带深度增加1英尺8英寸（约合0.51米），但上部装甲带厚度从5英寸（约合127毫米）削减至3英寸（约合76.2毫米），此外甲板厚度稍许增加。炮塔的防护水平则得到明显增强。另外设计中所安装的发电机数量翻倍，达到8座。上述修改导致设计排水量变为3.75万吨，并导致航速降低0.25节。

然而，就在提交该方案的同一天海军建造总监又提议大幅加强设计的垂直防护水平，为此需接受吃水深度增加2英尺（约合0.61米）和航速降低1节的代价。主装甲带厚度将增至12英寸（约合304.8毫米），上部装甲带厚度增至6英寸（约合152.4毫米），炮塔炮座装甲厚度则为15英寸（约合381毫米）。新设计的武器将与“伊丽莎白女王”级相同，航速比后者快7节，而防护水平至少相当。基于这一新设想，该舰的建造于当年9月1日重新开始。7月下旬海军部对装备3座15英寸（约合381毫米）炮塔的衍生方案进行研究，但该方案最终被否定。[①]当年9月设计方案接受了进一步改动，包括将弹药库上方甲板厚度增加至3英寸（约合76.2毫米）。最终方案直到1917年8月才获得批准，此时该舰的排水量又上升了600吨。3艘后继舰将接受进一步改进，其内容主要是加厚炮塔装甲。

表7-9：装甲重量占载重排水量或标准排水量的百分比

“无敌”级	20%
“胡德”号	33%
“纳尔逊”级（Nelson）	29%
“英王乔治五世”级（1936年）	36%
“兴登堡”号（Hindenburg）[41]	34%
“列克星敦”级	28.5%（1919年设计方案）

“胡德”号的侧装甲以12°倾斜布置，因此其防护能力相当于14~15英寸（约合355.6~381毫米）垂直装甲。在批评该舰“薄弱”的防护系统时应注意，其主装甲防护能力比第一次世界大战期间的任何战舰都更为有效，甚至强于很多第一次世界大战之后的战舰。该舰的水平防护能力则又是另一回事。1919年海军使用新式15英寸（约合381毫米）被帽穿甲弹对根据“胡德”号设计方案复制的靶标进行测试[②]。在开始的一系列试验中，炮弹命中较薄的上部装甲带，随后抵达弹药库顶部位置。这一结果被认为是反映了该舰防护能力的临界状态，因此海军决定进一步加厚“胡德”号弹药库上方甲板厚度，即将后部和前部药库上方甲板厚度分别增加至6英寸（约合152.4毫米）和5英寸（约合127毫米），但这一改动一直未能实施。此后的试验显示“胡德”号的防护体系在面对装甲带以下位置命中炮弹时防护能力非常薄弱。由于“胡德”号的装甲重量约占其

① A Raven and J Roberts, British Battleships of World War Two, p64.
② RA Burt, British Battleships1919-1939 (London 1993), p30以及下文的罗伯茨和朱伦斯的相关著作。

1932年的“胡德”号。该舰装有经过改进的炮塔，炮塔上不再设有瞄准镜罩，因此高处的炮塔可向轴向射击（作者本人收藏）。

总排水量的33.5%，因此该舰可被视为一艘快速战列舰而非防护薄弱的战列巡洋舰。对其设计方案的大量改动导致装甲重量并未得到有效运用，并最终导致该舰沉没[①]。该舰的防雷突出部长562英尺（约合171.3米），深10英尺（约合3.05米），突出部内侧还设有1.5英寸（约合38.1毫米）内侧舱壁。突出部内侧舱室内装满了两端封闭的中空钢管。利用查塔姆浮箱模型进行的试验显示该材料可有效地吸收因爆炸而产生的能量。[②]

该舰的15英寸（约合381毫米）炮架为马克Ⅱ型，可实现30°仰角，但在仰角超过20°时无法装填，早先炮塔设计上位于顶部的瞄准镜罩最终在新炮塔上被取消，被改设于更为理想的炮塔正面位置。这使得高处的超越射击炮塔终于可以在低处炮塔上方射击。炮塔顶部装甲明显较此前各舰平坦，在后继舰上其厚度将为5英寸（约合127毫米）。该舰的药库位于弹库上方，但在其3艘后继舰上两舱室的位置将对调。司令塔重600吨，是英国战舰历史上的重量之最——这也是对重量的浪费。

自“胡德”号后，英国在战争期间似乎再无后继战列巡洋舰设计计划，但战争结束后不久便又开始了新战列巡洋舰设计工作，其最终产物便是后文将描述的G3级设计。而德国方面，战列巡洋舰的设计研究工作一直延续至停战。美国则在设计其第一级战列巡洋舰，即“列克星敦”级。

“胡德”号的动力系统代表了战争期间的最佳设计，因此有必要在此进行详述。[③]该舰共装备24座雅罗式细管径燃油锅炉，在不过热条件下可生成压强为每平方英寸230磅（约1.59兆帕）的蒸汽。每座锅炉长13英尺3英寸（约合4.04米），宽16英尺10英寸（约合5.13米），高16英尺7英寸（约合5.03米）。主机则为4套布朗—寇蒂斯式涡轮机，其中安装在前部轮机舱的两座涡轮机驱动两具舷侧传动轴，安装在中部轮机舱的一座涡轮机驱动左舷内侧传动轴，右舷内侧传动轴则由后部轮机舱内的涡轮机驱动。每套涡轮机内均设有一具巡航涡轮机，该涡轮机可与高压涡轮耦

① 对“胡德”号沉没原因的讨论参见本系列下一卷。目前有关此命题最精彩的讨论参见W JJurens发表于Warship International2/8的作品。可能的经过是一枚由“俾斯麦”号发射的380毫米炮弹在“胡德”号4英寸（约合101.6毫米）弹药库内爆炸，进而引发该舰后部15英寸（约合381毫米）药库殉爆，殉爆产生的气体再冲回4英寸（约合101.6毫米）弹药库。

② “胡德”号沉没后留在海面上最后的遗迹便是这些自由浮动的钢管。

③ I Jung, The Marine Turbine(Greenwich 1982)，还可参见皇家海军学院讲义，格林威治，1940年前后。

合，通过轴齿轮（55齿）驱动传动轴，低压涡轮和内设的倒车轮机则通过另一轴齿轮（75齿）实施驱动。主齿轮为392齿，直径为12英尺（约合3.66米）。

表7-10：“胡德”号动力系统重量

轮机舱	重量	锅炉舱	重量
主机循环水泵，推进轴轮机舱内部分	1776吨	锅炉，主蒸汽管道	1234吨
辅机	506吨	给水泵及锅炉给水	169吨
地板钢板，梯子、备件	186吨	辅助设备	291吨
水	192吨	烟囱及其他	377吨
外部蒸汽管道	38吨	—	—
推进器	87吨	—	—
轮机部分之后的推进轴	520吨	—	—
地板	9吨	—	—

表7-11

	马力	转速
高压涡轮	1.75万匹	1497转/分钟
低压涡轮	1.85万匹	1098转/分钟
推进器	3.6万匹	210转/分钟

巡航涡轮机共包括4具涡轮，可产生的功率约占总功率的15%，可驱动该舰以全速的一半航速行进。高压涡轮机内前后分别设有2具双层寇蒂斯涡轮和8具单脉冲涡轮，涡轮扇叶由磷青铜制成，轴承和盘碟则由锻钢制成。低压涡轮机内设有8具前进涡轮以及2具三层寇蒂斯涡轮，后者用于倒车。整体设计通常被评价为“保守”。高压涡轮的涡轮扇叶尖部线速度为每秒426英尺（约合129.8米/分钟），低压涡轮则为每秒492英尺（约合150米/分钟）。冷凝器设于低压涡轮下方。

4具3叶推进器的直径均为15英尺（约合4.57米），桨距为19.25英尺（约合5.87米），展开面积约为125平方英尺（约合11.6平方米）。下表显示了动力系统各部分的演进情况：

表7-12：动力系统演进过程，1905—1916年

	年份	轴马力	每轴马力功率重量	每轴马力面积	每轴马力每小时油耗
“无畏”号	1905	2.3万匹	184磅（83.46千克）	0.45平方英尺（0.04181平方米）	1.522磅（0.6904千克）
“狮”级	1909	7万匹	154磅（69.85千克）	0.25平方英尺（0.02323平方米）	1.67磅（0.7575千克）
“反击”级	1914	11.2万匹	113磅（51.26千克）	0.166平方英尺（0.01542平方米）	1.28磅（0.5806千克）
“胡德”号	1916	14.4万匹	84磅（38.10千克）	0.136平方英尺（0.0126平方米）	1.11磅（0.5035千克）

对英制战列巡洋舰设计的反思

构思“无敌”级设计方案时，战列舰和一等巡洋舰的防护指标通常为能抵挡与其自身主炮相当的火炮。不过这一指标并不总是被遵守，例如“邓肯”级前无畏舰就为追求较高的航速而采用了较薄的主装甲带。“无敌”级的6英寸（约合152.4毫米）装甲带足以阻挡所有口径的高爆弹，该弹种的威胁在该级舰设计时被认为颇为严重。此外，该装甲带还可抵挡所有6英寸（约合152.4毫米）及以下口径火炮的所有弹种。在大部分交战距离和交战角度下，该主装甲带也有较高的概率抵挡9.2英寸（约合234毫米）口径炮弹。此外，设计师还应确保该舰不会在被少数11英寸[42]（约合279.4毫米）或更大口径穿甲弹命中（或受上述炮弹在水下爆炸的影响）后便失去战斗力甚至沉没。战列巡洋舰的设计理念便是在敌舰对我舰造成严重破坏前解除敌舰战斗力。该舰种装备了可达成此理念的主炮，但令人惊讶的是，除了“玛丽女王”号外，各舰均未装备坡伦公司生产的亚尔古火控系统。

直至战争爆发时，各国海军都几乎没有考虑过限制爆炸的影响范围。所有设计师的关注点都首先集中在如何将炮弹阻挡在舰体之外。在“防护巡洋舰系统”上，已经出现了限制破坏程度思想的端倪，此后在燃煤战列巡洋舰上对煤舱的布置方案则体现出上述设计思想的影响。弹药殉爆已经被视为对轻型防护舰只最大的危险，但如本书第2章所述，当时英国海军认为全尺寸试验已经证明柯达无烟药仅会燃烧不会爆炸。由于通常认为炮弹爆炸的危险更为严重，因此药库通常被设计在弹库上方。

实战中除非发生药库殉爆的情况，否则各战列巡洋舰在抵挡敌方炮火方面的表现均堪称出色。在福克兰群岛海战中，“无敌”号共被210毫米炮弹和150毫米炮弹分别命中12次和6次，此外还有4次中弹炮弹口径不明，但该舰仅遭受轻微破坏。在多格尔沙洲之战中，“狮”号失去战斗力时共被280毫米和305毫米炮弹命中17次。①不过最为严重的破坏主要由“德弗林格”号所发射的一枚305毫米炮弹造成。炮弹造成左舷轮机舱位置的一块9英寸（约合228.6毫米）装甲板内陷，导致左舷后备锅炉给水槽进水，进而导致左舷轮机停转。此次进水还导致“狮”号的最后一座发电机停转，由此照明系统和所用电动设备均无法使用。造成这一结果的原因是该舰的框架结构强度不足，且装甲板上的锐角切入框架结构。这一原因又是更为宽泛的其他问题的一部分。海军建造总监部门工作负担过重，这一情况早在战前就因巨量的造舰计划而司空见惯，因此工作中出现若干错误，且未被纠正。②菲利普·沃茨通常被认为是一位杰出的方案设计师，但他对设计细节不够关注。

“虎”号在日德兰海战中共被大口径炮弹命中15次，但仍使用其8门主炮中

① 常用经验判断法则如下：1艘20世纪战列舰在被命中约20次之后便会失去战斗力。虽然“俾斯麦”号在沉没前被命中超过400次，但由于该舰在首次中弹后不久便失去战斗力，因此上述经验判断法则对这一战例同样适用。

② 参见原作者所著A Century of Naval Construction, p92。

的6门继续作战。1915年“不屈”号在达达尼尔海峡触雷受伤，这也是第一次世界大战中英国方面唯一一次战列巡洋舰水下部分严重受损的战例，此次战例中该舰的受损情况并不乐观。多格尔沙洲之战中，“狮”号很可能因左舷轮机舱进水而沉没。

在此前的作品中，作者认为战列巡洋舰的基本设计概念是成立的。“无敌”级战列巡洋舰在赫尔戈兰湾之战（Battle of Heligoland Bight）[43]、福克兰群岛之战和日德兰海战中的光荣战史验证了作者的上述观点。日德兰海战中三起弹药库殉爆[44]（以及此后“胡德”号殉爆）的战例在一定程度上掩盖了该舰种的真实价值。如前所述，在日德兰海战前，海军相信战前的全尺寸试验已经证明柯达无烟药爆炸的概率很低，因此对弹药库的防护通常弱于对动力系统的防护。在战列巡洋舰上，即使是最厚的主装甲带也可被与其自身主炮口径相当的火炮（假设炮弹质量正常）或同期德国战列巡洋舰的主炮击穿。有迹象显示海军认为已经对战列巡洋舰的动力系统部分进行了细致地分舱，足以防止战舰因单次中弹而失去动力，同时因单枚鱼雷命中而失去动力的概率也颇低。设计上最大的弱点存在于设置在轮机舱内的中线舱壁。一侧轮机舱及与其毗邻的锅炉舱进水将导致较大的侧倾，在此情况下为保住舰只或许需要对另一侧未遭破坏的轮机舱实施反向注水。此外，一些次要系统，例如润滑油系统的分隔设计也引发一定异议，这些系统受损可能导致全部动力系统停止运行。

战时轻巡洋舰

“林仙”级及由其衍生的C级轻巡洋舰显然被皇家海军视为对北海海域战争需求的正确答案，但1914年8月28日的赫尔戈兰湾之战的经过显示，布置在中线的6英寸（约合152.4毫米）火炮的实战价值远高于一对4英寸（约合101.6毫米）火炮。①［无法确定海军如何得出这一结论。皇家海军无疑对德国舰只所遭创伤所知有限。不过这一结论可能根据德制105毫米火炮无法击穿“林仙”号的轻装甲带得出。此外，半自动化的马克Ⅳ型4英寸（约合101.6毫米）火炮在实战中可靠性欠佳也可能是导致这一结论的因素。］本节将首先按时间顺序描述战时轻巡洋舰的主要特点，此后再提及其他相对次要的演化。

C级后期型

由于稳定性有限，且整体布置较为拥挤，因此对“林仙”级实施改造的难度颇高。但1918年5艘“林仙”级上设于后部的一对4英寸（约合101.6毫米）火炮被1门6英寸（约合152.4毫米）火炮所取代。1916—1917年间，“卡罗琳”号和“史诗女神”号上设于前部的一对4英寸（约合101.6毫米）火炮也被1门6英寸

① J Goldrick, The Kings Ships were at Sea (Annapolis 1984), pp83 et seq.

（约合152.4毫米）火炮所取代，该级舰其余各舰则于1918年接受了同样改造。4艘“寒武纪”级（Cambrian）轻巡洋舰原计划重复采用“史诗女神”级设计，不过前者早在后者出海试航前便开始铺设龙骨。该级舰的最后一艘“康斯坦斯”号改变设计的时间更早，原应设于艏楼上的4英寸（约合101.6毫米）火炮在完工前便已经被6英寸（约合152.4毫米）火炮所取代，其余各舰则与早先完工的各舰一同接受改装。

1914—1915年造舰计划中还列入了另外两艘轻巡洋舰“半人马座”号（Centaur）与“协和”号（Concord）。为节省时间，两舰直接使用了战前由土耳其向维克斯公司订购的两艘巡洋舰所使用的动力系统，该系统包括4根推进轴，采用脉冲反应涡轮。按设计方案，两舰各装备5门6英寸（约合152.4毫米）火炮，其中1门位于艏楼，烟囱前后各设有1门，另有两门以背负式方式布置在舰体后部。海军于1915年12月追加订购了4艘（原计划为6艘）改进型“协和”号，这便是后来的“卡列登”级（Caledon）。该级舰设有倾斜的舰艏，此外该级舰舰宽增加9英寸（约合228.6毫米），以在添加各种战时部件后仍能保持令人满意的稳定性。第一次世界大战后幸存的3艘该级舰此后参加了第二次世界大战。

1916年3月至4月订购的5艘“谷神”级（Ceres）轻巡洋舰则采用了全新的设计方案。该级舰的舰桥位置后移，其第二座6英寸（约合152.4毫米）火炮则采用超越射击布局，设于舰体前部。得益于舰宽增加8英寸（约合203.2毫米）以及排水量少许增加，该级舰的战斗力明显增强。该级舰B炮位的火炮射界大幅增加，且由于其位置较高，因此在恶劣天气下仍可运作。舰桥位置重新布置后，罗经平台位置不仅运动幅度降低，而且湿度得以改善。除一艘舰外，该级舰各舰均装备布朗—寇蒂斯式涡轮，并驱动2根驱动轴。

“卡斯托”号（Castor）巡洋舰。原设于艏楼的两座4英寸（约合101.6毫米）火炮已经被一座6英寸（约合152.4毫米）火炮所取代（世界船舶学会收藏）。

“协和”号及其姊妹舰为列入1914—1915年造舰计划的C级巡洋舰，两舰采用了原为两艘土耳其订购的巡洋舰所建造的动力系统（作者本人收藏）。

1917年6月至7月订购的5艘“开普敦”级（Capetowns）大致复制了“谷神”级的设计，但在订购时早期各舰因前部干舷高度不足导致湿度较大的问题已经颇为明显。因此该级舰设计了纵向倾斜的艏楼甲板，该甲板位置在舰艏部分升高5英尺（约合1.52米），但在A炮位处高度与早先设计一致。舰体截面线型中，原艏楼甲板位置以下与原先设计一致，但在舰艏部分垂直提升至新甲板高度，由此构成舰体棱缘。这一改动在实战中的表现颇为成功，因此被后续各级设计所继承。C级舰的侧船体板较厚，并搭接在锻件上。因此水沫可沿由此结构造成的凹槽一路上升，并落在罗经平台上！①

D级

作为C级轻巡洋舰设计的进一步放大型，以应对虚构报告中所谓装备重火力的德国巡洋舰，皇家海军于1916年9月订购了首批3艘D级巡洋舰［“达娜厄”号（Danae）、“无恐”号（Dauntless）和“龙”号（Dragon）］。该级舰舰体长度较C级增加约20英尺（约合6.1米），舰体宽度增加约2英尺（约合0.61米），以便在舰桥和烟囱之间加装第6座6英寸（约合152.4毫米）火炮。随着排水量增加670吨，该级舰还加装了4座三联装鱼雷发射管，共计12根。1917年7月和1918年3月海军先后追加了3艘和6艘该级舰订单，后一订单后来削减为2艘。除最初3艘舰外，其余各舰均装备抬高的“渔船艏”，其结构与“谷神”级类似。该级舰推进器体积更大，为追求更高的效率，推进器转速较低。战争后期海军部收到将该级舰舰长延长15英尺（约合4.57米），以便多携带50吨燃油的提案。这一提案将导致该级舰排水量升至5100吨。

① “郡”级导弹驱逐舰也遭受类似问题，但该级舰没有封闭的舰桥。

上: D级轻巡洋舰“龙”号前部干舷高度较低，这和该级舰的原先设计一致。在这张照片中该舰的舰桥结构内设计了一座飞机机库。1921年该舰B炮位改装了一门实验性6管乒乓炮（世界船舶学会收藏）。[45]

右: “派遣”号（Despatch），照片中可见C级和D级后期型上升高的舰艏部分（世界船舶学会收藏）。

E级

海军部收到的情报中德国布雷艇“低音歌手”号（Brummer）和“牛虻”号（Bremse）的航速①被明显夸大。为对抗两舰据称的高速，海军部提出了新的巡洋舰设计要求，由此诞生了“翡翠”号（Emerald）、“奋进”号（Enterprise）和“幼发拉底河”号（Euphrates）。战争结束时其中一艘的建造被取消，另外两艘则以缓慢的进度建造，直至1926年才完工。两舰装备了“莎士比亚”级（Shakespear）驱逐领舰的动力系统，其输出功率为8万匹轴马力，试航时航速达33节，重载状况下航速也可达32节。两舰沿用了在早期舰只上获

① 两艇在试航中达到了28节的速度。

得成功的舰体棱缘结构。

C级、D级和E级之间的舰体长度、航速以及功率之间的关系颇值得注意。

表7-13：舰体长度、航速与功率

	"科伦坡"号（Colombo）	"但尼丁"号（Dunedin）	"翡翠"号
舰体长度	445英尺	465英尺	560英尺
排水量	4270吨	4530吨	8160吨
轴马力	4万匹	4万匹	8万匹
获得29节航速所需功率	37125匹轴马力	41100匹轴马力	41100匹轴马力
29节航速下轴马力与排水量与航速乘积的比例	0.30	0.26	0.17
圆周M系数*	8.4	8.59	8.51
全速状况下转速	340转/分钟	275转/分钟	?

注*：该系数为傅汝德系数的一种，其计算方式为舰体长度除以排出体积（约合以吨为单位的排水量×35）的立方根。

增加舰体长度的价值体现在主机输出功率相同的条件下，更大的舰只可以实现更高的航速。在D级舰上这一点体现得颇为明显。不过应注意D级轻巡洋舰还从降低推进器转速中获益。E级驱逐舰的功率虽然增加了近4万匹轴马力，但其航速仅增加3~4节。

1918年海军建造总监部门还提出基于E级轻巡洋舰的新设计方案，该方案乃是作为对情报所称的德国快速巡洋舰的回应。根据情报这种新巡洋舰装备2门

"弗罗比舍"号(Frobisher),隶属"霍金斯"级。该级舰通常被视为"'伯明翰'级改进型",通过"大西洋巡洋舰",该级舰与"伯明翰"级之间的血统关系如今已经非常明显(作者本人收藏)。

相比D级轻巡洋舰，“翡翠”号不仅增加了舰体长度，而且其主机输出功率近乎翻倍。这使得该舰的航速达到33节，足以对抗传说中的高速德国巡洋舰。在C级和D级轻巡洋舰上因采用渔船艏而构成的舰体棱缘在实战中的表现颇为成功，因此E级舰上也设计了舰体棱缘结构——注意此后几乎所有的皇家海军巡洋舰均采用了这一设计（作者本人收藏）。

210毫米火炮，然而这一情报并不正确。英国方面新巡洋舰设计方案装备5门7.5英寸（约合190.5毫米）火炮。然而，海军方面收到的情报依然不正确。

大体趋势

战时巡洋舰设计方案演进过程中的一大趋势是取消原先混合口径火炮中的4英寸（约合101.6毫米）火炮设计方案，改之为统一装备6英寸（约合152.4毫米）火炮的设计方案。虽然在第一代战后巡洋舰上高航速非常重要，但E级驱逐舰航速上的突进或许更应该被视为离经叛道，而非现实所需。实战经验显示较小的舰只（即C级和D级）湿度较高，因此此后设计的轻巡洋舰干舷高度有所提高。

表7-14：巡洋舰干舷高度

	C级早期型	C级晚期型	D级早期型	D级晚期型
设计舰体前部干舷高度	24英尺（7.32米）	29英尺（8.84米）	24英尺（7.32米）	30英尺（9.14米）
舰体长度	450英尺（137.2米）	450英尺（137.2米）	471英尺（143.6米）	471英尺（143.6米）
干舷高度除以舰体长度平方根	1.13	1.37	1.10	1.38

艏楼甲板在舰艏位置提升5~6英尺（约合1.52~1.83米），舰体侧面也相应地从原有甲板线位置垂直提高。这一改动在原先甲板位置基础上构成了舰体棱缘结构，该结构被认为有助于将上浪和水沫导致的海水排离甲板。此后几乎所有英国巡洋舰均设有舰体棱缘结构[①]。

① 对舰体棱缘结构价值的评价至今仍有争论。作者本人则是该结构的坚定支持者，这可体现在如今“城堡”级近海巡逻舰的设计上，笔者即负责该级舰的设计。

其他特点及改进

桅杆和火控。“林仙”级和至4艘“寒武纪”级为止的早期C级轻巡洋舰在完工时均装备一座单杆桅。根据1916年“佩内洛普”号（Penelope）上进行的改造试验结果[46]，1917—1918年间上述各舰均改建三脚桅，其上安装一具火控指挥仪。“佩内洛普”号于1916年9月进行了倾斜试验，在得到成功的结果后改造工作随即在其他舰只上展开。由此增加的重量约为18吨，且其位置较高。“卡列登”级、C级后期型及D级轻巡洋舰在建成时即装备三脚桅和火控指挥仪。

防空炮。该类火炮的构成经常变化，且各舰之间颇为不同。下文仅提出大致总结。“林仙”级最初仅装备1门3磅炮（口径约为47毫米），该炮于1915年被1门3英寸（约合76.2毫米）炮所取代。1917年5艘“林仙”级的防空火力增强为2门3英寸（约合76.2毫米）炮，另有2艘该级舰装备1门4英寸（约合101.6毫米）防空炮。“卡罗琳”级在建成时装备1门13磅防空炮①（口径约为76.2毫米），此后该炮被不同火炮组合所取代。在3艘该级舰上其替代者为两门3英寸（约合76.2毫米）炮，在2艘该级艇上为2门4英寸（约合101.6毫米）防空炮，在另外2艘该级艇上则为1门4英寸（约合101.6毫米）防空炮。

战争结束时“史诗女神”号装备2门3英寸（约合76.2毫米）防空炮，“冠军”号装备1门4英寸（约合101.6毫米）防空炮。“寒武纪”级和“半人马座”级上原先安装的13磅防空炮（口径约为76.2毫米）则被2门3英寸（约合76.2毫米）防空炮（5艘）或1门4英寸（约合101.6毫米）防空炮（1艘）所取代。C级后期型和D级轻巡洋舰在建成时即装备2门3英寸（约合76.2毫米）防空炮，此外自“卡列登”级开始各舰还加装了两门单管乒乓炮。E级轻巡洋舰在战后建成时即装备5门4英寸（约合101.6毫米）防空炮和4门乒乓炮。

鱼雷发射管。“林仙”级和“卡罗琳”级建成时各装备2具双联装21英寸（约合533.4毫米）鱼雷发射管和5枚后备鱼雷，1916—1917年间各舰分别加装了2座同型鱼雷发射管。“史诗女神”级、“寒武纪”级和“半人马座”级建成时每舷各装有一根水下鱼雷发射管，实战显示由于无法在高航速下射击，因此该装备实战价值非常有限。海军部此后批准在除“半人马座”号与“协和”号之外的各舰上加装2座双联装水上鱼雷发射管。上述两舰则因炮口风暴影响，无法安装上述装备。②“卡列登”级和C级后期型轻巡洋舰在建成时即装备4座双联装21英寸（约合533.4毫米）鱼雷发射管，D级和E级轻巡洋舰则各自装备4座三联装鱼雷发射管③。

稳定性及重量增加

为减轻横摇幅度并使其成为较为稳定的射击平台，在设计“林仙”级时设

① 该火炮身管较短，原先由皇家骑炮兵部队（Royal Horse Artillery）使用。

② 迄今仍不清楚上述3级舰中究竟有多少艘加装了鱼雷发射管。罗伯茨曾声称仅“史诗女神”号、“冠军”号和“坎特伯雷”号（Canterbury）实施了加装。

③ E级轻巡洋舰此后换装了4座四联装鱼雷发射管。

计师特意为该级舰选择了较低的定倾中心高度。[①]“曙光女神”号在建成后，“佩内洛普”号在安装了三脚桅后分别进行了倾斜试验。两舰及其他各舰的倾斜试验结果参见下表：

表7-15

	载重状况	定倾中心高度	幅度
“曙光女神”号	设计	2.21英尺（0.67米）	83°
	重载	2.69英尺（0.82米）	86°
“佩内洛普”号	设计	2.05英尺（0.62米）	82°
	重载	2.65英尺（0.81米）	86°
“科迪莉亚”号（Cordelia）	设计	2.0英尺（0.61米）	73°（建成时）
	重载	2.75英尺（0.84米）	84°
“科迪莉亚”号	设计	1.6英尺（0.49米）	70°，安装三脚桅及3门6英寸（152.4毫米）炮
	重载	2.5英尺（0.76米）	76°
“克利欧佩特拉”号（Cleopatra）	设计	1.5英尺（0.46米）	69°，安装三脚桅及3门6英寸（152.4毫米）炮
	重载	2.5英尺（0.76米）	79°

雷文和罗伯茨曾就“林仙”号在战争中加装的项目给出一份详尽的列表[②]。至1916年该舰排水量已经增加126吨，至1918年又增加了79吨。上述增加的重量部分通过拆除司令塔（20吨）进行补偿。增加的装备中比较重要的是防空炮、鱼雷发射管及其储备、备便弹药柜、扫雷卫、三脚桅及火控指挥仪、布雷设备、起飞平台、36英寸（约合0.91米）探照灯及其平台，以及6英寸（约合152.4毫米）火炮。其他各级轻巡洋舰也经历了类似的排水量增加——据称截至1921年“卡列登”号的排水量增加250吨。“克利欧佩特拉”号的倾斜试验结果则引起了海军的关注，并因此决定不再在更早的轻巡洋舰上加装飞行平台。对于已经安装该设备的各舰则将其拆除。[③]

建造时间

由于各艘轻巡洋舰都是结构相对简单且较小型的舰只，因此其建造时间通常较短。战时C级轻巡洋舰通常在订单下达后20个月内建成。“卡罗琳”号的建造速度似乎最快，该舰在订单下达后17个月、铺设龙骨后12个月即告建成。各舰抗伤害能力均较强，相关内容参见本书第11章。

美学

以笔者之见，很多战争后期建造的舰艇不仅在当时被认为相当优美，而且得到很多现代爱好者的肯定。以“胡德”号、“光荣”号、“罗利”号、C级轻巡洋舰和S级驱逐舰为代表的舰艇外观不仅与其功能相称，而且非常引人注目。谚

① 以“法尔茅斯”号（Falmouth）的格兰特舰长（Grant）为首的委员会曾报告称，由于6英寸（约合152.4毫米）炮过重，因此难以以人力操作，并建议改用5英寸（约合127毫米）火炮，但这一建议未被接受（纳尔维克委员会文件）。

② A Raven and J Roberts, British Cruisers of World War Two(London 1980), p33.

③ 上文引用的数字本身并不足以判断各舰的稳定性是否足够。更为重要的数据是最大扶正力矩以及该力矩产生的角度，以及舰只当时的载荷情况。

语有云："外表正确则必然正确。"对上述舰艇而言其因果颠倒或许更加恰当，"若其正确，则其外表必将正确"。上述舰艇的外观并非千篇一律：达因科特显然曾赋予其麾下各部门领导一定的自由裁量权，但同样明显的是他也确保了各部门的成果令人满意。

译注

1.即“伊丽莎白女王”级和“皇权”级。

2.即海军建造总监一职。

3.隶属“邓肯”级前无畏舰，1901年下水。事发时该舰奉命和其他前无畏舰一同前往地中海。

4.前无畏舰，见第5章。

5.1916年时以代理海军中将衔任大舰队总参谋长。他也是杰里科的姻亲。

6.“复仇”级即“皇权”级，“爱尔兰”号为无畏型战列舰，此时“伊丽莎白女王”级已经加入大舰队，但信中并未提及。

7.“獒犬”号是托尼克罗夫特公司设计建造的M级驱护舰，“莱特福特”与“富尔克努”号均为驱逐领舰，同时也为各自所属舰级级名。

8.“紫石英”号隶属“黄玉”级三等防护巡洋舰，1903年下水；“冒险”号隶属“冒险”级侦察巡洋舰，1904年下水；“先锋”号隶属“哑罗经”级三等防护巡洋舰，1899年下水。

9.典出希腊荷马史诗《奥德赛》，奥德赛在归家途中遇到的危难之一，一侧是吃人的海妖斯库拉，另一侧是吞噬船只的卡律布狄斯旋涡。

10.分别隶属“快速”级驱逐领舰和“部族”级驱逐舰。

11.这里可以理解为，在角速度和角加速度一定的前提下，身管越长，炮口的线性加速度越高。

12.分别隶属“皇帝”级和“国王”级。

13.任期为1915—1916年。

14.巴尔弗于1902年7月至1905年12月任英国首相。

15.海战于1916年5月31日爆发。

16.虽然杰里科引用的数字为1916年5日，但每日的情况仍有一定区别。1916年5月30日参加日德兰海战的大舰队出发时，共有3艘主力舰无法出战，其中战列舰“伊丽莎白女王”号和“铁公爵”级战列舰“印度皇帝”号正入坞接受修理，战列巡洋舰则只有隶属“不倦”级的“澳大利亚”号正接受修理。

17.并非二战期间的那一级美国战列舰。

18.一战时期该部门负责监督美国海军舰船的设计、建造、改装、采购、维护与修理。

19.原书未列出此表。

20.STS为特殊处理钢的缩写，为美国海军所采用的钢板，一般用于甲板，1910年问世。其性质与克虏伯钢类似，主要添加剂为镍、铬、钒，后来钒被取消。

21.此时美国海军设计战列舰时需考虑穿过巴拿马运河。

22.此处似为本书第166页原注①的正确位置。

23.大致相当于英制马克Ⅰ型15英寸（约合381毫米）主炮或美制马克2型16英寸（约合406毫米）主炮炮弹的重量，BB49即计划使用该种火炮。

24.隶属“新墨西哥”级前战列舰。

25.因此战列巡洋舰“胡德”号采用了新的炮塔，其顶部近乎水平，正面垂直。

26.此处距离钟并非指火控系统中用于预测炮弹命中时敌我两舰之间距离的仪器，而是指悬挂在火控桅楼位置，用于向友舰指示母舰主炮射击距离的仪器。

27.实际上，日德兰海战后，各主力舰均不同程度地加强了防护，尤其是弹药库附近的甲板装甲得到增强。

28.此时贝蒂已经出任大舰队总指挥官。

29.实际上，虽然各舰携带了很多13.5英寸（约合342.9毫米）高爆弹，但其消耗量非常有限。

30.如英国战列舰“马来亚”号的一次中弹，最终导致该舰的一个锅炉舱无法使用。

31.被帽尖端普通弹的装药似乎仍为三硝基甲苯。

32.此次任期为1914—1915年。

33.海战爆发于1914年12月8日，当日德国斯比分舰队在福克兰群岛/马岛附近海域几乎被斯特迪中将所率领的皇家海军舰队全歼。战斗中“无敌”号和“不屈”号战列巡洋舰发挥了核心作用。

34.在1940年4月9日的卢福腾岛海战中，“声望”号被德国袖珍战列舰命中，但其装甲并未接受考验。

35.即第二次赫尔戈兰湾之战。此战中皇家海军试图通过攻击在赫尔戈兰湾执行扫雷任务的德国扫雷艇，诱出德国公海舰队一部并加以伏击。发现中伏后德国编队且战且退，而德国公海舰队也出动战列舰攻击英国轻巡洋舰。英方在追击至雷场附近后撤退，双方损失皆很轻微。

36.有说法认为“前卫”号所使用的15英寸（约合381毫米）主炮本身是全新的。

37.费舍尔一直计划将皇家海军投入波罗的海执行登陆作战任务，从而通过攻击德国侧后实现尽早结束战争的目标。然而这一作战方案从未正式成文，因此也无法分析其细节和可行性。由于波罗的海深度较浅，因此有必要维持较浅的吃水深度。

38.任期为1914—1917年。

39.OA, Length Overall，即舰体最大长度，且测量时所取代表舰体长度的直线应与水线平行。

40.该日期有争议，根据造船厂记录，开始铺设龙骨的日期可能迟至当年9月。

41.“兴登堡”号隶属德国“德弗林格”级战列巡洋舰，但其设计与其两艘姊妹舰略有区别。

42.相当于德制主力舰主炮口径。

43.爆发于1914年8月28日，此战中皇家海军首先出动轻巡洋舰和驱逐舰编队突袭赫尔戈兰湾，得知这一作战计划后杰里科派出由贝蒂率领的战列巡洋舰舰队作为支援，并亲率大舰队主力作为远距离支援。8月28日清晨双方的轻型舰只首先交火，战至中午战局逐渐胶着。鉴于德国重型舰只可能利用涨潮之际出击，贝蒂果断率领英国战列巡洋舰加入战场，一举改变战局，德国轻型舰队最终在雾气掩护下撤退。海战中德国方面有3艘轻巡洋舰、2艘鱼雷艇和1艘驱逐舰被击沉，另有1艘轻巡洋舰和3艘驱逐舰被重创；英国方面仅有1艘轻巡洋舰被重创。

44.分别为“不倦”号、“玛丽女王”号和“无敌”号。

45.该炮口径约为40毫米，主要用于防空，其设计原因之一是第一次世界大战后2磅炮（口径约40毫米）炮弹剩余过多。该炮在第二次世界大战中表现不佳。

46.隶属一战期间的“林仙”级轻巡洋舰，1914年下水。

8 战时驱逐舰和航空兵相关舰只

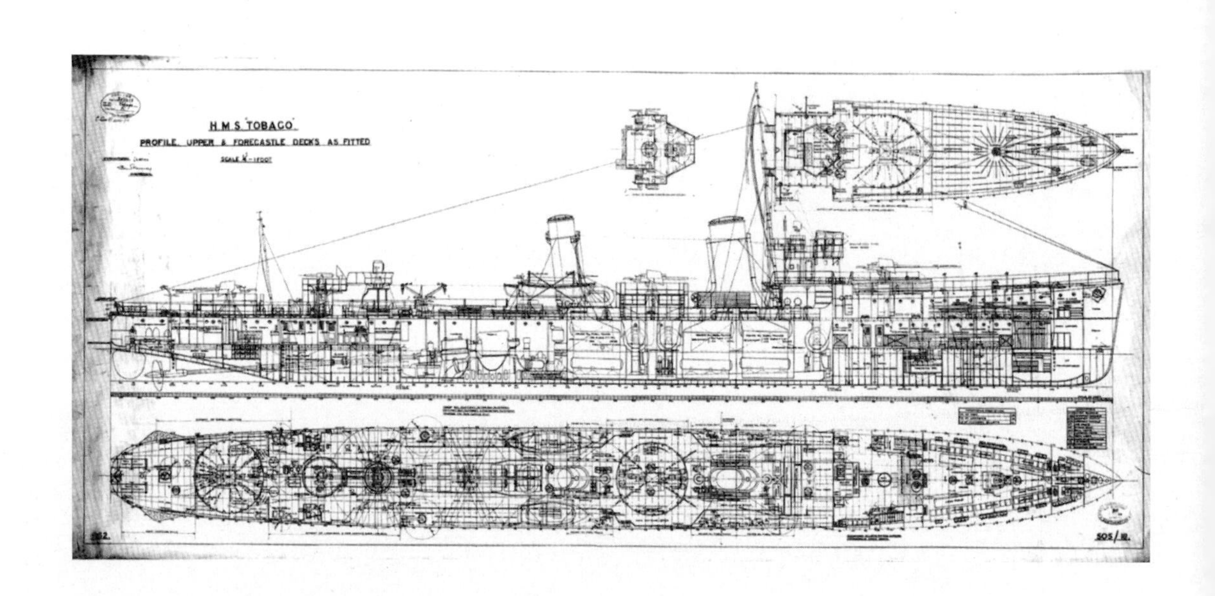

“多巴哥”号（Tobago）为一艘由托尼克罗夫特公司设计完成的S级“特殊设计”驱逐舰。与海军部标准设计相比，该舰的舰宽稍宽，因此该舰前部火炮可布置在较高位置（收藏于伦敦的国家海事博物馆，31918号）。

驱逐舰

驱逐舰队领舰

驱逐舰上校负责指挥一支驱逐舰队，该编制下最多可辖有24艘早期驱逐舰。他通常搭乘一艘航速为23~25节的“侦察巡洋舰”——轻巡洋舰。这一编制明显不适用于航速明显高于较早期驱逐舰的M级驱逐舰，因此1913年展开了驱逐舰队领舰的设计工作。在权衡多种方案后，最终诞生的是“莱特福特”号。海军首先于1913年12月订购了2艘该型舰只，随后又在1914—1915年海军预算中列入2艘，此后又于1914年11月追加3艘。该舰设计方案上特意为驱逐舰上校、

“加百利”号（Gabriel），隶属“莱特福特”级驱逐领舰。照片中该舰从后烟囱至舰艉部分均覆盖帆布，显然已被作为布雷舰（世界船舶学会收藏）。

“布罗克”号，隶属“富尔克努”级驱逐领舰。该级舰原为智利建造，但在战争爆发前被英国收购。该级舰原装有6门4英寸（约合101.6毫米）火炮，但其中4门在战争后期被2门4.7英寸（约合120毫米）火炮所取代（作者本人收藏）。

其参谋团队及其联络团队布置了相应的生活工作空间。注意联络团队甚至装备了远距离（高达150英里，约合241千米）无线电通信设备。1915年间海军部又追加订购了6艘按新设计方案建造的驱逐领舰。与“莱特福特”号设计方案相比，新设计方案实施了一定改进，其航海表现有所改善。新设计中前两座烟囱融合，因此其舰桥位置可后移13英尺（约合3.96米），由此腾出的空间可用于在B炮位以超越射击布局方式加装一门火炮。海军部还希望能将新驱逐领舰的干舷高度提高1英尺（约合0.30米），但由于新舰只已经开工建造，因此这一改动只能在最后一艘驱逐领舰上实施。此外，考兹的怀特公司（White at Cowes）曾为智利建造4艘稍大的驱逐领舰，上述4舰后来被英国收购，由此构成了“富尔克努”级驱逐领舰。①

V级和W级

R级驱逐舰的出现意味着即使是最新型的驱逐领舰，其航速也已经无法满足实战需要，因此海军建造总监奉命设计一级新的驱逐领舰，该级舰应使用与R级相同的动力系统——输出功率为2.6万匹轴马力的齿轮减速涡轮机，其航速应可达34节。②通过在前部和后部采用背负式火炮布局，且仅设置2座烟囱，舰体长度的增加幅度得以控制。两座烟囱中靠前的一座较高且较窄，后部一座则较矮且较宽。这使得舰桥位置可以进一步后移，从而降低舰桥位置所感受到的运动幅度。起初海军部订购了5艘新驱逐领舰［“吸血鬼”号（Vampire）、

① 曾有观点称这4艘驱逐领舰源自费舍尔的超级“迅速”号构想，他希望用该种设计取代轻巡洋舰。虽然并无证据支持这一观点，但是无法排除这一可能性。
② 这是怎样严苛的要求啊！用相同的动力系统驱动一艘大得多的舰艇，同时还希望能获得相当的航速——还不用说R级设计本身就已经很出色。

"瓦伦丁"号，隶属V级早期型驱逐领舰。该照片摄于第一次世界大战结束后，但与其最初配置相比几乎没有区别（作者本人收藏）。

"瓦伦丁"号（Valentine）、"瓦尔哈拉"号（Valhalla）和"瓦尔基里"号（Valkyrie）]，并将其划为分队领舰或半驱逐舰队领舰。该级舰造价约为20万英镑，较"莱特福特"级低约5万英镑，且仅比某些较为昂贵的标准驱逐舰高约6千英镑。由汉纳福德（Hannaford）完成的该级舰设计在几乎完全偶然的条件下①成为历史上最伟大的战舰设计之一，并成为此后20年内英国以及很多国外驱逐舰的设计模板。

1916年有报告显示德国正在建造大量大型驱逐舰，据此英国于当年6月追加订购了25艘V级驱逐舰。最初该批驱逐舰装备2座双联装21英寸（约合533.4毫米）鱼雷发射管，但在"吸血鬼"号装备三联装鱼雷发射管原型设计之后，该批驱逐舰大多装备了该设备。②1916年12月海军订购了21艘W级驱逐舰（另有2艘此后取消建造）。1918年1月海军又订购了16艘复用W级设计方案的驱逐舰，并于当年春再次追加了38艘，然而当年的这两批订单中仅有第一批的9艘和第二批的7艘得以建成。第二批订单中较长的锅炉舱位置移至面积较小的锅炉舱前，因此较高的烟囱也改为较另一烟囱更厚。全舰中长度最长的舱室是轮机舱，为限制该舱室舱壁受损后导致的进水蔓延范围，与轮机舱相邻的舱室长度应较短。

① 人们应该牢记路易斯·巴斯德[1]（Louis Pasteur）的名言："机会只偏爱训练有素的观察者。"
② 被改装为布雷舰的各舰上，前部装有1座三联装鱼雷发射管，后部装有1座双联装鱼雷发射管。

"沃蒂根"号（Vortigern）乃是一较大批次V级驱逐舰中的一员，该批次驱逐领舰设计几乎复制了早前的V级驱逐领舰（世界船舶学会收藏）。

“威沙特”号（Wishart）是一艘由托尼克罗夫特公司设计完成“W级改进型”驱逐舰，装备4.7英寸（约合120毫米）火炮。该舰厚实的前烟囱显示该舰后部锅炉舱的长度被削减，这意味着分舱设计得到改善（作者本人收藏）。

武器

上述大部分舰只均装备马克Ⅷ型4英寸（约合101.6毫米）火炮，其炮弹重31磅（约合14.1千克），射程为1万码（约合9144米）。由于对手动操作且没有配置火控指挥仪的火炮而言，在1000码（约合914米）以上距离命中的概率极低，因此极限射程的实战意义非常有限。本书第2章中所描述的试验似乎显示一

“坚定”号（Steadfast），隶属海军部标准设计的S级驱逐舰，由帕尔默斯造船厂建造。该级舰代表了战时标准设计的最终发展成果，航速快、适航性好，并且以作者观点非常健美（作者本人收藏）。

枚31磅（约合14.1千克）炮弹命中一艘驱逐舰即可使其失去动力，但实战经验显示只有在炮弹命中动力系统舱室时才可能达到这一效果。上述驱逐舰中2艘曾安装6英寸（约合152.4毫米）主炮接受试验，但在航行中操作该种火炮非常困难（详见本书第7章），因此试验结果并不成功。

复用W级设计方案的各舰装备4.7英寸（约合120毫米）后膛炮[①]（炮弹重50磅，约合22.7千克），用以对抗传言中装备较重火力的德国驱逐舰。此后还建造了两级更大且装备5门4.7英寸（约合120毫米）火炮的驱逐领舰。这就是由托尼克罗夫特公司设计的“莎士比亚”级，以及由海军部设计风格较为保守的“斯科特”级。对这两级舰的讨论参见本书附录2“特殊设计”舰只内容。

续航能力

第一次世界大战期间海军对驱逐舰最主要的意见便是续航能力不足。杰里科曾写道驱逐舰出海的有效巡逻时间仅为3天，这导致大舰队一次出海扫荡的时间只能限制在3天内。[②]表8-1显示了驱逐舰的名义续航能力，该指标通常为设计目标。但在实际中，即使是同级，各舰的续航能力也有相当的区别。此外，由于舰底污损、动力系统老化，甚至维护方式不正确等因素，因此各舰的实际续航能力明显低于设计指标。还需考虑到没有任何一名舰长愿意在回港时耗尽最后一滴燃油。通常审慎的标准是在燃油消耗约一半时即实施燃料补给。

表8-1：名义续航能力

	载油量	续航能力	航速
“小猎犬”级	205~236吨	2000海里	15节
“冥河”级	178吨	—	—
“橡果”级	170吨	2250海里	13节
“阿卡斯塔”级	258吨	2750海里	15节
	—	600海里	29节
L级	268吨	2240海里	15节
M级	278吨	2530海里	15节
雅罗公司特殊设计M级	228吨	1940海里	15节
托尼克罗夫特公司特殊设计M级	—	1510海里	15节
R级	296吨	3440海里	15节
	—	1860海里	20节
R级改进型	300吨	—	—
V级驱逐领舰	367吨	3500海里	15节
	—	600海里	34节
“莎士比亚”级驱逐领舰	500吨	—	—
“斯科特”级	500吨	5000海里	15节
S级	301吨	—	—
复用W级设计的驱逐领舰	367吨	3210海里	15节

① 该火炮的表现堪称成功。在20世纪30年代拆解V级和W级驱逐舰时，海军表示更愿意保留其中装备4.7英寸（约合120毫米）火炮的各舰。这是一种全新的火炮，且并非如有些观点所认为的那样改造自陆军火炮。

② Jellicoe, The Grand Fleet 1914-1916, p18.

“冥河”级的战时油槽和平时油槽分别可储油148吨和30吨。“莎士比亚”级的相应油槽则可分别储油398吨和102吨。“小猎犬”级仅携带燃煤。下列数据显示了同级各舰的续航能力。全速下“橡果”级各舰平均每小时耗油7吨，其中耗油最低的“变色龙”号（Chameleon）为6.4吨，最高的“红极”号（Redpole）为8.0吨。“冥河”级各舰满功率条件下每小时油耗在50.6吨至61吨之间不等。部分M级驱逐舰在15节航速条件下的续航能力如下：

表8-2

	续航能力
“米诺斯”号（Minos）	3060海里
“米尔恩”号（Milne）	3710海里
“獒犬”号（Mastiff）	2100海里

将M级驱逐舰的续航能力增加一倍的效果颇值得研究。[①]原设计中燃料和后备锅炉给水共重294吨，但如需为增加航程而将上述重量增加一倍，则必将导致舰体增大——且将会大幅增大。事实上，排水量将从1103吨直升至1963吨，不仅舰体和动力系统重量将明显增加，而且燃料和后备锅炉给水重量将升至840吨（注意由于舰体变大，因此燃料和后备锅炉给水重量并不仅仅由原来的294吨翻倍）。更大的舰体无疑将具有更好的适航性，且有利于改善武器布局，甚至船员也可能获得稍大的工作生活空间，但这一改动的代价依旧是高昂的。

驱逐舰鱼雷作战效率

英国驱逐舰的首要作战任务是保护己方战列线，使其免遭敌方鱼雷攻击，其次是攻击敌方战列舰。对德国驱逐舰而言，这两项任务的次序则全然相反。整个第一次世界大战期间的唯一一例对敌方战列线的攻击发生在日德兰海战期间。[②]下表数据即可说明问题：

表8-3：日德兰海战期间驱逐舰鱼雷统计

	英方		德方	
鱼雷发射管数量	260		326	
	昼间	夜间	昼间	夜间
鱼雷发射数目	33	38	78	19
由驱逐舰发射的鱼雷命中次数	3	2	1	1

注：上表中已经去除双方用于击沉已经失去动力舰只的鱼雷数量。

首先需要注意的是实战中发射的鱼雷数量占实际携带数量的比例颇低。这主要是因为获得良好的发射战位颇为困难，但也应注意到各舰舰长通常倾向于

① 下述改变基于海军架构师所称的“重量公式”估算得出。实际上，由该种方法得出的改变通常过大，但其数量级基本正确。

② Jellicoe, The Grand Fleet 1914-1916, p18.

一艘正在发射鱼雷的德国驱逐舰。日德兰海战期间双方鱼雷的表现都令人失望（感谢朱利安·曼纳林提供）。

仅发射单枚鱼雷，从而可将鱼雷留待之后更好的射击机会。由于单枚鱼雷命中的概率颇低①，因此这一选择无疑对低命中次数有所贡献。此外，实战中英国驱逐舰在击溃德国鱼雷攻击方面颇有成效。

鱼雷的航速通常约为其目标的2倍。由于交战距离通常以码为单位，因此下文括号中所给出的航速以码/分为单位，且在距离后给出了鱼雷航行时间②。英国方面最新式的鱼雷为马克Ⅱ****型，其高速设定下航速为45节（1500码/分，约合1372米/分），射程为4500码（约合4115米，航行时间为3分钟）；远距离射程下航速为19节（1000码/分，约合914米/分）[2]，射程为10750码（约合9829.8米，航行时间为11分钟）。早期型号鱼雷的航速与马克Ⅱ****型相同，但射程约低10%。在鱼雷较长的航行时间内，目标实施转向或改变航速的概率非常高——即使在发射前已经准确估计了目标的航向和航速，取得命中的概率也很有限。

大体而言，德制鱼雷的性能与英制鱼雷相当，且战斗部大小相同。由于战斗中曾观察到若干次德制鱼雷从静止舰只下方穿过的例子，因此可推测德制鱼雷的定深系统可靠性欠佳。应该注意到德制驱逐舰以牺牲火炮数量为代价，携带了数量远多于英制驱逐舰的鱼雷，但其取得命中的成绩反不如英国驱逐舰。

仅在多艘驱逐舰实施配合良好的协同攻击，且各舰均发射若干枚鱼雷的前提下，才有可能获得较多的命中次数。在引入可靠的无线通话系统（以及用于夜间攻击的雷达）前，这样的协同攻击实际无法实现。

与其他海军驱逐舰的比较

第一次世界大战期间仅有三国海军大量建造驱逐舰，即英国、德国和美国。③三国驱逐舰在设计风格上有着明显区别，但三国海军似乎都满足于其战前设计，且在战争中继续建造并发展了大量驱逐舰。至战争即将结束时，作为对敌方正在建造类似舰只的流言的反应，各方都建造了大量大型且火力更强的驱逐舰。这些大型驱逐舰，如V级和W级，构成了战后设计方案的基础。

英国工程师在第一次世界大战爆发前就采用了燃油系统，并在战争初期引入

① 皮尤曾计算过若发射所有可用鱼雷，则总命中次数可能增加23次，达到32次。
② 由于火控系统在处理飞行时间仅以秒为单位的火炮射击问题时即已相当困难，因此对航行时间达数分钟的鱼雷实施火控难度可想而知。
③ 日本在战争结束时建造了若干艘与R级大致相似的驱逐舰。

齿轮减速涡轮系统，从而大幅改善了驱逐舰的续航能力以及可长期维持的航速。即使如此，皇家海军依然认识到实战对更大续航能力的需求，因此各舰的载油能力随之提高。提高干舷高度和舰艏外飘幅度，以及将舰桥位置后移等措施均有助于改善适航性。得益于更大的舰体，V级和W级驱逐领舰的适航能力更佳。

第一次世界大战爆发时，大多数德国驱逐舰的火力较弱，通常仅装备3门88毫米（炮弹重22磅，约合9.98千克）火炮，但至1916年，上述各舰大部分改装3门105毫米（炮弹重38磅，约合17.2千克）火炮。起初大部分德制驱逐舰使用煤为燃料，全燃油系统则在战时建造的驱逐舰上引入。此外，德制驱逐舰一直未装备齿轮减速涡轮。杰里科曾频繁抱怨（参见本书第7章）称德制驱逐舰适航性更好，但他从未引用任何证据支持这一观点，且这一观点并不现实。德国方面的材料显示其驱逐舰艏楼较短，且舰桥前方的井围甲板湿度颇高。[1]后期德制驱逐舰舰体更大、艏楼更长且其位置更高，但其适航性仍弱于同期英制驱逐舰（参见本书第7章中“薇薇安”号相关部分）。

大体而言，美制驱逐舰舰体更大。这是为了满足在太平洋战场作战的高续航能力需要，但更重要的是美制驱逐舰通常充任其战列舰队的侦察兵。即使是平时，美制驱逐舰的巡航速度也可能达到20节，并且可能频繁地在满功率状态下航行。最后一级战前设计，即所谓“1000吨”级驱逐舰装备4门4英寸（约合101.6毫米）火炮和12根鱼雷发射管。其航速稍低于30节，但20节航速下其续航能力高达2500海里。其船型所受阻力较低（静水条件下）。根据该级舰船型制造的模型曾在海斯拉接受测试。美国海军报告称该级舰的适航能力弱于先前的“750吨”级。[2]战时驱逐舰，即著名的“平甲板驱逐舰”，舰体更大，武器装备相同，试航速度高达35节。其续航能力设计要求为在20节条件下达3400海里（15节条件下达5000海里），但大多数该级舰在试航时都超过了这一指标。[3]美国海军曾就战争期间随同皇家海军驱逐舰一同在爱尔兰海（Irish Sea）作战的己方驱逐舰发布一份报告称，美制驱逐舰适航能力更好，但作为比较对象的很可能是较小的战前英制驱逐舰。当然，第二次世界大战期间无人就V级和W级性能强于“镇”级（Town Class）这一结论有过异议。美制驱逐舰的主要缺点是上层建筑较脆弱，且其转弯半径过大。可靠性不佳的链控转向机构恶化了后一问题。

驱逐舰的战损情况将在本书第11章中加以讨论。大致而言，各舰表现均堪称坚韧，在实战中难以被击沉，但如果动力系统舱室中弹，那么舰船很可能会失去动力。位于上甲板下方的主蒸汽管道尤其易损。对此唯一的解决方案只能是改变动力舱室的布局，采用单元系统设计方案，即间隔布置锅炉舱和轮机舱。这一布置方案在第一次世界大战结束时仍未被任何海军尝试，并且该方案将导致舰体明显增大。

① E Groner, German Warships1815-1945 (London 1990), pp173,181.

② N Friedman, U S Destroyers (Annapolis 1982), p33.

③ 第二次世界大战期间，英国方面资料显示至DD185号为止各舰可携带275吨燃油，在10节航速下续航能力为2750海里。该舰之后的各舰可携带390吨燃油，在10节航速下续航能力为2900海里。参见A Hague, The Town Class (Kendal 1988)。

载机母舰及航空兵

战争期间，第一阶段

战争爆发后仅一周的1914年8月11日，皇家海军先征用后收购3艘跨海峡蒸汽机船，即“里维埃拉”号（Riviera）、“恩加丁”号（Engadine）和“皇后”号（Empress）。这一举动显然出自时任海军部航空部门总监的默里·休特上校的要求，该部门由海军部于1912年11月成立。前两艘蒸汽机船在查塔姆造船厂被改建为简单的水上飞机母舰，并于当年9月初开始服役，“皇后”号在一个月后也加入了它们的行列。对三舰实施的改造内容包括在艏艉各加装一帆布掩体，以及操作水上飞机所需的吊杆，并加装2~3门2磅火炮（口径约合40毫米）。可以推测查塔姆造船厂收到的指令是“按照‘竞技神’号的方式改造，但不用加装起飞斜面”。

至9月底，一支中队的皇家海军航空兵（Royal Naval Air Service, RNAS）被部署在法国境内，其任务为攻击德国齐柏林飞艇部队。10月8日对杜塞尔多夫（Dusseldorf）进行的突袭中皇家海军击毁一艘隶属帝国陆军的飞艇，但在对弗里德里希港（Friedrichshaven）的飞艇工厂进行的更为著名的袭击中[3]，该部并未对目标造成任何破坏。尽管如此，此战不仅显示了战略轰炸的潜力，而且显示了英国海军部对其新兵种的热情。1914年圣诞节从3艘改装蒸汽机船上出发的7架水上飞机攻击了位于库克斯港（Cuxhaven）的飞艇掩体。此次作战中仅有3架水上飞机返航，且并未对目标造成破坏，但此战被广泛承认为历史上第一次从

改建为水上飞机母舰的“班米克利”号（Ben-my-Chree）。该舰所搭载的一架飞机完成了历史上第一次成功的空投鱼雷攻击（收藏于帝国战争博物馆，SP9950号）。

第二次改装完成后的“坎帕尼亚”号，摄于1915年11月。其前部烟囱被分为两支，以便安装更长、倾斜角度更大的飞行甲板（收藏于帝国战争博物馆，SP114）。

海上发动的对陆上目标的空袭。[①]

上述3艘改装蒸汽机船于1915年在利物浦接受了进一步改装，并在船体后部安装了永久性大型机库。另一艘英属马恩岛（Isle of Man）蒸汽机船“班米克利”号于当年早些时候接受了类似改装，并于当年晚些时候前往达达尼尔海峡。当年8月该船搭载的一架水上飞机实施了世界上首次空投鱼雷攻击。1917年1月该船停泊在卡斯特洛里佐岛（Castelorizo，亦作Kastelorizo，隶属希腊，距离土耳其南部海岸约1海里）锚地时，被土耳其火炮击沉。当时该舰储存的航空燃油被引燃，在该船沉没前发生剧烈燃烧。此次事故影响了此后所有英国航空母舰设计方案（可见下文“百眼巨人”号相关部分）。

“坎帕尼亚”号（Campania）[②]

邮轮“坎帕尼亚”号于1883年建成，隶属冠达邮轮公司（the Cunardline）。1914年海军部在该邮轮即将被拆解时以3.25万英镑的价格将其购下，计划将其改装为武装辅助巡洋舰，然而该舰最终被改造为水上飞机母舰。改造工作于1915年4月完成，完工时沿该舰艏楼安置了长120英尺（约合36.6米），且略微向下倾斜的起飞甲板。[③]由于水上飞机从该甲板起飞较为困难，因此在这一阶段服役期中，该舰往往将其搭载的水上飞机吊至水面，然后让水上飞机自行正常起飞。该舰老旧的动力系统仅能实现18节的最高航速，仅仅足够其与舰队一起行动。

该舰舰长施沃恩（O Schwann）也是狂热的航空爱好者，他曾报告称，该舰虽然问题多多，但仍是舰队中最具潜力的航空舰只。1915年11月该舰在卡默尔莱尔德造船厂（Cammell Laird）接受进一步改造。原有的前烟囱烟道被分为两

① R D Layman, The CuxhavenRaid (London 1985).

② J M Maber, 'HMS Campania1914–1918', WARSHIP 26 (April 1983).

③ 通常采用的倾斜角度数据为15′，但从照片判断实际角度大于此值，尽管实际角度似乎仍不够大。

沉没中的"坎帕尼亚"号，1918年11月5日。该舰脱锚后失去控制，先后撞在战列舰"皇家橡树"号（Royal Oak）和大型轻巡洋舰"光荣"号上（作者本人收藏）。

条，分别导向左右两舷，以便将飞行甲板长度延伸至200英尺（约合61.0米），同时加大飞行甲板倾斜角度。在甲板后部下方位置还设置了可容纳10架水上飞机的机库，收藏在机库内的飞机可由吊杆提升。此外，该舰后部还加装了相应设备，可操作一具系留气球。该舰因未接到出航命令而错过了日德兰海战[4]。至1916年底该舰已经严重老化，但仍留在大舰队编制内直至1918年4月。当月该舰在8级大风中脱锚，并先后在"皇家橡树"号[5]和"光荣"号舰艏处擦过，最终沉没。尽管如此，该舰仍显示了快速航空舰只与舰队协同作战的价值。

"暴怒"号

"暴怒"号乃是费舍尔提出的所谓"大型轻巡洋舰"中的第三艘，也是最为古怪的一艘。①1917年3月该舰即将建成时海军决定将其改建，以搭载飞机。该舰的前部18英寸（约合457.2毫米）炮塔被拆除②，加装了倾斜的飞行甲板，并设有机库，可容纳5架索普威斯"幼犬"式战斗机（Sopwith Pups）和3架肖特184式水上飞机。该舰于1917年7月4日加入舰队，其航速为31.5节，略低于"幼犬"式战斗机的失速速度。1917年8月2日邓宁（E H Dunning）中队长驾机在该舰起飞甲板上降落，并通过由地勤团队抓住机翼的方式将飞机停下。8月7日邓宁重复了这一壮举，但在第三次尝试过程中意外身亡。当年11月，海军部决定在该舰后部加装降落甲板，为此该舰进入阿姆斯特朗船厂接受改装。

改造工作于1918年3月完成，其后部18英寸（约合457.2毫米）炮塔位置加装了长300英尺（约合91.4米）的飞行甲板，并在该甲板下加装了另一座机库，从而使该舰总载机量上升至16架。两座机库内均安装了电梯，且两处飞行甲板

① 这3艘"大型轻巡洋舰"曾被评价为"……可能庞大而古怪"。

② 改建时该舰的前部炮塔已经安装，但火炮本身从未被安装上舰，尽管据称火炮已经被运抵码头附近，随时可以安装。原炮塔炮座结构未被拆除。

“暴怒”号最初完工时的形象。该舰的前部18英寸（约合457.2毫米）炮塔被拆除，安装了飞行甲板，甲板下方空间则被建为机库（世界船舶学会收藏）。

1917—1918年间，“暴怒”号接受了进一步改造。该舰的后部18英寸（约合457.2毫米）炮塔被拆除，以便安装降落甲板。此次改装的结果并不成功。在13次降落尝试中，9次以飞机坠毁告终。造成这一结果的原因是上层建筑后方位置的空气紊动。尽管如此，1918年7月17日该舰放出的7架“骆驼”式战斗机摧毁了位于特纳的飞艇掩体及两艘飞艇（作者本人收藏）。

之间通过两条分别位于左右两舷位置，各宽11英尺（约合3.35米）的跳板相连。降落甲板上方设有纵向和横向的绳索，“幼犬”式战斗机降落时其滑行具起落架上的挂钩可勾住纵向绳索，而系在沙包上的横向绳索被设计用于飞机减速。在降落甲板末端还设有一座安全阻拦网，以防飞机撞上烟囱。该设备由系在门型柱的垂直绳索构成。尽管如此，安全降落实际上几乎不可能完成。13次实验性降落中有9次飞机坠毁。导致这一问题的主要原因是空气流经舰桥、烟囱和重型三脚桅后产生的紊动过于剧烈，超出了轻型低速飞机的承受范围。SSZ型飞艇曾完成一次成功着陆，但当时该舰正处于静止状态。

在此后的战争岁月中，“暴怒”号承担了作战任务，但再未尝试着陆。该舰搭载的战斗机于1918年6月19日击落一架德国水上飞机，7月17日该舰放出的

7架“骆驼”式（Camel）战斗机摧毁了位于特纳（Tondern，位于石勒苏益格—荷尔斯泰因州，今属丹麦）的飞艇掩体，并击毁2艘齐柏林飞艇。这也是世界上第一次从海上发动的成功空袭。

“报复”号（Vindictive）

该舰于1917年开始铺设龙骨，起初该舰作为“霍金斯”级巡洋舰“卡文迪许”号建造，但在建造过程中海军部决定将其改建为一艘航空母舰。从很多方面看，该舰可视为一艘缩小版的“暴怒”号。该舰前部设有起飞甲板，后部设有降落甲板，原先设计中的桅杆、舰桥和烟囱则位于舯部。改建后原先设计中的4门7.5英寸（约合190.5毫米）火炮得以保留，因此该舰作为一艘火炮与航空混合舰只吸引了相当的注意力。事实上，该舰的改建堪称失败，且仅进行过一次着陆。该舰于1918年10月加入大舰队，已经来不及赶上任何作战行动。1919年该舰搭载12架飞机前往波罗的海，但这些飞机通常直接在岸上基地运作。海军部曾考虑将其改建为一艘装备直通飞行甲板的“舰岛航空母舰”，且1918年在风洞中进行了模型试验，但这一计划最终被放弃。1923年该舰被改建为巡洋舰，但仍保留机库以及位于其上方的弹射器。这也是安装在传统舰种上的第一具弹射器。

“报复”号以与“暴怒”号类似的方式进行了改装。该舰仅进行了一次着陆尝试，尽管这次尝试可被认为成功，但该舰此后再未进行着陆尝试。该舰仍保留5门7.5英寸（约合190.5毫米）火炮，因此作为一艘“混合”战舰，该舰颇吸引国外的注意。[6]

1917年计划

1916年12月，默里·休特提出了一个颇具野心的提案，即出动鱼雷轰炸机攻击停泊在锚地中的德国舰队。[①]这一提议在1917年间逐渐发展成形，并由时任大舰队总指挥的贝蒂上将于1917年9月正式提交。按该计划，皇家海军将出动8艘由班轮改建而成的母舰，分3批放出120架飞机，并出动大型水上飞机实施支援轰炸。海军部对此方案倒是颇为支持，但是当时显然找不到可满足改装之需的8艘大型快速班轮。作为执行计划的第一步，海军部决定建造4艘航速24~25节的航空母舰，其中2艘应装备直通飞行甲板，并各自搭载14架飞机。另外两艘较小型的航空母舰则仅装备飞行甲板，并搭载8架飞机。这一方案在此后经历了若干次修改，但后文讨论的“竞技神”号和“鹰”号（Eagle）可视为该方案中大型舰只的产物，而小型舰只产生了此后以跨海峡蒸汽机船实施改建的方案。

① 在休特提出这一设想时，索普维斯“杜鹃”式（Sopwith Cuckoo）鱼雷轰炸机的设计工作才刚刚开始。该机型可携带一枚重1000磅（约合453.6千克）的18英寸（约合457.2毫米）鱼雷（战斗部重170磅，约合77.1千克）。

小型改建舰只

最后4艘改建而成的航空舰只在舰体后部设有一座供停放水上飞机的机库，舰体前部则设有一个供陆上飞机使用的起飞平台。

表8-4：载机数量

	水上飞机	陆上飞机
“文德克斯”号（Vindex）	5	2
“马恩岛人”号	4	4
“奈内纳”号（Nairana）	4	4
“飞马座”号	4	5

“文德克斯”号是一艘战争后期的水上飞机母舰。该舰搭载5架水上飞机和2架陆上飞机（帝国战争博物馆，SP1452号藏品）。

“飞马座”号是4艘改建舰只中最后也是性能最好的一艘，虽然长期作为后备舰只，但该舰一直服役至1931年。[①]除上述4艘改建舰只外，还应提及两艘被俘获的德国船只。这两艘船在接受改造后搭载水上飞机在东地中海活动。此外还有两艘明轮蒸汽船曾一度在亨伯河（Humber）流域运作水上战斗机，最后1918—1919年间还有2艘水上飞机母舰在里海（Caspian）活动。[②]就舰船本身而论，这些舰只并无太大的研究意义，但这些舰只的存在证明了皇家海军对航空力量的热情。

“百眼巨人”号，第一艘真正的航空母舰

第一次世界大战爆发前，比尔德莫尔船厂承建了隶属意大利劳埃德·萨巴多航运公司（Lloyd Sabaudo Line）的“孔特·罗索”号（Conte Rosso）邮轮。战争爆发时该轮完成度已经颇高。海军部考虑过多种利用该轮的方案，其中包括1915年提出的一份将其改建为水上飞机母舰的方案[③]。1916年8月海军部在购买该舰时，已经掌握了若干份不同的布局方案。其中一份由霍姆斯（R A Holmes）上尉提交的方案建议将该舰改为设有直通飞行甲板的舰只。上尉战前在冠达邮轮公司担任架构师，并曾在“里维埃拉”号上服役，提交上述方案时正在海军部航空部门工作。锅炉产生的烟气将通过水平的排气管向舰艉方向排除，舰体后方设有供水上飞机使用的斜坡。1915年威廉姆森（H A Williamson）航空上尉[④]提交了一份在右舷设岛式上层建筑的设计方案。[⑤]

纳贝斯开始进行实际设计工作时，对上述两份设计方案进行了详细地考察，并吸收了两份方案的部分特点，而最终的设计方案主要出自纳贝斯自己的构思。设计的核心是长330英尺（约合100.6米）、净宽48英尺（约合14.6米）、净高20英尺（约合6.10米）的机库。船肋之间部分机库宽度可达68英尺（约合20.7米），同时机库的净高也使得停放在其中的舰载机可由龙门吊提升至其他舰载机上方高度，并在机库内移动。机库与舰体其他部分之间通过气闸隔离，其内部则被四道防火卷帘门分为五段。机库后端设有一道钢制卷帘门，两座起重机吊上后甲板的水上飞机后可经由该门进入机库。上述防火措施大多吸取了皇家海军从“班米克利”号的沉没中所得出的教训，且成为日后所有英制航空母舰的标配。为及时驱散航空汽油蒸汽，机库内还设置了良好的通风设施。此外，机库甲板并未铺设常见的木板材，而是用配有防滑条的钢板铺设，以防甲板被燃油或其他油类浸湿。走廊内还设有大型砂箱和大量的芘灭火器，以供灭火之用。

此外还对航空汽油的安全储藏进行了精心设计。由于无法确保管道接头不会发生泄露，因此设计上首先排除了大容量储存装置。4000罐2加仑（约合9.09升）汽油桶被分别储存在舰体前部不同的货舱中，各货舱分别设有独立的通风

① G E Livock, To the Ends of the Air (London HMSO, 1973).
② 由莱曼撰写，即将出版问世的一本专著将详细描述在里海的作战。
③ 这一方案的细节已经不可考，但可推测该方案与“坎帕尼亚”号的改装方案类似。
④ R D Layman, 'Hugh Williamsonand the Creation of the Aircraft Carrier.
⑤ 有关舰岛为何设于右舷这一问题，可参见Layman, Before the Aircraft Carrier。值得注意的是在第一个接受风洞试验的模型上舰岛位于左舷位置。海军建造总监记录清晰地显示此时即使在陆上机场，飞行员也已经习惯于通过左转中止降落过程。这主要是考虑到飞机引擎的转动方向，左转更易实施。

系统，并通过空舱与舰体其他部分相隔离。使用时汽油桶通过两级电梯提升至飞行甲板，两级电梯之间设有一道隔火障。虽然该舰是英国设计的第一艘航空母舰，但设计师对汽油的安全储存给予了足够的重视。作为对此问题长期持续重视的结果，一方面英制航空母舰上发生严重火灾的次数非常有限，另一方面各舰的航空燃油携带量颇为有限。

“百眼巨人”号原先的邮轮侧船体被升高至机库顶端高度，同时该甲板也被设计为全舰的强度甲板。将机库顶端甲板作为强度甲板这一设计特点也被日后大多数英制航空母舰设计方案所继承。由轻质条格结构撑起的飞行甲板位于机库上方14.5英尺（约合4.42米）处，甲板上还设有伸缩缝，以确保该甲板不承受纵向弯曲负荷。有迹象显示设计时曾希望空气在机库与飞行甲板之间流通，从而避免在飞行甲板末端出现涡流。但由于该空间颇为拥挤，因此大量空气从其中流通的可能性很低。

锅炉废气则通过设于机库与飞行甲板之间的两道大型排气管排出。每道排气管周围均设有外环套，可供冷空气进入对锅炉废气进行降温。此外排气管道内也设有排风扇，以防止在顺风航行时发生逆通风现象。这一设计在实际运作中的表现总体而言并不成功。即使设计有冷空气降温措施和绝缘材料，排气管道的温度也非常高，且高温废气排出位置恰恰位于对飞机降落颇为重要的位置下方——为实现安全着陆，此处的空气流动应尽量不受干扰。

“孔特·罗索”号的设计最高航速为19.5节，但海军部希望能达到25节航速。该舰原装有5座两面燃烧式锅炉和4座单面燃烧式锅炉，为提高航速两种锅炉的数量均提高至6座，且均为燃油设计（煤烟曾导致“坎帕尼亚”号舰载机引擎迅速磨损）。这12座锅炉在试航时共输出21376匹轴马力，并取得20.5节航速——这也是该舰预期的最高航速。1936年该舰换装了原先安装在驱逐舰上的翻新锅炉。

最初设计方案中设有两座小型上层建筑，分别位于该舰左右两舷。但1916年11月的风洞试验结果显示，这一设计可导致在降落区出现严重的紊流。该实验也是除飞机外利用风洞进行的最早试验之一。试验结果在“暴怒”号的甲板上得到实际验证，因此“百眼巨人”号的设计方案被改为直通甲板设计。下图显示右舷上层建筑仍位于飞行甲板上，但其位置向舰体内侧移动，左舷上层建筑则位于一边的码头上。可推测两座上层建筑均为预制件，且曾被整体提升上（及提下）飞行甲板，这可被视为此类造船技术的早期范例之一，也显示了比尔德莫尔船厂在引入新技术上的良好声誉。飞行甲板两侧的走道前部均设有控制站，但在不执行起降任务时，液压连杆可将一座可折叠的海图室推举至飞行甲板前端位置。

该舰完工时设有两座升降机，且均只能安排在排气管前方位置。其中位

舾装中的“百眼巨人”号。该舰原计划安装两座分别位于左右两舷的舰岛，其中右舷舰岛位于飞行甲板，并装有吊梁。在比尔德莫尔船厂采用预制件方式造船的历史上，这一设计乃是早期范例之一。左舷舰岛则似乎位于附近的码头上（作者本人收藏）。

“百眼巨人”号设有宽阔、高大且无障碍的机库，并设有一座面积很大的升降机。因此该舰也是第二次世界大战期间唯一一艘可将机翼不可折叠的舰载机收入机库的航空母舰，例如图中的“飓风”式（Hurricane）战斗机（作者本人收藏）。

置相对靠后的一座升降机在实际操作中几乎无用，因此完工后不久便被固定关闭。另一座升降机面积为30英尺×36英尺（约合9.14米×10.97米），因此第二次世界大战期间该舰是唯一可将机翼不可折叠的“海火”式（Seafire）战斗机收入机库的航空母舰！该舰于1918年9月24日正式服役，并于同月24日完成首次飞机降落。此后两天不同机型在该舰上先后顺利完成21次降落，无一事故。该舰服役后纳贝斯仍醉心于威廉姆森提出的岛式上层建筑设计，并于10月初在“百眼巨人”号上用帆布和木料搭建了一座上层建筑模型进行试验。试验期间未发现任何问题，且由于岛式上层建筑有利于飞行员判断飞行高度，因此也受到飞行员们的欢迎。在仅设有一座上层建筑的情况下，可通过将舰艏指向稍偏移风向方向的方式，将紊流导向舰体外侧位置。而如果设两座上层建筑，那么紊流干扰将不可避免。此次试验结果导致海军决定在未完工的“鹰”号和“竞技神”号上设置舰岛。

“百眼巨人”号于10月10日搭载了分配给该舰的索普维斯“杜鹃”式鱼雷轰炸机中队，并为攻击德国舰队展开艰苦训练，但在其完成训练前战争便已结束。该舰作为作战航空母舰单位一直服役至1930年，此后转入预备役。1936—1938年间该舰接受了大规模改装，完工后被用于运作俗称“蜂后”（Queen Bees）的“虎蛾”式（Tiger Moths）遥控靶机[7]，该靶机被用于防空射击训练。在第二次世界大战期间该舰主要被用作飞机运输舰，但在必要时也被用于执行战斗任务。作为在第一次世界大战期间及战后服役的唯一一艘真正的航空母舰，该舰的重要性毋庸置疑，但即使如此，如今仍有人声称当时海军部极力反对舰载机的运用。

完工后不久“百眼巨人”号便安装了由木料和帆布制作的烟囱及岛式上层建筑模型供试验所用。飞行员在实践中发现岛式上层建筑及烟囱并未对飞行造成任何影响，且岛式上层建筑有助于他们判断飞行高度（莱曼收藏）。

风洞试验

1916 年 11 月进行了一系列风洞试验，以测试多种航空母舰布局方案各自的优缺点。这些试验无疑属于除飞机外最早使用风洞进行的试验之一，也显示了航空母舰设计团队、海军和造船厂在技术上的进步。1918 年 1 月还进行了另一系列试验，其目的在于改善“暴怒”号的飞行条件（所有照片均收藏在国家海事博物馆）。

“百眼巨人”号的最初设计方案。该舰原设有分立于左右两舷的岛式上层建筑，但试验结果显示由其中一座舰岛导致的涡流将危及舰载机降落操作。此次试验还显示比尔德莫尔 1912 年提出的独特设计方案并不实际。

“暴怒”号的最初设计方案之一中设有一座小型舰桥以及流线型烟囱，但试验结果显示这一设计并不成功。

另一个同样遭遇失败的双岛式上层建筑设计方案。

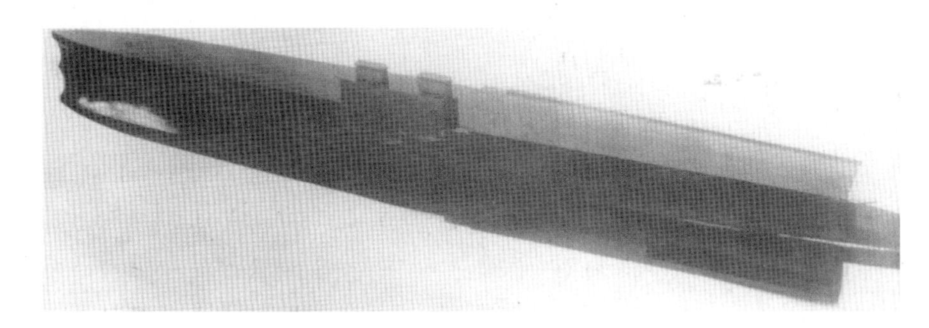

单岛式上层建筑设计方案，该上层建筑原设于左舷。该方案试验结果颇为乐观。由于装备旋转引擎的飞机实现左转更为容易，因此该上层建筑被改设于右舷。

右舷设有大型岛式上层建筑的“暴怒”号设计方案。虽然这一方案此后并未被采用，但很可能构成了“光荣”号改装方案的基础。

“报复”号设计方案之一，设有位于右舷的岛式上层建筑，并保留了5座7.5英寸（约合190.5毫米）舰炮。

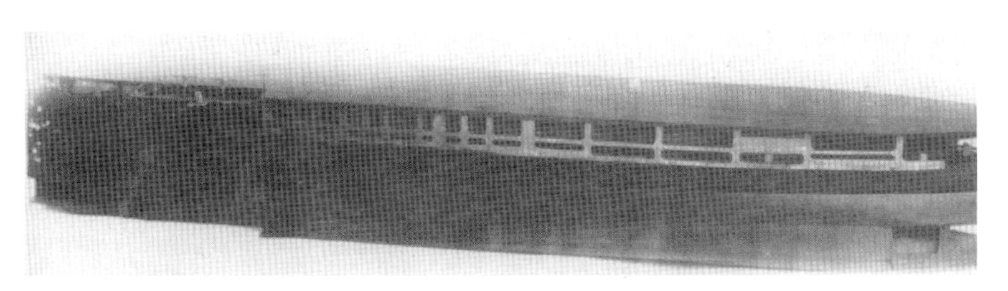

“鹰”号不设岛式上层建筑的设计方案。由于未设计排烟管道，因此该方案显然并非一份正式、严肃的方案，但可将其用来与实际采用的设计方案进行比较。

"竞技神"号

海军于1917年7月14日向阿姆斯特朗工厂订购了一艘排水量为1万吨的航空母舰，这便是"竞技神"号[①]。设计中该舰的机载武器储量为12枚100磅（约合45.4千克）炸弹、120枚65磅（约合29.5千克）炸弹、102枚16磅（约合7.26千克）炸弹以及8枚18英寸（约合457.2毫米）鱼雷［每枚鱼雷重1000磅（约合453.6千克）］。该舰还应装载200枚火箭和500枚可爆炸靶标。常人通常会忽略航空母舰还需储藏大量且多样的航空武器。对该舰的设计甚至曾有这样的建议，即应在设计时就将该舰作为航空母舰表现不佳时改建为巡洋舰的可能做出提前安排。

1918年4月建造至机库甲板部分时，该舰的建造因须要对其上层建筑做出大幅修改而停工。同年6月重新开工后又因停战而暂停，且须等待"百眼巨人"号和"鹰"号的试验结果。转隶皇家海军并获少校军衔的拉特兰（Rutland）于1918年发表了一篇颇具影响力的论文，他在文中指出海军需要一艘航速较战列舰队具有明显优势的航空母舰（战列舰队的航速为21节），并建议航空母舰的航速应至少为26~27节。"竞技神"号的航速可达26.2节，这一成绩被海军认为可以接受。该舰于1920年被拖曳至德文波特，并于1924年完工。

"竞技神"号以飞行甲板作为强度甲板，并以舰体侧面承受剪切力。这意味着舰体侧面开口的大小、数量和位置都受较大限制。在舰艏位置，这一设计意味着舰体侧面不会出现断点，从而在结构上具有一定优点。该舰舰艏外飘一直延续到飞行甲板高度，后者较水线位置仅高出32英尺（约合9.75米）。然而贝蒂坚持应安装强大火炮火力，这一要求颇难满足。设计师曾考虑过多种火炮方案，其中火力最为凶猛的是11门6英寸（约合152.4毫米）火炮，但最终该舰装备的是6门5.5英寸（约合139.7毫米）火炮和3门4英寸（约合101.6毫米）高射炮[②]。该舰的岛式上层建筑颇高，设于其上的重型三脚桅上设有火控桅楼。这一布置导致该舰在强风天气下颇难操控。雪上加霜的是，该舰在满载燃料时还有一定的前倾。此外，可能是由于设计师对右舷的岛式上层建筑重量进行了过量补偿，因此正常情况下该舰还有4° 的左倾。[③]和很多早期航空母舰类似，该舰的稳定性颇不理想，其位置很低的锅炉舱进气管道布局显著缩小了其稳定性有效范围。水上飞机可经由后甲板吊载上舰，并通过百叶窗式的舱门进入机库，也可由位于机库以外的后部升降机提升至飞行甲板。由于其舰体过小，因此该舰从未能成为一艘作战效率出色的航空母舰。

"鹰"号

该舰前身为阿姆斯特朗公司为智利建造的战列舰"科克伦海军上将"号（Almirante Cochrane），但随着第一次世界大战爆发，该舰的建造也随之停

① 该舰在设计建造过程中经历了无数次设计修改，且该舰的最初设计目标甚至可能仅仅是一艘水上飞机母舰。参见N Friedman, British Carrier Aviation (London 1988), pp63及以下。

② 选择的主要是库存中现有的火炮(参见Friedman, British Carrier Aviation, p73)。

③ 对结构不对称的舰船而言，实现横向配平非常困难。笔者曾试图在采用非常动力系统布局方案的"部族"级护卫舰上实现这一目标。

止。1918年海军部征购该舰，并计划将其改建为航空母舰。根据在风洞试验和海试中积累的经验，该舰的设计也经历了频繁修改——类似条件下这一情况并不令人惊讶。其结构设计细节如今已经无法确定，但很可能其强度甲板为飞行甲板（机库天花板），同时由机库侧面承受剪切力。

设计该舰时设计师之间对岛式上层建筑方案的利弊仍有争议，因此该舰于1920年在未完工状况下便出海进行初步试航。此时该舰仅有一座烟囱，航速限制在15节以下，且尚未安装桅杆。试航期间该舰共进行了143次飞机降落，尽管其间若干次降落有意选在恶劣天气下进行，但其间仅发生几起轻微事故。其中很多次试验的目的是开发有效的着陆拦阻装置。

在该舰进行初步试航的同时，海军也在利用风洞进行进一步试验以改善流经岛式上层建筑附近的气流。风洞试验和试航结果均显示了顶风航行的重要性，两者都显示即使舰艏指向和风向之间仅有几度夹角，也会在甲板边缘导致涡流。和“竞技神”号类似，岛式上层建筑中最主要的部件为承载着火控设备的重型三脚桅，该火控设备负责统一指挥该舰的9门6英寸（约合152.4毫米）火炮，后者在当时被认为颇为重要。该舰原计划安装12根鱼雷发射管用于自卫，但这一设备在设计后期被删除（见下文）。

设计师原计划将航空汽油储存在油桶中，但完工时该舰设有容积为5100加仑（约合23.2立方米）的特制大型油槽（容积后来被提升至1.4万加仑，约合63.6立方米），该油槽与舰体主结构隔离，且其周围设有围堰。完工时该舰机库内设有4道钢制防火卷帘门，1929年又加装了海水喷雾系统。1932年该舰的露天甲板上又加装了泡沫灭火系统。然而，武器存储系统设计仍是一大问题。至1939年该舰的23架舰载机共需装备27具马克Ⅻ型18英寸（约合457.2毫米）鱼雷、48枚500磅（约合226.8千克）半穿甲弹、342枚350磅（约合113.4千克）航空炸弹（包括半穿甲弹及B型弹）、130枚100磅（约合45.4千克）反潜弹、360枚20磅（约合9.07千克）人员杀伤弹、54枚深水炸弹，以及24枚水雷。

海上气球

就在海上使用气球这一课题，早期试验通常使用球形气球，但该种球无法拖曳，且在有风条件下难以操作。至1915年系留气球问世后，海军匆忙对商船“马尼卡”号（Manica）实施改装，使其可在达达尼尔海峡支援一具系留气球实施校射作业。该船上设有制氢站和压缩机，可将氢气压缩至每平方英寸1800磅（约合12.4兆帕）压强并灌注至储氢罐中。该轮还设有货舱和车间，其前部经过清理，可用于操作一具系留气球。该轮于1915年4月英军登陆前抵达达达尼尔海峡，并在实战中实施了有效的校射作业。当年5月海军认为将制氢站置于敌军

系留气球船“梅涅劳斯”号正在操作其系留气球（帝国战争博物馆，SP1928 号藏品）。

炮火范围内过于危险，因此将相关设备转设于拖轮“救援”号（Rescue）上。此后该轮于1916年接受了进一步改装，其甲板前部设有面积为92英尺×30英尺（约合28.0米×9.14米）的开阔开口，从而可将一具已经充气的气球安全储存在甲板以下。另有4艘商船[①]接受了类似改装，但无疑后者的改装方案吸取了“马尼卡”号的经验教训。

以舰队正常编队航行速度拖曳系留气球的尝试遭遇了若干困难。气球系留索所承受的拉力巨大，且拖曳过程中系留索将出现较大倾斜，振动又导致电缆和蒙皮迅速磨损老化。为实现电话通信，电缆需设有绝缘的缆芯。当气球接近水面时，其状态会变得很不稳定，导致气球着陆作业颇为危险。更重要的是，校射手晕船这一问题一直是一大困扰。利用“恩加丁”号和“坎帕尼亚”号进行的一系列试验逐渐解决了上述问题，1916年夏，以战列舰“大力神”号为首，舰队各舰逐一加装了操作系留气球的相关设备。至战争结束时，共有18艘战列舰、3艘战列巡洋舰和7艘轻巡洋舰接受改装，可操作系留气球。气球通常

① 这4艘船分别为“赫克托”号（Hector）、“坎宁”号（Cannning）、“梅涅劳斯”号（Menelaus）和“牛津城”号（City of Oxford）。各船改建的细节可参见Records of Warship Construction during the War 1914-1918. DNC Department。

1917年后，部分驱逐舰也可操作系留气球（感谢罗斯·吉勒特提供）。

在岸上充气，并由驳船转运至战舰，并由后者在任一方便高度实施拖曳。在需要进行操作时，气球被回收至后甲板，从而让校射手可以登舰。

自1917年5月起，系留气球相关设备逐渐被安装在驱逐舰及轻护卫舰等小型舰艇上，用于执行侦察潜艇及水雷任务。当年7月驱逐舰“爱国者”号（Patriot）取得了历史上首个由气球辅助的潜艇击沉记录。战争结束时共有38艘驱逐舰、65艘轻护卫舰、62艘P型艇和4艘武装登船检查艇、2艘内河炮艇和6艘其他舰艇，以及11艘美国舰船接受改装，可实现操作气球。战争期间海军共对180艘大小舰艇进行改装以操作气球，这无疑堪称一大成就。

舰队中的舰载机

航空先驱者和海军将领们都意识到，除航空母舰搭载的舰载机外，各战舰也需要各自携带载机。最初计划为各舰装备水上飞机，但相关人士很快意识到北海的海况极大地限制了水上飞机正常起飞的概率，且即使海况允许水上飞机起降，发射和回收水上飞机的过程也将极大地影响母舰的正常航行。此外，浮筒的重量和阻力也意味着水上飞机从舰上直接起飞所需的起飞平台将会很长。1911年夏飞机和水上飞机从“文德克斯”号和“坎帕尼亚”号上分别起飞的试验显示了飞机的优势，同时还应考虑到起飞后飞机在速度和升限上的优势。

1917年6月海军在轻巡洋舰“雅茅斯”号（Yarmouth）[8]前部火炮上方安装了一具起飞平台，其跑道长20英尺（约合6.1米）。试验显示该设施可用于实战，但可能对前部火炮造成一定干扰。[①]此后不久，一架索普威斯“幼犬”式战斗机从该平台起飞，并成功击落尾随该舰的一架齐柏林飞艇。受此战绩鼓舞，另外3艘巡洋舰也加装了类似的起飞平台，“雅茅斯”号的起飞平台则接受了若干改造，由此大舰队中的每个巡洋舰中队均有一艘巡洋舰可携带飞机。然而，固定的起飞平台意味着执行起飞作业时载舰需转向逆风方向。因此1917年在艏楼上安装可旋转起飞平台的提案应运而生，该平台轴线方向可根据相对风向进行调整。当年11月在“悉尼”号上进行的试验非常成功，由此一系列舰只均安装了类似的起飞平台，其中包括部分原先安装固定起飞平台的舰只。后期轻巡洋舰由于在艏楼采用背负式火炮布局，因此无法安装该种起飞平台。海军尝试在这些巡洋舰的烟囱后方设置可旋转的起飞平台，并使其轴线方向尽可能地靠近相对风向。出乎所有人的意料，试验结果显示即使风向偏离起飞平台20°，飞机也能起飞。

1918年海军部收到一份关于在C级和D级轻巡洋舰舰桥结构内并入一座机库，并在火炮上方设置较短起飞平台的改建设计方案。由于该方案不但影响舰桥布局和火炮射界，且起飞时巡洋舰需转向逆风方向，因此该方案并不令人满意。两艘

① 本章节提及的大部分试验均由拉特兰航空少校完成，他也是唯一一名参与日德兰海战的飞行员。

“巴勒姆”号。照片中可见设于该舰B炮塔和X炮塔上方的起飞平台。该舰可能携带1架双座机和1架单座机。战争结束时，大舰队各战列舰和巡洋舰共携带103架飞机（作者本人收藏）。

D级和一艘C级轻巡洋舰在完工时即建有机库，但实战中机库几乎从未被使用。

由于海战中主力舰不应为了飞机起飞而离开战列线，因此无法在该舰种上安装固定起飞平台。这起初导致海军认为不存在为主力舰安装起飞平台的可能。此外，海军部不能接受对主力舰火炮的任何干扰。不过，此后海军意识到设于炮塔顶端的起飞平台可根据相对风向调整其轴线方向，且不会干扰主炮的正常运作。1917年10月，一座起飞平台首先被安装在“反击”号的B炮塔上，并且供一架“幼犬”式战斗机成功起飞。一周后，在该舰舰艉炮塔上进行的起飞试验也宣告成功。由此海军决定所有战列巡洋舰均应携带一架战斗机，以执行反齐柏林飞艇任务。

利用双座机进行的早期试验结果并不理想，但1918年4月4日在“澳大利亚”号战列巡洋舰上进行的一次试验堪称成功。由此海军部决定所有战列巡洋舰均应在前部携带一架双座机，在后部携带一架战斗机。在发现这一安排并未影响各舰主炮运作之后，海军部决定在战列舰上也安装类似的起飞平台。至战争结束时，11艘战列巡洋舰共搭载11架战斗机和6架双座机。①各战列舰共携带49架战斗机和17架双座机，另有16架双座机由轻巡洋舰携带。②据称大舰队各舰共携带103架各式飞机，包括浅水重炮舰在内，其他部分舰只也携带飞机。因此至战争结束时，除航空母舰载机外，皇家海军各舰共携带150架飞机。

1916年海军收购了一艘开底驳船并将其命名为“投石者”号（Slinger），用于测试飞机弹射器。该船在谷岛（Isle of Grain）附近海域数次成功起飞，但由于起飞平台日趋成熟，并能满足海军的需要，因此海军此后放弃了对飞机弹射器的开发工作，并于1919年将“投石者”号出售。

水上飞机拖曳驳船

1916年9月底波特（Porte）中校提议，大型“美国”式水上飞机[9]（Large America Flying Boats）的有效活动半径可通过拖曳其至北海海域的方式扩大。设想中的拖曳驳船可由驱逐舰以高达25节的航速拖曳。该驳船后部应设有大型

① 包括“勇敢”号和“光荣”号在内。

② 具体数字持续变化，巡洋舰携带飞机数量尤其如此。各巡洋舰上加装1门6英寸（约合152.4毫米）火炮往往意味着拆除起飞平台。具体可参见Records of Naval Construction。

压载水舱，在注满海水条件下驳船船尾将没入水下，从而使重约4.5吨的水上飞机可由绞盘放下或拉出海面。第一种接受试验的驳船船型设有垂直延伸至船体棱缘的外飘，但这一设计导致了过多的上浪。艾德蒙·傅汝德建议采用凹形外飘，由此建造的船模在海军部试验工厂进行试验，其结果显示上浪问题得以解决。托尼克罗夫特公司在奇斯威克（Chiswick）先后建造了4艘原型船，其中第一艘于1917年6月接受试验，其结果非常成功。[①]后续试验结果显示，在海况平静时可以最高32节的速度拖曳驳船。海军由此追加了20艘驳船订单，此后又增加至50艘。全部驳船均由里奇伯勒（Richborough）的政府造船厂建造（其中14艘在战争结束时取消）。

表8-5：水上飞机驳船参数

排水量	24吨（满载时约30吨）
船体长度	58英尺（约合17.7米）
船体宽度	16英尺（约合4.88米）
最大吃水深度（不含水上飞机）	3英尺（约合0.914米）

1918年夏海军决定在上述驳船中的12艘上加装木制起飞平台，以供“骆驼”式战斗机使用。这一设计获得成功（从驳船上起飞的战斗机曾击落一架齐柏林式飞艇）。

1917年海军订购了两艘60英尺（约合18.3米）驳船，作为容纳H8大型水上飞机的浮动船坞。海况平静时，上述浮动船坞可被拖曳至未设有维护该型水上飞机所需设施的港口。此后海军又订购了12艘大型驳船，用以容纳相关设备及相关人员。该批驳船中船体最长的为70英尺（约合21.3米）。

皇家海军航空兵的终结

皇家海军航空兵最终成为其自身成功的牺牲品。至1918年该兵种共拥有103艘飞艇[②]、2000架飞机、650架水上飞机、150架大型水上飞机和120具气球，并辖有100个岸上基地以及5.5万名官兵。上文已经记叙了皇家海军建造的各艘航空母舰和水上飞机母舰，此外1918年时还有两艘在建，同时海军部还有后续航空母舰建造计划。相当数量隶属皇家海军航空兵的作战中队曾在西线作战，且当时认为该兵种几乎垄断了最好的飞机制造商（尽管这一观点并不公允）。[③]皇家海军航空兵还负责保护英国本土免遭德国空袭，但这一任务该部完成得并不成功。

1917年一个以史末资将军（Smuts）为首的委员会成立，专门负责研究航空兵的未来。该委员会建议皇家海军航空兵与皇家陆军航空队合并为皇家空军。皇家海军航空兵各级军官的精华由此转隶至新成立的皇家空军，同时带走了海

① 4艘原型船中的一艘至1997年仍以驳船身份停泊在泰晤士河上，现在可能已经被移往舰队航空兵博物馆（Fleet Air Arm Museum）。

② 虽然相关内容已经超出了本书的涵盖范围，但应注意到战争期间皇家海军共建造了225艘飞艇。战争结束后，新组建的皇家空军拆解了这些廉价而高效的软式飞艇，并订购了高价而低效的刚性飞艇。参见Patrick Abbott, The British Airship at War 1914-18 (Lavenham1989)。

③ 自皇家飞机制造厂（Royal Aircraft Factory）关闭后，索普威斯公司便成了英国最好的飞机制造商，但该公司也为皇家陆军航空队（Royal Flying Corp）建造飞机。

军有关航空兵的经验技术和热情，它导致皇家海军在此后的一代中一直缺乏航空经验。组建皇家空军或许是一个正确的决定，但组建该军种的方式无疑是错误的，并导致皇家海军直至第二次世界大战期间一直苦于缺乏适当的航空兵支援力量。

英国领先世界

通过古道尔、驻华盛顿的皇家海军人员和美国海军驻伦敦代表麦克布莱德，所有英制航空母舰及水上飞机母舰的图纸均转交至美国海军手中。1917年古道尔撰写了一篇篇幅颇长的论文，总结了英国方面有关上述舰种的观点：

> 关于是否应为美国海军提供类似舰种的问题无疑应完全由负责制定海军政策的人士决定，但从目前英国方面的经验来看，该舰种对英国海军非常重要。空战已经成为海上作战任务的一部分，对一支舰队而言，在进入交战前其战术机动在相当程度上取决于航空侦察部队所获得的情报……双方舰载机的一系列交战很可能成为双方舰队交火的前奏。因此，一支舰队应配备适当的侦察机和战斗机……若航空母舰仅装备4门4英寸（约合101.6毫米）高射炮则其火力显然不够，该舰种应装备更多口径更大的火炮，例如6英寸（约合152.4毫米）火炮，以及1~2门高射炮。虽然从任何角度而言该舰种都不应被认为可直接投入炮战，但应为其配备足够强大的装甲，使其拥有扫除敌舰队轻型舰只的能力，从而使其舰载机可从相对前出的位置起飞。
>
> 该舰种应配备约12根设于上层甲板的鱼雷发射管（与“鹰”号和“暴怒”号的早期设计类似）①……由于该舰种作战价值很高，且很可能在敌潜艇活动范围内作战，因此其防雷系统也被认为颇为重要。其侧面防护水平应与轻巡洋舰相当……建议的航速——名义为30节——被认为是最低要求。由于该舰种可能与舰队的侦察部队一同行动，因此两者航速应相当。由于美国设计中的战列巡洋舰和侦察巡洋舰航速高达35节，因此应考虑美国海军的该舰种航速是否应达30节以上……

古道尔曾帮助美国海军造船与维修署进行2.2万吨航空母舰的初步研究，上述研究可能衍生出对战列巡洋舰“列克星敦”号和“萨拉托加”号的改造方案。第一艘日本航空母舰“凤翔”号的设计方案则基于1918年送交饭田将军[10]的“百眼巨人”号设计图纸，此后“赤城”号和“加贺”号航空母舰的改装方案则基于“暴怒”号的设计。“鹰”号的设计图纸则被转交给法国方面［通过鲍里斯（Boris）中校］，并成为“贝亚恩”号（Bearn）航空母舰的设计基础。

① 在此后的早期研究中，古道尔甚至建议装备更强的鱼雷武器。这一系列研究此后演化为第二次世界大战中的轻型舰队航空母舰。

译注

1.法国微生物学家，是微生物学的开创者。曾发现免疫现象，包括狂犬病疫苗在内的多种疫苗和巴氏消毒法。

2.原文如此，似为笔误。正确数据应为29节，即966.7码/分，约合884米/分。

3.1914年11月21日。

4.该舰未及时收到命令，且其泊位距离大舰队主力较远，因此未能及时观察到友舰出发，从而未能与大舰队一起出动。由于其航速较低，无法赶上大舰队主力，因此该舰在出发后奉命返航。

5.隶属“皇权”级。

6.正文中为4门火炮，但原文如此。

7.德哈维兰公司于20世纪30年代生产的DH.82式木制双翼机。

8.隶属“城”级，1910年下水。

9.波特为前皇家海军军官、飞机设计师，以及试飞院成员，战争爆发前与美国寇蒂斯公司合作开发大型水上飞机。波特主持开发了“美国”式大型双翼水上飞机。战争爆发后波特返回英国，并成为皇家海军航空兵中的一员。他成功说服海军部购买了相当数量的“美国”式大型水上飞机。

10.疑为饭田久恒中将。

9 战时潜艇

移交给澳大利亚皇家海军后的J5号潜艇。注意该舰上的4英寸(约合101.6毫米)火炮，该设备是该舰后期接受的改造之一。J级艇乃是对高速柴油潜艇的一种设计尝试，但即使装备3根推进轴，该艇航速也仅为19.5节(世界船舶学会收藏)。

1915年成立的潜艇发展委员会①曾就六种可能需要的潜艇类型逐一加以考虑，即“近海”“巡逻”“舰队”“巡洋”“布雷”和“浅水重炮舰”。该委员会认为现有近海潜艇（F级和V级）、巡逻潜艇（E级）和布雷潜艇（由E级改造而成）的设计性能令人满意，因此应继续建造。由于敌方商船出现在公海的概率不大，因此此时并无建造巡洋潜艇的必要。对舰队潜艇的需求导致了J级和K级潜艇的诞生，下文将对这两级潜艇进行讨论。至于对重炮型潜艇的要求则间接地导致了M级潜艇的诞生。

舰队潜艇

J级

大舰队总指挥曾相信所谓德国海军正在建造新型潜艇的情报，且该型潜艇的水面航速可达22节，并可伴随公海舰队一同行动。不过事后证明这一情报并不正确。总指挥由此希望大舰队也能拥有类似潜艇。维克斯公司由于正忙于其他项目，因此并不愿意投入研发力量去开发一款可使输出功率大幅提高的全新引擎。该公司建议采用由E级潜艇装备的8气缸柴油引擎衍生出的12气缸引擎，其输出功率为1200匹制动马力。海军建造总监由此提出了一项安装3根推进轴的潜艇设计方案，但其水面航速的预期值仅为19.5节。供下潜时推进的电动引

① 该委员会成员包括第三海务大臣、海军总参谋长、海军军械总监、潜艇准将、海军建造总监以及隶属皇家海军造船部的琼斯(A W Johns)。

J7号潜艇。该艇为该级艇中的最后一艘，其控制塔位置进一步后移，但这一变动的具体原因不明（帝国战争博物馆，SP3094号藏品）。

擎仅用于驱动舷侧推进轴。该级艇的艇壳造型主要基于由艾德蒙·傅汝德在海斯拉设计的轻巡洋舰船型。该船型（被称为UR型）此后也被K级潜艇采用。该船型出色的航速—长度比使其至今仍被认为是曾被测试的最佳船型。

为达到在恶劣天气下仍可实现高速航行这一目标，该级艇在完工后接受改造，升高了艇艏，这一改造完成后该级艇表现出色。该级艇装有4具艇艏鱼雷发射管和两具舷侧鱼雷发射管，其口径均为18英寸（约合457.2毫米）。舰艏舱门和设于外层艇壳的整流卷帘门之间通过全新设计的机械结构连接，这一连接也被所有后继英国潜艇设计沿用。然而该级艇的作战地位并不清晰。其航速并不足以随同大舰队一同行动，但就执行巡逻任务而言又过快、过大和过于昂贵。5艘该级艇按原先设计方案建造完成，另有一艘按照修改后的设计方案完成。第一次世界大战末期5艘幸存的该级艇被移交给澳大利亚皇家海军，但由于战后经济形势恶化因此该级艇很快被销毁。其中几艘自沉于墨尔本的菲利普港湾（Port Phillip Bay），其遗骸至今仍可见。

K级

1913年春，海军建造总监准备了一份大型、高速蒸汽驱动潜艇的设计方案，其排水量为1700吨，艇长为338英尺（约合103米），航速为24节。[①]海军部权衡之后决定等“鹦鹉螺”号和“剑鱼”号潜艇建成后，再决定是否建造更大、更快并采用蒸汽动力的潜艇。当1915年J级潜艇的性能远低于设计要求时，海军部对此设计方案进行了重审，并将其与维克斯公司设计方案进行对比。海军部设计方案最终中选，并转交维克斯公司以供后者准备工作图。1915年8月海军下达了21艘该级艇订单，每艘造价34万英镑（其中4艘后来被取消）。

在演化过程中，原始设计方案接受了一系列重要改动。为加快建造速度，

① 该设计方案非常详细，并曾在海军部试验工厂进行模型试验。

鱼雷发射管口径从21英寸（约合533.4毫米）改为18英寸（约合457.2毫米）。该级艇完工时装备4具艇艏鱼雷发射管，每舷各装备2具鱼雷发射管，此外在其上层建筑中还装有一具双联旋转鱼雷发射单元，以供夜间作战使用（该设备由于过于靠近水面，且常常被损坏，因此很快便被拆除）。该级艇装备2门4英寸（约合101.6毫米）火炮①和1门3英寸（约合76.2毫米）高射炮，以及一具输出功率为800匹制动马力的柴油发电机。②上述改动导致该级艇排水量上升至1980吨（水面航行状态）或2566吨（下潜状态）。

该级艇采用了不彻底的双层艇壳设计方案，设计储备浮力为32.5%。其蒸汽动力系统耗油量远高于柴油引擎——满功率条件下蒸汽机组耗油量为每轴马力每小时1.25磅（约合0.57千克），柴油机则为0.43磅（约合0.20千克）。为改善续航能力，该艇两舷的舯部压载水舱可用于装载100吨燃油。③在上述油槽满载条件下，该级艇在水面航行时其航速因吃水深度增加而损失0.5节。该艇内设有8道舱壁（分隔为9个舱室），其承受压强为每平方英寸35磅（约合241.3千帕）［70英尺（约合21.3米）］。[1]

从一开始，该级艇面临的问题就颇为明显，其中最为明显的是其巨大的艇体体积。该级艇的长度使其被操控起来颇为困难，而其艇体和上层建筑表面大部分为平面使这一问题更为突出。如果该艇在航行中出现纵倾、艇艏下沉现象，那么作用于艇艏部位平面部分的水压将进一步加大倾角。该级艇的安全下潜深度据估测为200英尺（约合61.0米），但这一数据无法被精确计算。然而应注意的是由于该艇长339英尺（约合103.3米），因此10°的纵倾即可导致该艇艏艉深度差达59英尺（约合18.0米）［30°纵倾则将导致170英尺（约合51.8米）的深度差］。

设计建造该级艇时液压操舵系统刚问世不久，且K级艇巨大的体积意味着该艇需装备大量纵倾平衡水柜及潜水水柜，且各水柜均应由控制室通过液压机加以控制。早期潜艇曾遭遇燃油在低温下蜡化的问题。艇壳上为烟囱设计的开

① 据海军建造总监史，K17号潜艇原计划安装2门5.5英寸（约合139.7毫米）火炮。基于普里迪（Priddy）的记录，坎贝尔声称海军部共将11门5.5英寸（约合139.7毫米）火炮分配给K15号及其后续各艇。实际上，该级艇中仅有K17号安装该种火炮，且仅安装了一门。安装的火炮原为38号，3周后更换为46号，并保持至该艇沉没。

② 原始设计方案中该引擎应驱动第三根驱动轴，但此后设计师意识到利用电动机驱动主驱动轴更为经济。

③ 以铆接方式构筑的外部油槽常常面临渗漏的问题。

K级潜艇由蒸汽驱动，该级艇的大小和长度（330英尺，约合100.6米）可由K2号潜艇的这张照片体现（帝国战争博物馆，SP2765号藏品）。

K级艇前部的干舷高度不足，可由这张K3号潜艇的照片体现。注意拍摄天气还较为缓和。该艇的前部火炮常常无法使用，其舰桥玻璃也常常破损（帝国战争博物馆，SP2737号藏品）。

口装有双层外壳。由耐压艇壳延伸至上层建筑顶部的围井水密，其顶部和底部均设有舱盖。用于收起烟囱的机械结构与斯科茨公司在"剑鱼"号上使用的结构类似，甚至可能就是该公司设计的。[①]

该级艇中最早建成的是于1916年5月（恰于日德兰海战前夕）完工的K3号，该艇于同年8月正式服役。试航结果显示该艇各项性能均达到设计指标，但同时也反映出一系列问题，其中最为严重的是锅炉舱温度过高。这一问题此后将通过加大风扇体积得到缓解，但一直未能被彻底解决。该艇顶浪航行时，不仅操舵室的玻璃会破损，而且上层建筑结构会遭受损伤。虽然改装更厚的玻璃可以解决前一问题，但实战经验显示水面航行时的适航性是一个更根本的问题。

该级艇舰艏部分的干舷高度过低，因此在高速顶浪航行时，水压将迫使其艇艏下沉，从而加剧其干舷高度不足的问题。为解决这一问题，须在艇艏部分加装大型浮力舱室，由此造成的艇艏被称为鹅颈形艏[②]。其前部主炮位置有必要上升至上层建筑之上。更为恼人且潜在风险更为严重的问题是海水可经由烟囱进入艇体，并造成锅炉熄火，在顺浪航行条件下这一问题出现的概率更高。该级艇的燃油主要储存在艇体内部油箱，因燃油消耗空出的容积可自动引入海水充斥，从而将因燃油消耗而导致的排水量变化降至最低。这也意味着油槽结构部分暴露在海水压力之下。实战中大量来自一线部队的抱怨通常与油箱顶部铆钉松动，导致燃油渗入住舱甲板有关。[③]

记录中K级潜艇经受了一系列灾难，但部分记录过于夸大。从下文简述可见各种事故在大多程度上与其设计有关：

●K1号潜艇1917年因与K4号相撞而沉没；

① A N Harrison, The Development of H M Submarines from Holland No 1 to Porpoise 1930 (BR 3043), HMSO (for DNC), 1979.(后文将其简记为 Harrison, BR 3043。)

② 此前的J级潜艇以及此后第二次世界大战末期的A级潜艇都采用了同样的设计。

③ D Everitt, The K Boats (London1963), p76.

K2号潜艇。该艇艇艏被升高——该设计被称为“鹅颈形艏”——且火炮被移至上层建筑上方，从而使该级艇在恶劣天气下航速明显提高（世界船舶学会收藏）。

●K4号潜艇1918年1月在梅岛（May Island）附近海域因受撞击而沉没；

●K5号潜艇1921年在训练中沉没，原因不明；

●K13号潜艇1917年在盖尔湖（Gareloch）试航时，因一处通风口未能完全关闭而沉没；

●K15号潜艇1921年在朴次茅斯沉没；

●K17号潜艇1918年1月在梅岛附近海域因受撞击而沉没。

就K1号和在梅岛附近沉没的两艘潜艇而言，其损失原因似乎可归结为艇身过长，以及机动性不佳的潜艇编队在航行时相互之间距离过近。由于潜艇在航行时艇身大部分都位于水下，因此瞭望手很难观察到其存在。有观点怀疑K5号是因失控进而超出其安全下潜深度下限而沉没的，且有证据显示该艇控制室附近围壳破裂，但这一猜测无法被证实。K13号潜艇的记录一贯糟糕，因此该艇意外沉没几乎可以被认为是在预料之中。尽管如此，该艇如何在锅炉舱通风口阀门未完全关闭的情况下下潜仍是一个谜。该艇轮机长对该阀门的性能早有怀疑，且在最终导致该艇沉没的这次下潜中，检查该阀门性能本就是该艇下潜的原因之一。然而，现存记录中似乎并无记录显示下潜之前是否确认过阀门正常关闭。除上述事故之外，该级艇还发生过一系列小规模事故，例如电力火灾、回闪等。

对K级潜艇的讨论有两个明确的主题：对舰队潜艇的设计要求是否明智？对此提出的技术方案是否正确？大部分当代作者以及潜艇参谋军官可能认为对舰队潜艇的设计要求并不正确①，但应注意到当时支持该艇种设计要求的也大有人在。②迟至1929年的“泰晤士河”级（Thames）潜艇设计方案不仅受同一作战理念影响，而且受英国柴油机技术水平限制。1915年间，针对需与舰队主力一同机动这一技术要求，设计师除采用蒸汽涡轮动力系统外别无选择，因此该级艇服役期间所遭遇的问题实际上不可避免。现在看来当时应更多地考虑撞船的风险，规划航线时舰艇之间应保持相当的距离，以防类似梅岛那样的事故

① R Compton-Hall, Monsters and Midgets (Poole 1985).笔者和该书作者1951年在“塔巴尔”号（Tabard）潜艇上短期共事。[2]

② 如果该批潜艇稍早几个月完工，且一个潜艇队可在1916年6月1日伏击公海舰队，那么对其的评价可能会完全不同。

相比该级艇的原先设计方案，K26号潜艇的设计方案改善颇多，早期K级艇上的大多数问题由此解决。

再次发生。和本书第8章中对驱逐舰相关部分的讨论类似，各艇协同发动鱼雷攻击也会面临同样的困难。

控制理论在1915年几乎还未问世，在20世纪20年代至30年代飞机设计过程中才逐渐成型。虽然早在20世纪30年代设计师就已经意识到应将该理论运用在潜艇设计上，但该理论在潜艇设计上的实际运用还是迟至第二次世界大战结束后。考虑到这一因素，或许可以认为K级潜艇的操作表现出人意料地出色。海军总试图削减所有鱼雷攻击平台的轮廓，这往往导致干舷高度不足。

总体而言，K级潜艇在准备下潜时需完成的复杂操作并非随意设计的结果。下潜时整套程序在正常节奏下需5分钟左右才能完成。在此期间艇长可沿上层建筑巡视，并检查烟囱是否已经正常收纳。该级艇的最快下潜记录为3分25秒，由K8号创造。

哈里森曾在书中引用一系列关于3艘参与1925年演习的K级潜艇以及此后K26号潜艇的评论：

●艇壳结构强度较弱，据称这是因战时赶工而相对老化的结果；

●艇艏鱼雷发射管舱门强度较差，老问题；

●外置油舱的布局较差；

●居住条件很差；

●发电机可靠性不佳；

●该级艇仅装备18英寸（约合457.2号）鱼雷发射管，而大部分潜艇已经装备21英寸（约合533.4毫米）鱼雷发射管；

●K12号潜艇装备36英尺（约合11.0米）潜望镜，航行时保持深度较装备

30英尺（约合9.14米）潜望镜的潜艇更为便利。

1917年10月海军部又订购了4艘设计方案经大幅改善后的K级潜艇，但其中3艘后来被取消，仅K26号完工。该舰的建造进度颇为缓慢，直至1923年才完工。该艇装备6具21英寸（约合533.4毫米）艇艏鱼雷发射管，且保留了原先的18英寸（约合457.2毫米）舷侧鱼雷发射管。该艇的围壳较早先同级艇高3英尺（约合0.91米），其上安装了3门4英寸（约合101.6毫米）火炮，同时额外的围壳高度也解决了此前锅炉舱进水的问题。该艇的内置压载水舱体积更大，且更多的燃油储存在艇体外部。得益于重新布置的压载水舱，该艇下潜速度变得更快。凯斯引用的记录为该艇在3分12秒内即可下潜至80英尺（约合24.4米）深处。[①] 排水量的增加导致该艇航速下降0.5节。与同级早期姊妹舰相比，该艇性能改善颇为明显，直至1931年仍在服役。根据《华盛顿条约》中英国潜艇总吨位配额得出该级艇总吨位所占比例过高，因此1931年该级艇早期各艇均被拆解。

按战争爆发前的海军习惯，每一级潜艇中首艇的建造至少较后继艇早一年。设计部门通过首艇的试航确定该级艇的设计问题，并相应地在后继艇上加以修正。考虑到K级潜艇的设计颇为新颖，因此海军应提前订购1~2艘潜艇以汲取经验教训，并在后继艇上发展出更为优秀的改进设计方案，例如与K26号类似的方案。笔者本人通常反对所谓原型设计，其理由是该种设计往往被作为拖沓的借口，但对如此新颖的潜艇而言，原型设计确有必要。海军部还准备了体积更大、航速30节的蒸汽动力潜艇设计方案，但并未据此下达订单。

H级

购买该级潜艇的背景异常复杂[②]，此处仅进行简要描述。费舍尔上将曾对新型潜艇入役的速度较慢表示担忧，因此当伯利恒钢铁公司（Bethlehem Steel）的查尔·施瓦博（Charles M Schwab）提议在美国建造20艘潜艇时颇为欣慰。该批20艘潜艇的造价为每艘50万英镑，且前4艘在5个半月内须交货。威尔逊总统以此举侵害了美国的中立为理由对此加以反对。在经过一系列讨论后，英美双方决定前10艘潜艇改由加拿大维克斯公司设在蒙特利尔的船厂建造。为符合美国法律，艇体应在美国领土以外建造，因此在美国本土的相关建造工作仅限于初步阶段，且相关建造材料的出口需要额外手续。这一变动导致必须重新制定整个建造计划，各艇造价也由此提升至60万英镑，几乎是E级潜艇单艇造价的两倍。由于同期美国类似潜艇的造价为每艘49.1万英镑，因此施瓦博及他的公司做得颇为出色。[③]

双方于1914年12月签订合同，首艘潜艇于次年1月开始铺设龙骨，并于3月下水。所有10艘该级艇于1915年夏驶往英国。其余10艘则在美国建造，但由于

① Sir Roger Keyes, Naval Memoirs(London 1934).
② E C Fisher, 'The Subter fugeSubmarines', Warship International 3/1977.
③ J D Perkins, 'Canadian Vickers Built H Class Submarines', WARSHIP 47-49 (1988).

H4 号潜艇。H 级潜艇原先购自伯利恒钢铁公司，为满足美国中立法，该艇在加拿大完成组装。该级艇颇受海军欢迎，其动力系统也颇受赞誉（帝国战争博物馆，SP578 号藏品）。

对相关法案的解释愈来愈严苛，因此最后这10艘潜艇无一加入皇家海军。[①]该级艇与美国“海狼”级（Seawolf）潜艇（共9艘），以及为沙俄和意大利建造的潜艇颇为相似。荷兰政府从英国手中获得了H6号潜艇，该艇1916年在特塞尔（Texel）附近海域搁浅。类似潜艇共建造完成72艘。

该级艇为传统单层艇壳设计，其设计和建造质量均属优良。其体积与F级和V级潜艇大致相同。该级艇所装备的引擎广受赞誉，功重比出色，且可靠性颇高。该级艇是皇家海军中服役的第一级装备电池组的潜艇。由于其位置距离司令塔颇远，因此海水渗入电池组并生成氯气的机会很低。该级艇的名义下潜深度为200英尺（约合61.0米），但得出这一计算结果的数据基础不明。其艇艏装备4具18英寸（约合457.2毫米）鱼雷发射管。

该级艇虽然体积颇小，但在海军中广受欢迎，因此1917年1月维克斯公司奉命建造12艘该级艇的改进型。海军部又于同年6月向不同造船厂下达总计22

① 第一次世界大战结束后，该批潜艇中的6艘被出售给智利，另有2艘被出售给加拿大。H11号和H12号潜艇于1918年名义上加入皇家海军。

H50 号潜艇。按美国相关法律，第二批 H 级潜艇的建造被中止，其动力系统被送往英格兰，并安装在由维克斯公司建造的 H 级改进型潜艇上（世界船舶学会收藏）。

艘的追加订单。此后相当数量的订单被取消，订购的总共34艘中最终仅22艘完工。首批改进型H级潜艇的主机、马达和其他装置由美国生产，很可能源自H级原始订单中第二批10艘潜艇已经组装完成的部件。其他改进型潜艇则装备美制动力系统的英国复制产品。改进型H级艇的艇身稍长，排水量从434吨增至503吨。与H级原型艇相比，英制H型艇的主要区别为改装4具21英寸（约合533.4毫米）鱼雷发射管。部分H级艇甚至参加了第二次世界大战。和所有单层艇壳设计潜艇类似，该级艇的水上稳定性很差，尤其是在拆除电池组之后。因此在海上更换电池组时需要相当小心地进行压载配平！

R级

1917年3月，海军建造总监提交了一份高水下航速的小型潜艇设计方案，以扮演潜艇猎手的角色。虽然该设计当时并未获得批准，但由于当年晚些时候潜艇准将建议完成这一设计，因此该设计方案最终获批，海军于同年12月下达了12艘该型潜艇订单。最终设计方案中装有一部与H级潜艇相同的引擎[①]，其水面航速仅为9.5节。潜航时则由输出功率为1200匹马力的马达驱动设在艇体末端的单螺旋桨，其水下设计航速可达15节。由于测量水下航速颇为困难，因此仅通过航海日志记录推算，并通过水上测量结果进行校正。提高潜望镜长度导致航速降低约1节。[②]报告称在电池组电量于1小时耗尽的条件下，试航时该级艇水下航速可达15节，作战速度则为12.5节，在此航速下电池组电量则可坚持1.8小时。

该级艇的操控性也颇成问题。其安全下潜深度为250英尺（约合76.2米），在30° 艏倾条件下仅需20秒便可达到这一深度。即使是在10° 艏倾条件下，其

① 这可能是取消建造H级潜艇的原因之一。
② R3号潜艇在其首次试航时航速仅能达到10.5级，但在清理艇底后其航速增至13.8节。参见舰艇档案292号。

R3号潜艇。海军建造总监计划将R级潜艇作为潜艇猎手，其水下航速为15节。该级艇服役时间与战争结束时间颇为接近，因此没有机会展示其设计理念正确与否，且在战争结束后不久便被拆解（世界船舶学会收藏）。

深度超过250英尺（约合76.2米）也仅需57秒。除前部和后部外，该级艇的最初设计方案中舯部似乎也设有水平舵。但舯部的水平舵由于工作效率不高，因此实际并未被安装。该级艇的两座艏部压载水舱直接位于艇艏部位，当压载水舱内的海水被吹除后，该级艇艉俯幅度颇为可观。在水面航行时该级艇通常采用这一方式来阻止艏倾，但这一方式在下潜状况下会导致重心迅速变化。

R级潜艇虽然是单层艇壳设计，但其储备浮力颇高，达23%。该级艇装备6具18英寸（约合457.2毫米）鱼雷发射管，足以击沉一艘潜艇。其艏部装备5具水听器，设计时曾希望该设备能在下潜状态下帮助潜艇实施攻击。然而，战争中R级潜艇仅有一次攻击敌方潜艇的机会，但在这一战例中鱼雷发生故障。该级艇通常装备1枚后备鱼雷（平时并不携带），若大幅牺牲乘员居住舒适性，则可携带6枚后备鱼雷。

大多数R级潜艇先后于1923年被拆解，该级艇在这么早的时间便被销毁的原因现已不明——可能是因为该级艇的操控问题较实际认识到的更为严重。①更可能的原因是，该级艇成为当时"潜艇不再成为严重威胁"这一观念的牺牲品。这一错误理念部分源自对声呐设备性能的过分信任。第一次世界大战结束后有未成文的观点认为，英国于1917年在没有装备声呐的条件下就已经破除了潜艇的威胁，因此装备声纳后获得胜利应更加轻松。此外还有一种更无稽的观点认为潜艇将按照条约规定的准则作战。[3]

M级潜艇——重炮型潜艇？

上文提及的1915年潜艇发展委员会所预见的重炮型潜艇，该艇种应装备1~2门用于轰击岸上目标的大口径火炮，其开发动力主要是由于担心德国方面开发类似艇种，而使英国方面处于不利地位。起初海军建造总监奉命开展两项研究，其中一项是装备一门12英寸（约合304.8毫米）火炮，另一项则是装备1门或最好2门7.5英寸（约合190.5毫米）火炮。②潜艇准将霍尔认为7.5英寸（约合190.5毫米）与6英寸（约合152.4毫米）火炮之间的区别很小，因此一种装备6英寸（约合152.4毫米）火炮的巡洋潜艇足以扮演重炮型潜艇的角色。他还认为12英寸（约合304.8毫米）火炮可以克服鱼雷攻击时所面临的种种问题。由于对比当时战舰的航速，鱼雷的航速并不快，因此在估测目标的航向和航速时微小的误差都会导致鱼雷脱靶。准将声称："目前尚不知有航行中的军舰在1000码（约合914.4米）以外距离被鱼雷命中的战例。"此外，潜艇可携带的12英寸（约合304.8毫米）炮弹数量远远高于其可携带的鱼雷数量。虽然M级潜艇通常被称为重炮型潜艇（这一称呼的首字母恰好与该级艇艇级相同），但显然早在细节设计开始前，其作战角色便已转变为装备火炮的破交潜艇。

① 一种玩世不恭的看法认为，该级艇被拆解的原因是其围壳过窄，导致其乘员在该级艇入港时无法在艇壳上列队。

② Submarine administration, training and construction. Naval Historical Branch.

M级潜艇装备12英寸（约合304.8毫米）火炮，用于摧毁商船。3艘完工的M级潜艇曾参加一系列演习，其结果看似颇为成功。M3号潜艇（如图）于1927年被改装为布雷潜艇，并进而开发出此后装备于“鼠海豚”级（Porpoise）上的设备。M级各艇中，仅该艇未沉没。

海军于1916年订购了4艘该种潜艇[①]，依合同这4艘潜艇取代了此前K18号至K21号潜艇的订单。虽然原计划安排给K级潜艇的部分材料可用于M级潜艇的建造，但两者的设计方案截然不同。4艘潜艇均装备一门马克Ⅸ型40倍径12英寸（约合304.8毫米）火炮，取自原先安排供“可畏”级（Formidable）前无畏舰使用的后备火炮。火炮仰角为20°，俯角为5°，其射界为左右各15°。该级艇还装备1门3英寸（约合76.2毫米）高射炮，但其炮架颇为笨拙，其表现也令人失望。M1号和M2号潜艇艇艏设有4具18英寸（约合457.2毫米）鱼雷发射管，其他各艇则装备21英寸（约合533.4毫米）鱼雷发射管，因此其艇体长度增加10英尺（约合3.05米）（M4号艇未建成）。海军此后似乎并未测试该级艇所装备的12英寸（约合304.8毫米）炮弹攻击商船的性能，尽管一枚命中目标水线

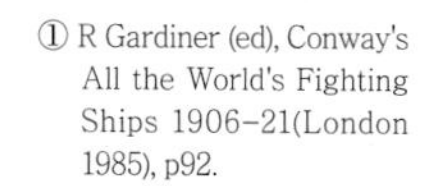

① R Gardiner (ed), Conway's All the World's Fighting Ships 1906–21(London 1985), p92.

M2号潜艇经过改装可携带一架小型水上飞机——帕奈尔佩多式（Parnall Peto）。其机组成员可同时享受潜艇薪俸和飞行薪俸！该艇于1933年在波特兰附近海域沉没，其遗骸被用于训练声呐操作员侦测停在海底的潜艇（照片中的飞机可能是事后添加的）（作者本人收藏）。[4]

上方的该种炮弹很难导致一艘设计建造良好的船舶沉没。

或许出人意料的是，该级艇的操控性很好，可在90秒内实现下潜。该级艇的射击过程如下：潜艇首先上浮至水面附近深度，直至炮口高出水面约6英尺（约合1.83米）。随后炮口舱门打开，火炮在潜望镜的控制下开火［由于射击距离通常仅为1200码（约合1097米），因此命中率非常高］，随后潜艇再次下潜。整个过程被称为“浸小鸡”，且各艇都曾频繁演练这一过程。整个过程中潜艇暴露在水面上的时间的最短记录据称为35秒，不过75秒上下是更常见的成绩。[①]火炮只能在上浮状态下完成再装填，整个过程耗时约3分钟。虽然火炮的炮尾结构暴露在海水中，但实践中似乎并未因此导致什么麻烦。发射管倒是不时地出现漏水情况，导致炮弹在炮口附近遭遇阻碍，进而将炮口炸飞。

第一次世界大战结束后，3艘M级潜艇仍在海军中服役，并参与了一系列演习。M1号潜艇于1925年因受撞击而沉没。M2号潜艇在原先火炮位置加装了一座气密机库，并可携带一架小型水上飞机。该艇于1933年在上浮过程中沉没。[②]M3号潜艇被改装为布雷潜艇，并可携带100枚水雷，此后又作为平台测试了“鼠海豚”级潜艇的布雷设备[5]，最终在试验成功后于1932年被拆解。

L级——回归理性

L级潜艇最初的定位为E级潜艇的改进型。事实上，L1号和L2号潜艇本身即作为E57号和E58号潜艇被订购。至1916年E级潜艇的设计已经完成约6年，大量

① M H Brice, M Class Submarines(London 1983), p7.

② 有观点认为，M级潜艇的液压动力不足导致M2号潜艇的舱门或舱盖未能正常关闭。

L级潜艇原计划作为E级潜艇的改进型，但由于改动幅度过大，因此被重新定级为L级。该级艇设计颇为成功。照片中L4号潜艇的火炮仍位于原设计方案中较低处的炮位（作者本人收藏）。

L6 号潜艇的火炮炮位升高，这成为此后该级艇的标准配置（世界船舶学会收藏）。

实战经验亟待整合入新潜艇的设计方案中。此前的一系列试验性设计均被抛弃，例如双层艇壳布局、蒸汽动力系统等，艇体设计回归久经考验的鞍形压载水箱布局。与E级潜艇相比，首批8艘L级潜艇的主要变化是采用了为J级潜艇开发的维克斯12缸柴油引擎，其水上航行速度也由此提高。试航中该级艇的水上航行速度满足其17节设计指标，且早期各艇的水下航行速度也达到11节。后期各艇由于安装了5.5英尺（约合1.68米）高的固定舰桥屏风，其航速下降约0.5节。

哈里森曾引用20世纪30年代该级艇的部分航速数据，相比早先试航时的航速，此时的航速慢约0.5节。几乎可以确定这一变化应归结为因涂层起皮以及锈块面积扩大而导致的艇壳粗糙化。入坞维护时各艇在接受重新粉刷前应接受扫除和人工刮除锈迹的工序，但上述工序并不能恢复艇壳表面的平滑程度，由此导致的粗糙几乎足以使上述航速降低。在给定航速条件下，船体上10微米的粗糙度即可导致所需功率提高1%。

首批8艘L级潜艇各装备4具18英寸（约合457.2毫米）艇艏鱼雷发射管，此外两舷各设有1具同口径鱼雷发射管。早期各艇配备的火炮不尽相同，但从L12号潜艇开始，一门安装在舰桥高度的4英寸（约合101.6毫米）火炮成为标准配置，该火炮配备独立的围井。此后早期各艇也接受了类似改造。装备火炮的意图在于使潜艇可在鱼雷射程外与处于上浮状态的敌潜艇交战，在此情况下即使潜艇所受浮力较低，其火炮位置也明显高于水面。

毋庸赘言，上述改动导致L级潜艇的体积大于E级。L9号及后续潜艇接受了进一步修改，因此其体积更大。主要改动为将原先设计中的艇艏18英寸（约合457.2毫米）鱼雷发射管改为4具21英寸（约合533.4毫米）鱼雷发射管，并在发射管舱和鱼雷舱之间加装一道舱壁。舷侧18英寸（约合457.2毫米）鱼雷发射管仍被保留（两次世界大战之间，各艇上幸存的舷侧鱼雷发射管被拆除）。在改装为布雷潜艇的L级潜艇上舷侧发射管被取消——L14号和L17号潜艇装备16根发射管，L24~L27号潜艇上装备14根发射管。

在第一艘L级潜艇出海之前，针对该级艇设计方案的改进工作便已经展开。1917年1月至2月，海军部下达了6艘基于L50号潜艇设计方案建造的潜艇订单，并在4月追加了另外19艘订单。战争结束时大部分订单被取消，仅有7艘完工。这一批L级潜艇装备6具21英寸（约合533.4毫米）鱼雷发射管，且不再设置舷侧鱼雷发射管。其舰桥前后端各装有1门4英寸（约合101.6毫米）火炮，且各自配有独立的出入围井。该批潜艇的尾部线型经过修改，使其推进器能更好地浸入海水，同时设计师希望改进设计后其航速能达到17节。虽然早期试航结果颇令人失望，测试航速仅约12.4节，但在优化附件外形[①]并安装新型推进器后，L71号潜艇的试航航速达到14节。

表9-1：L级潜艇参数

	E9号	L1~L8号	L9号	L50号
潜艇全长	181英尺（约合55.2米）	231英尺1英寸（约合70.4米）	231英尺1英寸（约合70.4米）	235英尺（约合71.6米）
排水量（上浮状态）	667吨	891吨	894吨	960吨
排水量（下潜状态）	807吨	1074吨	1089吨	1150吨

所有L级潜艇的下潜深度均为250英尺（约合76.2米），但从1925年起其标准下潜深度被改为150英尺（约合45.7米），测试深度则为100英尺（约合30.5米）（详见下文）。

部分技术考量[②]

相比水面舰艇，潜艇设计方案成功与否更加依赖于对设计各个方面的细节处理。本节将就某些方面进行详细讨论。

下潜深度

在本书涵盖时间段早期，外部受力的耐压艇壳破损模式还未被设计师理解透彻，由此导致了一系列混乱术语的产生。至第一次世界大战结束时，设计师对这一问题已有颇为清晰的主观认识，尽管设计师此时仍只能进行相当粗略地计算。[③]

① 附件包括水平舵、防撞设施、舵等装置，在水上航行状态下，上述设备对潜艇所受阻力的贡献颇为可观。在潜航状态下，舰桥、火炮围井等对潜艇所受阻力的贡献更大。在第二次世界大战结束后，S级潜艇通过拆除或流线型化上述附件，其所受阻力几乎降低了一半。

② D K Brown, 'The Technology of Submarine Design', Interdisciplinary Sciences Review 3/1990.

③ D K Brown, 'Submarine Pressure Hull Design and DivingDepths Between the War'. Warship International, 3/1987.

在本书涵盖时间段后期，设计师已经在考虑三种下潜深度的定义。虽然起初三种定义并不明确，但从其各自定义中可看出各指标的重要性正逐渐变得符合实际需要。

破裂深度：该设计指标指水压导致艇壳破裂的深度。该指标被假设用于建造艇壳的钢板已被轧制至某一特定厚度，且制造过程中不存在缺陷。相关计算仅限于船肋之间位置钢板的强度。虽然设计师已经意识到船肋可能弯曲，但他们也期望这一问题可通过引入重型船肋解决。很多早期潜艇设计的耐压艇壳上都有大量断点或台阶结构，这些缺陷都可能降低耐压艇壳强度。

作战深度：该设计指标指潜艇可完成正常操作的最大深度[①]。该指标大致于1925年引入，例如L级潜艇的标准下潜深度此时便被改为了150英尺（约合45.7米），而非早先的250英尺（约合76.2米）。相比破裂深度，该指标留有一定余量，以供容忍设计计算中的失误和建造过程中的缺陷，此外该余量还可用于容忍实战中因各种原因导致的意外深度偏移。后期作战深度值通常为破裂深度的一半。如调查显示老旧潜艇存在严重的艇壳腐蚀，上述各艇的作战深度也将相应降低。

测试深度：在本书涵盖的时间段，测试下潜深度通常为作战深度的三分之二左右。

此时似乎仍没有明确定义确定所谓“深度”以哪个点作为测量基准。测深器材通常大致位于潜艇控制舱的目视高度，这一位置此后也被广泛接受。同时，深度测量的基准也正式定为潜艇轴线，这一基准直至开发核潜艇项目时才改为龙骨深度。

用于计算圆柱形锅炉所受压强的常用公式为：

$$压强=\frac{压力\times 圆柱半径}{壳体厚度}$$

如果圆柱体并未弯曲，且其截面为正圆，那么该公式也可用于计算柱体的外部载荷。对早期潜艇设计师而言，该公式也是当时他们唯一可用的公式，因此他们也对其充分利用。在意识到该公式所给出的计算结果仅为近似值之后，设计师便利用该公式计算偶然下潜至非正常深度的潜艇所受压强。该数据虽然可作为新设计方案的限制值，但仍须对其谨慎处理。对现代潜艇设计而言，该公式的精度高得惊人。

哈里森曾列举了早期潜艇所取得的部分极限下潜深度：

表9-2

潜艇	深度
B1号	95英尺（约合29.0米）
E40号	318英尺（约合96.9米）
G级某艇	170英尺（约合51.8米）
L2号	300英尺（约合91.4米）[②]

① 皇家海军的一项悠久传统是在潜艇首次下潜时，艇长将命令潜艇下潜至较设计中最大作战深度深10%的深度，此举旨在建立乘员对潜艇性能的信心。这一传统广为人知，在设计安全系数时便对此加以考虑。

② 对两次世界大战期间大部分时间而言，上述数据乃是计算下潜深度的基础。

L2号潜艇的记录乃是该艇在巡逻期间遭遇3艘美国驱逐舰时所创造的，后者当时将其判断为德国潜艇。该艇首先下潜至90英尺（约合27.4米）深度以躲避美国驱逐舰，但后者投掷的深水炸弹导致该艇艇壳漏水，该艇遂下潜至300英尺（约合91.4米）深度。此后该艇吹除了压载水柜内的压载水，在其上浮过程中又被1枚在1000码（约合914.4米）距离上发射的3英寸（约合76.2毫米）炮弹命中，幸而炮弹未能击穿。“3艘美国驱逐舰曾在此后道歉。”①

在第一次世界大战结束之前，各潜艇的标准下潜深度似乎仍是利用上述锅炉公式计算并参考一定安全系数得出的。各艇艇长通常被命令下潜时深度不得超过该深度的一半。第一次世界大战期间似乎没有潜艇因艇体结构遭到破坏而沉没的战例，或许K5号潜艇是唯一的例外。不过，由于战时部分潜艇毫无痕迹地消失，因此无人可确定前述结论正确与否。由于结构设计上的种种不确定性，因此战争中潜艇结构的表现似乎颇受命运的眷顾，但也应考虑到，取得这一成果的主要原因是设计师在设计尺寸不定零件——如船肋——过程中的审慎。虽然这种审慎导致潜艇过重，但至少保证了安全性。关于下潜时间这一指标则并无可靠信息，但以第二次世界大战为标准，早期潜艇的下潜速度偏慢。L级潜艇据称从完全上浮状态下潜至潜望镜深度仅需1.5分钟，这一成绩很可能优于早期各级潜艇。

水平舵

最早的霍兰德潜艇仅在艇体后部设有水平舵——这一设备当时被称为水下下潜舵，全速上浮状态和全速下潜状态之间，该舵的偏转角之差为60°。起初该舵由压缩空气马达驱动，但这一设计的效果令人并不满意，因此后来被改为由人力驱动。A级、B级和C级潜艇均装有类似装置。B级和C级潜艇上设有配重，因此在控制轴损坏的情况下，该水平舵可自动转至水平角度。

在高航速下，通过设于艇体后部的水平舵操控潜艇姿态的结果令人满意，但在低航速下并非如此，然而遗憾的是潜艇通常只能以低航速航行。由于潜艇无法以水平姿态在水中上下移动，因此上浮或下潜时潜艇需处于纵倾姿态。1905年海军批准在后期型A级潜艇司令塔前部位置加装水平舵，这一改装在各舰完工前实施。另有部分B级和全部C级舰艇均以类似方式安装了水平舵。1907年A3号潜艇安装了艏部水平舵进行试验，其结果颇为成功，此后所有未在司令塔安装水平舵的各艇均加装了艏部水平舵。这些水平舵均以人力通过传动棒和传动设备驱动——对A3号艇的水平舵而言，需转动设于控制舱内的操纵轮22圈才能完成全速上浮状态和全速下潜状态之间的切换。除在巨浪中极易受损外，艏部水平舵在与海面上漂浮物相撞时同样容易受损。此后虽然安装了重型防撞装

① 参见琼斯于1918年3月5日所写文件，该文件被收录在达因科特文件中，DEY31号。后者收藏于国家海事博物馆。

由斯科茨公司建造的3艘S级潜艇参考了劳伦蒂—菲亚特设计方案。1915年完工后该级艇被全部移交给了意大利（帝国战争博物馆，SP22号藏品）。

置对其加以保护，但水平舵受损的情况仍不时发生。D级潜艇设有水下艏部水平舵，其位置较早期各艇的位置靠后很多，且加装了电动马达用于操作艏部和艉部水平舵，同时上述水平舵仍可由人力操控。

斯科茨公司建造的S级潜艇在艇体前部安装有意大利设计的折叠水平舵，该设备可靠性不佳，且名声颇差。而另一方面，由该公司开发并安装在“剑鱼”号上的液压水平舵则颇为成功，并被包括E级后期型潜艇在内的所有后续潜艇采用。由于水下水平舵和防撞装置导致的阻力颇大，因此设计师计划在G级潜艇上安装配备整流罩的艏部水平舵。S级潜艇水平舵的失败导致整流罩这一设想最终被放弃，进而导致G级潜艇的水上航速降低1~1.5节。

在设计速度更快的J级潜艇时，设计师对艏部水平舵的问题进行了推敲。设计师曾考虑安装横向推进器，但在A级艇上的试验显示这一设计并不实际。由水泵驱动射流的设计方案同样没有成功。最终，J级和H级潜艇均在前部安装了附有整流罩的水平舵，但此次似乎并未导致任何问题。H级潜艇则装有可折叠的艏部水平舵。

主机

最初12艘A级潜艇均装备沃尔斯利公司生产的16气缸汽油引擎，但各舰引擎的输出功率逐步增加。A1号潜艇引擎的输出功率为350匹制动马力，从A5号艇起各艇引擎输出功率则为600匹制动马力。B级和直至C18号艇的C级艇采用了相同的引擎设计，但其生产商是维克斯公司。从C19号潜艇开始引擎气缸数量下降至12个，但输出功率仍为600匹制动马力。

首次安装在英国潜艇上的柴油引擎为D级潜艇所采用的6气缸维克斯引擎。这也是这一阶段唯一的柴油引擎设计。E级潜艇采用相同的气缸设计，但气缸数量上升至8个。J级和L级潜艇则装备12气缸引擎。其基本设计经过优化，但从未接受大幅度改动。

海军曾试图在G级潜艇上使用不同制造商（主要为德国制造商）生产的引擎，但战争的爆发使这一设想无法实现。

表9-3：前提柴油引擎

	气缸数量	功重比	油耗
D级	6	每匹轴马力73磅（33.1千克）	每轴马力每小时0.54磅（0.245千克）
E级	8	每匹轴马力65磅（29.5千克）	每轴马力每小时0.47磅（0.213千克）
J级和L级	12	—	每轴马力每小时0.45磅（0.204千克）

发射鱼雷

下潜状态下潜艇发射鱼雷是一个非常复杂的过程。鱼雷通常储存在干燥的发射管中，准备发射时首先需对发射管注水。对21英寸（约合533.4毫米）鱼雷发射管而言，这意味着要引入约0.5吨海水。为保持潜艇纵倾姿态，注入的海水应从舰体内部的水柜导入。该水柜被称为“环绕鱼雷海水水柜”［Water Round Torpedo（WRT） Tank］。由于鱼雷的比重稍高于海水，因此在发射鱼雷时需从海中引入额外的海水以防潜艇艇艏上翘。在重新装填之前，发射管中的海水应被排至艇体内部的水柜。

鱼雷由压缩空气吹出鱼雷发射管。第一次世界大战期间压缩空气压强为每平方英寸250磅（约合1.72兆帕），这一压强过高，并会在鱼雷发射后造成一较大的气泡。该气泡可被目标舰船观察到，同时气泡造成的冲击力可导致鱼雷的定深摆回摆，进而导致鱼雷在相当距离内其航行深度超过设定值。鱼雷并非非常精确的武器，在向高速机动的目标实施射击时其精度颇低。康普顿—霍尔引用的数据（源自N.兰伯特）显示德国潜艇对英国战舰的鱼雷命中率仅为12%，但对英国商船的命中率高达52%。[①]英国潜艇的平均命中率则为15%，其目标主要为敌方战舰。战争期间开发的原始火控系统被称为ISWAS（“基于此前位置得出当时位置”这一短语的缩写。直至第二次世界大战结束后，该设备仍被用作潜艇的备份设施），其外形类似计算尺。

① R Compton-Hall, Submarines and the War at Sea 1914-18(London 1991).

无线电通信

即使是最早的霍兰德潜艇，艇上也装备了无线电接收装置，但发射装置直至1912年才安装上艇。当年海军部批准为D级、E级和部分C级潜艇安装10型无线电发射装置（发射功率为3千瓦），其工作原理基于鲍尔森弧形发射机设计[6]（Poulsenarc），理论发射距离为250~300海里，还可接收600海里远的岸基无线电站所发射出的信号。然而该设备的可靠性不足，且在发射时需升起至少一座桅杆。后期潜艇装备电子管组，其可靠性更高，发射距离也更远。战争结束时部分潜艇装备了SA型设备，由此潜艇在下潜深度较浅时——例如舰桥舷墙位于海面位置——仍可接收无线电信号。此后费森登（Fessenden）声音振荡器[7]的引入则使下潜状态下的潜艇可在30~40海里距离内实现交流。早期潜艇还搭载信鸽。这一通信方式颇为可靠，且除给料过多的情况外，信鸽的飞行速度可达每小时30英里（约合48.3千米）。康普顿—霍尔曾引用一条记录：凌晨4点从特西林岛[8]（Terschelling）附近放出的信鸽于12小时后抵达海军部。

其他杂项

潜艇乃是多项技术的集成体，其中部分技术仅可用于潜艇。由于技术的数量过多，细节过于复杂，因此在本书中仅简单提及。磁罗经在传统水面船舶装备时便会发生一些问题，而对潜艇而言问题更为严重。罗经安装在舰桥外部，且其外部须安装重型黄铜结构加以保护。①舵手可通过一具颠倒安装的小型潜望镜观察磁罗经读数——这一操作仍较为困难。“剑鱼”号和E级潜艇安装有陀螺罗经。这些由斯佩里公司（Sperry）生产的早期型陀螺罗经可靠性不高，因此明智的值班军官会频繁地将陀螺罗经读数与可靠性相对较高但精度不佳的磁罗经读数进行对比。②

从1917年起，所有潜艇均加装了永久性舰桥屏风（与帆布挡板相反）。在大幅改善舰桥人员工作条件的同时，该设备重量也颇为可观，且显著增加了下潜状态下潜艇所受的阻力，并导致潜艇的水下航速下降约0.5节。

虽然皇家海军可能率先在潜艇上安装潜望镜，但英制潜望镜很快便被性能更加优越的国外产品所取代。凯斯的团队于1911年采购了大量法制和德制潜望镜。虽然这批潜望镜似乎并未被采用，但受此刺激，英国潜望镜制造商［霍华德·格拉布爵士（Sir Howard Grubb）］从此开始努力改善其产品性能。

其他一些课题在此只能列出，但所有课题均面临其各自的问题。这些课题包括储气罐、压缩机、低压风机、电池以及通风设施。③1908年部分C级潜艇加装了原始的逃生舱，至1911年，海军向所有潜艇发放了头盔式呼吸器。

① 为保持稳定性，设于船体高处的重型结构须通过设在船体低处的压载物加以平衡，由此增加的重量颇为可观。
② H K Oram, Ready for Sea(London 1974), p207.
③ 有趣的是很多问题至今仍未被彻底解决！

究竟应如何评价其性能？

无疑，上述英制潜艇都有各自的缺陷。从技术上而言，潜艇的几乎所有技术都是新颖的，一如潜艇的战术。虽然各国海军都面临着自己的问题，但只有美国海军和德国海军可作为合适的比较对象，但应注意美国海军并没有直接作战经验。与德国潜艇最好的比较见阿瑟·琼斯于1920年发表在海军船舶学院学报上的一篇论文。[①]琼斯首先对德国主要潜艇类型进行了客观描述，其中强调德国潜艇每吨造价从1914年的每吨4000马克飙升至1918年的每吨9000马克（无法确定这一增长在多大程度上受通货膨胀影响）。琼斯声称这一指标几乎是英制潜艇的两倍，但也应注意到战时几乎无法评估汇率。然而，战争期间800吨潜艇的建造时间从24个月延长至30个月。建造大型巡洋舰的时间几乎是建造标准潜艇的两倍。

所有德制潜艇的大部分表面均采用双层艇壳布局。然而，由于双层艇壳中上部空间被设计为自由浸水，同时双层艇壳理论布局中的底部空间被取消，因此该布局方案与英制鞍形压载水箱布局方案区别不大。德制潜艇上，艇长在司令塔内操控潜艇，而英制潜艇上，艇长在主艇壳中的控制室实施操控。在潜望镜长度相同的前提下，德制布局可实现更深的下潜深度，但这意味着潜艇乘员团队的交流较少。这一两难问题至今仍未能被解决。

琼斯还指出，与德国潜艇以高航速见长的流言相反，就其主机功率而言，德制潜艇的航速其实偏慢。这主要是因为德制潜艇的各种附件体积巨大，且未进行适当地调整和整流。德制潜艇的稳定性较差，某几级潜艇还需加装环带。第一次世界大战后英国方面对俘获的德制潜艇进行了测试，对其的总体评价是适航性好、干燥且动作灵活，但英国军官仍认为英制潜艇在水下的操控性更佳。

由于琼斯曾参与大多数英制潜艇的设计，因此或许有人会怀疑他的立场不够客观，但实际上他的观点并未被皇家海军潜艇部队官兵或海外设计师所质疑。与此相反，所有参与该论文讨论的专家学者均对琼斯表达了敬意。该论文发表时美国海军造船中校兰斯（E S Lands）就已经是一名经验丰富的潜艇设计师，并且在两次世界大战期间担任主导设计师。他曾做出如下评论：

> 就单级潜艇而言，我个人认为英制L50级潜艇的性能至少与德制潜艇相当。如果两种潜艇互换引擎，那么英制潜艇的性能将完全超越德制潜艇。在与潜艇有关的设计上，英制潜艇更为优良……就适应舰队作战需要而言，英制K级潜艇比德制UA级潜艇更为优越……[②]

其他论者对上述观点进行了扩展。海军建造总监达因科特爵士声称德制引

① A W Johns, 'German-Submarines', Trans INA (1920).

② G E Weir, Building Amencan Submarines 1914-1940 (Washington 1991).

擎单气缸输出功率可达300匹马力，而英制引擎仅能达到100匹马力。英国潜艇部队总指挥登特少将（Dent）以用户身份向琼斯及其设计成果致敬。他表示："战争期间我国建造了最大的潜艇、水上速度最快的潜艇[1]、水下速度最快的潜艇、装备最重火炮的潜艇，以及鱼雷武装最强大的潜艇。"德制潜艇的唯一优势便是其目标数量庞大。

① 虽然他指的是K级潜艇，但J级是否是航速最快的柴油潜艇仍有争议。

译注

1.此处含义不明，但原文如此。

2.隶属T级潜艇，1945年11月下水。

3.即不再有无限制潜艇战的可能。

4.该机种为20世纪20年代按照空军部指标开发的一种小型双翼水上飞机，主要用于侦察。

5.“鼠海豚”级潜艇是皇家海军于20世纪30年代装备的一种布雷潜艇。

6.早期无线电报机的一种，由丹麦工程师鲍尔森于1903年发明，为火花式发射机的一种。该设备利用电弧将直流电转化为射频交流电。

7.由加裔美籍发明家费森登发明的一种声电传感器，该设备是第一种成功的主动回声定位设备，可生成水下声波并接收其回音。

8.隶属西弗里西亚群，位于荷兰以北海域，其上设有灯塔。

10 小型舰只和造船业

扫雷艇、轻护卫舰和巡逻艇

“花”级轻护卫舰

日俄战争后，皇家海军开始了对扫雷艇的研究。虽然与扫雷艇相关研究的公开信息很少，但很多迹象显示相关研究工作涵盖范围颇广且卓有成效，其成果也大多转化为实践。1908年1月，费舍尔自信地向帝国防务委员会的一个附属委员会声称，水雷可以轻易地被清除，但他无法就相关技术进行解释，否则将“曝光海军最高的机密之一”。[①]当年海军首先对13艘“警报”级（Alarm）和“神枪手”级（Sharpshooter）鱼雷炮艇（TGB）进行改造，加装新式扫雷设备。[②]该设备是悬挂在两舰之间相连的扫雷具，并加以配重以保持扫雷具的下沉状态。1913年6艘鱼雷炮艇全职承担扫雷训练任务，另有4艘承担护渔任务。对这些鱼雷炮艇的评价通常为老旧、低速、储煤量低，且仅有一艘装备无线电设备。海军内曾有组建第二个扫雷中队的提案，该中队应下辖6艘鱼雷炮艇，此外还建议为全部12艘鱼雷炮艇装备无线电设备。[③]

1909年海军收购了4艘拖网渔船，将其改装为扫雷艇并重新命名为“蜘蛛”号（Spider）、“海葵”号（Seaflower）、“麻雀”号（Sparrow）和“海鸥”号（Seamew）。1911年皇家海军预备役部队组建了一个新兵种，即辅助扫雷舰队，专门负责操作征用的拖网渔船。其乘员通常为志愿服役的渔民，各艇统一由扫雷艇负责上校指挥。所有被征用的拖网渔船被划分为在7个沿海海域工作，其组织归属海军巡逻将军（Admiral of Patrol）。1913年危机期间该负责上校报告称共有82艘拖网渔船可立即改装为扫雷艇。第一次世界大战爆发后整个扫雷艇部队组织系统运转良好，至当年9月1日共有250艘拖网渔船或漂网渔船在承担扫雷或反潜任务。[④]据称每执行约5分钟扫雷任务，便有1艘拖网渔船及其一半乘员牺牲。[⑤]

某委员会于1908年建议每年应建造4艘专门设计的扫雷艇，4年内完成16艘。这些扫雷艇的速度应大致为拖网渔船的两倍。由于扫雷作业的危险不可避免，因此扫雷艇体积及其乘员人数应尽可能缩小，从而将不可避免的损失最小化。[⑥]假想的设计目标指标如下：排水量约600吨、最大吃水深度10英尺（约合3.05米）、航速16节，且拥有较好的适航性。乘员构成为3名军官和17名水兵[⑦]，且不配备武器。该

① R F Mackay, Fisher of Kilverstone(Oxford, 1973), p378, quoting Cab16/3.
② 照片显示“海鸥”号（Seagull）的舰艉装有一座A字形支架，“快速”号（Speedy）上也装有类似装置，但该装置可能为吊杆。
③ 参见舰船档案351号。
④ 海军部对海军有能力突破达达尼尔海峡的信心或许建立在费舍尔扫雷可使布雷无效化的论断上。但英军为何不使用鱼雷炮艇呢？毕竟后者动力更强，可以应付洋流的干扰。
⑤ K McBride, 'The First Flowers', WARSHIP 1989.
⑥ 第二次世界大战期间，几乎相同的理念导致了“班格尔”级（Bangor）扫雷艇的诞生。
⑦ 纳贝斯曾指出仅动力系统就需要至少16人进行操作维护。对输出功率更高的方案而言，这一人数将上升至36人。

艇应配备可使用煤或燃油作为燃料的水管锅炉以及三胀式蒸汽机。为降低缠入水雷锚链的风险，单推进器布局方案更受欢迎。艇上携带燃料应能满足1200海里航程所需。上述要求被总结为“廉价、适航、灵活、高速[①]”。

针对这一要求，海军建造总监提交了7份设计方案[②]。其中两个极端设计的主要指标如下：

表10-1

	排水量	指示马力	航速	造价
A1	575吨	1100匹马力	14节	3万英镑
D	900吨	2000~3000匹马力	16~17节	5.5万英镑

各设计方案的艇长在155~220英尺（约合47.2~67.1米），艇宽在26~30英尺（7.92~9.14米），吃水深度则均低于10英尺（约合3.05米）。

设计部门还考虑了基于“保全”级（Safeguard）和“警醒”级（Watchful）海岸警备艇的设计方案。海军建造总监认为，为实现较好的适航性，该艇的排水量应至少为600吨。此外为实现扫雷作业所需的载荷，也有必要采用较重的主机。16节航速的要求意味着艇体和动力系统均需实现轻量化，但由于这一解决方案不仅意味着造价高昂，而且大大限制了有承建能力的船厂数量，因此并不合适。海军建造总监中意的指标为600吨排水量，单艇造价3.2万英镑，长时间连续航行速度14节，8小时航速15节。此外他还反对无武装这一设计要求。当时希望在1910—1911年间开始第一批该型艇的建造，最终建成由16~18艘该型艇组成的舰队（本土舰队、海峡舰队和大西洋舰队各拥有6艘），但这一建造计划首先被推迟，然后海军又决定不再建造新的扫雷艇。海军认为现有鱼雷炮艇的数量足以承担那些对航速要求较高的扫雷任务，其余任务则由拖网渔船承担。

然而，鱼雷炮艇的续航能力不足，且部分鱼雷炮艇已经出现老化迹象。1911年和1913年海军两度重新考虑建造扫雷艇，但并未为此采取任何进一步的行动。1914年初海军最终决定做点什么，海军建造总监据此准备了一份草案。这一次海军提出的设计要求如下：长时间连续航行速度16节，装备水管锅炉、单个推进器和三胀式蒸汽机主机；10节航速下续航能力应为1000海里，其乘员人数应尽可能少；此外，可在不增加乘员人数的前提下加装两门小口径火炮。但建造计划依然未获批准。此时海军已经意识到战争期间需要大量小型快速舰船用于一系列辅助用途，但海军希望通过收购商船的方式获得此类舰船。不幸的是，当时并没有人实际检查满足海军要求的商船是否存在，而实际上这种商船恰恰并不存在。

① 17节，21节更佳。
② 似乎所有设计方案均出自纳贝斯之手，他1907年在战列舰设计部门未能获得晋升，遂接手辅助舰艇设计部门，当时他的职级可能是造船师。1916年他晋升首席造船师。据称他对无法满足的设计指标非常愤怒！J H Narbeth, '50 Years of Naval Progress', Shipbuilder (Oct-Dec 1927).

有鉴于此，1914年9月25日海军指示就小型舰船设计展开新一轮研究，这种扫雷舰应能承担扫雷、反潜和拖曳任务，并能担任快速通信船的角色。由此诞生的设计被称为“新海鸥”（New Seagull）型，据推测取自作为设计原型的那艘鱼雷炮艇的艇名，尽管纳贝斯声称他在提出这一设计方案时受“格雷小姐”号（Lady Grey）[①]影响，后者由巴罗工厂为加拿大政府建造。总体而言新设计方案受到了欢迎，但海军决定采用更偏照商船的建造方式，尤其是决定安装圆柱形锅炉，从而使该设计可在从未承担过战舰建造项目的造船厂建造。上述决定显著增加了该型艇的体积，在装载燃煤量为储煤量的2/3时，其排水量增至1210吨，尺寸为250英尺×33英尺×11英尺7英寸（约合76.2米×10.1米×3.53米），乘员人数在60~70人。尽管如此，海军大臣（丘吉尔）仍然反对花费240万英镑建造40艘此类舰艇，注意其单价甚至超过了潜艇。

“金合欢”级（Acacia）外形优美。[②]最初设计研究中设有飞剪型艏，以安装艏部水雷捕捉器[③]。舰体侧面外飘幅度很大[④]，向上延伸至较短的艏楼，以期保持艏楼干燥。该级舰据称适航性好、干燥且舒适，仅在巨浪下会出现快速运动情况。艏楼后方的上甲板上设有舷墙，其上设有遮蔽甲板——实战中发现这一露天甲板在转运军用马匹时特别方便！[⑤]

由于该级舰将执行一些颇为危险的任务，因此该级舰引入了很多令人称道的设计以实现对舰体的保护。为应对水雷的威胁，舰体前部采用了三层船底设计

① 纳贝斯原文为“格雷公主”号，但很可能他实际所指的是“格雷伯爵”号（Earl Grey）。后者的飞剪型船艏出现在首个设计方案中。

② J H Narbeth, 'A Naval Architect's Practical Experience in the Behaviour of Ships', Trans INA(London 1941).

③ 早期各艇上安装了被称为“鲣鱼”的艇艏保护装置，但该装置由于过于笨重且效果不佳，因此后来被拆除。

④ 纳贝斯此处所说的“良好外飘”仅就当时标准而言。笔者本人可能设计幅度更大的外飘。

⑤ 各艇可装载50吨舱面货物或搭载700人。

“大丽花”级（Dahlia）隶属第一批“花”级轻护卫舰，配备稳定帆（帝国战争博物馆，SP1249号藏品）。

方案，其弹药舱位置也位于艇体后方水线以上部分，且设有1.5英寸（约合38.1毫米）厚防护钢板实施防护。除舷侧煤舱外，该级舰还设有横煤舱。在危险海域航行时，关闭舷侧煤舱可实现一定程度的保护。该级舰虽然损失惨重，但在遭受重创后生存率仍很理想——按最初方案设计并遭遇重创的72艘该级舰中有9艘（以及隶属法国的1艘）幸存，此后的护航轻护卫舰中有40艘遭遇重创，其中有9艘幸存。第一批24艘该级舰装备2门12磅炮①（口径约为76.2毫米），后期各舰则装备2门老式4.7英寸（约合120毫米）火炮［部分该级舰装备4英寸（约合101.6毫米）火炮］。各舰均装备扫雷装置，此外还装备拖曳绞车、吊钩和梁材。此后一批［“筷子芥”级（Arabis）］该型舰的舰长增加5英尺（约合1.52米），以供安装4气缸三胀式蒸汽机，其舰体振动现象也因此有所改善。该批轻护卫舰中很多艘上原先装备的3叶推进器被更换为4叶推进器，从而进一步降低了振动幅度。图例设计条件下定倾中心高度约为2英尺（约合0.61米）；护航轻护卫舰的定倾中心高度稍低，约为1.75英尺（约合0.53米）。

船舶的主要设计指标可按比例缩放，以供比较。不同舰船的舰体重量按比例缩放后的结果如下[1]：

表10-2

	舰体重量
“翡翠鸟”号（Halcyon）	739吨
“神枪手”号	578吨
“保全”号	683吨
“固执”号（Adamant）	758吨
L级驱逐舰	462吨

纳贝斯采用630吨作为标准排水量，且舰体重心平均高度大致为舰体型深的0.729。缩放主机功率（有效马力）时采用了一些令人惊异的舰船作为参考对象，但仅航速与舰体长度平方根之比有意义。对一艘900吨的舰船而言，其有效马力与舰体长度的数据基于下表[2]：

表10-3

	舰体长度	16节航速下主机功率	17节航速下主机功率	舰型
“惊讶”号（Surprise）	216英尺（约合65.8米）	760匹有效马力	1040匹有效马力	通信船
“无畏”号	180英尺（约合54.9米）	950匹有效马力	1300匹有效马力	战列舰
“无敌”级	198英尺（约合60.4米）	770匹有效马力	1080匹有效马力	战列巡洋舰
“哨兵”级（Sentinel）	243英尺（约合74.1米）	650匹有效马力	810匹有效马力	巡洋舰

① 认为德国驱逐舰仅装备2门14磅炮（口径约为75毫米）的想法显然是错误的。12磅炮（口径约为76.2毫米）很难击穿潜艇的耐压艇壳。海军此后批准用4英寸（约合101.6毫米）火炮取代12磅炮（口径约为76.2毫米），但无法确定共有多少门火炮被替换。

“小檗属”号（Berberis）隶属“花”级后期型“筷子芥”级。该级舰装备4.7英寸（约合120毫米）火炮，其体积稍大于早期型（帝国战争博物馆，SP766号藏品）。

如上表所示，长舰体的优势显而易见，因此“哨兵”级的船型最终中选，但其舰长被缩短至210英尺（约合64米），以方便建造。

该级舰的设计方案非常聪明，但更实际的成就是在建造过程中。各造船厂共为皇家海军建造74艘“花”级轻护卫舰，另为法国建造8艘。此后海军认为在承担护航任务时，其战舰式的外形将使德国潜艇艇长提高警惕，因此此后40艘（另有1艘为法国建造）[①]采用了更接近商船的外形（该批轻护卫舰也被称为护航轻护卫舰）。海军共邀请了22家造船商参与该级轻护卫舰的建造，其中大部分从未承接过英国海军部的订单。其中斯旺·亨特公司甚至以每套200英镑的售价将造船图纸转售给其他小公司！为节约时间以及小规模订货所需的工作量，并简化后续替换零件工作，海军部订购了很多零件。监督工作主要由劳氏质量认证组织（Lloyd's Register）负责，但纳贝斯的助手霍普金斯（C W J Hopkins）

隶属“南庭荠”级(Aubrietia)的“欧石南”号(Heather)。最后一批“花”级轻护卫舰的外形与小型商船类似，以期迷惑德国潜艇指挥官。各造船厂奉命采用各自设计的船型作为战舰设计基础，由此建成的战舰被称为护航轻护卫舰（世界船舶学会收藏）。

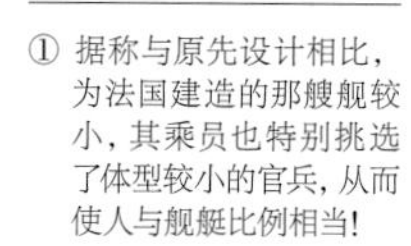

① 据称与原先设计相比，为法国建造的那艘舰较小，其乘员也特别挑选了体型较小的官兵，从而使人与舰艇比例相当！

隶属“牛舌草”级（Anchusa）护航轻护卫舰的“风信子”号（Harebell）（世界船舶学会收藏）。

也出任巡回问题解决人的角色。原先设计方案意图尽量减少木料的使用，但由于小造船厂钣金工短缺，因此只能使用木料。

该级舰的最快建造速度由巴克利·柯尔造船厂（Barclay Curle）创造，该厂仅用17周便完成了“毛地黄”号（Foxglove）的建造工作，这一成绩几乎与斯旺·亨特公司建造“金合欢”号的速度相当，但工期通常为19~21周。[①]该批护航轻护卫舰维持状况颇佳，部分轻护卫舰在两次世界大战之间也保持了良好的服役记录，某些轻护卫舰甚至参与了第二次世界大战，尽管此次战争中它们主要执行港口勤务。[②]

各护航轻护卫舰之间外形差异颇大，且大致基于其建造商此前承建的体积相当的商船。部分造船厂甚至有几种外形设计方案。第一批护航轻护卫舰装备3门隐蔽的12磅炮（口径约76.2毫米），后续轻护卫舰则配备2门4英寸（约合101.6毫米）火炮以及1门或2门12磅炮（口径约76.2毫米）。大部分轻护卫舰装备反潜榴弹发射炮，3艘轻护卫舰甚至在舰体前部安装了旋转鱼雷发射管。该级舰的伪装导致难以在舰上安排住宿空间，并且该级舰舒适性较差。

布雷

1905年5月费舍尔组织了一个委员会，决定未来战争所需的水雷数量。该委员会最终决定应准备1万枚水雷，其中3000枚布设在易北河、威悉河和亚德河（Jade）附近水域。由此海军首先下达了1万枚海军球形水雷的订单——此后战争中的表现证明该种水雷几乎无用。1906年老旧的“阿波罗”级（Apollo）巡洋舰“依菲琴尼亚”号（Iphigenia）[3]被改装为布雷舰，此后该舰的6艘姊妹舰也接受了类似改装。[③]海军对布雷的热情此后逐渐消失，其原因可能是认为现有扫雷

① Sir E T d'Eyncourt, 'NavalConstruction during the war', Trans INA (1919).

② 截至1997年，至少有两艘护航轻护卫舰幸存［“菊花”号(Chrysanthemum)和“总统”号(President)，即原“虎耳草属”号(Saxifrage)］。

③ Mackay, Fisher of Kilverstone, p377.

技术已经足够有效。至1914年海军共拥有约4000枚可用水雷，同时还对国外产的赫茨式（Herz）触角水雷进行了试验，但最终海军并未订购该种水雷。很可能海军并未直接做出放弃布雷的决定，但其他海军资材优先级更高的现实最终导致了这一结果。

反潜战

虽然本书主要与舰船有关，但仍有必要简要提及反潜所用的武器和战法。本书第6章曾提出采购霍兰德型潜艇的主要原因是由此获得反潜战（Anti–Submarine Warfare, ASW）经验。该型潜艇服役后第一年，海军理智地让其主要执行训练任务，但1903年12月朴次茅斯港总指挥官建议反潜训练应立即开始。相关训练于1904年3月逐步展开，但在A1号潜艇被一艘从附近路过的商船意外撞击后，相关训练就此终止。从有限的训练中得出的仅有教训或许是潜艇一旦下潜便不可见。

此后提出的反潜构想包括开发水听器[①]以及感应式探测器，但无一构想演化为可供实际使用的装备。附带指示浮标的光网在狭窄的海峡中有一定成效，但在开阔海域完全无用。至1910年霍兰德型潜艇性能已经过时，该艇型遂在试验中被逐渐消耗。试验显示装载火棉炸药并配备延时引信的罐体反潜效果不佳。用6英寸（约合152.4毫米）火炮对下潜状态下的霍兰德2号潜艇实施连续轰击虽然最终的确导致了该艇的沉没，但后者沉没的直接原因是潜艇舷窗破裂。海军还尝试了各种拖曳式爆炸反潜装置，但结果均不理想。此类反潜装置的最终版本为悬挂在12个浮标下的9份爆炸物，该装置可在3~4分钟内完成部署，并以12~15节的航速拖曳。海军还曾尝试其他一些巧妙的构思，但并未获得成功。在上述所有战前试验中，海军均假设潜艇仅被用于攻击战舰。

深水炸弹于1916年引入海军，但其数量非常有限。D型深水炸弹装有300磅（约合136千克）TNT炸药，D*型则装有120磅（约合54.4千克）同种炸药。后者用于浅定深攻击，在此深度设定下如使用D型深水炸弹则可能导致母舰受损，但很快该型深水炸弹便不再被海军采用。杰里科声称D型深水炸弹在距离目标14英尺（约合4.27米）处爆炸时可对目标造成致命杀伤，在距离目标28英尺（约合8.53米）处爆炸时可迫使潜艇上浮。[②]即使在距离目标60英尺（约合18.3米）处爆炸也可对目标潜艇乘员的士气造成很大打击。[③]1917年每艘驱逐舰仅计划装备D型和D*型深水炸弹各2枚，但由于深水炸弹数量不足，因此很多驱逐舰并未配齐深水炸弹。在未使用声呐辅助的条件下，单枚深水炸弹在距离目标致命范围内爆炸的概率极低。即使在第二次世界大战期间，采用声呐辅助且单次投掷10枚深水炸弹的情况下，杀伤率也仅为3.7%。考虑到这一因素，深水炸弹在实战中的表现堪称出色（见下表）[④]：

① 水下水听器的先驱之一是弗吉尼亚大学的邦卡斯托（Boncastle）教授。他毕业于海军船舶学院第一分校。

② Jellicoe, The Crisis of the Naval War (London 1920).

③ 杰里科的结论或许过于悲观。第二次世界大战期间的深水炸弹装有相同重量的炸药，且被认为在20英尺（约合6.10米）距离上爆炸即使对当时更为坚固的德国潜艇而言也足以致命。在40英尺（约合12.2米）距离上爆炸则可使目标失去战斗力。

④ W Hackmann, Seek and Strike(London 1984).

表10-4：德国潜艇击沉记录[①]

	1914—1916年	1917年	1918年	总数
大型战舰	2	0	1	3
巡逻艇	1	5	1	7
反潜诱饵舰只	5	6	0	11
商船	0	3	4	7
护航舰只	0	6	10	16
水雷	10	20	18	48
意外	7	10	2	19
不明原因	7	2	10	19
合计	46	63	69	178

按原因分类（包括被德方布设的水雷或发射的鱼雷击沉的数目，但不包括上表“意外”和“不明原因”导致的数目）：

	1914—1916年	1917年	1918年	总数
撞击	3	10	6	19
火炮	10	6	4	20
扫雷具	2	0	1	3
深水炸弹	2	6	22	30
鱼雷	6	7	7	20
水雷	13	26	19	58

应注意上表显示，自1917年海军引入有效水雷后，水雷导致的击沉数目急剧增加。1918年击沉数目的下降或应归结为德国潜艇有意规避了已知雷场。1918年深水炸弹成为潜艇的头号杀手。

从1915年起海军投入更多精力开发水听器。至1917年水听器设备已经可以不时地收听到1~2海里外敌潜艇的动静，但为实现这一点要求装备该设备的母舰保持静止状态，且水听器无法指示潜艇方向。至当年年底，性能大为改善且可实现定向功能的设备问世，该设备可在母舰航行状态下运作。当年12月首次实现使用水听器击杀潜艇的战果。海军很快意识到就反潜战术和新设备操作展开训练的重要性。

上述感应设备或反潜武器均未对舰船设计产生重要影响。大多数情况下，舰船与潜艇的接触仍是目视接触，且反潜战中最重要的要素仍是舰船数量。因此本章主要关注建造而非技术演进。

海军部组织——负责辅助舰艇建造的海军副总管[②]

至1917年初，海军上下就舰船尤其是商船的建造速度过于缓慢一事大体达成共识。大量熟练工人被陆军征调，尤其是其中的年轻人，且整个造船业面临

① 根据R M Grant, U Boats Destroyed (London 1964)。

② Jellicoe, The Crisis of the Naval War.

着因战事而不可避免的钢材短缺。就有限的资源而言，战舰相关业务的优先级通常相对更高，由此导致商船运力短缺，而这一短缺又恰恰发生在被德国潜艇击沉的数目急剧上升前夕。

1917年5月海军大臣埃里克·卡森爵士（Eric Carson）[4]成立一新组织，并由埃里克·格迪斯（Eric Geddes）任总管[5]，负责战舰（包括其武器）及商船的建造和维修。战舰的设计仍由作为第三海务大臣下属的海军建造总监负责。另外还设有1名专门负责辅助舰只建造的海军副总管（Deputy Controller for Auxiliary Shipbuilding, DAS）。隶属皇家工程部（Royal Engineer）的科拉德少将（A S Collard）被指派出任这一职务。他似乎也负责设计一些更小型的舰只，包括24级轻护卫舰和此后的“狩猎”级（Hunts）扫雷艇。

新成立的组织和海军部传统部门之间似乎存在着相当的敌意——由负责辅助舰只建造的海军副总管负责的舰船被从海军建造总监历史中删除，即使其中部分舰船乃是由海军建造总监部门设计。杰里科曾声称新团队对新舰船增产的贡献颇为有限。例如，1917年商船建造总吨位为116.3474万吨，格迪斯就1918年建造吨位的乐观预期为200万~300万吨，但1918年实际建成吨位仅为153.411万吨。但另一方面，舰船维修工作的速度似乎明显加快。[6]

24级轻护卫舰

下一级轻护卫舰设计要求着重强调了与反潜战有关的性能。由于最初计划建造24艘该级轻护卫舰，因此该级轻护卫舰也被称为24级，不过其中2艘的建造后来被取消。海军部在1916年12月至1917年4月期间下达了该级各舰的订单。该级舰装备2门4英寸（约合101.6毫米）火炮，航速为17节，排水量为1320吨。虽然

隶属24级轻护卫舰的“绿薄荷”号（Spearmint）。该级舰因计划建造数目而得名，但其中2艘的建造后来被取消。该级舰似乎并不成功。其侧面轮廓大致前后对称，以期迷惑潜艇对其航向的判断。部分该级舰上桅杆和烟囱的位置与标准设计相反（世界船舶学会收藏）。

其干舷高度较“花”级更高，但该级舰仍被广泛认为适航性不佳。[1]战争结束后该级轻护卫舰很快便被处理，或被改装用于执行辅助勤务。其建造与上文所述的海军部改组恰好是同一时期，因此建造过程主要由负责辅助舰只建造的海军副总管监督。

P型艇

该型艇的设计理念是小型、廉价且能迅速建造的驱逐舰。根据年轻造船师沃森（A W Watson）[2]的建议，该型艇的干舷高度很低（舯部位置干舷高度为6.25英尺，约合1.91米，后文将对此加以讨论），因此该型艇的可见距离颇近。设计师由此期望该型艇在远处看上去像一艘上浮状态下的潜艇。为实现这一构想，设计师对该型艇的小型上层建筑和烟囱进行了精心布置。该级艇的吃水深度很浅（8英尺，约合2.44米），这使其很难被鱼雷命中。其艇体由低碳钢而非高强度钢构成，因此铆钉孔可通过冲压而非钻孔实现，从而大大降低建造时间和造价。该级艇排水量稍高于600吨，试航航速达22节。[3]该艇装有齿轮减速涡轮主机（转速为每分钟330转）和两根驱动轴。艇体后部船型向上急剧收缩，并设有一大型船舵。这一设计使该型艇的转向半径仅为840英尺（约合256.0米）。

1915年4月海军部下达了24艘P型艇订单，承建的主要是那些未承担战舰建造任务的造船厂。监督工作主要由两类组织负责，即劳氏质量认证组织和英国验船协会（British Corporation）。大部分艇的造价均由成本加上利润的方式得出，平均造价约为10.4万英镑。各艇的工期在9个月至18个月之间不等。此后海军又追加了30艘P型艇的订单，其中10艘的外形与商船类似。各艇以同样顺序编号，但被称为PC艇（早先批次被称为PQ艇）。在此之后海军又追加了10艘PC型

① 据称该级舰的主要问题是横摇幅度过大，且定倾中心高度很低，但这一论点无法成立。通常而言，较大的横摇幅度总伴随着较高的定倾中心高度。

② 第二次世界大战期间，沃森出任助理总监，并负责护航舰只的设计。

③ 设计指标为主机输出功率在3800匹轴马力的条件下取得20节航速，试航时主机输出功率达4000匹轴马力。即使如此，设计估测的精度也颇差。

P型艇乃是年轻造船师沃森独创的设计，其定位是一种小型、廉价的反潜舰只。该型艇的轮廓有意被设计得与潜艇类似（收藏于伦敦的国家海事博物馆，305401号藏品）。

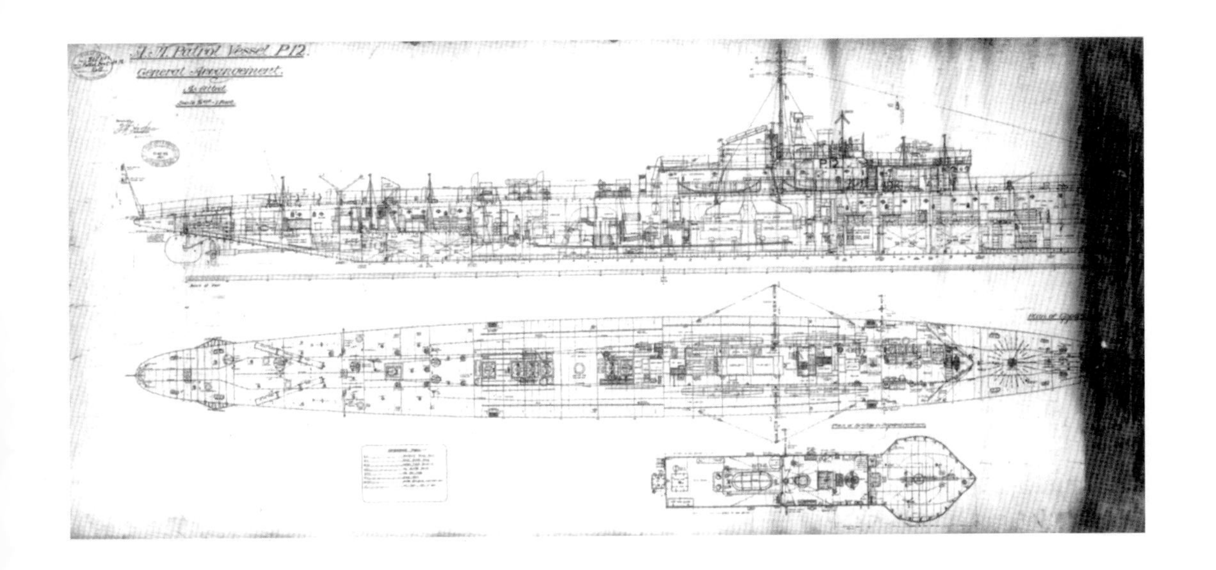

P37 号艇。该级艇在实战中广受欢迎。虽然其干舷高度很低，但据称其适航性颇佳（帝国战争博物馆，Q66840 号藏品）。

艇，除舰宽有所增加外，该批艇设计还接受了其他改动。

与里德（Reed）对其低舷铁甲舰（Breastwork Monitor）[①]的设计期望类似，沃森也希望漫过P型艇低矮甲板的上浪可以缓解舰体横摇和纵摆的幅度。但出人意料的是，早期的航行报告显示该级艇的适航性颇为理想，来自一线的大部分抱怨与由船锚导致的水沫有关。通过将船锚收纳至挡板后，并在锚链筒上安装遮挡，这一问题得以缓解。该级艇的舭龙骨深仅约9英寸（约合228.6毫米）。不过，一线部队一致认为艏楼和舰桥位置较高的PC艇性能显著优于PQ艇。沃森曾亲自参与P24号艇的试航，并报告称该艇携带50吨燃煤时设计航速为20节，在主机输出功率为3500匹轴马力的条件下该艇取得21.75节的航速。[②]试航中该艇的表现颇令人满意，没有出现艇体振动的问题。倒退时该艇的甲板也颇为干燥，其匙形艇艉发生上翘。该艇的转向动作“非常迅速”。顶浪航行时未出现纵摆现象，后甲板颇为干燥，但船锚和推进器防撞设施引发水沫。

虽然P型艇的设计工作完成得颇为匆忙，但建成后各部分的实际重量与设计估测值吻合度颇高。

① Brown, Warrior to Dreadnought, pp56–7.
② D'Eyncourt papers, DEY 33.National Maritime Museum.

PC69 号艇。部分后期型 P 型艇的外形与商船类似，这一点与前述护航轻护卫舰的情况相同。其更高的干舷高度使得该型艇颇为干燥（世界船舶学会收藏）。

表10-5

	设计重量	实际重量
装备	35吨	32.1吨
武器	14吨	11.5吨
动力系统	190吨	158.4吨
轮机部门舱储货物	10吨	5吨
油料	50吨	50吨
艇体	275吨	254吨
合计	574吨	512吨

① 第一次世界大战结束后，海军发现该型艇吃水深度过浅，导致声呐的表现一直不尽如人意。

设计时为P型艇配备的武器为1门设于艇体前部的4英寸（约合101.6毫米）火炮、1门乒乓炮和2具固定方向的14英寸（约合355.6毫米）鱼雷发射管。此后又有多种提案试图加强该型艇的火力，其中加装1门4英寸（约合101.6毫米）火炮的方案得到批准，但未被实施。海军也曾讨论将原设计中的2具14英寸（约合355.6毫米）鱼雷发射管改装为1具可旋转的18英寸（约合457.2毫米）鱼雷发射管，但这一提案同样并未实施。多佛尔巡逻部队（Dover Patrol）[7]指挥官培根将军反对做出任何武器上的改动。在他看来现有火力对德国UB型和UC型潜艇的表现已经堪称完美，且P型艇在与驱逐舰交战时绝无胜算。他还发现P型艇的低吃水深度在多佛尔海峡环境下颇为有益。①

KIL级巡逻炮艇及其他

1915年初海军对更多且更廉价的护航及巡逻舰艇的需求已经非常明显。对解决此问题的首个尝试是所谓Z型捕鲸船。虽然其设计应由海军建造总监负责，但其实际设计工作以史密斯船厂（Smith's Dock）此前为俄国建造的一艘船只为

“抹香鲸”（Cachalot）是史密斯船厂以捕鲸船为基础建造的15艘舰船之一。该批舰船的适航性被认为弱于类似大小的拖网渔船，且未再建造类似舰船（世界船舶学会收藏）。

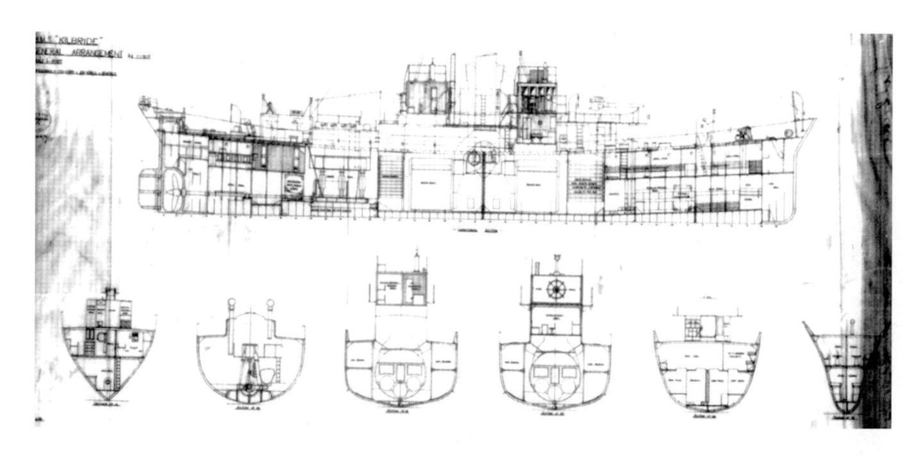

KIL级武装渔船由史密斯船厂设计，该设计方案在就“性能较好的”武装渔船进行的设计投标中胜出。海军部共订购85艘该型武装渔船，但其中很多艘的建造被取消，更多艘则直接被列入了出售列表（国家海事博物馆，388362号藏品）。

蓝本完成，其外形类似捕鲸船，且吃水较浅。该型舰船共建造了15艘，但其适航性较差，因此海军未下达进一步订单。[①]

1917年提出的“快速拖网渔船”设计要求与此类似，共有6家造船厂提出了相应设计方案。最终海军部批准按照史密斯船厂的设计方案建造85艘KIL级武装渔船（其中30艘于1918年3月被取消）。[②]该型艇性能与传统船舶类似，排水量为895吨，航速为13节，装备1门4英寸（约合101.6毫米）火炮。其艇体造价在1.8万~2万英镑，动力系统造价则为1.97万英镑。至停战时仅有少数该型艇完工。

第一次世界大战期间英国还建造了相当数量的武装渔船，其中大多数隶属3级［“默西河”级（Mersey）、“城堡”级和“平底谷”级（Strath）］，所有武装渔船均基于渔船设计。海军部于1916年11月、1917年和1918年先后订购了

“基尔比坎”号（Kilbeccan）是同级船中少数完工时配备武器的武装渔船之一（世界船舶学会收藏）。

① C Ritchie, Q Ships (Lavenham1985), p38.

② 有趣的是，第二次世界大战期间的炮舰设计历史也与此类似，最初设计目标为“性能较好”的武装渔船，最终中选的设计也是来自史密斯船厂。

250艘、150艘和140艘武装渔船。表10-6仅提供了上述武装渔船的简要数据（方括号中的数据为以不配备武器状态建成的数量，如此状态的武装渔船主要用于战后执行扫雷任务）。

表10-6：武装渔船

	满载排水量	船体长度[8]	建成数量
“默西河”级	665吨	138.5英尺（约合42.2米）	69[8]艘
“城堡”级	547吨	125英尺（约合38.1米）	127[18]艘
“平底谷”级	429吨	115英尺（约合35.1米）	89[14]艘

明轮扫雷艇

1915年5月负责扫雷作业的海军将领报告称征购的明轮船在执行扫雷任务时比拖网渔船效率更高，尤其是在需要浅吃水深度的环境下。该型船只仅需要少量乘员，且其造价也较浅吃水深度的螺旋桨船更为低廉。根据实践报告，艾丽莎公司（Alisa）建造的“格伦厄斯克”（Glen Usk）作为设计起点最为合适。海军部的纳贝斯提出了一份设计草案，该草案提交给艾丽莎公司后，由后者演化得到“阿斯科特”级（Ascot）设计方案。

设计师在设计分舱方案上花费了相当的精力。该级扫雷艇设有两个锅炉舱，分别位于轮机舱两侧，并设有11个水密舱。其侧船体板加厚，并一直向上延伸至上甲板高度，从而提高了该型艇的储备浮力。后期还封闭了艇上若干扇

“林菲尔德”号（Lingfield）乃是基于艾丽莎公司设计方案建造的一艘明轮扫雷艇。该种扫雷艇在大风浪海况下的表现令人失望，造成这一结果的主要原因是横摇时明轮浸入海水的深度会相应改变，进而导致偏航。这张从船尾方向拍摄的照片显示了该级扫雷艇中大多数艇的扫雷装置，即设于船尾上方的绞架，以及艉甲板上的大型绞盘（世界船舶学会收藏）。

隶属“舞蹈”级(Dance)的浅吃水扫雷艇“加沃特”号(Gavotte)，其推进器位于涵道中(世界船舶学会收藏)。

水密舱门，这些艇上人员改由设在上甲板的舱盖实现出入。

试航时，该级艇在排水量740~800吨、主机输出功率1400~1600匹指示马力条件下取得14.5~15.4节航速。明轮转速为每分钟53~57转。这一成绩堪称出色，与使用经过优化的螺旋桨的船只相当，且考虑到较浅的吃水深度，推进器在浅深度下的表现必然无法达到最优。明轮的问题之一是在明轮浸入深度不同时，其推力会发生明显变化。因此在因受风或扫雷线缆的拉力不平衡而发生侧倾（或发生横摇）时保持航向颇为困难，同时航速的下降也颇为明显。在此后新建的扫雷艇上，每舷侧又加装了容量为10吨的水槽，可用于平衡最高为5°的侧倾。

该级扫雷艇原计划携带2架水上飞机执行反齐柏林飞艇任务，但实际仅有2艘扫雷艇安装了相应设备。虽然试航结果令人满意，但实际上这2艘艇并未执行这一任务。1915年底至1916年初，海军共下达了24艘按原始设计建造的扫雷艇订单，此后又于1917年订购了8艘体积稍大的扫雷艇。海军还计划在1918年再建造8艘扫雷艇，但建造工作并未展开。其造价约为每艘5.5万英镑。①

① 其中2艘在第二次世界大战期间以辅助防空艇的身份重新加入皇家海军。

隶属首批“狩猎”级扫雷艇的“泰德沃斯”号（Tedworth）。该级艇设计得颇为成功，包括“泰德沃斯”号在内的多艘艇甚至在第二次世界大战期间继续服役（世界船舶学会收藏）。

1917年海军还从陆军部征购了10艘浅吃水扫雷艇（此后又于1919年征购了4艘同型舰只）。这些扫雷艇起初被建为在美索不达米亚（Mesopotamia）服役的拖轮，其两部推进器装于涵道中，吃水深度仅为3.75英尺（约合1.14米）。海军部为这些扫雷艇支付的价格约为每艘4500英镑。

双螺旋桨扫雷艇——“狩猎”级

1916年海军逐渐意识到在恶劣天气下明轮扫雷艇的表现令人失望，且该艇种还面临着位于明轮下方的水雷的威胁。[1]鉴于这一结论，海军部开发了新款扫雷艇的设计方案。新型扫雷艇装备两具螺旋桨，且吃水深度同样很浅。采用双螺旋桨设计的主要原因便是为了降低吃水深度。该新型扫雷艇基本按商船标准建造，并由劳氏质量认证组织和英国验船协会监督验收，不过该新型扫雷艇采用了按海军部标准建造的高速三胀式蒸汽机（转速为每分钟250转）作为主机，且其水管锅炉由海军部提供。[2]除了A型扫雷具之外，该新型扫雷艇还装备了扫雷卫。

按原始设计建造的20艘扫雷艇平均造价为6.5万英镑。这一较高的单价显然深受战时通货膨胀的影响，甚至可能为同型艇战前造价的2倍。首舰［“马斯克瑞”号（Muskerry）］的试航报告令人非常满意，海军部由此追加了56艘扫雷艇的订单，后者的体积较原始设计稍大。此后的报告显示该型艇的适航性逊于轻护卫舰或P型艇。该批扫雷艇中甚至有部分参加了第二次世界大战，除了燃煤动力系统外，作为扫雷艇其口碑甚佳。[3]

① 因此后期继续建造明轮扫雷艇的原因颇令人困惑。
② 该新型扫雷艇主要由承担造舰任务的造船厂承建。
③ 第二次世界大战期间的“班格尔”级设计方案最初便是以“狩猎”级的改进型提出的。

巡逻舰艇、轻护卫舰和扫雷艇，数字比较

海军部起初希望最初的“花”级轻护卫舰设计方案可以满足扫雷和反潜任务对小型舰艇的一切要求。然而武器和战术演化导致这一希望无可避免地落空。为了最大限度地利用英国小型造船厂的造船能力和技术，海军需要一系列设计方案。即使如此，后人也可能会怀疑英国是否建造了太多的舰种。

表10-7：轻护卫舰和扫雷艇承建商

	级							
	“花”级	护航轻护卫舰	24级轻护卫舰	P型艇	PC型艇	KIL级巡逻炮艇	明轮扫雷艇	“狩猎”级扫雷艇
艾丽莎公司							5	10
阿德罗森公司（Ardrossan）							1	5
阿姆斯特朗公司		8						
埃尔郡公司（Aryshire）							4	5
巴克利·柯尔公司（Barclay Curle）	12	8	6	1	2			
巴特拉姆公司（Bartram）				2				

	级							
	“花”级	护航轻护卫舰	24级轻护卫舰	P型艇	PC型艇	KIL级巡逻炮艇	明轮扫雷艇	“狩猎”级扫雷艇
布莱斯公司（Blyth）	1	3	2					
鲍·麦克拉克伦公司（Bow Mclachlan）	3							8
凯尔德公司（Caird）					2	2		
克莱德造船厂（Clyde SB）							2	7
科克兰公司（Cochrane）						7		
康奈尔公司（Connell）	4			1	1			
库克—韦尔顿—格默尔公司（Cook, Welton & Germmell）						4		
亨德森公司（Henderson）	4							
敦提公司（Dundee SB）							3	3
邓禄普·布雷姆纳公司（Dunlop Bremner）	3						1	6
厄尔公司（Earle）	3							
埃尔特林厄姆公司（Eltringham）				2	2			6
费尔菲尔德公司（Fairfield）								4
弗格森公司（Ferguson）							1	
弗莱明与弗格森公司（Fleming & Ferguson）								6
G布朗公司(G Brown)						3		
古耳公司（Goole）							1	
格雷公司（Gray）				4			1	
格陵诺克与格兰奇茅斯公司(Greenock and Grangemouth)	5	4	4					
格万的哈兰德与沃尔夫公司（H & W, Govan）				2	1			
霍尔·拉塞尔公司（Hall Russell）						4		
哈密尔顿公司（Hamilton）	2	2		4		4	1	
哈克尼斯公司（Harkness）				2	1			4
英格利斯公司（Inglis）				3			1	4
英斯托公司（Instow）								4
欧文公司（Irvine）	2	3						
洛比尼兹公司（Lobnitz）	6	3					10	
麦克米兰公司（McMillan）	5						2	2
默多克和默里公司（Murdoch & Murray）							2	5
纳皮尔和米勒公司（Napier & Miller）	3			1				6
诺森伯兰公司（Northumberland）				2				
奥斯本·格雷姆公司（Osbourne Graham）			3					
雷德黑德公司（Redhead）				3				
雷诺德森公司（Rennoldson）	1							2
里查德森·杜克公司（Richardson Duck）	1	1						
罗普纳公司（Ropner）	1	1						
拉塞尔公司（Russell）				1				
斯科特公司（Scott）	3							
西蒙斯公司（Simons）	3	2						14
史密斯造船厂（Smiths Dock）						37		
斯旺·亨特公司	6	2	7					
汤普森公司（Thompson）				2				
泰恩钢铁公司（Tyne Iron）				2	1			
怀特公司（White）				5	6			
沃克曼·克拉克公司（Workman Clarke）	2	2		3	4			

浅水重炮舰①

第一次世界大战期间，一俟战线发展至英吉利海峡沿岸，陆军对装备重炮且吃水较浅的支援型舰只的需要便日趋明显。1914年11月伯利恒钢铁公司的主席查尔斯·施瓦博（Charles M Schwab）访英期间，使迅速获得具备对岸攻击能力的舰只成为现实。施瓦博提出的出售清单中包括4座双联装14英寸（约合355.6毫米）炮塔，该炮塔原计划用于装备正在德国建造的希腊战列巡洋舰"萨拉米斯"号（Salamis）。最终该舰种被命名为"浅水重炮舰"（Monitor），做出这一选择的很可能是丘吉尔。当时似乎错误地认为该舰种的特点与美国南北战争期间埃里克森[9]设计的"莫尼特"号铁甲舰类似。

新舰种的粗略设计方案由造船师沃辛顿（A M Worthington）提出，其助手利利克拉普（C S Lillicrap）据此进行了进一步设计研究。②舰体主体部分宽度约为60英尺（约合18.3米），在加装达因科特所新设计的防雷突出结构后，宽度增至90英尺（约合27.4米），这一宽度也是确保可承建该舰种的船坞数量不致过少的最大值。其船型为筏型、尖端较钝，与当时所有较新型舰种均大相径庭。设计时设计师并未意识到对该种船型而言，水流会经由舰体底部而非沿侧面流动，且舰艉部分的转折过于突兀。由此导致的严重涡流现象大大增加了舰体所受阻力。此外，为满足浅吃水深度的要求，推进器的直径较小，因此其效率本就较低，而涡流现象又进一步降低了推进器的工作效率。这一问题在海斯拉的艾德蒙·傅汝德收到舰体线型进行审阅后被发现，然而此时首舰的龙骨铺设工作已经展开，因此也来不及进行改动。

由此该批舰只的最高航速也仅为6.5节，远低于10节的设计指标。4舰［分别为"阿伯克龙比"号（Abercrombie），"哈夫洛克"号（Havelock），"拉格伦"号（Raglan）和"罗伯茨"号（Roberts）］在达达尼尔海峡作战期间表现出色，其间对其作战的主要限制是弹药不足（有关"拉格伦"号沉没一事，可参见本书第11章）。该级舰装备的14英寸（约合355.6毫米）火炮最大仰角为15°，最大射程约为1.99万码（约合1.82万米），远不能满足此后在比利时沿岸作战的需要。

12英寸（约合304.8毫米）浅水重炮舰——"克莱夫勋爵"级（Lord Clive）

1914年12月11日，丘吉尔提议利用后备13.5英寸（约合343毫米）和15英寸（约合381毫米）炮管再建造8艘浅水重炮舰。不过此后发现虽然炮管的确有富余，但海军却找不到富余的炮塔。不过此时"庄严"级战列舰[10]已经退出现役，海军遂对其35倍径12英寸（约合304.8毫米）炮进行检查。按原先设计，该级舰的主炮炮塔仰角仅为13.5°，最大射程约为1.37万码（约合1.25万米），不过

① 参见I L Buxton, Big Gun Monitors (Tynemouth 1978)。该书或许是迄今为止有关该舰种历史最出色的作品，其成就几乎使后人无须再就此题材进行进一步写作。不过为保持本书涵盖范围的完整性，笔者在此择要进行叙述。

② 利利克拉普后于1944年出任海军建造总监。

最初的 4 艘浅水重炮舰装备伯利恒钢铁公司提供的双联装 14 英寸（约合 355.6 毫米）炮塔。“罗伯茨”号便是其中之一。注意该舰搭载的水上飞机——肖特 166 型（作者本人收藏）。

埃尔斯维克公司确定可轻易将炮塔仰角提升至30°，从而将射程提升至2.1万码（约合1.92万米）。

虽然丘吉尔希望采用柴油机引擎，但当时英国已有柴油机设计的输出功率均不满足设计需要。该级舰的船型和动力系统都与此前装备14英寸（约合355.6毫米）火炮的浅水重炮舰相似，其建造速度非常快。“鲁珀特亲王”号（Prince Rupert）1915年1月12日在哈密尔顿公司开始铺设龙骨，同年5月20日下水开始舾装，此后又被拖曳至克莱德班克（Clydebank）安装炮塔（原属“胜利”号）。该工程完成后该舰又被拖曳回格陵诺克（Greenock）安装动力系统。最终该舰于当年7月1日建成并等待试航，此时距离开始铺设龙骨仅仅24周。其姊妹舰的建造速度与此相当。

由于船型与早先的浅水重炮舰类似，因此该级舰的航速较慢（7~8节）。增加12英寸（约合304.8毫米）火炮的仰角后曾出现一些磨合问题，但这些问题很快被解决，不过其老旧的炮架仍常常导致问题。服役后不久，该级舰的射程便落后于德国在比利时沿海设立的岸防炮。随着“暴怒”号被改建为航空母舰，原为该舰准备的两门18英寸（约合457.2毫米）火炮及备件闲置，遂被安装在“克莱夫勋爵”号和“伍尔夫将军”号（General Wolfe）的舰体后部［备用炮管原计划安装在“欧根亲王”号（Prince Eugene）上，不过在该舰接受改装前第一次世界大战就已结束］。安装在浅水重炮舰上后该炮炮架固定不可旋转，火炮最大仰角为45°，射程为3.65万码（约合3.33万米）。1918年9月28日“伍尔

“伍尔夫将军”号原先装备一座双联装12英寸（约合304.8毫米）炮塔，后者原先装备在前无畏舰“胜利”号上，但经过改造提高了火炮仰角，其射程也相应增加。战争后期该舰安装了原计划装备在“暴怒”号上的单装18英寸（约合457.2毫米）火炮，如该照片所示，该炮固定向右舷方向射击。1918年9月28日该舰曾向3.6万码（约合3.29万米）外的一座桥梁射击，这一射击距离也是皇家海军历史上最远射击纪录（世界船舶学会收藏）。

夫将军”号在3.6万码（约合3.29万米）距离上向一座桥射击，这一距离很可能是迄今为止皇家海军历史上射击距离的最远纪录。2小时内该舰共射击了44枚炮弹（射击间隔平均为2分38秒），当天晚些时候又射击了8枚炮弹。第一次世界大战结束后，“克莱夫勋爵”号安装了3门15英寸（约合381毫米）火炮，并固定指向右舷方向，以测试各炮之间的干扰现象，从而为此后计划装备新主力舰的三联装炮塔提供数据。1921年初在舒伯里内斯（Shoeburyness）附近海域进行的试验中没有发现任何问题。

15英寸（约合381毫米）炮和柴油引擎

列入1914年造舰计划中的战列舰共需8座双联装15英寸（约合381毫米）炮塔，其中6座后来被安装在战列巡洋舰“反击”号和“声望”号上。丘吉尔和费舍尔遂决定利用剩下的炮塔再建造两艘浅水重炮舰，即“苏尔特元帅”号（Marshal Soult）和“内伊元帅”号（Marshal Ncy）。不幸的是当时英国仅有两具柴油引擎可供两舰使用，且这两具柴油引擎乃是为了测试该种发动机在水面船舶上的适应性而设计建造的，计划安装在两艘海军部油船上。更不幸的是，设计过程中达因科特和利利克拉普均忽视了此前傅汝德的模型测试结果，并为两舰设计了与早先浅水重炮舰类似的船型。“内伊元帅”号率先建成，但由于其航速很低（仅6节），且其引擎可靠性很低，此外还无法实施转向，因此该舰几乎毫无作战价值。该舰引擎由J.S.怀特公司（J S White）按照德国MAN公司设

"苏尔特元帅"号装备一座双联装15英寸（约合381毫米）炮塔。该舰上由维克斯公司制造的柴油引擎功率不足，导致其航速仅为5.5节。这也是该舰的主要缺陷之一。1940年该舰的炮塔被拆除，后来被安装在新的浅水重炮舰"罗伯茨"号上，但"苏尔特元帅"号直至1946年才被拆解（作者本人收藏）。

计建造。次舰"苏尔特元帅"号的引擎由维克斯公司设计建造，该引擎不仅可靠性颇佳，而且较为安静，同时没有出现振动现象，但该舰的航速同样很低。"内伊元帅"号很快退出现役，但"苏尔特元帅"号仍继续服役并发挥了不小的作用。该舰在第一次世界大战结束后被转为训练舰，最终于1946年被拆解。

1915年5月，海军部想要利用计划安装在"皇家橡树"号上的4座现有15英寸（约合381毫米）炮塔再建造4艘浅水重炮舰，但在当年6月新的海军部海务大臣委员会组建后[11]，新委员会认为无法接受继续拖延"皇家橡树"号的建造，因此上述计划被取消。在认识到"元帅"级的设计失败后，海军决定将两舰的炮塔用于新的浅水重炮舰舰体［此后海军又决定保留"苏尔特元帅"号，而将原先为"暴怒"号预订的一座15英寸（约合381毫米）炮塔用于新的舰体］。为新的浅水重炮舰建造的主机输出功率达6000匹指示马力，同时在海斯拉开发的新舰体船型性能也较早先浅水重炮舰优越。上述两项改进都使新浅水重炮舰的航速达到12节设计指标——事实上，新舰试航航速甚至达到了13~14节。注意新舰体船型最初乃是为了被海军部海务大臣委员会取消的那批浅水重炮舰设计的。

新的浅水重炮舰即"厄瑞波斯"号和"恐怖"号（Terror）。两舰在比利时沿海参与作战，其射击距离约为2.7万码（约合2.47万米）。至1917年5月两舰似乎成功地造成奥斯坦德造船厂（Ostend Dockyard）无法运转。两舰采用了改进后的防雷突出部设计，且在实战中证明了新设计的价值。该防雷突出部的外侧舱室为9英尺（约合2.74米）宽的空舱，内侧舱室深4英尺（约合1.22米），其中装载70根直径9英寸（约合228.6毫米）且两端封闭的钢管。内侧船壳板由1.5英寸（约合38.1毫米）厚的高强度钢板构成。防雷突出部顶部位于设计水线位置上方18英寸（约合457.2毫米）处，因此也适合作为小艇的搭载平台。

1917年春德国海军引入了线控爆炸摩托艇，其航速为30节，装药700千克，控制线缆长度达30海里。该种摩托艇可由设在岸上的控制站控制，并根据水上飞机通过无线电发回的校正数据进行控制修正。当年10月28日“厄瑞波斯”号被该种摩托艇（舷号FL12）击中舰体舯部的防雷突出部。防雷突出部外层共有50英尺（约合15.2米）长的部分被毁，但其内侧船壳板仅出现轻微下陷现象。该舰在受伤3周后便重返战场。10月18日至19日夜间“恐怖”号被3枚450毫米鱼雷命中，其中2枚命中舰体前部，另1枚命中后方80英尺（约合24.4米）处，恰位于防雷突出部起始位置。维修工作共耗时约10周。

“恐怖”号浅水重炮舰正在对比利时海岸目标开火（感谢朱利安·曼纳林提供）。

小型浅水重炮舰

第一次世界大战爆发时，维克斯公司恰好建成了3艘内河浅水重炮舰，每艘各装备2门6英寸（约合152.4毫米）火炮，不过其主顾巴西政府此时无法支付相应货款。海军部遂于战争爆发前购买了上述舰只，并将其分别命名为“亨伯河”号（Humber）、“塞汶河”号（Severn）和“默西河”号（Mersey）。虽然3艘舰的服役记录颇为出色①，但其平舰底和4.75英尺（约合1.45米）的吃水深度设计导致3舰不适合在公海作战。1914年底，海军部征购了两艘在埃尔斯维克公司建造的挪威籍岸防舰艇［“蛇发女妖”号（Gorgon）和“格拉顿”号（Glatton）］。征购后两舰加装了防雷突出部，其原有9.4英寸（约合238.8毫米）火炮通过重新刻膛线被改制为9.2英寸（约合233.7毫米）火炮，其最大仰角也提高至40°。使用8倍尖拱曲径比的炮弹时其射程可达3.9万码（约合3.57万米）。

1915年初，费舍尔上将决心建造更多的对岸攻击舰只，并调查了中口径火炮及其炮架的库存情况。当时海军的闲置中口径火炮包括4门马克Ⅹ型和10门

表10-8：9.2英寸（约合233.7毫米）火炮，1915年

	倍径	射程		每分钟射速
		15°仰角	30°仰角	
马克Ⅵ型	31	1.10万码（约1.01万米）	1.63万码（约1.49万米）	3.5发
马克Ⅹ型	46	1.54万码（约1.41万米）	2.20万码（约2.01万米）	约1发

① 1915年，“默西河”号和“亨伯河”号在鲁菲吉河（Rulfiji River）击沉德国“柯尼斯堡”号（Konigsberg）轻巡洋舰。[12]

M21号隶属小型浅水重炮舰，照片中该舰的9.2英寸（约合233.7毫米）主炮正在射击（帝国战争博物馆，SP2031号藏品）。

更老旧的马克Ⅵ型9.2英寸（约合233.7毫米）火炮，这些火炮此后被装备在14艘M15级浅水重炮舰上。

与此前一样，费舍尔依然希望采用柴油引擎。当时共有12具博林德公司（Bolinder）生产的烧球式柴油机，每具引擎输出功率为320匹制动马力，可用于装备6艘浅水重炮舰。另有2艘浅水重炮舰装备了4具功率更小的博林德柴油引擎，1艘装备煤油发动机，其余则装备蒸汽机。虽然在通常以恒定速度航行的商船上博林德引擎久经考验、性能可靠，但对需要频繁改变航速的战舰而言，该引擎的表现不够理想。在频繁改变航速的情况下，该种引擎的烟囱中会积累未充分燃烧的燃料，进而导致起火。4艘装备马克Ⅵ型火炮的该级舰曾前往多佛尔海峡作战，但由于其主炮射程不足，因此原有火炮很快被拆除，并改装小型火炮用于反驱逐舰作战。在地中海参战的各舰表现颇为优秀，但其航行性能过于轻快，且其定倾中心高度仅为6英尺（约合1.83米）。此外该级舰起初并未装备舭龙骨。

除上述M15级之外，海军还建造了另外5艘类似的浅水重炮舰（M29级）。后者装备原计划安装在“伊丽莎白女王”级下部炮廓的现代化6英寸（约合152.4毫米）火炮[①]。巴克斯顿曾在其作品中详细解释了采用6英寸（约合152.4毫米）火炮的理由。海军曾认为排水量与主炮重量的比例应与装备9.2英寸（约合233.7毫米）火炮的浅水重炮舰相当。由于两门6英寸（约合152.4毫米）火炮及其相关设备的重量较9.2英寸（约合233.7毫米）火炮轻18%，因此M29级的排水量被预计为340吨，吃水深度仅为4英尺（约合1.22米）。然而该级舰的大小实际取决于

① 实际安装的火炮并非是从“伊丽莎白女王”级上所拆除的，而是已经完工的备件。

后期小型浅水重炮舰，如M29级，装备2门6英寸（约合152.4毫米）火炮。其中M33［“美杜莎”号（Medusa）］被保存至今（世界船舶学会收藏）。

其上甲板布局，而足以容纳两门6英寸（约合152.4毫米）火炮的舰体大小实际与容纳一门9.2英寸（约合233.7毫米）火炮的舰体相当。M29级浅水重炮舰完工时实际排水量为580吨，吃水深度约为6.5英尺（约合1.98米）。17.5°仰角下，其6英寸（约合152.4毫米）火炮射程为1.47万码（约合1.34万米）。该级舰在达达尼尔海峡作战后期阶段发挥了显著作用。除火炮外，该级舰单价为2.5万英镑。

内河炮艇

1915年2月海军部订购了两级浅吃水舰只，为保密起见将其描述为所谓“中国炮艇”。事实上两级中稍大者［“昆虫”级（Insect）］被计划用于多瑙河流域作战，稍小者［“苍蝇”级（Fly）］被计划用于底格里斯河（Tigris）。两级舰均由雅罗公司设计，该公司还负责建造所有更小的舰只。

12艘“苍蝇”级炮艇（以及此后追加订购的4艘）采用分段方式建造，拆解后被运送至阿巴丹（Abadan）[13]，并在当地重新组装。该级炮艇装备1门4英寸（约合101.6毫米）火炮及若干口径更小的火炮，航速为9.5节，并且可在2英尺（约合0.61米）深的水域保持漂浮状态①。首艇于1915年11月在底格里斯河加入现役，这一速度堪称造船史上的一大壮举。

12艘“昆虫”级炮艇的体积要大得多，各艇装备2门6英寸（约合152.4毫米）火炮以及2门12磅炮（口径约为76.2毫米），其吃水深度仅为4英尺（约合1.22米）。该级炮艇颇为成功，第一次世界大战期间在许多地区服役，直至停战后才抵达多瑙河流域服役。②两次世界大战期间该级炮艇主要在中国服役，其中

① 据称（参见Yarrows 1865–1977.Glasgow, 1977 –company history）在浅水区航行时当地领航员可在炮艇前方涉水引路！

② 就这一奇遇，可参见M Williams, Captain Gilbert Roberts RN (London 1979)。

部分在第二次世界大战期间返回地中海海域，并发挥了重要作用。[1]该级艇甚至为了在远东战场参战接受了现代化改装。该级艇与装备6英寸（约合152.4毫米）火炮的浅水重炮舰之间的比较颇为有趣，两者均装备2门6英寸（约合152.4毫米）火炮以及若干轻型火炮。

① A C Hampshire, Armed with Stings (London 1958).

表10-9：“昆虫”级和M29级的比较

	浅水重炮舰	“昆虫”级
排水量	580吨	645吨
舰体长度	177.25英尺（约合54.0米）	237.5英尺（约合72.4米）
舰体宽度	31英尺（约合9.45米）	20英尺（约合6.10米）
吃水深度	6.5英尺（约合1.98米）	4英尺（约合1.22米）
航速	9节	14节

任何设计方案都是权衡和妥协的结果。两种舰艇设计均令人满意，其中“昆虫”级更为优秀。浅水重炮舰采用了适于航海的舰型，而“昆虫”级是内河舰艇，尽管该级艇也曾被用于在海上作战。

两级内河炮艇均装备至少一具设于涵管内的推进器（“苍蝇”级为一具，“昆虫”级更多），并装备雅罗公司专利设计的翻板阀。推进器的直径甚至大于炮艇的吃水深度，因此船体底部设有内凹的涵管，以容纳推进器上缘旋转。早期各艇上涵管顶部呈斜面，在炮艇的方艇艉部位构成密封结构，因此在航行时涵管顶部的空气可被排出。推进器的冲流冲击斜面，并导致可观的阻力，因

“金龟子”号（Cockchafer）为一艘“昆虫”级炮艇。该艇装备2门6英寸（约合152.4毫米）火炮，其吃水深度仅为4英尺（约合1.22米）（世界船舶学会收藏）。

此这一设计的效率不高。1892年阿尔弗雷德·雅罗（Alfred Yarrow）设计了铰接翻板阀，该设备在船舶静止时放下，在航行时则会被推进器的冲流向上冲起，从而大大降低阻力。

"绿苍蝇"号（Greenfly）隶属较小的"苍蝇"级内河炮艇。该级艇装备1门4英寸（约合101.6毫米）火炮，并且可在2英尺（约合0.610米）深的水域中漂浮——据称内河领航员有时甚至可在炮艇前方涉水前行！照片中该艇已经被提出水面，清晰地显示了其吃水深度之浅（作者本人收藏）。

海岸摩托艇[①]

1915年初哈里奇舰队（Harwich Force）的3名上尉提出利用小型高速摩托艇对停泊在锚地中的德国舰艇实施鱼雷突袭的设想。这一设想得到海军部的暂时批准，后者还接触了若干公司，就这一设想所需的小型摩托艇设计方案进行征询，不过仅有托尼克罗夫特公司针对相应的海军要求草案做出回应。[②]最初设计要求为包括一枚18英寸（约合457.2毫米）鱼雷在内，全艇排水量不超过4.25吨，可由舰艇上常见的30英尺（约合9.14米）摩托艇吊柱吊载，航速可达30节。第一次世界大战爆发前托尼克罗夫特公司成功建造了竞速汽艇"米兰达四世"号（Miranda Ⅳ），这艘采用阶梯式滑行船型的汽艇也成为新摩托艇的设计基础。排水量的限制使该艇无法装备常规鱼雷发射管，最终设计师决定以从艇艉上方推出的方式发射鱼雷，且鱼雷艉部首先入水。航速大致与鱼雷相当，摩托艇在完成发射后应迅速转向，离开鱼雷航行路线。用"弗农"号（Vernon）[14]进行的试验证明，这一看似疯狂的方案实际可行。

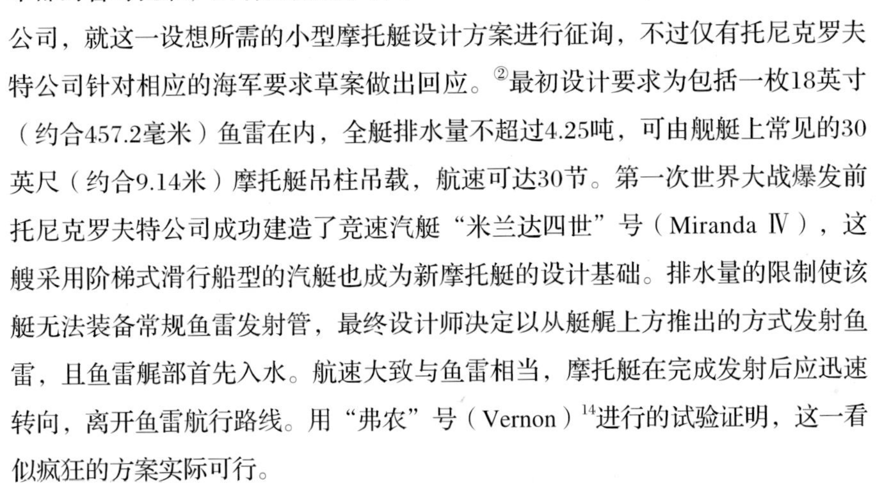

海军部于1915年晚期向托尼克罗夫特公司的泰晤士河汉普顿造船厂下达首艘海岸摩托艇（CMB1号）的订单。CMB2至CMB12号的订单于1916年1月下达，CMB13号的订单则更晚一些。上述所有摩托艇均于1916年8月中旬完工。一艘典型摩托艇的各部分重量如下：艇体重2.19吨，动力系统重0.78吨，载荷为1.04吨，总重为4吨。大部分鱼雷艇装备一具托尼克罗夫特公司生产的12缸V12汽油引擎，其输出功率为250匹制动马力，航速为33~34节。[③]此后海军部又订购了44艘类似鱼雷艇（其中有17艘在第一次世界大战结束时被取消）。[④]另有6家造船商参与了该级摩托艇的建造，但大部分摩托艇仍由托尼克罗夫特公司承建。大部分后期型摩托艇装备格林（Green，V12型，输出功率为275匹制动马力）或菲亚特（FIAT，装备CMB40至CMB61号，V8型，输出功率为250匹制动马力）引擎，其航速较早期各艇稍高。

除了建造上述摩托艇外，托尼克罗夫特公司还预见海军对体积更大的摩托

① 本节很大程度上参考了杰夫·哈德森（Geoff Hudson）的研究成果。后者既是轻型海岸部队协会（Light Coastal Forces Association）的历史学家，又是笔者从学生时期起的至交。

② K C Barnaby, 100 Years of Specialised Shipbuilding and Engineering (London 1964).该书在相当程度上参考了该公司所发行的一本小册子A Short History of the Revival of the Small Torpedo Boat during the Great War, London, 1918。

③ 部分鱼雷艇装备V8型引擎，航速约为25节。

④ 部分数据有冲突。最为可靠的数据由哈德森给出，指出完工的是1~13号，40~61号，112号，121~123号，另有17艘的建造被取消。

海岸摩托艇65A号。这种长55英尺（约合16.8米）的摩托艇由托尼克罗夫特公司设计建造。艇名中的A表示该艇装备一具由托尼克罗夫特公司生产的500匹马力引擎，其航速可达35.25节（作者本人收藏）。

艇的需求。新摩托艇更长（55英尺，约合16.8米），无须继续满足吊载要求，并可携带两枚18英寸（约合457.2毫米）鱼雷。据此CMB14号艇在未收到订单的情况下便开工建造，其后继艇则于1916年5月开工。1917年4月、5月和12月海军部分别追加了5艘、50艘和12艘该型摩托艇的订单，其中托尼克罗夫特公司承建了27艘，另外43艘则由6家分包商承建。[①]1918年8月前后海军部下达了32艘摩托艇的订单，但这一批订单于当年11月被取消。各摩托艇装备的引擎种类区别很大，可通过CMB编号末尾的字母加以区分。[②]所有摩托艇的航速都超过30节，其中部分甚至在试航时在理想条件下达到40节。虽然原始设计方案中摩托艇携带2枚鱼雷，但很多摩托艇完工时携带1枚鱼雷和2枚深水炸弹（官方CMB编号中末尾加以第二个字母D表示携带2枚鱼雷，但某些CMB编号中未标注D的摩托艇也携带了2枚鱼雷）。

1918年2月海军部还订购了12艘70英尺（约合21.3米）的摩托艇，计划主要用于布设磁性水雷。[③]不过该批摩托艇完工前战争即告结束，此后部分该批摩托艇被用于试验。其中2艘甚至在第二次世界大战期间再次服役。[④]该型摩托艇可携带4枚水雷，但由于其仅装备2具输出功率各为350匹制动马力的引擎，因此其航速仅为30节左右。102号艇在改装一对实验性Y24型引擎后，在重载条件下航速可达36.6节，在轻载条件下可达41.9节。

这些摩托艇唯一一次按其设计目的进行作战大约是在1919年英国干涉俄国内战期间。当年6月CMB4号[⑤]在喀琅施坦得（Kronstadt）击沉布尔什维克控制的巡洋舰“奥列格”号（Oleg）[15]。同年8月的另一次攻击动用8艘摩托艇。虽然其中1艘摩托艇途中发生故障，但仍有1艘俄国供应舰和2艘战列舰被鱼雷命中[⑥]，

① 此外，CMB 113CK号由海军部直接向考克斯与金公司（Cox and King）订购，且该艇可能由该公司设计。CMB 120F号的建造商未知，但该艇并未通过托尼克罗夫特公司订购。

② 字母根据Conway's All the World's Fighting Ships 1906-1921 (London 1985), pl00内容给出。

③ T Burton, 'The Origins of the Magnetic Mine', WARSHIP 5(1978).

④ 102号艇作为靶船被一直使用至1940年，103号和104号艇则再次服役。

⑤ 该艇保存在帝国战争博物馆设于杜克斯福德（Duxford）的分部。

⑥ Shipping Wonders of the World(London 1936), p534. 另可参见A Agar Baltic Episode, London, 1963.

电气船舶公司（Electric Boat Company）共建造了580艘与照片中ML397号艇类似的摩托汽艇，并由加拿大维克斯公司完成组装。这些汽艇是卓有成效的近海反潜舰艇，尤其是在装备水听器和深水炸弹之后（世界船舶学会收藏）。

英方损失则为3艘摩托艇。有关快速攻击舰艇的记录还显示1918年8月11日6艘摩托艇在荷兰沿海遭到德国水上飞机的攻击，其中3艘沉没，另外3艘被迫进入荷兰领海，并因此被荷兰当局扣押。

摩托汽艇

1915年4月海军部向美国电气船舶公司订购了50艘摩托汽艇①，2个月后追加了500艘该型汽艇的订单，最终于1917年7月又追加了30艘的订单。为规避美国中立法，订单通过加拿大维克斯公司订立，后者还负责在蒙特利尔（Montreal）和魁北克完成一些最终组装工作。首批汽艇长75英尺（约合22.86米），其余汽艇长80英尺（约合24.4米），航速为19节。全部580艘汽艇均在488个工作日内完工，并通过130班次跨大西洋运抵英国。该型汽艇在近海岸反潜作战中发挥了相

① 据称该订单乃是出于亨利·萨特芬（Henry R Sutphen）先生的建议，参见Shipping Wonders of the World，1123。

跨大西洋运输中的摩托汽艇，搭载蒸汽货轮"政治家"号(Statesman)(作者本人收藏)。

当大的作用，在装备水听器和深水炸弹后这一作用更加明显。部分汽艇在战争结束后被改装为游艇继续使用。

X驳船

1915年2月海军部提出了一项对浅吃水、自航驳船的紧急需求，该种驳船将用于在缓倾海滩上卸载部队、火炮和马匹。设计部门在4天内就完成了该种驳船设计方案，其全长为105.5英尺（约合32.2米），吃水深度为3.5英尺（约合1.07米），型深为6.5英尺（约合1.98米）[上述数据均在艉倾1英尺（约合0.305米）条件下测量]，相应的排水量分别为160吨和310吨。其主机为当时能获得的任何柴油引擎，主要为博林德公司的产品，其输出功率为40~90匹制动马力，航速为5~7节。

驳船的货舱长度为60英尺（约合18.3米），并配有8英尺（约合2.44米）宽、纵贯货舱的舱盖，货舱前端还配有7英尺（约合2.13米）长的跳板。海军部共订购200艘该型驳船，第1艘在订单签订10周后完成，当年3月底便完成了订单的一半[16]，至当年8月几乎全部驳船建造完成。次年2月海军部又下达了20艘改进型——体积稍小——驳船的订单，以及25艘结构类似的非自航驳船的订单。X驳船被认为是一款非常成功的设计，曾被用于执行多种任务，并一直服役至第二次世界大战结束很久之后。①

武装商船

第一次世界大战爆发前海军部就将若干选定邮轮改装为武装商船（Armed Merchant Cruisers, AMC）进行了一定准备。②不过大多数情况下准备工作仅限于选定火炮炮位、弹药库舱位等工作，以及制定实施改装工作所必需的大纲。最大两艘邮轮隶属冠达邮轮公司，在建造时即加装了相应的火炮支撑结构，这也是政府为其支付津贴的交换条件。不过战争爆发后海军很快发现大型高速大西洋邮轮的巡航能力不足，且目标太大，因而不适于作为武装商船，由此导致战前大部分准备工作价值非常有限。另一方面，这些邮轮作为运输船的价值更为宝贵。

不过，至1914年8月共有13艘邮轮就改装为武装商船接受了非常基础的改装工作。改装工作通常需要8天时间。例如“奥特兰托”号（Otranto）在8天内安装了8门老式4.7英寸（约合120毫米）火炮以及相应的支撑结构，并且拆除了部分结构以改善火炮射界。此外，在此期间还加装了弹药库、医务室以及非常简陋的信号设施，包括家具在内的大部分可燃物和分隔结构则被拆除。游轮上还布置了部分0.5英寸（约合12.7毫米）板和煤舱，以提供一定程度的防护，最后还加装了200吨压舱物。为此耗费的工作量为：

① 据称其中一艘曾被改装为Q船使用。
② D K Brown. 'Armed Merchant Ships-A Historical Review'. RINA Conference - Merchant Ships to War(London 1987).

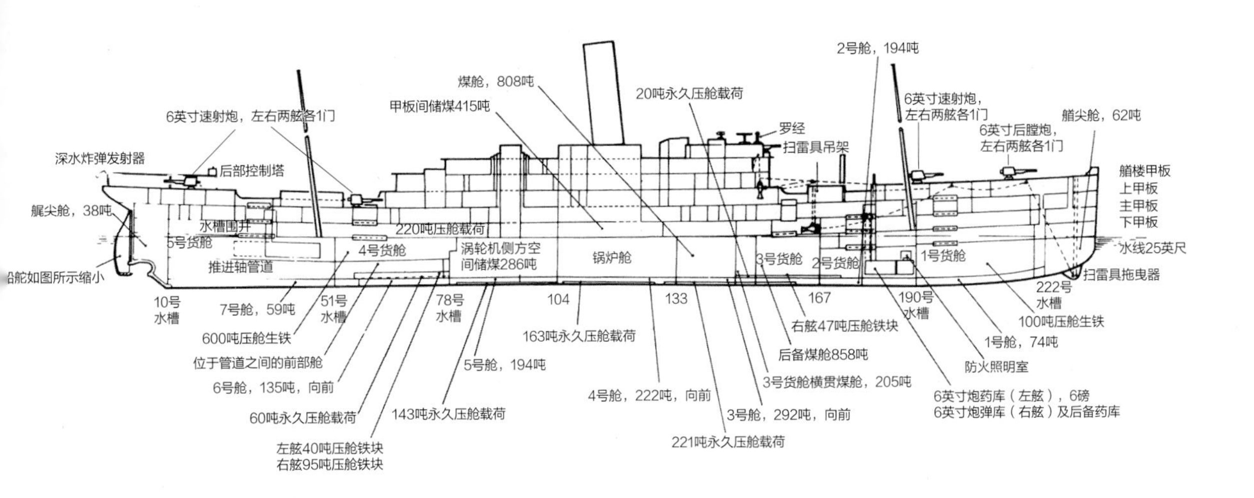

"弗吉尼亚州人"号（Virginian）武装商船，装备8门6英寸（约合152.4毫米）火炮。该舰的煤舱布置可对其动力系统顶端提供一定程度的防护（皇家海军架构师学会收藏）。

表10-10

造船工人	45人工作4天，此后14人继续工作4天
锅炉制造工①	70
岸上工人及水手长	20
细木工	30，缩减至12
电工	3~4
水管工	2~4

注：此外岸上车间中的工作量未计入。

早期改装的武装商船主要计划用于与德国武装商船交战。此类战斗中最著名的便是1914年9月14日英国"卡尔马尼亚"号［Carmania，装备8门4.7英寸（约合120毫米）火炮］击沉德国"特拉法尔加角"号（Cap Trafalgar，装备2门105毫米火炮），但战斗结束时前者也燃起了熊熊大火。这一战例显示了该种船舶的脆弱性。另一方面，武装商船在苏格兰与斯堪的纳维亚半岛之间执行"北方巡逻"任务（Northern Patrol）期间发挥了巨大作用。实战经验显示老旧的常

① 在商船造船厂里，所有金工——例如船壳板相关工作——均由锅炉制造工完成。

另一艘装备类似武器的武装商船"维多利亚时代"号（Victorian）。大多数武装商船隶属第10巡洋舰中队，参加北方封锁任务（Northern Blockade）（世界船舶学会收藏）。

规巡洋舰的适航能力不足以应付这一海域的海况[1]。实战还证明排水量约1.8万吨的中型客轮/货轮最适合执行这一任务。至1917年底巡逻任务几乎实际中止时，这些武装商船共拦截了8905艘船舶（以及4205艘渔船），其中1816艘被送往港口。武装商船的损失也是沉重的。虽然参与巡逻的武装商船数量从未超过25艘，但共有10艘沉没。

Q船[2]

1915年相当部分对商船的攻击由处于上浮状态的潜艇执行。海军部由此提出了伪装的Q船设想。该型船应保持伪装直至最后一刻，然后卸除其伪装升起英国海军圣乔治旗，并利用其装备的火炮开火。从法律上而言，这一战术完全合法，且起初非常成功。可一旦德国潜艇艇长得知这一战术，他们的攻击就会变得更加小心，并且使在下潜状态下、不提出警告便发动攻击逐渐成为常态。共有11艘潜艇被Q船击沉，另有2艘被伴随诱饵船同行的潜艇击沉（占击沉潜艇总数的8%）。先后共有271艘船舶被列为Q船（其中包括护航轻护卫舰和PC型艇），其中共有39艘沉没。Q船涉及的设计工作量很小，但其改装工作无疑加重了各造船厂的工作负担。

① K Chatterton, The Big Blockade (London 1920).
② C I A Ritchie, Q-Ships (Lavenham 1985).

卸下伪装可随时投入交火的 Q 船“本迪施”号（Bendish）。该船最初被建为货轮“阿尔冯人”号（Arvonian），1917 年 11 月转交美国海军并成为后者辖下的首艘 Q 船“桑提”号（Santee）。该船装备 3 门 4 英寸（约合 101.6 毫米）火炮和 3 门 12 磅火炮（约合 76.2 毫米），并配备 4 根 18 英寸（约合 457.2 号）鱼雷发射管。该轮在班特里湾（Bantry Bay）执行训练任务时被鱼雷命中，经过大规模维修。该船返回皇家海军后被再次更名为“本迪施”号，1918 年该轮以直布罗陀为基地活动。

专门建造的Q船仅有1艘，即由托尼克罗夫特公司设计建造的“海德巴德”号（Hyderabad）[①]。该船的设计吃水深度很浅（6英尺8英寸，约合2.03米），设计师希望这一深度可以使潜艇所发射的鱼雷直接从其龙骨下方穿过。这一少有人知的船舶主要参数如下：

① 参见舰船档案集第400号，收藏于海事博物馆。还可参见里奇收藏的照片。

表10-11：“海德巴德”号

排水量	739吨
船体水线长度	240英尺（约合73.2米）
船体宽度	36英尺（约合11.0米）
型深	9英尺（约合2.74米）
武装	1门4英寸（约合101.6毫米）火炮，位于艏部；2门12磅炮（口径约76.2毫米），位于艏艉。阿姆斯特朗式反潜炸弹投射器，2具深水炸弹投射器（射程180码，约合164.6米），2具18英寸（约合457.2毫米）鱼雷发射管（装备4枚鱼雷）。通常状态下所有武器均被隐藏，并可在7秒内开火（船员在其炮位附近生活）

试航时在吃水深度为3英尺8英寸（约合1.12米）条件下该船航速为9节。两具推进轴上各装有两具推进器，推进轴在管道内旋转。满功率下该船装载的135吨煤消耗速度为每日10/11吨。其烟囱和桅杆的倾斜角度可自行改变以加强伪装。

第一次世界大战期间建造了很多种船舶，其数量之多，以致本书无法介绍所有种类。照片中为一艘布栅船，后来被改装为水闸船，用于保卫水栅使其免遭攻击（装备 2 门 12 磅炮，其口径约为 76.2 毫米），使用装备的探照灯实施照明，以及运作水栅的水闸。其排水量为 270 吨，船体长 100 英尺（约合 30.5 米），且无动力。包括 BV5 号在内，若干布栅船甚至在第二次世界大战中服役（作者本人收藏）。

译注

1.“翡翠鸟”隶属“护树神女”级鱼雷炮艇，“固执”号为一艘潜艇供应舰。

2.“惊讶”号，1885年下水；“哨兵”号隶属“哨兵”级侦察巡洋舰，1904年下水。

3.防护巡洋舰，1891年下水。

4.此处为作者笔误，当时任海军大臣的应是爱德华·卡森爵士，其任期为1916年12月至1917年7月。

5.原文中这一职位为Controller，其职务相当程度上与通常由第三海务大臣负责的审计长（同为Controller）一职重合。一战期间海军部组织结构经过改革，部分职权移交给新成立的职位。当年初劳合·乔治首相指派格迪斯加入海军部，担任平民海务大臣。这一职务于1912年至1919年设立，其主要职责为管理舰队各种材料的合同，监督合同履行，并负责海军部内部的采购以及海军部下属各造船厂的组织。

6.杰里科与格迪斯之间的私人关系很不好，双方的观点常常不合。

7.该部队的主要任务是防止德国潜艇或驱逐舰鱼雷艇突破多佛尔海峡进入大西洋，同时保持英法之间跨多佛尔海峡交通顺畅。

8.此处长度指垂线长度，即船艏水线位置至舰艉垂线位置的长度。第二次世界大战后，舰艉垂线通常指舵杆位置。

9.瑞典发明家。

10.前无畏舰。

11.由于加里波利战役进展不利，因此海军大臣丘吉尔和第一海务大臣费舍尔之间的关系恶化。1915年5月15日费舍尔提交辞呈。起初该辞呈并未引起阿斯奎斯首相的重视，且媒体和很多海军高级将领均表示希望费舍尔留任。但费舍尔在辞呈未获批准的情况下即搬空其位于海军部的办公室，并声称将前往苏格兰休假。对此阿斯奎斯以英国国王的名义命令费舍尔继续承担其职责。然而费舍尔的回复却出乎了几乎所有人的预料。他强硬地提出了6项条件作为继续担任第一海务大臣的前提，并声称这6项条件“可保证胜利结束战争”。然而上述条件又将赋予费舍尔海军中前所未有的权力，甚至包括舰队人事晋升权和决定造舰的权力。阿斯奎斯认为该回复说明费舍尔已经出现了一定程度的精神问题，且在加里波利战役困难时期抛出这一要求也被英国国王认为是一种要挟甚至勒索，后者因此撤回了对费舍尔的支持。最终阿斯奎斯首相召开发布会，公开宣布接受费舍尔的辞呈。由此导致了1915年5月底和6月初海军部海务大臣委员会的改组。

12.鲁菲吉河位于坦桑尼亚，“柯尼斯堡”号隶属“柯尼斯堡”级，1905年下水。1915年7月6日和11日两艘英国浅水重炮舰两次与“柯尼斯堡”号展开炮战，导致后者艉部发生大火。最终“柯尼斯堡”号弹药不足，且炮组成员伤亡惨重，其舰长据此下令弃舰并抛弃炮闩，然后用引爆鱼雷战斗部的方式自沉。

13.位于伊朗。

14.实际为皇家海军鱼雷学院。第一次世界大战爆发前该学院仍依托舰船建立。

15.隶属“鲍卡伊尔”级防护巡洋舰，1903年下水，曾参加对马海战，但成功脱离战场抵达马尼拉。

16.原文如此，但2月到3月底的时间显然不足10周。

战损和实战经验 *11*

日德兰海战期间"无敌"号殉爆的场景。该舰的舯部药库（P药库和Q药库）殉爆。前部药库——A药库——发生了速燃或爆燃，而Y药库发生了低度爆炸。之后不到一秒拍摄的另一张照片则显示该舰罗经平台前方的圆形物体位置发生了移动，因此该物体乃是该舰的部分残骸，而非底片上的缺点（帝国战争博物馆，SP2468号藏品）。

"战舰建造的目的便是作战，因此战舰不仅应具备造成破坏的能力，而且应具备承受伤害的能力"

——海军舰队上将查特菲尔德（Chartfield）爵士

日德兰海战期间，查特菲尔德任贝蒂旗舰"狮"号的舰长，并坚持加强舰只防护的观点。不过，一艘战舰的主要任务是击毁敌舰，或至少"挫败其阴谋诡计"[①]。对达成这一目标而言，战舰本身的存活仅仅是重要的手段之一。本章关注舰船承受敌方武器打击的能力，或有时使用的术语"适应战斗性能"（Battleworthiness），但摧毁敌舰无疑更为重要。

表11-1：1914—1918年期间损失原因统计[②]

舰种	鱼雷	火炮	水雷	殉爆	失事	相撞
战列舰	—	—	1	1	—	—
战列巡洋舰	—	3	—	—	—	—
前无畏舰	6	—	4	1	（1）	—
巡洋舰	10	6	2	1	1	—
驱逐舰	10	12	19	—	8	14

① 摘自英国国歌中少有人知的第二段歌词。

② 摘自1919年的《简氏年鉴》，数据未必完全准确。

① 有关这一点，笔者应对前水文工作者莫里斯少将（R O Morris）致以谢意。

② 18时11分发现该炮塔与射击指挥仪之间出现了19°的指向差，因此该炮塔的大部分射击落点均偏离目标。

上表中明显体现但尚未详细讨论的一点是大量舰只——尤其是较小型的舰只——因相撞或搁浅损失（参见第5章中“云雀”号的照片）。导致上述事故的原因之一是大多数战舰未装备陀螺罗经，而普遍装备的磁罗经又会被其附近磁性材料的移动所影响。①

考虑到服役舰只的庞大数量，尤其考虑到潜艇的巨大威胁，损失比率可被认为是非常小。不幸的是，迄今为止似乎仍没有战舰受损情况的全面记录，因此本书仅对部分战损战例进行研究。

火炮损伤

主力舰

“虎”号战列巡洋舰不仅是日德兰海战期间受损最严重的战舰之一，而且是记录最为详细的战舰之一，因此在进行一般性总结前有必要对其经验进行一

表11-2：“虎”号受损过程记录

15时50分	炮弹命中缆索支架，击穿0.5英寸（约合12.7毫米）艏楼甲板，并在距离弹着点8英尺（约合2.44米）处的医务室爆炸。爆炸导致若干局部损伤，但没有导致严重后果
15时51分	炮弹命中第二与第三烟囱之间、遮蔽甲板右舷部分。爆炸对结构件造成较大破坏，但其程度并不严重
15时53分	炮弹击穿艏下方7/16英寸（约合11.1毫米）处的侧船壳板，随后在A炮塔炮座的8英寸（约合203.2毫米）装甲上爆炸。穿甲表面上穿孔最大深度为2.5英寸（约合6.35毫米），且装甲位置内移6英寸（约合152.4毫米），但炮塔的运转未受影响
15时53分	炮弹击穿A炮塔炮座后方的5英寸（约合127毫米）装甲带，并造成一个大小为13.5英寸×12.25英寸（约合342.9毫米×311.2毫米）的破孔，然后在距离弹着点4英尺（约合1.22米）处爆炸，在主甲板上造成一个大小为10英尺×4英尺（约合3.05米×1.22米）的破孔
疑为15时53分	命中导致司令塔的5英寸（约合127毫米）装甲凹陷
15时54分	射击距离为1.35万码（约合1.23万米），炮弹从220°方位飞来，击中Q炮塔3.25英寸（约合82.6毫米）炮塔顶部装甲，并在命中时爆炸。爆炸在装甲上造成一个大小为3英尺3英寸×4英尺8英寸（约合0.99米×1.42米）的破孔，并导致8人伤亡。爆炸导致的各种破坏使该炮塔的两门火炮一时无法运转，但两炮很快又投入战斗
15时54分	炮弹击中X炮塔炮座的9英寸（约合228.6毫米）装甲与3英寸（约合76.2毫米）装甲以及1英寸（约合25.4毫米）上甲板结合处附近。一块大小为27英寸×16英寸（约合685.6毫米×406.4毫米）的9英寸装甲脱落，3英寸（约合76.2毫米）装甲出现最大3英寸（约合76.2毫米）的内陷，上甲板被击穿。炮弹进入炮塔下方3英尺（约合0.91米）处的炮塔旋转结构中，并部分爆炸，造成1人阵亡。X炮塔在7分钟内无法运作，但此后得以继续运转。该炮塔在整个日德兰海战中共发射了75枚炮弹②
15时55分	炮弹在紧靠上甲板下方位置击穿Q炮塔舷侧的6英寸（约合152.4毫米）装甲带，并在装甲带上造成直径为12.5英寸（约合317.5毫米）的破孔，然后在距离弹着点22英尺（约合6.71米）处爆炸，炸点距离6英寸（约合152.4毫米）副炮提弹井8英尺（约合2.44米）。位于提弹井顶端的2份发射药起火，但火焰并未沿提弹井向下蔓延。12人阵亡。该舰官兵对其后部6英寸（约合152.4毫米）药库进行了注水，但这一行动或许并不必要。爆炸导致了较大范围的局部破坏
16时05分	炮弹命中距离舰艏107英尺（约合32.6米）处的艏甲板，并在距离弹着点22英尺（约合6.71米）处爆炸
疑为16时20分	炮弹命中Q炮塔后方约30英尺（约合9.14米）处的6英寸（约合152.4毫米）装甲，装甲内陷3英寸（约合76.2毫米）
疑为16时20分	炮弹命中前部轮机舱后方的9英寸（约合228.6毫米）装甲带，装甲内移4英寸（约合101.6毫米）
疑为16时20分	炮弹击穿中烟囱，可能为一次跳弹
16时35分	炮弹击穿艏楼甲板下方的侧舷窗，并在舷内17英尺（约合5.18米）处爆炸，造成大量破坏
海战较早阶段	跳弹，命中舰艉以前35英尺（约合10.7米）处的水线装甲，装甲在5英尺×2英尺（约合1.52米×0.61米）范围内出现内陷，内陷最大深度为6英寸（约合152.4毫米），并导致小规模进水
16时58分	可能为一枚跳弹，击穿后烟囱（注意事故破坏导致一门主炮在当天接下来的战斗中无法使用）
18时15分之后	150毫米炮弹击穿X炮塔炮座后方的舰体

定程度的具体研究。除当日16时35分由“塞德利兹”号取得的命中[1]外，其他所有命中均由“毛奇”号的280毫米主炮取得。①

虽然遭到280毫米炮弹的上述15次命中，但“虎”号仍有能力继续作战。虽然在海战大部分时间内该舰只能使用6门主炮射击，但除此之外其战斗力大致完整。值得注意的是当时的战舰在战斗能力受影响之前能承受多大程度的破坏。通常而言，命中主炮炮塔炮座及6英寸（约合152.4毫米）副炮提弹井附近的炮弹本应导致更为严重的后果。

在日德兰海战中遭遇多次命中的其他英国战列舰可参见表11-3，表中还列出了德国战舰的数据以供对比。考虑到德国装甲仅需阻挡性能较差的英制炮弹，这一对比意义有限。②

日德兰海战中“虎”号Q炮塔所遭破坏。虽然此次炮弹直接命中炮塔，但该炮塔火炮仅短时间内无法运作（感谢罗伯茨提供）。

表11-3：日德兰海战期间主力舰中弹统计

英方		德方	
舰名	中弹次数	舰名	中弹次数
“狮”号	13	“吕佐夫”号	24
“皇家公主”号	9	“德弗林格”号	21
“玛丽女王”号	7	“塞德利兹”号	22
“厌战”号③	15	“国王”号	10

1914年12月8日的福克兰群岛之战中，“无敌”号被210毫米炮弹和150毫米炮弹分别命中12次和6次，此外还有4次中弹口径不明。虽然上述中弹的射击距离较远，导致落弹角较大，但上述中弹并未导致严重后果。④舰龄更长但防护更好的前无畏舰“阿伽门农”号在达达尼尔海峡之战中共被命中26次，其中有一次炮弹甚至在距离该舰药库很近的位置爆炸，但总体而言该舰仅遭受轻微损伤。

在多格尔沙洲之战中，“狮”号被280毫米和305毫米炮弹共命中16次（大部分为280毫米炮弹），此外还被210毫米炮弹命中1次。其中4次的命中位置位于左舷通常水线位置以下，另有1次位于右舷通常水线位置以下，共导致1500平

① 上述命中在坎贝尔所著Juntland:An Analysis of the Fighting(London，1986)一书中有更详细的讨论。

② 以作者观点，通常而言20次大口径炮弹命中一艘战列舰方可导致其失去战斗力。对所有20世纪战争而言，这一标准几乎总能成立。

③ 关于“厌战”号的中弹次数存在争议［例如戈登（Gordon）所著］。笔者认为，至少就大口径炮弹命中次数而言，坎贝尔的数字更为准确。

④ N J M Campbell, Battlecruiser,(London 1978), p40.

方英尺（约合139.4平方米）舰底板受损。贝蒂指出战斗中“狮”号向正横以前55° 方向射击，落弹角约为20° ，因此炮弹命中时应为斜碰。[①]即便如此，一块5英寸（约合127毫米）装甲板仍被一枚280毫米炮弹击穿，另有一块6英寸（约合152.4毫米）装甲板被一枚305毫米炮弹击穿。交战海域水深较浅，导致舰只航行时引发的海浪高度较高，并伴有较高的舰艏浪峰，而舯部的波谷又位于装甲带底部以下，导致装甲带水线以下部分暴露。[②]这也是导致装甲板被击穿的原因之一。在最严重的一次破坏中，一块9英寸（约合228.6毫米）装甲板后端内移，这不仅导致锅炉给水槽进水，而且导致该舰失去动力。此后发现该装甲板内侧边缘有一锐角，该角切入该舰的船肋结构。[③]这一战例显示设计过程中对细节的忽视可能在实战中导致非常严重的后果（本书最后一章将指出在沃茨任海军建造总监时期此类细节错误过多的现象，这可能是人手不足导致的）。此战中“虎”号Q炮塔顶部装甲受损。药库爆炸则将作为另一课题加以考虑。

考察第一次世界大战期间主力舰中弹记录之后，读者一定会注意到主装甲带的中弹次数非常之少。少数主装甲带中弹记录则似乎显示装甲的防护能力比战前试验所显示的更强，这与更早一些战争，例如日俄战争的经验一致。在日德兰海战中，仅有一例中弹记录发生在厚度不低于9英寸（约合228.6毫米）的装甲带上，即德国战列巡洋舰“冯·德·坦恩”号所发射的1枚280毫米炮弹命中英国战列舰“巴勒姆”号一块厚度从13英寸（约合330.2毫米）变薄至8英寸（约

“厌战”号舰体后部中弹痕迹。海战中该舰的转向设施在不恰当的时间卡死，导致该舰成为日德兰海战中受损最严重的战列舰之一（作者本人收藏）。2

① 参见贝蒂1917年2月19日的信件，ADM137/3837号档案。

② 两次世界大战期间，皇家海军在海斯拉建造了一座新的船模试验池。该新实验池设有活底，专门用于研究浅水效应。活底可手动升高，在移动时需从营房调用大量水兵实施操作。

③ Records of Warship Construction during the War 1914-18. DNC Department.

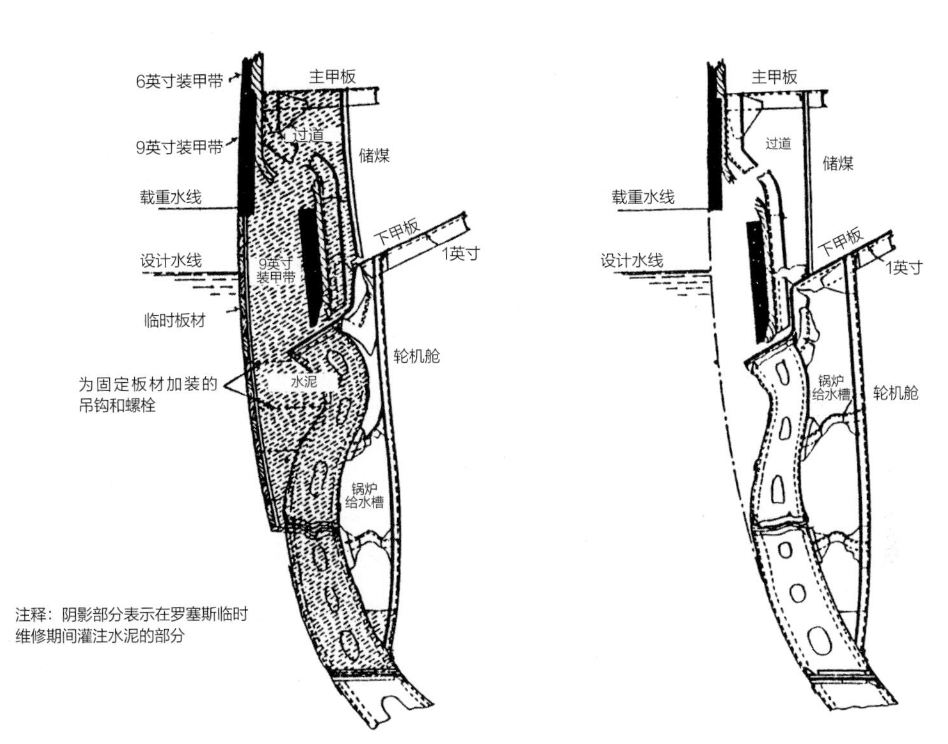

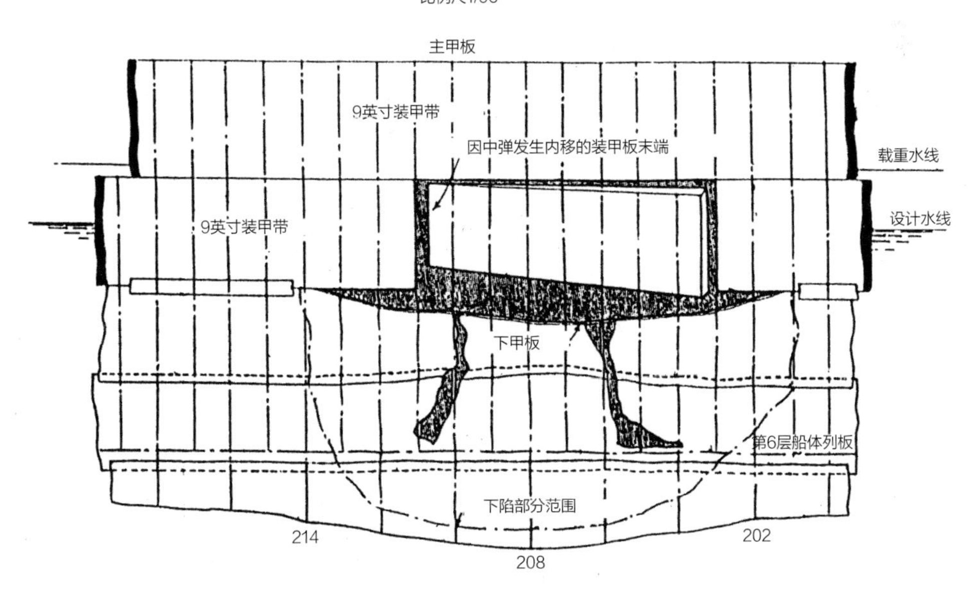

多格尔沙洲之战中“狮”号所受损伤示意图。

合203.2毫米）的装甲板，此次命中并未造成击穿。此次命中的射击距离约为1.7万码（约合1.55万米），在此距离上280毫米炮弹甚至难以击穿8英寸（约合203.2毫米）装甲。

9英寸（约合228.6毫米）装甲共被命中4次，其中命中“虎”号的那次所造成的破坏颇为有限，这可能与射击距离过远有关。“皇家公主”号X炮塔炮座装甲被1枚从1.3万码（约合1.19万米）距离上射击的305毫米炮弹命中。一块装甲从装甲板上脱落，炮弹本身则被装甲反弹，随后击穿1英寸（约合25.4毫米）甲板，最终在距离弹着点8英尺（约合2.44米）处爆炸。如表11–2所示，“虎”号X炮塔炮座的装甲被1枚在1.35万码（约合1.23万米）距离上发射的280毫米炮弹击穿。命中“狮”号Q炮塔的炮弹击中9英寸（约合228.6毫米）装甲与3.25英寸（约合82.6毫米）炮塔顶部装甲结合处，弹着点靠近左侧。对更薄的装甲板而言，7~8英寸（约合177.8~203.2毫米）装甲共有3次中弹记录。其中1枚305毫米炮弹完成击穿，1枚280毫米炮弹在装甲板上造成破孔但并未击穿，另1枚280毫米炮弹造成的破坏非常轻微。两枚305毫米炮弹击穿“皇家公主”号的6英寸（约合152.4毫米）侧装甲，并在距离弹着点较远处的舷内位置爆炸。

由于德制装甲带仅遭到性能较差的炮弹考验，因此很难看出更厚的德制装甲带是否具有更大优势，但无疑较薄的英制装甲已经很好地抵抗了德制炮弹的攻击。总体而言，由于实战显示较薄的装甲即使因中弹出现破孔也足以将炮弹爆炸的大部分效果挡在舷外，因此英德两国战舰所采用的较薄上装甲带和末端装甲带设计似乎确有成效。厚度不低于250毫米的德制装甲共被命中17次，其中1枚15英寸（约合381毫米）炮弹击穿 “德弗林格”号战列巡洋舰的260毫米炮塔炮座装甲。另外4次命中在装甲上造成破孔，但其爆炸后效主要发生在装甲外侧。150~230毫米装甲共被命中17次，其中1枚15英寸（约合381毫米）炮弹击穿“毛奇”号战列巡洋舰的200毫米上装甲带，并在舷内爆炸。另外2枚在1.26万码（约合1.15万米）距离上发射的13.5英寸（约合342.9毫米）被帽尖端普通弹击穿“国王”号战列舰的装甲，并在舷内爆炸。

日德兰海战后，两名造船师佩恩和古道尔就受伤舰只展开研究，试图以此推导出海战中损失舰只的沉没原因。[1]他们的研究结果否定了所谓“炮弹击穿较低的防护甲板，并在药库或距离药库很近位置爆炸，从而引燃药库内发射药”的说法，并指出“在对收到的所有报告进行详细查阅后，我们认为上述说法并无实据支撑。此外，在所有返回的战舰上都未出现敌方炮弹在击穿后继续飞行如此远距离再爆炸的记录。仅有一例（在‘巴勒姆’号上）炮弹在距离击穿位置不远处爆炸，造成一块破片飞入舰体内部如此深处”。他们还声称破片击穿动力系统舱室的记录非常少，尽管后者的面积远大于药库。事后看来，该

① DNC Memo S 02136/1916 of 19 Dec 1916。该报告仅部分存留至今。

报告中“防护甲板几乎不可能被一枚完整炮弹击中”的结论大致正确。在日德兰海战的交火距离上，炮弹落弹角很难与水平线形成20° 以上的夹角，而德制炮弹又通常在首次命中舰体结构后继续飞行16~24英尺（约合4.88~7.32米）然后爆炸。报告未能阐明在“巴勒姆”号的战例中，破片实际乃是炮弹的前椎体部分，该破片最终停留在药库内。任何与该破片接触的柯达无烟药都会被引燃。总体而言，似乎可得出结论各舰安装的防护甲板似乎恰恰足以应付考验，但在“爱丁堡”号上进行的实验显示更厚的甲板无疑非常有利于阻挡大型破片。

对炮弹直接命中炮塔顶部装甲的情况而言，“炮弹将在抵达防护甲板前爆炸”的这一观点并不成立。在此情况下炮塔顶部装甲将直接承受炮弹的冲击。对“猎户座”号甲板布局进行检视的结果显示，炮塔共占据约17%的甲板平面面积。日德兰海战期间主力舰炮塔顶部装甲共被命中2次，其中1次是前文讨论过的“虎”号炮塔中弹，另一次则发生在“马来亚”号战列舰上。该舰X炮塔的4.25英寸（约合108.0毫米）装甲被炮弹以与水平方向约成20° 的角度命中。炮塔顶部隆起，并出现一个非常小的破孔（多格尔沙洲之战中，“虎”号Q炮塔顶部被命中）。“无敌”号和“玛丽女王”号战列巡洋舰的Q炮塔也被命中。有迹象显示炮塔框架结构的强度不足以承受中弹时的冲击（注意1907年对炮塔顶部的试验，以及此后在“不倦”号上引入的结构加强）。德国主力舰的炮塔顶部则被命中2次，分别发生在“德弗林格”号和“塞德利兹”号各自的Y炮塔上。在后一战例中炮塔顶部弯曲，但并未遭受严重破坏。击中“德弗林格”号的炮弹则完成击穿，并在炮塔结构内爆炸，导致了颇为严重的发射药起火。

装甲巡洋舰

第一次世界大战期间从大型装甲巡洋舰所受损伤中得出的经验教训较少。这不仅是因为由于该舰种舰龄较长，因此其设计理念较为过时，而且因为各舰均是遭到远为强大的对手攻击而沉没的。科罗内尔海战[3]中，“好望”号（Good Hope）[4]和“蒙默斯郡”号（Monmouth）被击沉，沉没前两舰均大规模起火。第一次世界大战期间舰上起火的例子并不普遍，因此有人怀疑是两舰上的柯达无烟药起火，最终引发了“好望”号的爆炸，但并无证据对此加以证明。

日德兰海战中，“防守”号舰体后部中弹，并由此导致该舰的9.2英寸（约合233.7毫米）药库爆炸。火焰沿弹药传送道蔓延至各个7.5英寸（约合190.5毫米）火炮炮位，直至该舰前部9.2英寸（约合233.7毫米）药库，并导致后者爆炸。“武士”号则被约15枚大口径炮弹和6枚150毫米炮弹命中。最引人注意的一次中弹先后击穿该舰的6英寸（约合152.4毫米）装甲带、2英寸（约合50.8毫米）舱壁和0.75英寸（约合19.1毫米）甲板，然后在左舷轮机舱爆炸，并导致其两部轮机舱进水，最终导致该舰以垂直向上的方式缓慢沉没（另可参见后文对纵向舱壁潜在危险的讨论）。[①]“黑王子”号则被大量炮弹命中。[②]该舰似乎严重起火，并在沉没前发生爆炸。

① 详细内容可参见Campbell, Jutland, p290。
② 德国方面记录为15枚大口径炮弹和6枚150毫米炮弹。
③ “南安普顿”号的伤亡数据为29人阵亡、60人负伤，“切斯特”号则分别为29人和49人。

轻巡洋舰

与大型巡洋舰相反，轻巡洋舰有能力承受严重的破坏且不沉没。日德兰海战期间，“切斯特”号轻巡洋舰共被150毫米炮弹命中约17次，“都柏林”号（Dublin）[5]分别被150毫米炮弹和105毫米炮弹分别命中5次和8次，“南安普顿”号则被280毫米炮弹、150毫米炮塔和105毫米炮弹分别命中1次、2次和8次，其他巡洋舰所遭损失相对较轻。坎贝尔估计轻巡洋舰的侧装甲板［通常为2英寸（约合50.8毫米）装甲覆于1英寸（约合25.4毫米）船壳板上］共被150毫米炮弹命中4次，被105毫米炮弹命中8次，另外还被口径不明的炮弹命中3次，且大部分中弹发生在较短距离上。其中2枚105毫米炮弹达成击穿，4枚150毫米炮弹和1枚105毫米炮弹使巡洋舰侧面出现破孔但并未击穿，其余则被装甲阻挡。另一方面，各舰的人员伤亡颇为惨重，这部分是由于各炮后部敞开的炮盾与甲板之间的距离不够近，从而无法防范炮组成员腿部受伤。[③]在赫尔戈兰湾海战（1914年8月28日）中，“林仙”号的3英寸（约合76.2毫米）高强度钢装甲带被若干105毫米炮弹命中，但无一击穿，不过该舰装甲带后方、舰体内较高处的锅炉给水槽遭到一定程度的破坏。

日德兰海战中“切斯特”号轻巡洋舰所遭损伤。由于该舰火炮的防盾与甲板之间存在空隙，因此该舰的炮组成员伤亡颇为惨重（作者本人收藏）。

在科罗内尔海战期间，“格拉斯哥”号（Glasgow）轻巡洋舰[6]被3枚在远距

离上发射的炮弹命中。命中时炮弹带有明显的落弹角，弹着点位于水线附近，但在该舰防护甲板的保护下，上述中弹并未导致严重破坏。海军建造总监记录认为轻装甲带的防护效果应更为有效。①

① 参见造舰记录。

除日德兰海战期间的“威斯巴登”号外，德国轻巡洋舰在战争期间被炮弹命中的记录很少。该舰首先在18时前后被皇家海军第3战列巡洋舰中队所发射的1枚12英寸（约合304.8毫米）炮弹命中失去动力，后来又被大量炮弹命中，但实际中弹数目远低于向其开火各舰所声称的命中总数[7]。根据坎贝尔的估计，该舰被大口径炮弹命中15次，被9.2英寸（约合233.7毫米）或7.5英寸（约合190.5毫米）炮弹命中6次，被更小口径炮弹命中若干次，此外还被一枚鱼雷命中舰体后部。

驱逐舰

驱逐舰在沉没前可承受相当程度的损伤，但往往因其蒸汽动力系统中弹而失去动力。日德兰海战期间英方损失各舰中，“游牧民”号和“内斯特”号首先因动力系统损伤而失去动力，“鲨鱼”号的经历也与此类似。至少3舰上发生了弹药爆炸。幸存各舰中，“昂斯洛”号受伤最重。该舰共被150毫米炮弹命中3次，105毫米炮弹命中2次，最终失去动力被拖曳回港口。同样被拖曳返回的还有“阿卡斯塔”号（该舰被2枚150毫米炮弹命中）。“急性子”号（Spitfire）与德国战列舰“拿骚”号（Nassau）[8]相撞，并被1枚280毫米炮弹命中。虽然该舰外表损伤触目惊心，但其实际损伤颇为轻微。德国驱逐舰也呈现类似特点。

驱逐舰非常坚韧。“魔术”号（Magic）在触雷后失去舰艏（感谢罗伯茨提供）。

与“拿骚”号战列舰相撞后的“急性子”号。该舰舰桥和烟囱所遭损伤由“拿骚”号主炮的炮口风暴导致。直至战后英方才发现该舰一头撞上了一艘战列舰！（作者本人收藏）。

上述舰只中很多细节不详，但可发现很多驱逐舰均因锅炉给水泄露而失去动力，因此应为驱逐舰配备1座以上的给水槽。动力单元设计方案（交替布置锅炉舱和轮机舱）将极大地增加舰体体积和造价，因此对驱逐舰这种小型舰只而言或许费效比不够高。

水下损伤

“鲁莽”号（Audacious）的沉没[9]

1914年10月27日早上8时45分，战列舰“鲁莽”号在托里岛（Tory Island）[10]附近海域触雷。水雷在该舰左舷舷侧轮机舱下方、后部横向锅炉舱舱壁前方5~10英尺处（约合1.52~3.05米）爆炸，舰体内炸点上方位置未设置防护性舱壁。爆炸并未造成明显的水柱，这说明爆炸发生在距离舰底较远的位置——某份报告声称炸点距离舰底16英尺（约合4.88米）。触雷时官兵们正准备进行作战操练，因此很多水密门或舱盖处于开启状态，但有报告声称上述舱门或舱盖在进水蔓延至其之前均已关闭。

触雷后立即进水的舱室包括左舷轮机舱、左舷辅助轮机舱、上述舱室以下及外侧的水密舱，以及X炮塔弹库。随后，进水逐渐蔓延至中央锅炉舱、X炮塔冷却器舱（位于下甲板）、低级军官浴室、医药发放中心、浴室平台，以及Y炮塔后位于中甲板和主甲板上的舱室。最初该舰出现10°~15°的侧倾，但在对双层舰底以及右舷煤舱注水后，该舰的侧倾幅度有所缩小。至上午9时45分，该舰在左舷0°~9°范围内发生横摇。在右舷轮机满功率运转条件下，该舰可以9

节航速航行。然而进水逐渐蔓延至右舷锅炉舱，并导致轮机在上午10时停转。非关键岗位的官兵在下午14时离舰，此后舰上仅剩约250名官兵。邮轮“奥林匹克”号（Olympic）[11]曾对该舰实施拖曳，但由于无法操舵，因此该舰转向颇为困难，并且拖曳缆绳至少断裂2次。左舷和中央锅炉舱之间的蒸汽阀门难以关闭，且直至9时45分才实现水密，此时中央锅炉舱内积水深度已达5英尺（约合1.52米）。纵向舱壁露出水面部分未出现损坏迹象，但据怀疑其下缘出现破损（可能性颇高）。未观察到任何舱壁强度因静压差而弱化的现象。上午10时后不久中央锅炉舱被宣告放弃，进水在11时淹没涡轮，下午4时进水水面已经位于中甲板下方3~4英尺（约合0.91~1.22米）处。17时该舰执行了另一次撤离，此后仅有50名官兵仍留在舰上。最终舰长在18时15分宣布弃舰。所有布置在锅炉舱后方的50吨水泵均能正常运转，但仍无法应付进水速度。由于进水水面上升速度过快，因此使用循环泵充当舱底泵的尝试宣告失败。

海军就进水迅速蔓延给出的原因如下：

●低级军官浴室舱门仅用手紧固，这导致浴室平台漏水；

●进水从辅助轮机舱经设于接线箱之后纵向舱壁上的孔洞泄露进冷却器舱；

●主甲板上低级军官住舱之外的舱盖未正确关闭；

●阀杆密封压盖存在缺陷；

●进水通过舰长厕所内的污水管流入主甲板上Y炮塔之后部位舱室（污水管很可能在爆炸中破损）。

随着该舰吃水逐步加深，海水开始冲刷该舰后甲板，并导致住舱爬梯和一艘小艇松动位移。上述设施的移动不仅进一步导致部分蘑菇形通风口位移，而且导致部分通风口和舱盖压条扣损坏。这些损坏此后导致该舰后部迅速出现大量进水，并最终导致该舰沉没。

当天风浪一直较大，在受伤之前该舰的横摇幅度约为5°。上午11时左右该舰的横摇幅度很大，在最大摆角下上甲板左舷部分甚至可浸入水下。16时前后舰体后部的平均水线位置位于上甲板以下1英尺（约合0.305米）处，舰体前部则位于上甲板以下4英尺（约合1.22米）处，并伴有剧烈横摇。当晚20时45分，上甲板已经位于水面以下，舰体侧倾达120°，悬在水中并逐渐倾覆。该舰以舰底向上的姿态继续漂浮至当晚21时，然后该舰的一处药库发生爆炸（可能是B炮塔药库），由此产生的火焰和破片甚至上升至300英尺（约合91.4米）高处。此时该舰的艉倾角度约为45°。此后又发生了两次规模稍小的爆炸。据推测该舰所携带的炮弹从弹药架上脱落并爆炸，进而引燃柯达无烟药（可能为装填立德炸药并配备马克15型引信的高爆弹）。

3座轮机舱并列排放的设计使得没有空间设计防护结构，而真正的危险是一

触雷后沉没中的“鲁莽”号。该水雷由邮轮改装而成的布雷舰“柏林”号（Berlin）于1914年10月27日布设。该舰最终倾覆时发生了大规模爆炸，据推测乃是装备了引信的炮弹从弹药架上脱落导致（世界船舶学会收藏）。

旦3座轮机舱中的2座进水，战舰便将同时损失稳定性和进水对称性。由此看来如果爆炸发生在舰底倒可能加重损伤程度。此外，此前未曾对舰体水密性实施适当的调查或检测，且损管作业的表现颇为糟糕。后甲板浸入水下可能导致稳定性进一步损失，并导致倾覆的严重后果。

“不屈”号触雷

“不屈”号于1915年3月18日在达达尼尔海峡触雷的经历与“鲁莽”号相比有一定相似之处。在对达达尼尔海峡的攻击中，“不屈”号首先被炮火击中，然后触雷。在攻击初期，该舰P炮塔被150毫米榴弹炮所发射的炮弹命中，此次命中导致该炮塔左炮无法使用，并破坏了该炮塔两炮之间用于保护炮口罩的钢板。几分钟后另一枚4英寸（约合101.6毫米）炮弹在该舰前桅桅楼上方10英尺（约合3.05米）处横桁上爆炸，导致桅楼内几乎全部人员非死即伤。[①]10时47分在舷侧发生的一次大爆炸导致该舰左舷水线下方6英尺（约合1.83米）深处、191号船肋至205号船肋之间部分的船壳板内移。上午11时，另一枚240毫米炮弹命中前桅望台部分，不仅造成一个大小为3英尺×2英尺（约合0.914米×0.610米）的破孔，而且导致航海长出海住舱起火。火焰不仅摧毁了全部线缆和传声管，而且造成浓烟，并进而威胁到前桅桅楼上伤者的安危。该舰后来后撤并顶风航

① 由于认为炮弹更可能在桅楼下方爆炸，因此后来提出的弥补方案为加厚桅楼底板。

行，不久之后火被扑灭。

下午14时后不久，该舰在以8节航速（地速4节）倒车航行时触发了一枚水雷，后者的装药估计为100千克①。爆炸造成的震动导致所有电力照明和几乎全部油灯熄灭，并彻底摧毁了右舷鱼雷平台及其下方舱室。A炮塔药库及弹库内的官兵因剧烈震动而跌倒，炮塔内的官兵则感到炮塔上升。该舰右舷舰艏部分的破孔形状不规则，对其大小的描述不一，较为极端的描述为边长15英尺（约合4.57米）的方形破孔（出自海军建造总监部门）和30英尺×26英尺（约合9.14米×7.92米）的破孔［出自海军工程期刊（Journal of Naval Engineering）］。②受损部分中心位于第41号船肋，并向两侧延伸30~35英尺（约合9.14~10.67米）。两道横向舱壁破裂。

防护舱壁及甲板限制了破损范围，并保护该舰药库免遭破坏。一座满载照明弹的柜子起火。风扇停转使轮机舱内温度上升至140华氏度（约合60摄氏度），但该舰航速仍提升至12节，最终该舰在护航舰只的保护下抵达忒涅多斯岛[12]（Tenedos）。该舰原先前部吃水深度为30.25英尺（约合9.22米），后部为30英尺8英寸（约合9.35米），触雷后则相应变为35.5英尺（约合10.8米）和29英尺（约合8.84米），据此计算进水总重约1600吨。该舰于3月27日离开忒涅多斯岛前往穆德洛斯（Mudros）[13]，并于4月6日从当地出发前往马耳他，该舰于4月21日至6月15日期间在直布罗陀接受了永久性维修，期间还进行了大量其他整修改造工作。

鱼雷损伤

有关日德兰海战期间“马尔伯勒”号战列舰被鱼雷击中的相关文件非常完备。③该舰开火后不久便于18时54分被失去动力的“威斯巴登”号所发射的一枚鱼雷命中。鱼雷命中水线位置以下约25英尺（约合7.62米）、右舷柴油发电机舱平行位置，且位于6英寸（约合152.4毫米）副炮药库舷外，该弹药库又位于B炮塔15英寸[14]（约合381毫米）药库之后。中雷处的船壳板主要为30磅钢板（厚度约为19.1毫米），舰体内长28英尺（约合8.53米）、高约14英尺（约合4.27米）范围内船肋损毁。从龙骨部分至装甲带底部范围共有约70英尺（约合21.3米）长的舰体侧面及舰底变形。上述特点与两次世界大战期间大部分触发鱼雷命中的记录类似：破孔的长度约为高度的2倍，破损部位向两个方向各自延伸的范围大约为破孔尺寸的2倍。柴油发电机舱及其上方舱室当即被毁并出现进水，右舷前部锅炉舱则逐渐进水，进水主要通过通向煤舱的一道据称“水密”的舱门漏入，但也有部分进水经由前部横向舱壁渗入。锅炉舱内水位起初迅速上升，且该舰6座锅炉中有4座熄火。随着水位进一步升高，另外2座锅炉也宣告熄火。

① 1997年6月26日穆罕默德·杰拉伊尔（Mehmet Celayir）少将致笔者的私人信件中提及这一数据。
② 很难明确划分“破孔”和与其毗邻并严重扭曲变形的结构之间的界限，而且这一划分也缺乏实际意义。根据照片判读，受损部分高5层船体列板，即15~18英尺（约合4.57~5.49米），长度则超过20英尺（约合6.10米）。
③ Campbell,Jutland, pp179−81,and Records of Warship Construction.

受损的甲板和舱壁被损管人员加强，同时该舰功率强大的水泵系统①逐渐排除了进水，至当晚19时30分水位已经回落至底板以下。该舰右倾最为严重时幅度为7°~8°，但仍能维持17节航速并保持其在战列线上的战位，同时虽然1门主炮因事故受损，且液压管线出现一定故障，此外在装填弹药过程中遭遇一定困难，但该舰在海战中仍发射了162枚13.5英寸（约合343毫米）炮弹。位于炸点舷内侧约25英尺（约合7.62米）的1.5英寸（约合38.1毫米）药库舱壁成功阻止进水蔓延至B炮塔药库，此外仅少量进水进入该舰6英寸（约合152.4毫米）副炮药库及弹库。次日午夜1时左右，进水突然猛烈增加②，造成这一现象的原因可能是天气恶化。在搭乘该舰的将领[15]离舰后，该舰以14节航速向亨伯河返航，最终依靠自身动力于被鱼雷击中37小时后抵达港口。

与战前利用战斗部装药为280磅（约合127千克）湿火棉炸药的鱼雷在12英尺（约合3.66米）深度对"胡德"号进行的试验对比，这一战例中"马尔伯勒"号所遭损伤要严重得多。坎贝尔认为这一战例中鱼雷战斗部装药为200千克六硝基二苯胺炸药，命中部位深度为25英尺（约合7.62米）。③维修工作耗时6周，共消耗291吨新钢板，此后还有很多钢板需要矫直。

上述三个战例之间有很多共同之处。首先，与从战前试验得出的预期损伤相比，实际遭受的损伤要严重得多。造成这一结果的部分原因是更强力炸药的引入，以及"马尔巴勒"号战例中鱼雷战斗部装药更多。虽然三个战例中2艘主力舰幸存，但2舰均遭遇了一定的困难。"不屈"号和"马尔巴勒"号上设于药库上方的厚防护舱壁在两个战例中均表现良好，且由于位置更远离侧舷，因此该结构在"马尔巴勒"号上的表现更为出色。不过应注意到，在若干级主力舰上，该防护舱壁并未在要害区范围内连续延伸。

阻止进水蔓延非常困难。太多的系统——如通风、污水管等——未在舱壁位置设置断流阀。电力系统的分割不够充分。"不屈"号触雷时其所有电力均告中断，其动力系统舱室的风扇也因此停转。此外，通往绞盘的蒸汽管上出现断点，导致盐水流入冷凝器。此外还有很多问题由于整套系统缺乏设计细节，因此留待造船厂视具体情况尽力而为。虽然经舱门从煤舱进入锅炉舱的漏水所产生的危害已经广为人知，但似乎从未有人试图对此加以改进。此外还有若干起漏水由铆钉接缝破损导致。上述破损部分是因为安装时铆钉被过分压紧，也有可能是因为铆钉过脆（与"泰坦尼克"号的经验类似）。破损的铆钉接缝很难保持水密。按海军部推荐的安装流程，应夯入楔形薄木片以实现水密，但即便如此，如果锤击的力度过猛，裂缝反而可能进一步扩大。

① 使用除灰泵后，该舰的排水能力为每小时675吨。
② 水泵的进口曾被堵塞，但此后堵塞物被一名潜水员清除。
③ 考虑德国鱼雷的相关数据，坎贝尔的观点可能是正确的。但海军建造总监历史显示破坏程度与400磅（约合181千克）湿火棉炸药的威力相当。

前无畏舰所受损伤

下表总结了较“无畏”号老旧的英国战列舰遭受水下损伤的情况。

表11-4：1914—1918年间前无畏舰受损情况[16]

	武器	沉没原因
“庄严”号	鱼雷	倾覆
“海洋”号（Ocean）	水雷	侧倾15°
“歌利亚”号（Goliath）	鱼雷	倾覆
“可畏”号	鱼雷	倾覆
“无阻”号（Irresistible）	鱼雷	舰体垂直沉没
“康沃利斯”号（Cornwallis）	鱼雷	倾覆
“拉塞尔”号（Russell）	水雷	严重侧倾
“英王爱德华七世”号	水雷	倾覆
“不列颠尼亚”号	鱼雷	倾覆
“凯旋”号（Triumph）	鱼雷	倾覆
其他致命损伤		
“防波堤”号（Bulwark）	药库爆炸	
“蒙塔古”号（Montague）	搁浅	

被鱼雷命中后下沉中的前无畏舰“庄严”号。该舰于1915年5月21日在达达尼尔海峡被德国U-21号潜艇所发射的鱼雷击中（世界船舶学会收藏）。

所有10艘因水下爆炸而沉没的前无畏舰中有7艘倾覆，2艘因严重侧倾被放弃，另有1艘沉没时伴有6°~7°的侧倾。很多战例中战舰受伤之初都迅速发生侧倾，其典型幅度大致为8°。有时侧倾幅度将稳定增加，直至最终倾覆，但更常见的是战舰此后将在相当时间内大致保持这一侧倾幅度。随后受伤舰只将再次倾斜，其侧倾幅度再次迅速加大，直至倾覆。这可能是因为进水蔓延至新的舱室（可能伴随着舱壁破损）或自由液面过高，最终摧毁了受伤舰只的稳定性。侧倾幅度通常可通过大规模反向注水减小。在某些战例中，进水被认为沿弹药输送通道蔓延。

几乎可以肯定，上述舰只的沉没都可归咎为由设于动力系统舱室的中线舱壁导致的偏心进水。早在1871

年，里德就对此提出过警告。由于有报告声称其轮机舱之间的中线舱壁在爆炸中受损，因此沉没时仅伴有较小侧倾幅度的“无阻”号事实上反而是证明这一结论的有力证据。

根据“老人星”号进行的粗略计算可得出下列与侧倾相关的数据：

表11-5

进水舱室	侧倾角度
轮机舱	9.6°
锅炉舱	6.8°
轮机舱与锅炉舱均进水	16.6°

上述计算中假设煤舱进水，但煤仍位于煤舱中，从而保留了原有浮力的5/8。此外还假设液面稳定。据报告受损且侧倾幅度再次大幅增加的舰只上常常被提及执行了加固舱壁的操作，这说明舰只再次倾斜时常常发生舱壁破损现象（参见附录4中舱壁水压测试相关内容）。

装甲巡洋舰也有类似问题，其程度至少不低于前无畏舰。一旦动力系统舱室被鱼雷击中，中线舱壁几乎确定可导致倾覆。1914年9月21日，“霍格”号（Hogue）、“阿布基尔”号（Aboukir）和“克雷西”号（Cressy）[17]装甲巡洋舰均在被鱼雷命中后沉没。[18]与此相对，轻巡洋舰在遭鱼雷命中后的表现明显更好。1916年8月19日“诺丁汉”号（Nottingham）轻巡洋舰[19]于清晨5时30分前后被德国U-52号潜艇所发射的两枚鱼雷命中。①中雷后该舰上所有灯光熄灭，此外该舰所有锅炉全部熄火。6时45分该舰另一侧又被一枚鱼雷命中，最终于7时10分沉没。“法尔茅斯”号则于1916年8月19日16时45分被德国U-66号潜艇所发射的两枚鱼雷命中。②当晚该舰依靠其自身动力缓慢航行，并于次日晨接受拖曳。该舰不幸再次被德国U-63号潜艇发现，后者于中午时分再次向该舰发射了鱼雷，其中2枚命中。即使如此，“法尔茅斯”号仍继续漂浮了8个小时，最终在距离弗兰伯勒海角（Flamborough Head）约5海里处沉没。读者或许还会注意到1918年6月前部轮机舱平行位置触雷的“征服”号（Conquest）[20]。该舰的前部轮机舱、后部锅炉舱以及一座储油舱进水，并发生10°侧倾，其舯部干舷高度仅为12英寸（约合304.8毫米），但该舰仍挣扎返回港口。上述舰只上均未设置中线舱壁，其横向舱壁之间距离较近，且管线穿过舱壁的现象较少。

第一次世界大战期间的驱逐舰仍是相当小型的舰只，因此通常仅当一枚水雷或鱼雷在其两端爆炸时才可能幸存。1916年10月驱逐舰“努比亚人”号（Nubian）触雷，其舰艏被炸飞；次月驱逐舰“祖鲁人”号（Zulu）[21]触雷，其

① Naval Operations (Official History) Vol Ⅳ, p35.
② 出处同注释①，p45。

舰艉损毁。虽然两舰的宽度相差3.5英寸（约合88.9毫米），但海军仍将其残存部分拼接成了驱逐舰“祖比亚人”号（Zubian）①。虽然驱逐领舰“瓦尔基里”号[23]在遭受一枚水雷或鱼雷在其前部锅炉舱平行位置爆炸[24]的损伤后仍得以幸存，但毕竟该舰较大——即使如此，该舰也颇为幸运。

① 该舰此后击沉了UC50号潜艇。[22]

② 达因科特在此表扬了其手下工作人员的成功创新，就他而言，这种慷慨堪称反常。考虑到这一点，他声称防雷突出部的发明应归功于他一人的论断似乎可以相信。

防雷突出部

第一次世界大战爆发前，海军建造总监达因科特爵士提出了一个水下防护设计方案，该方案中设有一个融入舰体的突出部，并从舰体侧面向外延伸15英尺（约合4.57米，参见草图）。②突出部中靠外侧舱室为空舱，其内侧舱室则通海。该设计的思路是在距离原先舰体较远处引爆鱼雷，爆炸产生的能量部分被空舱吸收，而内侧注水的舱室可阻挡破片。为阻止进水蔓延，并加固结构强度，应以20英尺（约合6.10米）的间距设置横向舱壁。

该结构未经试验便被安装在了4艘老旧的“埃德加”级（Edgar）巡洋舰[25]上，这些巡洋舰按计划将被用于对岸轰击。改装工作从1914年12月开始，最早两舰于3个半月后完成改装。试航结果显示各舰航速较此前降低4节，但据称操纵性和适航性未受影响。其中“格拉夫顿”号（Grafton）[26]首先于1917年6月11

达因科特的防雷突出系统原始设计方案，“埃德加”级巡洋舰即按照这一方案接受改装。[29]

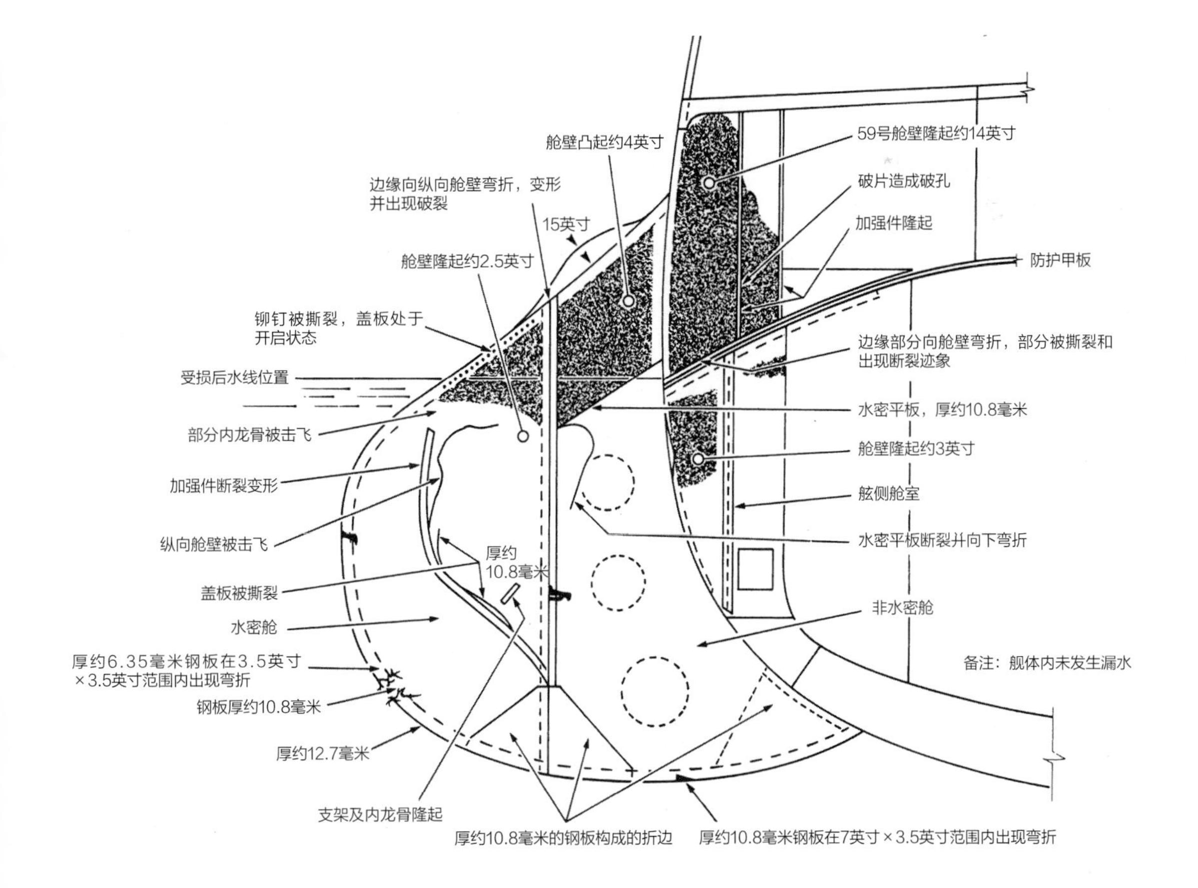

日被鱼雷命中。[27]该舰左舷侧、后部锅炉舱中央平行位置被鱼雷击中，鱼雷航行深度较浅，并在防雷突出部上方爆炸。严重损伤区域范围被限制在防雷突出部以内，尽管原有船体仍有若干处被击穿。该舰此后依靠自身动力毫无困难地返回了马耳他。其姊妹舰“埃德加”号[28]于1918年4月被鱼雷击中，中雷位置位于轮机舱平行位置、防雷突出部约一半高度处，恰位于一处横向舱壁。防雷突出部外层壳体上的破孔长24英尺（约合7.32米）、高12英尺（约合3.66米）。纵向舱壁下部扭曲撕裂，此外横向舱壁受损导致防雷突出部内共有62英尺（约合18.9米）部分进水。尽管如此，老旧船体较薄的船体板仅遭受轻微损伤，在约300平方英尺（约合27.9平方米）范围内出现若干处凹陷，其中最大深度为4.5英寸（约合114.3毫米）。此外，遭受震动考验的部分铆钉周围出现轻微进水现象，但舰载水泵很快控制了进水。

很多浅水重炮舰也装备了防雷突出部。“恐怖”号舰体前部曾被3枚鱼雷命中[30]，中雷处防雷突出部深度较浅，但主舰体所受损伤非常轻微。其姊妹舰“厄瑞波斯”号曾被携带大量爆炸物的德国遥控摩托艇击中。[31]防雷突出部共有长约50英尺（约合15.2米）的部分被毁，但舰体本身仅遭受轻微损伤。

自1914年秋，各级大型舰只①在设计过程中均引入了防雷突出部。“拉米雷斯”号战列舰则在完工前加装了较浅（7.25英尺，约合2.21米）的防雷突出部，这导致其航速降低约1节。

进一步试验

根据霍普金森教授（Hopkinson）的提议，海军分别在剑桥和朴次茅斯进行了一系列模型试验（在剑桥采用1/10模型，在朴次茅斯采用1/4模型），以调查模型是否能准确重现全尺寸爆炸试验下的效果。根据试验结果，海军部认为如果模型比例为1/n，则使用重量为全尺寸试验$1/n^3$的炸药进行试验，其结果精度即可满足大多数研究用途。②此后的研究又显示较小炸药其效率比较大炸药低约25%。据此海军在朴次茅斯利用一艘商船的半剖面舱段（比例为1/4）进行试验，其结果显示10英尺（约合3.05米）深的防雷突出部可抵挡约350磅（约合158.8千克）炸药的攻击（不过应注意此时德国海军已经使用装填200千克炸药的战斗部）。

其他试验则测试了保护内层船壳板的不同方式。首先尝试了厚度约12英寸（约合304.8毫米）的木板，但试验结果显示其效果甚至不如不安装。使用多层封闭钢管进行的试验效果远为成功，且实验结果显示使用这一材料后防雷突出部的深度可削减一半。此后海军在查塔姆建造了一具专用于测试的舱段——所谓查塔姆浮箱。该浮箱长80英尺（约合24.4米），型深31.5英尺（约合9.6米），宽

① 即“反击”级、“光荣”级、“胡德”号、“罗利”号及其姊妹舰。

② 很久之后的研究则显示很难用模型模拟接头处在爆炸中的表现，无论接头形式是铆接还是焊接。这一系列模型试验可供进行对比，并加快研究进度，但仍需进行全尺寸试验。

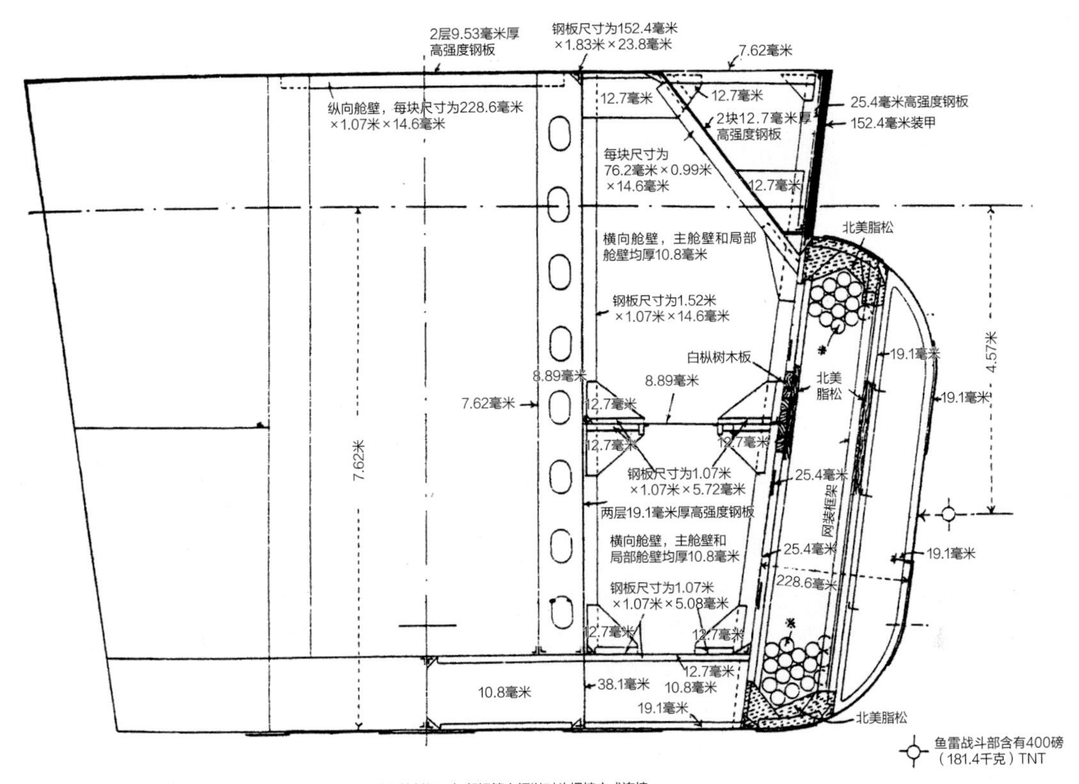

钢管直径为228.6毫米，厚度为6.35毫米，两端焊接封闭，相邻钢管之间以对头焊接方式连接。在外侧舱室中，位于无网状框架结构部分造成的断点位置处，钢管与水密舱壁相连；在网装框架结构处钢管则间断布置

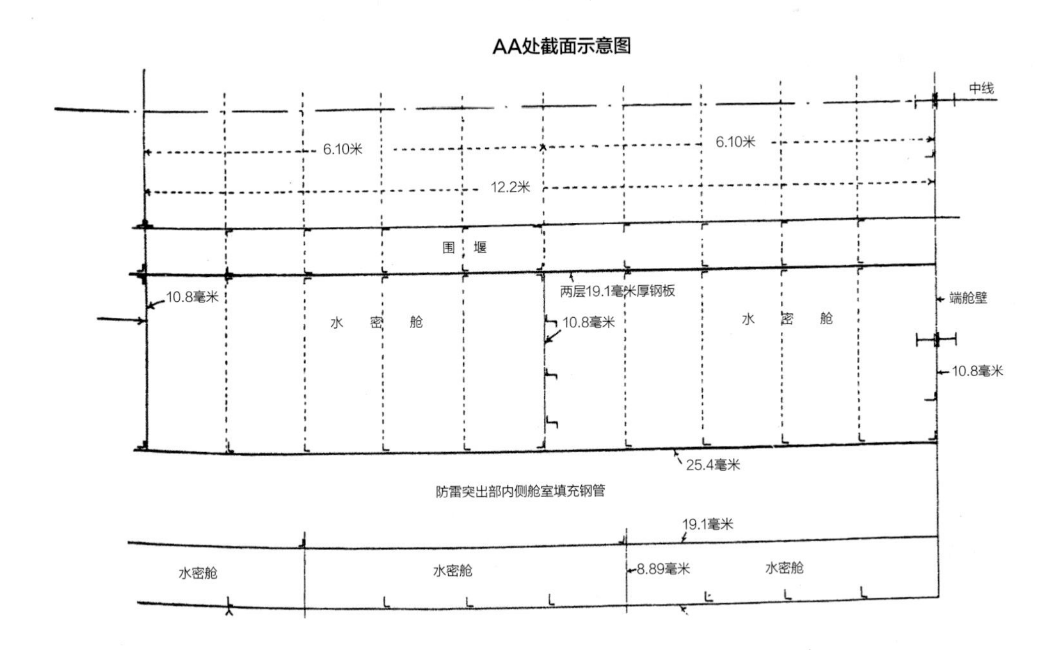

查塔姆浮箱是用于进行全尺寸鱼雷防护试验的大型浮箱。

31.5英尺（约合9.6米），可被用于代表战列舰舱段。该浮箱的船壳板为40磅钢板（约厚25.4毫米），防雷突出部深7.5英尺（约合2.29米）。紧靠防雷突出部引爆的400磅（约合181.4千克）炸药在突出部外层壳体上造成了直径约15英尺（约合4.57米）的破孔。突出部内装载的钢管被冲击波压平，但除几处铆接缝漏水外，船体本身几乎未遭损伤。此外，“可怕”号（Redoubtable，原名“复仇”号）前无畏舰[32]和“牛津城”号（City of Oxford）战列舰模型也安装了可拆卸的防雷突出部。达因科特对其有关防雷突出部的工作非常自豪，在其文档中收录有给首相的一封信件草稿，其中抱怨海军未能就安装防雷突出部一事竭尽所能，并建议应在海军部海务大臣委员会中增加一名技术人员（自然是他本人）。①

弹药爆炸

第一次世界大战期间，英国战舰上发生了多起灾难性的弹药爆炸事故，其中部分完全出于意外，其他则由敌方武器造成。此外还发生若干起严重的发射药起火事故，尽管这一系列事故并未导致大规模爆炸。后一类事故的次数较少。

表11-6：1914—1918年期间皇家海军舰只发生的药库爆炸意外

舰名	舰种	时间
“防波堤”号	前无畏舰	1914年11月26日
“纳塔尔”号（Natal）[33]	装甲巡洋舰	1916年12月30日[34]
“前卫”号	无畏舰	1917年7月9日
“格拉顿”号	浅水重炮舰	1918年9月16日

除上述各舰外，“鲁莽”号在倾覆后也发生了爆炸，其原因很可能是装备引信的弹药从弹药架脱落。布雷艇“艾琳公主”号（Princess Irene）于1915年因其搭载的水雷爆炸而沉没，不过这一事故与柯达无烟药无关。

1914年11月26日，“防波堤”号停泊在希尔内斯[35]（Sheerness）。当日晨7时53分该舰被一连串爆炸彻底摧毁。②首次爆炸发生在该舰后部炮塔附近位置，此后几乎立刻又发生了1~2次爆炸，并伴有黑色和黄色的浓密烟云。爆炸导致了严重的破坏，以致事后调查都无法就其起因找到决定性的证据。罪魁祸首据怀疑是该舰弹药输送道内前端附近存有的约30份年份很久（最旧者可能于13年前生产）的6英寸（约合152.4毫米）火炮发射药，部分发射药可能贴近一道温度较高的舱壁［据称部分发射药的温度曾长期处于70华氏度（约合21摄氏度）条件下］。有观点认为这些发射药可能着火了，由此产生的热量随后引爆了储藏在同一弹药输送道内的全部或部分发射药及炮弹，其总数为275份6英寸（约合152.4毫米）火

① D'Eyncourt manuscripts DEY.National Maritime Museum.
② S Ball, 'HMS Bulwark', Warship International 4/1984.

炮发射药和178枚12磅炮（直径约76.2毫米）炮弹。由于爆炸发生时乘员正在对弹药进行整理收藏，因此可能所有通往药库及弹库的舱盖都处于开启状态。此次事故中令人注意之处在于有证据显示炮弹和发射药均发生了爆炸。

1915年12月30日“纳塔尔”号在克罗默蒂（Cromarty）[36]爆炸损毁，海军为此组织了调查法庭。该法庭的调查结果称该舰当时首先发生了一起小规模爆炸，约4秒后又发生了一次规模大得多的爆炸。[①]第二次爆炸发生3分钟后，该舰发生严重侧倾，2分钟后倾覆。相关人员向调查员作证称马克Ⅰ型和MD型柯达无烟药都会发生变质，其速度取决于原料质量、生产过程中的严谨程度以及储藏过程中的受热史。对发射药进行的“热测试”固然具有较高的指导意义，但仍依赖于对发射药颜色的主观判断。通常发射药能在测试中坚持5分钟则被认为其质量令人满意。较早生产的柯达无烟药通常被附上“优先使用”的标签，且应在12个月内消耗掉。但在“纳塔尔”号上似乎有部分应“优先使用”的发射药在20个月前便已被附上这一标签。调查法庭的结论是：“部分劣质柯达无烟药未被及时消耗，这批发射药似乎被该舰官兵所忽视。”因此在该舰载有的若干批历史很可疑的发射药中，任何一批都存在自爆的可能，此外调查法庭还认为有必要重新检查柯达无烟药的使用管理规范。

战斗中的药库爆炸

战斗中发生药库爆炸的各舰上所保留的证据颇不完整，且多数情况下完全出于偶然。日德兰海战期间“狮”号堪称逃脱了与“玛丽女王”号、“不倦”号和“无敌”号相同的命运，该舰发生的事件次序记录较为详细。由于这一记录或许可揭露其他各舰上发生了什么，因此本书将对其进行详细描述。[②]

表11-7：其他海军中发生的舰只意外爆炸记录[37]

舰名	国籍	时间	备注
“卡尔斯鲁厄”号（Karlsruhe）	德国	1914年11月4日	可能是燃煤爆炸引起的
“贝内代托·布林”号(Benedetto Brin)	意大利	1915年9月27日	可能遭到破坏*
“莱昂纳多·达·芬奇”号（Leonardo da Vinci）	意大利	1916年8月2日	可能遭到破坏*
“玛利亚皇后”号（Imperatritsa Maria）	沙俄	1916年10月21日	—
“筑波”号	日本	1917年1月14日	据称因安保措施不足，可能遭到破坏*
“河内”号	日本	1918年7月12日	无证据显示原因*

注*：没有有力证据证明曾遭到破坏。

① 参见ADM178/123号档案，日期为1915年12月17日。

② Carnpbell,Jutland, pp64-67.

该舰的Q炮塔于下午16时被“吕佐夫”号在1.65万码（约合1.51万米）距离上所发射的一枚305毫米半穿甲弹命中[1]，炮弹以与水平面约成20° 的弹道命中该炮塔左炮炮门的右上角，恰位于炮塔9英寸（约合228.6毫米）正面装甲与3.25英寸（约合82.6毫米）顶部装甲结合部。一块9英寸（约合228.6毫米）装甲板脱落并发生内移，炮弹在距离弹着点3英尺（约合0.91米）的左炮中心位置上方发生爆炸，导致炮室内所有成员非死即伤。炮塔的前部顶部装甲被击飞，最终倒扣着落在12英尺（约合3.66米）开外位置。炮塔正面中央装甲板也被击飞，落在15英尺（约合4.57米）开外位置。该炮塔左炮及该炮的大部分机械结构件全毁。此外炮塔内还发生火灾，但一度被认为已经从炮塔上方扑灭。

发生爆炸时该炮塔的右炮炮组正在实施装填作业，垂死的装填手拉下一道控制杆，导致装载着发射药的右炮扬弹机筒下落至操作室上方4英尺（约合1.22米）处。与此同时，完成装载的左炮扬弹机筒正位于操作室内。操作室内两炮待机位置均已装载弹药，此外炮塔结构内完成装载的部分还有两部药库料斗和下降到药库的两部中央机筒。中弹2~3分钟后，“狮”号的首席炮手［亚历山大·格兰特（Alexander Grant）当时军衔为士官长］来到Q炮塔弹药库，并下令关闭药库舱门，此后又下令向药库注水。

① 上述距离和时间记录中很多仅为近似值，但笔者认为无每次都专门添加“约”字的必要，除非确有重要性。

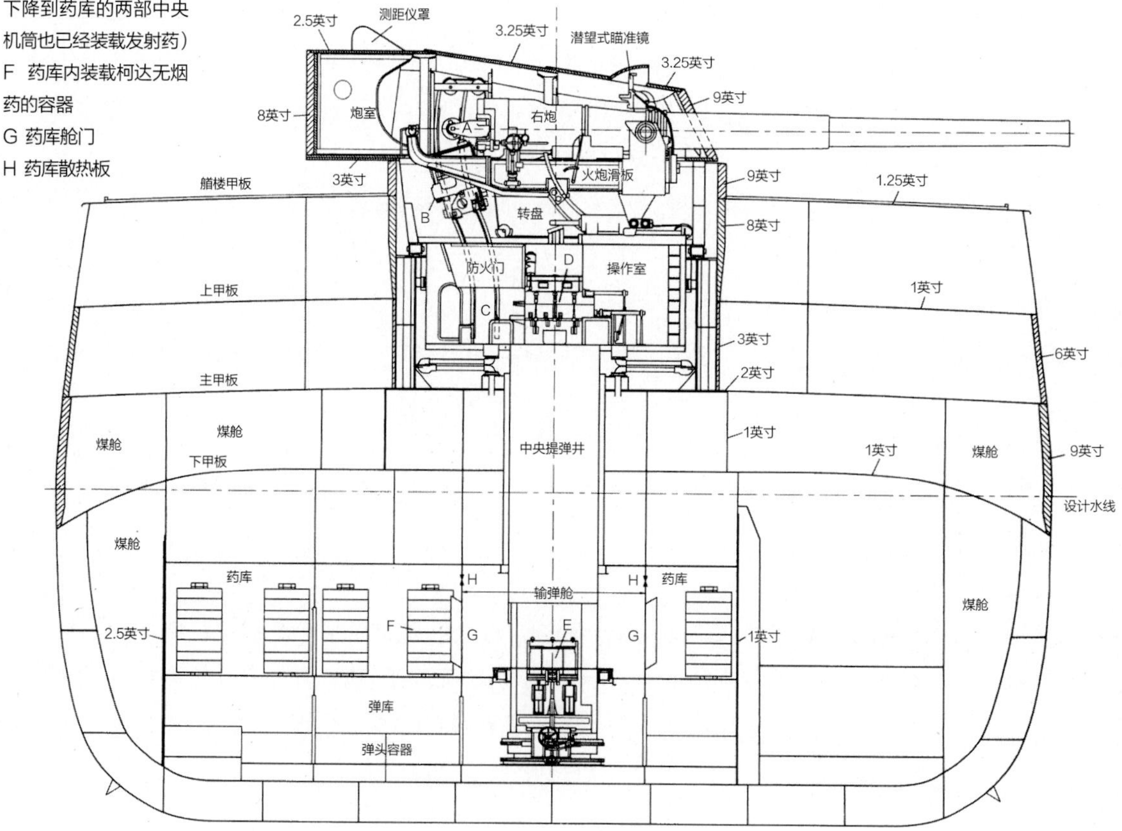

“狮”号舯部舰体及Q炮塔截面图，从前向后视角。装填系统各部分的状态与日德兰海战期间该炮塔中弹时相同。
要点：
A 右炮炮门（开启状态）
B 右炮装填机筒［大致位于操作室上方4英尺（约合1.22米）处］
C 装填机筒在操作室内位置（中弹时左炮机筒正位于这一位置）
D 弹药在转运入装填机筒前的待机位置（中弹时两炮的该待机位置均已装载弹药）
E 发射药料斗，位于输弹舱内（中弹时两炮的料斗已装载发射药，此外下降到药库的两部中央机筒也已经装载发射药）
F 药库内装载柯达无烟药的容器
G 药库舱门
H 药库散热板

16时28分当格兰特来到主甲板上通往输弹舱的舱口附近时，他目击了一团烈焰突然从该舱口窜出。据推测炮室内焖烧的火苗蔓延至操作室，引燃了存放在那里的8份发射药。发射药的燃烧非常剧烈，其火焰几乎与“狮”号的桅顶同高。虽然炮塔顶部装甲脱落意味着发射药燃烧时产生的压力大部分得以排泄，但药库舱门仍向内严重凹陷。舱门凹陷时该舰可能已经对药库实施注水，而水压支撑了药库舱门。此后的试验显示在承受很大压力的条件下，该舱门并不防火，因此可推测若没有实施注水作业，则药库很可能发生爆炸。由于柯达无烟药一旦开始燃烧就会迅速累积压力，导致一旦发射药起火就根本来不及实施注水作业，因此中弹和提弹井内发射药起火之间的时间间隔颇为重要。不过在“狮”号上，炮塔顶部装甲脱落，从而形成了相当良好的通气途径。这一战例中的另一重要现象是8份全份发射药[①]发生剧烈燃烧但并未爆炸（此后有观点认为这一现象说明火药点火剂并非是爆炸的主要原因）。

格兰特在前一年更换过“狮”号上全部柯达无烟药一事或许也很重要。他发现此前在准备交火时，药库官兵提前将发射药从其容器中取出，此后放回时可能置入了错误的容器，导致发射药上标注的日期和容器上的日期不符。[②]此外他还在不降低射速的前提下缩减了置于容器外的发射药数量。

战列舰“马来亚”号的副炮炮组也曾在海战中发生规模较大的柯达无烟药起火事故，此次起火中相当数量打包的6英寸（约合152.4毫米）火炮发射药药筒发生剧烈燃烧，但同样未发生爆炸（参见本书第3章）。[③]浅水重炮舰“拉格伦”号的沉没颇引人注意，或许也很重要。该舰装备一座美制14英寸（约合355.6毫米）炮塔，并使用硝化纤维发射药。该舰于1918年1月20日在伊姆布罗斯岛（Imbros，位于达达尼尔海峡，又称格列切岛）遭到德国战列巡洋舰“戈本”号和“布雷斯劳”号（Breslau）的攻击。[38]“戈本”号所发射的1枚280毫米炮弹击穿“拉格伦”号炮塔下方的8英寸（约合203.2毫米）炮座装甲，并且引燃若干份发射药。虽然发射药剧烈燃烧，但并未发生爆炸。[④]该舰在被重创后最终沉没，沉没时其12磅炮（口径约为76.2毫米，英制）药库发生爆炸。虽然无法由单一战例得出结论，但第二次世界大战期间美国海军发射药似乎更为安全。同一场海战中小型浅水重炮舰M28号的9.2英寸（约合233.7毫米）火炮药库发生爆炸，该舰也因此沉没。

日德兰海战中因药库殉爆而沉没的各舰上幸存者数目都很有限，其原因显而易见。幸存者的回忆不仅不完整，而且互相矛盾。下文仅记录已知事实（根据坎贝尔的整理）。

“不倦”号遭到“冯·德·坦恩”号的射击（距离约1.6万码，约合1.46万米），并在下午16时后不久殉爆。摄于该舰即将发生最终爆炸前的一张照片显

① 共包括16份半份量发射药和32份火药点火剂。

② A Gram, Through the Hawse Pipe, Draft Memoirs, IWM66/28311.转引自兰伯特。

③ 副炮炮组空间相当开放，因此不应出现剧烈的压力升高现象。

④ 在1917年7月14日的一封信（档案号ADM 1/8463/176）中，贝蒂认为自“密苏里”号（1904年）和“奇尔沙治”号上发生小规模起火事故后，美国海军就已经取得极大改进。笔者未发现相关细节。

示该舰艉部下沉，向左侧倾，且舰体后部直至中烟囱部分已经位于水下。有关最终爆炸的描述各不相同。最可能发生的是该舰X炮塔药库殉爆，但搭乘“新西兰”号战列巡洋舰的帕克南少将[39]声称“不倦”号在A炮塔附近中弹后从前部开始爆炸。部分德国记录则显示“不倦”号发生了2~3次爆炸（参见下文有关“无敌”号的备注）。

“玛丽女王”号起初遭到“塞德利兹”号的射击（距离约1.6万码，约合1.46万米），至下午16时15分，后者共取得4次命中，这可能导致“玛丽女王”号后部4英寸（约合101.6毫米）副炮炮组起火。下午16时21分前后“德弗林格”号命中“玛丽女王”号Q炮塔右侧，导致该炮塔右炮无法运作。5分钟后“玛丽女王”号再次中弹，A炮塔或B炮塔药库（也有可能是两药库一起）发生殉爆，导致该舰前部在前桅附近位置断裂。残存各炮塔的液压系统失灵，且Q炮塔操作室内的柯达无烟药起火，Q炮塔和X炮塔损毁。期间该舰的Q炮塔可能再次中弹。残存的该舰后半部分严重侧倾，随着倾角加大，该舰再一次发生大规模殉爆（或许与“鲁莽”号的情形类似，由弹药松动导致）。一支英德联合研究团队于1991年调查了该舰的残骸。该舰的后半部分倒扣在海底，且看上去未遭破坏（仅推进器被窃）。

“无敌”号的幸存者之一是该舰的枪炮长丹罗伊特中校（Dannreuter），发生殉爆时他位于该舰的前桅桅楼。据他描述，一枚炮弹命中该舰的Q炮塔并在炮塔内爆炸，导致炮塔顶部被击飞。随着该舰Q炮塔（可能还有P炮塔）药库殉爆，该舰几乎随即发生了规模巨大的爆炸。两张反映该舰殉爆时的照片流传至今且颇为清晰，其拍摄时间间隔约为1/8秒。照片显示浓烟、火焰乃至残骸飞起至超过该舰桅顶的高度。一道火焰携带着残骸，从该舰A炮塔内高速喷出，且显然火焰和浓烟也从该舰的X炮塔喷射而出。1991年探险队在该舰右舷X炮塔药库平行位置的舰体上发现一个大洞，并在海床上发现大量未爆炸的发射药。[①]对此的可能解释之一似乎是该舰的P炮塔和Q炮塔药库发生殉爆，火焰以及炽热的破片分别在舰体内向前后飞入A炮塔和X炮塔药库。A炮塔药库内发射药的燃烧可能非常剧烈，但并未发生爆炸，而X炮塔药库可能发生了低度爆炸。较为可靠的猜测是“不倦”号和“玛丽女王”号上发生的多起爆炸也是类似原因导致。

装甲巡洋舰“防守”号后部9.2英寸（约合233.7毫米）炮塔附近中弹，此后发生的爆炸似乎沿向各7.5英寸（约合190.5毫米）炮塔供弹的弹药输送道向前传播，各门7.5英寸（约合190.5毫米）炮塔从后向前依次爆炸。多格尔沙洲之战中，“布吕歇尔”号也出现与此类似的情形，不过该舰上仅发生起火，未发生爆炸。其他殉爆各舰的证据颇为稀少，其价值也很低。

① 纳塔尔”号和“前卫”号发生爆炸事故后，相邻舰只上均发现完好甚至部分燃烧的发射药。

炮塔中弹

除上文中“玛丽女王”号和“无敌”号炮塔中弹的例子外，“狮”号的炮塔（上文已描述）、“马来亚”号的X炮塔和“虎”号的Q炮塔顶部也各被命中1次。各舰炮塔炮座共被命中4次。在所有炮塔结构中弹的战例中，中弹位置的装甲或发生位移，或出现破孔，但仅在“狮”号和“虎”号X炮塔的战例中炮弹在炮塔内部爆炸，其中后一炮塔无法继续正常运作。

日德兰海战后的调查

如前所述，海战结束后不久，海军建造总监便安排佩恩和古道尔对受损舰只展开调查，并尽可能通过推导对其他沉没各舰的具体损失原因做出解释。由此产生的报告声称主要原因是“实战中采用的将发射药运往火炮的方式。一旦发射药并未存放在不可燃的容器中，便存在一条从药库通往火炮的畅通途径”。两人还认为在药库和火炮之间存放了过量且暴露在外的发射药［当时尚且年轻的造船师谢泼德（V G Shepheard），即维克特爵士（Sir Victor），曾担任“阿金库特”号的损管部门主管。他曾对笔者提及，当时他对存放在提弹井和操作室之间且无任何防护措施的发射药数量感到何等的恐惧——尤其是在由海军陆战队负责操作的炮塔内］。

海军军械总监曾在回复贝蒂的信件中对偏执追求向主炮输送发射药速度一事进行指责。[①]“药库舱门长期处于开启状态，盖子被从盛放发射药的容器上取下，所有机筒都装载着发射药。德制硝化甘油炸药与我军使用的MD型柯达无烟药非常相似，取出或存放在仅有松散限制的空间内便会燃烧；‘狮’号未爆炸。”海军军械总监声称在新设计的舰只上，药库将位于弹库下方，且与柯达无烟药相比，点火剂的易爆程度仅轻微少许。[②]

1913年美国海军军械署（Bureau of Ordnance）表示愿意对英制MD型柯达无烟药进行试验，但此后出于成本考虑取消了这一计划。日德兰海战后，海军部海务大臣委员会同意将部分英制6英寸（约合152.4毫米）火炮发射药运往设于印第安角[40]（Indian Head）的海军验证场（Naval Proving Ground）[41]，以便测试英制和美制发射药的相对可燃性以及燃烧剧烈程度。[③]根据军械署1918年1月11日发表的报告，测试结论为“柯达无烟药的燃烧非常剧烈，即使在未被封闭的条件下也是如此……在相同条件下，硝化纤维的燃烧速度更慢，也更为安静……此外与裸露的马克Ⅰ型柯达无烟药相比，点燃裸露的硝化纤维火药的难度几乎是前者的两倍”[④]（参见本章前文“拉格伦”号起火的相关内容）。

综合参考海军建造总监和海军军械总监的意见，海军审计长都铎少将撰写了一系列纪要，将战舰殉爆的责任完全归咎于各舰军官将过量的发射药暴露在

① 参见ADM 1/8463/176号档案。
② 这似乎说明柯达无烟药非常危险。
③ Records of the Bureau of Ordnance, Doe 27809, National Archives, Washington; per IMcCallum.
④ 通过柯达无烟药和硝化纤维的对比燃烧试验得出（不幸的是未曾使用德制RPC12型发射药进行类似试验）。

第一次世界大战结束后利用“威尔士亲王”号进行的防火性能试验（1919年7月）。拍摄该照片时两份15英寸（约合381毫米）火炮全份发射药刚刚在提弹道内被引爆（作者本人收藏）。

外，以及总体而言松懈的实际操作流程，其中后者还得到高级军官的鼓励。在这些军官看来，射速就是一切。[42]杰里科出任第一海务大臣后命令都铎撤回对高级军官的批评，并扣押了海军建造总监的报告。他将责任完全归咎于装甲防护不足，以及物理防火设施不足。①

大舰队从日德兰海战返航后几天内，皇家海军炮术学校[43]便提出了防止火势扩散的要点。至1917年春，各舰均安装了由粗绒毛呢或皮革制成的屏风，并引入了更完善的工作流程。副炮的弹药输送道内加装了输弹舱结构，副炮弹药筒则存放在皮革制的克拉克森容器（Clarkson case）内。海军还利用旧式战列舰“报仇”号（Vengeance）[44]的艏炮塔进行试验，该炮塔的结构与第一次世界大战期间主力舰炮塔设计非常相似，并追加了所有最新的改进。1917年8月进行的第一批试验显示各项改进措施成功地阻止了在输弹舱内引爆的两份全份发射药所造成的火焰。当月晚些时候进行的进一步试验使用了两份15英寸（约合381毫米）火炮发射药，试验结果显示新的舱门强度仍然不足，其变形时产生的空隙仍可使火焰进入药库。1919年7月利用“威尔士亲王”号（Prince of Wales）[45]进行的试验显示上述问题已经得到解决。

皇家海军炮术学校还进行了一系列其他试验，由此开发出的防火舷窗也经受了试验检验。试验中还发现电线燃烧导致的熔铅液滴也可能引燃发射药，此类电线遂从药库中被拆除（调查发现“狮”号上的电线即以此种方式燃烧）。

① 本段根据兰伯特博士在其所撰Our Bloody Ships or Our Bloody System and the Loss of the Battle Cruisers Journal of Military History (January 1998)一文中给出的详细分析摘要而成，该文发表于1998年1月。

“前卫”号

1917年7月9日午夜11时20分，战列舰“前卫”号在锚地内殉爆。调查人员此后得知该舰A炮塔与前桅之间曾出现白色火焰，并伴有小规模爆炸，此后又发生了两次大规模爆炸，且同样伴有白色火焰。[①]在收取所有证据后，调查法庭认定主要爆炸发生在P炮塔或Q炮塔药库，抑或同时发生在两药库。

该舰所搭载的弹药于1916年12月该舰入坞整修时卸载，并经过检查。该舰同时装载马克Ⅰ型和MD型柯达无烟药。早期生产的MD型柯达无烟药在生产过程中硝化的时间可能不足2.5小时，这或许会导致发射药变质的速度更快。在接受询问时，军械储藏官（Ordnance Stores Officer）拒绝回答过期变质的柯达无烟药是否比新制品更不稳定的问题。[②]如前所述，柯达无烟药的寿命差异很大，但通常而言，马克Ⅰ型柯达无烟药的寿命为12年，硝化时间超过2.5小时的MD型柯达无烟药的寿命与此相当。硝化时间较短的MD型柯达无烟药的寿命应为8年。

帕克博士（C A Parker）曾声称马克Ⅰ型柯达无烟药中高比例的硝化甘油或许是导致爆炸的因素之一。[③]生产过程中存在的杂质、老化或高温（或以上所有因素）均可能释放液态硝化甘油，后者非常易爆。这或许可以解释在普伦斯德利用大量柯达无烟药进行试验最终发生大爆炸的成因（参见本书第2章）。海军未曾对老化或变质的柯达无烟药进行燃烧/爆炸试验，前文曾提及杰里科的掩饰行为，这可能是未进行上述试验的原因。

此外还应注意药库内不同位置的冷却效果不一致，部分机架的温度可能明显高于其他机架；温度计读数也并非是对最高温度的可靠指示。电线线缆从药库内穿过也会导致潜在危险。调查人员还得知空煤袋通常储藏在与药库相邻的舱室，而残煤自燃的可能性虽然非常低，但也无法彻底排除。

调查还显示柯达无烟药的管理规范并未被严格遵守，同时当时舰上载有相当数量的马克Ⅰ型柯达无烟药，其中部分早已超出其安全期。由此大舰队清除了大量老式柯达无烟药。[④]

此处还有两点需要考虑。首先较旧柯达无烟药上标注的“推荐日期”可能基于较大安全冗余，因此稍作延长不一定会有危险。但另一方面，忽视温度控制可能会大幅加快发射药分解的速度。当时和此后均未就过期柯达无烟药是否更易起火进行测试。无疑，直接清除过期发射药最为安全。不过，也有理由相信较易自发爆炸的材料更容易被火焰引爆，而在日德兰海战时各舰的药库内都存有大量过期材料。

还有经验显示制造过程中对质量的把控颇为糟糕。[⑤]自1917年4月起，在生产硝化纤维的过程中，洁净的薄棉片取代了早先使用的废棉花作为原料。硝化时间被延长，检查机制也得到加强。

① 参见ADM 116/1615A号档案。
② 读者或许可从他的沉默中得出一两条结论。首先，他很清楚柯达无烟药非常危险，而这一点可能被有意掩盖，也有可能并未就此进行测试。其次，他并不清楚较旧的柯达无烟药是否危险。这一疑点未遭追究一事本身就令人惊讶。
③ 根据通过皇家海军柯达无烟药协会进行的私人通信。
④ 根据技术史（收藏于国防部图书馆）的记录，共清除了6000吨发射药。这一数据也被坎贝尔和罗伯茨援引，但以笔者观点，这一数字过大，可能是一处印刷错误。
⑤ M R Bowditch, Cordite-Poole MOD PE 1983.

德国经验

对这一课题本书仅进行简单描述，详情可参见坎贝尔的相关作品。第一次世界大战期间德国舰只上唯一一次在战斗中发生的爆炸发生在前无畏舰“波美拉尼亚”号（Pommern）上[46]，且几乎可以肯定爆炸由该舰携带的170毫米炮弹引起。战争中德国战舰发生过相当多次发射药起火，其中部分颇为严重，但并未导致爆炸。1914年11月“戈本”号上曾有16个150毫米火炮弹药筒起火，且火焰进入该舰药库，但并未导致爆炸。[47]

多格尔沙洲之战中，“布吕歇尔”号的弹药输送道内共有35~40份210毫米火炮发射药起火。同一海战中“塞德利兹”号艉炮塔炮座中弹，一块在爆炸中脱落的装甲破片引燃了炮塔内的发射药。共有62份280毫米火炮发射药起火，但并未发生爆炸。

日德兰海战期间德国主力舰炮塔共被命中5次，另有5次中弹发生在炮塔炮座。大多数炮弹未能实现击穿，但完成击穿的两枚炮弹的确在“德弗林格”号的X炮塔和Y炮塔内引发大火，这一结果也应部分归结于两炮塔内处于传输状态的发射药数量过多。“塞德利兹”号的X炮塔和“吕佐夫”号的A炮塔也曾起火，但火势较“德弗林格”号上的稍小。“国王”号曾发生3次副炮弹药起火，此外“塞德利兹”号、“毛奇”号和“石勒苏益格—荷尔斯泰因”号[48]（Schleswig-Holstein）上也曾发生副炮弹药起火，其中发生在“国王”号150毫米火炮药库内的起火因其位置位于水下而潜在危险很大。

日德兰海战期间德国发射药主要为RPC/12型，这是一种非溶性的硝化纤维与硝化甘油混合物，并含有稳定剂。据说战后试验证明该种发射药并不比英制MD型柯达无烟药更耐火。这些试验似乎仅使用单份发射药进行，且现有证据均说明少量柯达无烟药在此条件下仅会燃烧。非溶性材料中存在杂质的概率要低得多，而杂质会导致发射药分解。至少较后生产的75%德制发射药存储在黄铜容器中，该容器也对单一点火剂实施保护。

其他爆炸

驱逐领舰“蒂珀雷里”号（Tipperary）的一个备便弹药箱也曾发生爆炸，另外两艘使用容器收纳发射药的驱逐舰上也曾发生小规模弹药爆炸事故。英方舰只上似乎从未发生过因水下爆炸诱发的药库殉爆，这与第二次世界大战期间的经验截然相反。导致这一差异的原因或许是第一次世界大战期间水雷或鱼雷在药库附近爆炸的次数很少！轻护卫舰“迷迭香”号（Rosemary）曾被鱼雷命中其弹药库下方［该舰药库内存有分装的4.7英寸（约合120毫米）火炮弹药］。弹药库本身严重受损，而弹头和发射药虽然四散但并未爆炸。

部分暂时结论

几乎永远无法完整解释英国战舰上[1]发生如此多起药库爆炸而德国战舰几乎未发生类似案例的原因。借助后人的天然优势，笔者将在下文中逐一检查弹药安全性的各个方面，并分析各方面对灾难性爆炸的贡献。的确任何单个错误都可能导致事故，但引发一场灾难至少需要两个错误。就药库爆炸而言，其原因很可能不止一个。

英德两国舰只上炮塔（及炮座）的装甲是否可以提供足够防护一事的确可以讨论。炮塔顶部易受破坏，尤其是其支撑结构（参见第2章中1907年试验相关内容）。即使是性能较差的英制炮弹也能在德国炮塔中引发起火。英国方面在实践中，炮塔装甲应由海军军械总监负责，而其他装甲应由海军建造总监负责，这一点也许颇为重要。无论相关部门能力如何，在类似情况下进行责任划分都不明智。

两国海军舰船上甲板装甲都比较薄，且由于当时双方均假设炮弹在接触甲板前便应爆炸，因此按其设计目的，甲板通常仅应阻挡破片。总体而言，由于实战中无证据说明炮弹曾击穿甲板，因此这一假设似乎能够成立。不过也应注意到大型破片仍有一定概率击穿甲板，典型例子之一便是日德兰海战中“巴勒姆”号的经历。从现有资料看，似乎没有舰船的沉没能确定归咎于侧装甲带被击穿，不过就“防守”号装甲巡洋舰而言无法完全否定这一可能。在实际交战距离上，“无敌”号的侧装甲带的确较为脆弱，但现有证据明确显示该舰Q炮塔中弹才是该舰沉没的原因。

击穿炮塔或炮座的炮弹的确可能导致发射药暴露在火焰或炽热的破片之下（第二次世界大战期间的经验显示当时使用的发射药更容易被破片而非火焰引爆）。就英德双方的发射药而言，最初引燃的过程并无明显不同（战后进行的试验也证实了这一点）。一份起火的发射药可能引燃相邻的发射药，这一点的确在“狮”号上发生。但多格尔沙洲之战中“塞德利兹”号的经历和日德兰海战中“德弗林格”号的经历显示，德制发射药虽然可能通过这种方式燃烧，但并不会爆炸。两国海军都在药库和火炮之间堆积了过量且暴露的发射药，尽管在汲取了多格尔沙洲之战中“塞德利兹”号的经验后德国海军的确尝试限制暴露的发射药数目。[2]

通过发射药燃烧现象可得出两个暂时性的结论，尽管相关证据并不充分。英制发射药上，暴露在外的火药点火剂通常被视为导致爆炸的罪魁祸首，但“狮”号上8份全份发射药（共含32份点火剂）起火并未导致爆炸，此外“马来亚”号副炮炮组起火中涉及的发射药数量可能更多。德制发射药起火的方式则说明德国海军使用的黄铜容器对发射药的保护作用并不如通常认为的那么有效。英国驱逐舰备便弹药柜发生爆炸也说明黄铜容器并未导致什么不同后果。

① 此外，日本和意大利也使用相同的柯达无烟药制造工艺，炮弹内装填的苦味酸制造工艺也很类似。

② 参见N Lambert (n44)。

1917年在“报仇”号上进行的试验显示，即使是在正常情况下，防火门的强度也不足以抵抗巨大的压强。战后对德国战舰进行的调查显示，即使是在1918年，其防火水平也仅仅与英国战舰1916年的水平相当。此外还有大量主观证言显示，为提高射速两国海军常常保持防火门开启，甚至拆掉防火门。因此在任何一艘战舰上，火焰都理应可以蔓延至药库，但仅英国海军有多艘战舰爆炸。

对英国战舰而言，导致爆炸的可能因素包括：

●制造商在生产发射药过程中对质量的把控较差；

●舰上保留有较不稳定的过期发射药（格兰特替换“狮”号发射药的举动或许对该舰的命运产生了至关重要的影响）；

●暴露的点火剂(但参考“狮”号的经历,这一因素似乎并未造成很大区别)。

导致发射药爆炸必须有引火物——火焰或炽热的破片，以及存放在封闭空间内的大量发射药。在“狮”号上，气体可从开放的炮塔顶部排出，按此逻辑也可期待“无敌”号上发射药起火生成的气体经由其Q炮塔开放的顶部排出。

在得出任何结论之前仍必须回顾历史上唯一一次大规模发射药燃烧试验，即1897年在普伦斯德的试验。英制柯达无烟药在分量较小时可能仅发生燃烧，而一旦大量堆积就有可能发生爆炸。这一实验很可能使用马克Ⅰ型柯达无烟药进行，但对“前卫”号的调查显示当时大舰队内仍保留有大量马克Ⅰ型柯达无烟药。德制RPC/12型发射药大体与英国在第二次世界大战期间使用的柯达无烟药相似，且第二次世界大战期间英国战舰也发生过数起药库爆炸事故（“胡德”号、“巴勒姆”号及其他）[49]。伴随大量发射药起火而产生的压强升高①似乎可被认为是灾难性殉爆的主要原因。②很可能过期的柯达无烟药更容易发生上述效应。

比较药库殉爆次数较多的海军，可见另一共通之处：在炮弹中装填苦味酸炸药。安全记录相对较好的海军并不使用该种炸药装填炮弹。因此这可能也是对发生大规模爆炸——无论是意外或在交战过程中——的一种解释③。柯达无烟药起火可能导致若干装填立德炸药的炮弹爆炸，进而导致药库爆炸。④“狮”号和“马来亚”号上的起火，或许还包括“拉格伦”号和“格拉顿”号的起火中，均涉及了装填立德炸药的炮弹，但并未发生爆炸。

海军曾对战舰不同方面地性能进行过相当数量的试验，尤其是对弹药输送系统。这些试验大多与新战舰设计有关，且将在本系列下一卷中描述。不过其中一些与第一次世界大战期间的战舰相关，此处将对其进行描述。

战后试验

战斗停止时，海军部并未沉醉在其所获得的荣耀之中。当时海军部仍在推进很多项技术发展，其中大多数工作在战后仍继续进行，尽管其节奏放缓。最

① 1926年就“纳尔逊”号的16英寸（约合406.4毫米）火炮发射药进行过一次讨论，其内容颇值得注意。1918年利用12英寸（约合304.8毫米）火炮发射药进行的试验显示，双层丝绸包裹可极大地提高阻燃性。1926年进行的一系列新试验未能再次证明这一结论。两次试验之间的差异似乎可以如下方式解释：1926年试验中发射药所处空间部分封闭，导致发射药起火后空间内压力上升。参见Monthly record of important papers dealt with by the DNO. March 1926, page 3247(MoD Library)。

② 注意海勒姆・马克西姆坚信大量硝化纤维和柯达无烟药一样容易爆炸。

③ 这一解释由麦卡勒姆给出。他似乎并未就两类海军，即发生发射药爆炸的海军和未遭遇此类灾难的海军之间的区别做出明确划分。装备弹头引信且装填立德炸药的高爆弹被认为最是危险。日德兰海战后皇家海军不再使用该弹种。

④ 大多数报告都描述了一系列爆炸，此外“无敌”号殉爆的照片显示除在舯部（P炮塔和Q炮塔药库）发生大规模爆炸外，该舰的X炮塔也发生了低度爆炸（这一推断被1991年的影像资料证实），此外该舰的A炮塔也发生了非常迅速地燃烧（爆燃）。

为重要的一些工作与战舰对炮弹、鱼雷以及炸弹的防护能力有关，因此可以认为这些研究乃是吸取战争教训本身的结果。

1919年秋海军利用新式15英寸（约合381毫米）炮弹向代表“胡德”号防护系统的复制品进行射击。[①]当时发现的弱点是炮弹可轻易击穿其7英寸（约合177.8毫米）上部装甲带，击穿该装甲带后炮弹仍有能力继续击穿甲板和药库顶端，最终在距离弹着点约40英尺（约合12.2米）处爆炸。为弥补这一缺陷，“胡德”号药库上方的主甲板厚度被增加至3英寸（约合76.2毫米）。由于该舰设计仍遵循旧式设计传统，并且该舰已经严重超重，因此这一改进被认为已经是最佳方案。

德国战列舰“巴登”号被打捞起来后，海军于1921年3月29日使用该舰进行射击试验。[②]浅水重炮舰“厄瑞波斯”号和“恐怖”号在约500码（约合457.2米）距离上共向该舰射击了31枚15英寸（约合381毫米）炮弹。[③]射击时调整了发射药剂量，以保证炮弹着靶速度为每秒1550英尺（约合472.4米）或1380英尺（约合420.6米），分别对应全装药条件下1.55万码（约合1.42万米）和2.18万码（约合1.99万米）的射击距离。在每秒1550英尺（约合472.4米）着靶速度下，“巴登”号的350毫米炮塔正面装甲被一枚被帽穿甲弹击穿，弹道与目标法线之间的夹角约为18.5°。350毫米司令塔装甲则抵挡住了同类炮弹的攻击，不过此时弹道与目标法线之间的夹角约为30°。另一炮弹在弹道与目标法线之间夹角为14.5°条件下击穿目标的250毫米上部装甲带，并最终在距离弹着点38英尺（约合11.6米）的烟囱外壳上爆炸，途中击穿一道30毫米舱壁和12.5毫米甲板。

3枚15英寸（约合381毫米）被帽穿甲弹击穿170毫米炮廓装甲，其中至少有1枚几乎击穿炮廓装甲后方的200毫米炮塔炮座装甲。被帽尖端普通弹[④]则被用于向甲板射击，并导致颇为严重的爆炸破坏。由此似乎可得出如下结论：皇家海军的新一代炮弹足以击穿厚装甲，且新的引信也可确保炮弹在距离弹着点约40英尺（约合12.2米）距离上爆炸。无论是被帽穿甲弹装填的苦味酸混合炸药，还是被帽尖端普通弹装填的三硝基甲苯炸药，都可发生剧烈爆炸，并造成严重损失。这一结论至少对新“纳尔逊”级战列舰采用重点防护风格设计有所贡献。上述试验及其他若干试验均显示德制装甲的性能与英制装甲几乎完全一致。

从“巴登”号上取下的若干装甲板后来被安装在战列舰“壮丽”号（Superb）[⑤][50]上，以供1922年5月2日的试验使用。上述装甲板及其支撑结构均与计划在G3级战列巡洋舰上布置的装甲相似，后者计划装备14英寸（约合355.6毫米）装甲带[51]。此外G3级的甲板结构为覆盖在0.25英寸（约合6.35毫米）钢板上的7.25英寸（约合184.2毫米）装甲板。按设计指标，炮弹命中侧装甲带和甲板的落弹角分别为34°和59°。试验中海军使用“恐怖”号浅水重炮舰的15英寸

① R A Burt, British Battleships 1919 (London 1993), pp30.
② R A Burt, British Battleships 1919 (London 1993), pp30.
③ J Campbell, 'Washington's Cherry Trees', Part 1. WARSHIP 1(January 1977).
④ 可能装填三硝基甲苯炸药。
⑤ Burt, British Battleships 1919,p336.

（约合381毫米）舰炮，向上述甲板和侧装甲带射击。射击距离仅为500码（约合457.2米），但发射药进行了类似调整，以保证炮弹着靶速度与交战距离条件下相当。部分甲板装甲为290磅[52]（厚度为7.75英寸，即约196.9毫米），因此有观点认为难以为其设置足够强的支撑结构。不过，实验结果显示除少数焊接接头断裂外，支撑件总体表现令人满意。两枚装填惰性材料的被帽穿甲弹虽然命中甲板，但仅在装甲表面造成一定凹陷，不过应注意甲板下方的横梁受损严重。另外两枚被帽穿甲弹以每秒1350英尺（约合411.5米）的着靶速度命中14英寸（约合350毫米）装甲带[53]，但炮弹不仅未能击穿，而且自身破裂，对装甲板也仅造成轻微破坏，不过一块中弹装甲板下缘内移15英寸（约合381毫米），从而导致一定程度的破坏。

1925年1月21日，海军以“君王”号（Monarch）[54]①为靶船，动用巡洋舰和战列舰向其射击。该舰的防护甲板被巡洋舰所发射的6英寸（约合152.4毫米）炮弹破片击穿。试验还证明装填苦味酸混合炸药的13.5英寸（约合342.9毫米）被帽穿甲弹足以击穿其11英寸（约合279.4毫米）炮塔炮座装甲及其支撑结构，并在击穿后爆炸。部分装填TNT炸药和特制外壳的实验性炮弹在试验中表现良好，并造成严重的爆炸破坏。部分试验还使用炸弹进行试射，这一部分内容将在下一卷中加以讨论。

显然，1918年装载在大舰队弹药库中的新型炮弹足以击穿当时使用的所有侧装甲带或甲板装甲，并能可靠且剧烈地在距离弹着点数英尺处爆炸。

① R A Burt, British Battleships of World War I (London, 1986), p142.

译注

1.火炮口径为305毫米。

2.当天下午18时19分，第5战列舰中队在加入大舰队战列线的过程中，“厌战”号的转向机构卡死在右转位置。由于转向机构始终未能正常运转，因此一切试图将该舰转向左舷的努力不但未能奏效，反而导致该舰身不由己地以逐渐放缓的速度向公海舰队战列线漂去，从而导致该舰成为公海舰队的集火射击目标。在完成几乎一圈半的转向后，该舰恢复了控制。在此过程中该舰的15英寸（约合381毫米）主炮依然持续向公海舰队主力射击，与此同时该舰共被大口径炮弹命中13次。

3.由于担心日本宣战，因此由斯比海军中将率领的德国海军东亚中队在第一次世界大战爆发前从其设于青岛的基地出发，向太平洋方向一路回合前进试图返回本土。10月4日，英方通过截获的情报得知斯比中将计划在南美洲西海岸展开破交战，克拉多克少将遂率领第4巡洋舰出发进行截击，并得到前无畏舰“老人星”号的加强，但该舰亟待整修，且航速仅为12节，约为其他巡洋舰编队速度的一半。然而其麾下各舰或过时或火力较弱，且其乘员也为缺乏经验的预备役人员，而海军部克拉多克少将的指示也不够清晰。10月20日少将率部从福克兰群岛出发执行破交任务并搜索德国东亚分队。10月31日双方各自发现对方一部后均试图集中兵力歼灭所发现的敌舰。1914年11月1月，双方在智利中部城市科罗内尔附近海域遭遇，战斗中英方“好望”号与“蒙默斯郡”号被击沉，“格拉斯哥”号和“奥特兰托”号撤出战场，前者负伤。德方损失非常轻微。海战结果震惊了英国，皇家海军由此派出包括“无敌”号和“不屈”号战列巡洋舰在内的增援舰队，由斯特迪中将指挥前往南大西洋追杀德国海军东亚中队，并最终在12月8日的福克兰群岛海战中几乎将其全歼。

4.隶属“德雷克”级装甲巡洋舰，1901年下水。

5.隶属“查塔姆”级轻巡洋舰，1911年下水。

6.隶属“城”级轻巡洋舰，1909年下水。

7.大舰队第一次抢占T字横头期间，对英方各战列舰而言，失去动力的该舰是当时唯一一艘各舰均能清晰观测的目标。随着旗舰“铁公爵”号首先开火，很多皇家海军主力舰都对该舰进行了射击。

8.隶属“拿骚”级，1908年下水。

9.隶属“英王乔治五世”级战列舰，1912年下水。

10.位于英国北部沿海。

11.“泰坦尼克”号的姊妹船。

12.位于爱琴海，1912—1923年间由希腊管辖。

13.位于爱琴海北部利姆诺斯岛上的一个市镇，属希腊。

14.笔误，应为13.5英寸，即342.9毫米。

15.当时该舰为第1战列舰中队指挥官伯尼中将座舰。

16.“庄严”号隶属“庄严”级前无畏舰，1895年下水，1915年5月27日加里波利战役期间于达达尼尔海峡被德国U-21号潜艇所发射的鱼雷击沉；“海洋”号隶属“老人星”级前无畏舰，1898年下水，1915年3月18日加里波利战役期间于达达尼尔海峡搭载“无阻”号幸存者撤退时触雷，舵机卡死，从而导致该舰成为土耳其部队岸炮的射击目标，最终在被放弃后继续漂流直至沉没。“歌利亚”号隶属“老人星”级前无畏舰，1898年下水，1915年5月12日至13日夜间加里波利战役期间在加里波利半岛附近停泊时被土军鱼雷艇发射的三枚鱼雷命中，迅速倾覆沉没。“可畏”号隶属“可畏”级前无畏舰，1898年下水。1915年1月1日凌晨该舰在波特兰岛附近被德国U-24号潜艇所发射的两枚鱼雷先后命中并倾覆沉没。“无阻”号隶属“可畏”级前无畏舰，1898年下水，1915年3月18日加里波利战役期间于达达尼尔海峡突破土耳其雷场期间触雷并被重创，失去动力，随后逐渐漂流至土耳其军队火炮射程内，并遭到猛烈射击。皇家海军曾试图利用“海洋”号拖曳该舰，但后者一度搁浅，且“无阻”号后来继续漂向土耳其军队阵地，因此英方只能放弃拖曳想法，彻底抛弃该舰。该舰最终在遭受土耳其军队猛烈射击后沉没。“康沃利斯”号隶属“邓肯”级前无畏舰，1901年下水，1917年1月9日在马耳他以东海域被德国U-32号潜艇所发射的两枚鱼雷先后命中，随后倾覆。“拉塞尔”号隶属“邓肯”级前无畏舰，1901年下水，1916年4月27日晨在驶离马耳他途中撞上两枚德国水雷，发生严重侧倾，随后沉没。“英王爱德华七世”号隶属“英王爱德华七世”级前无畏舰，1903年下水，1916年1月6日从斯卡帕湾出发前往贝尔法斯特接受整修，途中触雷倾覆。“不列颠尼亚”号隶属“英王爱德华七世”级前无畏舰，1904年下水，1918年11月9日晨在特拉法尔加角附近被德国UB-50号潜艇所发射的鱼雷命中，其药库内的柯达无烟药殉爆，最终倾覆。“凯旋”号隶属“敏捷”级前无畏舰，1903年下水。该级舰原为智利订购，后被英国政府收购。1915年5月25日加里波利战役期间在加里波利半岛附近海域被德国U-21号潜艇所发射的鱼雷命中，最终倾覆。“防波堤”号隶属“可畏”级前无畏舰，1899年下水，1914年11月26日晨该舰停泊在梅德韦河河口时突然发生剧烈殉爆，随后沉没。事后调查结果认为爆炸可能因该舰紧靠锅炉舱舱壁存放的柯达无烟药因过热爆炸。也有观点认为储存在该舰横向通道中的1枚炮弹在引信故障后受振动爆炸，随后引发连锁反应，最终导致该舰药库殉爆。"蒙塔古"号隶属"邓肯"级前无畏舰，1901年下水，1906年5月30日凌晨2时在浓雾中进行无线电通信训练时，在布里斯托尔海峡附近触礁。1907年皇家海军决定放弃拯救该舰。

17.3舰均隶属"克雷西"级装甲巡洋舰，先后于1899—1900年间下水。

18.均由德国U-9号潜艇发射。

19.隶属"伯明翰"级轻巡洋舰，1913年下水。

20.隶属C级轻巡洋舰，1915年下水。

21.均隶属"部族"级驱逐舰，均于1909年下水。

22.1918年2月4日。

23.隶属V级驱逐领舰，1917年下水。

24.1917年12月22日。

25.一等巡洋舰，1890年前后先后下水。

26.1892年下水。

27.在马耳他以东海域，攻击者为德国UB-43号潜艇。

28.1890年下水。

29.该图似为"埃德加"号受损之后的状况。

30.1917年10月19日，该舰在敦刻尔克附近海域被德国鱼雷快艇所发射的鱼雷命中。

31.1917年10月28日。

32.隶属"皇权"级前无畏舰，1892年下水，1915年加装防雷突出部，后于当年更名为"可怕"号。

33."纳塔尔"号隶属"武士"级装甲巡洋舰，1905年下水。

34.原文如此，实际上该舰于1915年12月30日殉爆，下文也为这一日期，此处应为笔误。

35.位于英国东南部肯特郡谢佩岛西北角的城镇。

36.位于英国东北苏格兰高地区的小村。

37."卡尔斯鲁厄"号隶属"卡尔斯鲁厄"级轻巡洋舰，1912年下水，1914年11月4日在前往巴巴多斯途中因发生爆炸而沉没；"贝内代托·布林"号隶属"玛格丽塔女王"级前无畏舰，1901年下水，于1915年9月27日停泊在布林迪西期间爆炸沉没，该舰仅被作为训练舰。"莱昂纳多·达·芬奇"号隶属"加富尔公爵"级无畏舰，1911年下水，1916年8月2日至3日夜间停泊在塔兰托港，该舰在补给弹药期间因发生弹药库殉爆而沉没。"玛利亚皇后"号隶属"玛利亚皇后"级无畏舰，1913年下水，1916年10月20日停泊在塞瓦斯托波尔。当天清晨该舰前部药库内起火，官兵尚未展开扑火作业该舰便殉爆。"筑波"号隶属"筑波"级装甲巡洋舰，1905年下水，1917年1月14日爆炸时停泊在横须贺。"河内"号隶属"河内"级无畏舰，1910年下水，1918年7月12日停泊在德山湾，当天下午该舰右舷前部主炮塔附近发生爆炸，随后倾覆。

38."布雷斯劳"号隶属"马德格堡"级轻巡洋舰，1911年下水。第一次世界大战爆发时"戈本"号和"布雷斯劳"号部署在地中海海域。战争爆发后两舰迅速逃脱皇家海军的堵截，经意大利撤往土耳其，此后转隶土耳其海军，并分别更名为"勇猛苏丹塞里姆"号和"米迪里"号，主要在黑海对沙俄作战，其乘员基本上还是原来的德国水兵，编队指挥官也未变更。

39.少将时任第2战列巡洋舰中队指挥官，当时"新西兰"号位于"不倦"号之前。

40.位于美国马里兰州。

41.从1890年起当地的海军基地便专职于火炮和火箭推进剂的相关研究。

42.由于当时战列巡洋舰舰队以罗塞斯为基地，无法在当地进行射击训练，只能偶尔前往斯卡帕湾进行训练，因此自贝蒂以下，战列巡洋舰舰队各舰均鼓励以高射速增加火力投射量，以此"融化"对手。杰里科本人对战列巡洋舰舰队的这一倾向非常了解，并对该舰队糟糕的射击水准进行过指责。

43，原文为鲸鱼岛（Whale Island），此地为该学校所在地。

44.隶属"老人星"级前无畏舰，1899年下水。

45.隶属"可畏"级前无畏舰，1902年下水。

46.隶属"德意志"级前无畏舰，1905年下水。1916年6月1日晨，日德兰海战尾声阶段在返航途中被英国驱逐舰所发射的鱼雷命中，随后爆炸沉没。

47.1914年11月18日该舰在克里米亚半岛附近遭遇沙俄舰队，后者当时已经完成炮轰土耳其特拉宗市的任务，正在返航。交战中"戈本"号的150毫米副炮炮廓被部分击穿，并导致该舰备便发射药起火。

48.隶属"德意志"级前无畏舰，1906年下水。

49.“胡德”号于1941年5月24日在丹麦海峡之战中殉爆，“巴勒姆”号于1941年11月25日在地中海被德国U-331号潜艇所发射的鱼雷命中，在倾覆过程中发生殉爆。

50.隶属“柏勒洛丰”级，1907年下水。

51.“巴登”号的装甲带厚度为350毫米。

52.此处似为笔误，290磅钢板约合7.25英寸。

53.此处应指“巴登”号的350毫米装甲板。

54.隶属“猎户座”级，1911年下水。

12 停战至《华盛顿条约》期间的舰船设计

华盛顿会议前的主力舰设计

至第一次世界大战结束时，很多幸存的英国战列舰和战列巡洋舰的性能已经相当落后，无力与美国海军以及日本的新一代大型主力舰相抗衡，这一点对那些仅装备12英寸（约合304.8毫米）火炮，并因战争期间长期航行的压力而筋疲力尽的战舰而言尤为明显。新的主力舰不仅应汲取战争期间所获得的经验教训，而且应参考对防护系统和炮弹的最新试验成果。此外无疑还应装备比现有15英寸（约合381毫米）火炮更为强大的火炮。3艘"胡德"号姊妹舰的建造很快被海军部取消，后者希望在1920—1921年间订购3艘战列舰和1艘战列巡洋舰，并于次年订购1艘战列舰和3艘战列巡洋舰[①]，尽管海军部深知政府为如此庞大的计划拨款的可能性几乎为0。虽然战列舰和战列巡洋舰在设计上的区别非常明显，但两舰种设计之间仍存在可观的交互，尤其是上甲板布局方式这一方面，因此下文将对两舰种的设计进行一并考虑。

① 这一计划很快变更为第一年订购4艘战列舰巡洋舰，次年订购4艘战列舰。

1919年停泊在马耳他的"壮丽"号。战争期间对该舰火控设备和探照灯的改造使得其上层建筑外形颇为杂乱。不过至第一次世界大战结束时，装备12英寸（约合304.8毫米）火炮的无畏舰性能已经过时，且远逊于美国海军和日本正在建造中的主力舰（作者本人收藏）。

海军部组织了一个以菲利莫尔（R F Phillimore）中将为首的战后质询委员

会（Post War Questions Committee），该委员会的最终报告于1920年3月提交。报告建议新战列舰排水量应为3.5万吨，装备5座双联装或4座三联装炮塔，配备强力的主炮，航速应为23节。该舰的副炮应以每舷侧4座双联装炮塔的方式布置。战列巡洋舰则应装备4座双联装炮塔，航速应为33节。该报告似乎并未包含任何技术性的建议，其提出的白日梦般的设想也没有造成明显影响。

虽然现实中可供选择的主炮非常有限，但对主炮和防护的选择仍比上述指标更为重要。①42倍径的马克Ⅰ型15英寸（约合381毫米）火炮诚然是一款优秀的火炮，但考虑到美国海军和日本海军已经装备16英寸（约合406.4毫米）火炮[1]，且未来装备更大口径火炮的可能性很高，因此该火炮显得威力不足。“暴怒”号和2艘浅水重炮舰装备的40倍径18英寸（约合457.2毫米）火炮的性能诚然令人满意，但其身管过短，因此有关45倍径18英寸（约合457.2毫米）火炮的试验性工作已经启动。显然18英寸（约合457.2毫米）火炮更适合装备战列舰，且该种火炮的全套装备可安装在排水量约为5万吨的战列舰上。但对战列巡洋舰而言，容纳该种火炮所需的排水量要大得多。为控制战舰排水量，海军部只能特意设计口径较小的火炮。目标火炮起初为45倍径的16.5英寸（约合419.1毫米）火炮，此后又进一步缩小为45倍径的16英寸（约合406.4毫米）火炮。3门安装在临时构筑炮架上的15英寸（约合381毫米）火炮被安装在“克莱夫勋爵”级浅水重炮舰上，以研究各炮同时射击时炮弹是否会发生互相干扰现象。根据试验结果，海军方面认为虽然可以接受三联装炮塔，但仍偏好采用4座双联装炮塔。某些试验结果证明，由于弹头更长，因而重弹的威力较弱。虽然此后证明这一结论并不正确，但在设计新火炮时便已明确将设计颇轻的炮弹。

1920年5月间达因科特和海军军械总监德雷尔[2]（F C Dreyer）进行过一次颇为重要的交流。双方同意应就下列3个等级的防护能力展开研究：

●全舰均足以抵挡18英寸（约合457.2毫米）火炮的攻击；

●弹药库足以抵挡18英寸（约合457.2毫米）火炮的攻击，其他部分足以抵挡15英寸（约合381毫米）火炮的攻击；

●全舰均足以抵挡15英寸（约合381毫米）火炮的攻击。

以满足防护能力最低的第3标准设计方案为参照物，满足第1标准的设计方案排水量将高出7000吨，航速将低2节；满足第2标准的设计方案排水量将高出5000吨，航速将低1节。此后海军又决定采用美国海军发射2100磅（约合852.5千克）炮弹的16英寸（约合406.4毫米）火炮[3]作为指示防护能力的标准，其炮弹着靶速度约为每秒1500英尺（约合457.2米），不过该炮的穿甲能力并不强于英制15英寸（约合381毫米）火炮。

① 有关火炮问题的详细讨论，可参见坎贝尔所撰Washington' s Cherry Trees, WARSHIP 1, (January, 1977)。

基准设计（Baseline Design）

在展开设计工作时，设计师应对多种设计进行对比，然后选择其中若干设计作为进一步设计的基础。因此有必要定义一种或两种较为详细的基准设计方案，以供其他设计进行相应的比例缩放，并得出一些基本参数。[①]由于放大比缩小更容易，且通常而言更为准确，因此基准设计方案应接近各种设计可能的底限值。[②]考虑当时英国现有船坞尺寸，舰体长度上限约为850英尺（约合259.1米），更为重要的是舰体宽度上限约为106英尺（约合32.3米）。即使在这一尺寸下，英国也仅有少数船坞可以容纳。

1920年6月完成的两个基准设计方案分别装备4座双联装和3座三联装18英寸（约合457.2毫米）炮塔，航速则为25~26节。海军此后决定战列舰设计方案字母代号应按字母表顺序从L起向后推移，采用双联装炮塔设计的数字代号为2，采用三联装炮塔设计的数字代号为3。战列巡洋舰设计方案字母代号则从K起向前推移。首个设计方案研究系列以1914年U4号设计方案为蓝本，新设计方案中4座双联装炮塔均位于同一高度，因此仅艏艉两座炮塔可沿舰体中轴方向射击。采用这一反常方案很可能是为了降低重心高度，从而在舰宽有限的前提下保证足够的稳定性。另一种可能则是达因科特和阿特伍德试图强调在如此有限的舰体尺寸下，设计一艘性能令人满意装备18英寸（约合457.2毫米）火炮及相应装甲的战舰的困难程度。[③]

设计中的装甲防护包括一道倾角为10°的18英寸（约合457.2毫米）装甲带，其长度为495英尺（约合150.9米），上下缘分别位于载重水线以上5英尺（约合1.52米）和以下3英尺（约合0.914米）。装甲甲板位于上甲板高度（或现代术语中的2号甲板），其13英寸（约合330.2毫米）厚的边缘部分向下倾斜，与装甲带顶端结合。防雷突出部深12英尺（约合3.66米），其中外侧舱室为空舱，内侧舱室注满液体。该舰设有7英尺（约合2.13米）深的双层舰底，从而对来

① 虽然“基准设计”这一术语较为现代，但无疑达因科特及其助手采用了相同的工作方式进行设计。

② 这一阶段各设计提出的准确时间已不可考。海军于1920年1月在海斯拉对一具“新战列巡洋舰”模型进行试验。

③ 虽然并无可确证上文最后两句论述的可靠证据，但根据笔者有关初步设计的经验，上述论述的可能性颇高。

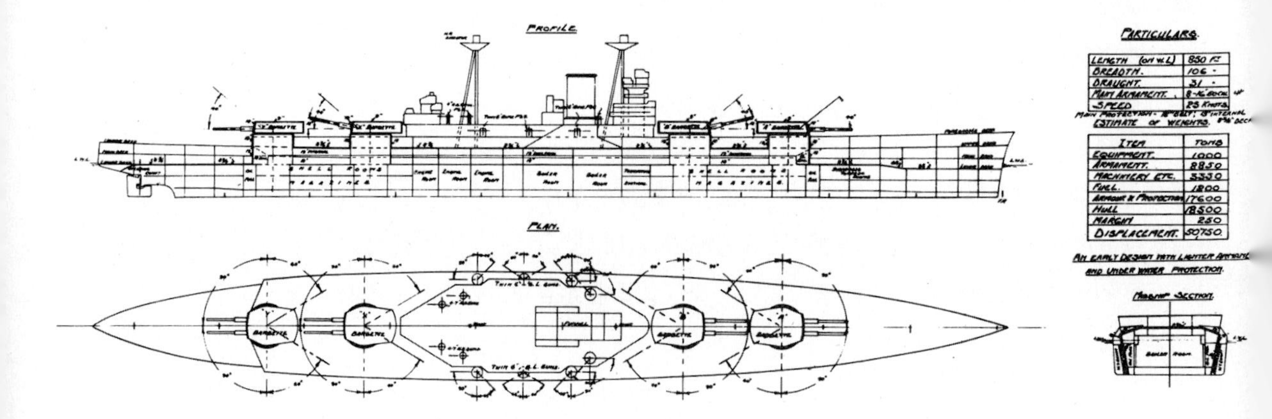

装备双联装炮塔的设计方案L。注意所有炮塔均位于同一高度。

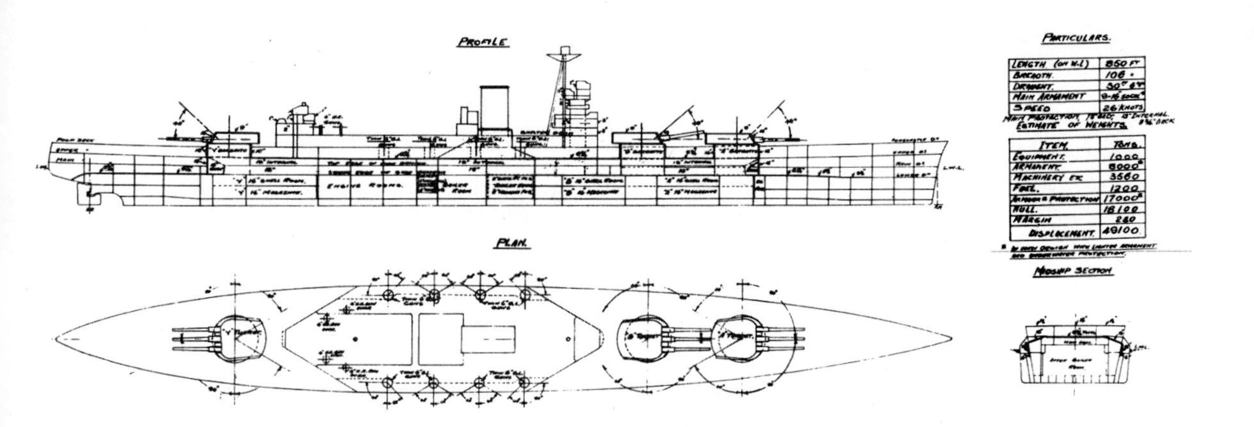

装备三联装炮塔的设计方案L。注意所有炮塔仍位于同一高度。

自舰底下方的攻击实现一定程度的防护。1918年布设在海底的磁性水雷已经服役，而音响水雷原型正在开发中。

两种L设计方案的舰艏造型与“胡德”号类似，且均设有修长且尖锐的舰艉。某人——或许是达因科特——声称修长的舰艉将轻触海水，而改用方艉也不会付出明显代价。1920年3月海军在海斯拉对新战列巡洋舰设计进行了模型试验，该船模代号为AR。[1]原有舰艉线型被切割构成方艉，起初方艉末端位于艉垂线（按当时定义，为舵轴位置）之后30英尺（约合9.14米）处，后来又逐步前移至艉垂线之后15英尺（约合4.57米）和7.5英尺（约合2.29米）处，最终直接位于艉垂线位置。出乎所有人的意料，前三种船型的阻力曲线几乎与原始设计的阻力曲线重合，而即使是最激进的最后一种船型，其阻力曲线也仅仅稍许增加。[2]1919年佩恩接替傅汝德出任海军部试验工厂主管一职[3]，新主管沉迷于对舰艉船型的研究工作，并很快发现方艉在航速/舰体长度比值较高的条件下具备一定优势，但在中速下性能较差。较宽的方艉还有利于舰只在受损情况下保持稳定性。对本节讨论的战舰而言，若达到与采用方艉设计相当的性能，传统船型设计的舰体要长约20英尺（约合6.10米）。

坎贝尔曾对之后的设计进行详细描述，因此除引进部分激进的新特点外，本书仅对这些设计进行概述。最初的设计方案L随后演化为L2号和L3号设计方案，分别装备4座双联装和3座三联装18英寸（约合457.2毫米）炮塔。[4]L2号和L3号两个设计方案均采用平甲板船型，设有较宽的方艉以及一座坚实的塔式舰桥，唯一的一根桅杆及烟囱均位于舰体后部，同时取消了传统的司令塔。靠内侧的炮塔则按超越射击布局方式布置在艏艉两端炮塔上方。装甲带厚度削减为15英寸（约合381毫米），但倾角大幅增加至25°，因此其有效防护能力或与原始设计相当。

设计方案L同时也演化为战列巡洋舰设计方案K2号［装备8门18英寸（约合

① 注意此处日期与之前并不一致。
② D K Brown, 'The Transom Sternin the RN', WARSHIP 5 (1978).
③ 1887年其父威廉·傅汝德去世后，艾德蒙·傅汝德出任主管，此后于1919年因健康原因退休。详情可参见原作者即将出版的傅汝德父子传记，该书将由莫夫（Mauve）出版社出版。
④ 1920年9月的船模试验，图纸日期为当年10月。

457.2毫米）主炮］和K3号［装备9门18英寸（约合457.2毫米）主炮］，两个方案的航速为29~30节，其装甲则明显逊于战列舰：装甲带厚11英寸（约合279.4毫米），甲板装甲厚6英寸（约合152.4毫米）。[①]战列巡洋舰设计方案中设有2座烟囱，动力系统舱室总长度为250英尺（约合76.2米），而战列舰设计方案中动力系统舱室总长仅为152英尺（约合46.3米）。有关L系列和K系列设计方案的争论似乎得出了自相矛盾的结果：两个系列方案都过于庞大，其中L系列方案的装甲带长度不足，而K系列设计方案不仅需要加强防护能力，而且其航速应达到33节，从而与美国海军"列克星敦"级战列巡洋舰匹敌。

① 就装甲和动力系统总重量这一指标而言，战列舰和战列巡洋舰几乎相同。

表12-1：华盛顿会议前主力舰设计方案

设计方案	尺寸（长×宽×高）	排水量	主炮	主机功率及航速	装甲带厚度及倾角	甲板厚度
战列舰						
L，双联装炮塔设计	850英尺×106英尺×31英尺（259.1米×32.3米×9.45米）	50750吨	8门18英寸（457.2毫米）主炮	7万匹轴马力，25节	18英寸（457.2毫米），10°	8.75英寸（222.3毫米）
L，三联装炮塔设计	850英尺×106英尺×30.5英尺（259.1米×32.3米×9.30米）	49100吨	9门18英寸（457.2毫米）主炮	7万匹轴马力，26节	18英寸（457.2毫米），10°	8.75英寸（222.3毫米）
L2号设计	850英尺×106英尺×33.5英尺（259.1米×32.3米×10.2米）	52100吨	8门18英寸（457.2毫米）主炮	7万匹轴马力，25节	15英寸（381毫米），25°	8.75英寸（222.3毫米）
M2号设计	805英尺×106英尺×33英尺（245.41米×32.3米×10.1米）	48750吨	8门18英寸（457.2毫米）主炮	5.6万匹轴马力，23节	15英寸（381毫米），25°	8~9英寸（203.2~228.6毫米）
M3号设计	765英尺×106英尺×23英尺（233.21米×32.3米×7.01米）	46000吨	9门18英寸（457.2毫米）主炮	5.6万匹轴马力，23.5节	15英寸（381毫米），25°	8~9英寸（203.2~228.6毫米）
N3号设计	815英尺×106英尺×33英尺（248.4米×32.3米×10.1米）	48000吨	9门18英寸（457.2毫米）主炮	5.6万匹轴马力，23节	15英寸（381毫米），18°	8英寸（203.2毫米）
战列巡洋舰						
K2号设计	875英尺×106英尺×33.5英尺（266.7米×32.3米×10.2米）	53100吨	8门18英寸（457.2毫米）主炮	14.4万匹轴马力，30节	12英寸（304.8毫米），25°	6~7英寸（152.4~177.8毫米）
K3号设计	875英尺×106英尺×33英尺（266.7米×32.3米×10.1米）	52000吨	9门18英寸（457.2毫米）主炮	14.4万匹轴马力，30节	12英寸（304.8毫米），25°	6~7英寸（152.4~177.8毫米）
I3号设计	915英尺×108英尺×33英尺（278.9米×32.9米×10.1米）	51750吨	9门18英寸（457.2毫米）主炮	18万匹轴马力，32.5节	12英寸（304.8毫米），25°	7~8英寸（177.8~203.2毫米）
H3a号设计	850英尺×105英尺×33英尺（259.1米×32米×10.1米）	52000吨	6门18英寸（457.2毫米）主炮	18万匹轴马力，33.5节	14英寸（304.8毫米），25°	8~9英寸（203.2~228.6毫米）
G3号最初设计	850英尺×106英尺×33英尺（259.1米×32.3米×10.1米）	46500吨	9门16.5英寸（419.1毫米）主炮	18万匹轴马力，33节	14英寸（304.8毫米），25°	8~9英寸（203.2~228.6毫米）
G3号最终设计	850英尺×106英尺×32.5英尺（259.1米×32.3米×9.91米）	48400吨	9门16英寸（406.4毫米）主炮	16万匹轴马力，32节	14英寸（304.8毫米），18°	4~8英寸（101.6~203.2毫米）

主机设于舰体后部

下一对战列舰设计方案（M号设计方案）的设计风格发生了明显变化。动力舱室位置后移，全部重型主炮均布置在舰体前部。这一变化恰与古道尔结束其在华盛顿的工作，返回海军设计总监部门任阿特伍德助手的时间重合。①阿特伍德本人便是一个富有创意的设计师，在得到更具创意的助手协助后，得出反常规设计方案似乎并不出人意料。②改变布局方式的目标乃是为了缩减要害区装甲盒长度，从而同时缩减装甲带和甲板装甲长度[4]。这一改变自然导致了若干问题。首先，后炮塔（M3号设计方案）的安全射界被限制在舰艏以后60° 至舰艉以前75°范围。然而，三联装18英寸（约合457.2毫米）炮塔将造成极强大的炮口风暴，因此实际上该炮塔向任一舷的射界均被限制在了更小的范围。③

除此之外该布局方案还存在其他不那么显著的问题。由于该方案中装甲带长度较短，因此受保护水线面的长度占舰体长度比例较小。一旦无防护的艏艉部分被多处穿孔，舰体的稳定性就会被大幅削弱。由于水线面缩小，因而定倾中心高度将会降低，且装甲甲板的干舷高度会随之缩小。当时提出的设计方案中还引入了向舷内倾斜的装甲带，以供防雷系统向舷外伸出，因此上述问题更为严峻。④在美国海军战舰设计过程中，造船与维修署的设计师们通常会严格遵守有关装甲带长度占舰体总长度比例的刚性指导原则。他们对“纳尔逊”级战列舰的研究（通过反向工程）显示按美国设计理念，该设计方案完全不可能被接受。⑤然而，这一设计方案的优点也很可观：

表12-2：L系列和M系列设计的装甲

设计方案	装甲带长度	装甲重量	占总排水量比例
L2号	470英尺（143.3米）	18850吨	37.1%
L3号	445英尺（135.6米）	17800吨	36.3%
M2号	440英尺（134.1米）	17310吨	33.2%
M3号	401英尺（122.2米）	16060吨	31.4%

换言之，M2号设计方案的装甲重量仅为L2号设计方案的92%，M3号设计方案则仅为L3号设计方案的90%——节省了1500~1800吨排水量。此外还应注意装甲带长度缩短带来的重量缩减，以及采用三联装炮塔取代双联装炮塔带来的重量缩减。

M系列设计方案采用两根推进轴。或许是为了削弱推进轴倾斜角度，轮机舱被布置在锅炉舱之前。⑥令人惊讶的是，在主机功率更大并采用4根推进轴的战列巡洋舰设计方案（I3号方案）中，轮机舱位于锅炉舱之后。上述设计方案于1920年12月提交，其中M3号设计方案被选中作为未来战列舰的设计基础。新

① D K Brown, 'Stanley Goodall', WARSHIP 1997-8 (1997).

② 通常而言，至少两名优秀人才在团队中互动得到的成果要显著多于任何一人单独得到的成果。

③ “纳尔逊”号的试射结果显示，该舰的三联装16英寸（约合406.4毫米）炮塔向正横后方射击时会对该舰舰桥造成严重破坏。

④ Nelson, RN College, Greenwich notes.

⑤ N Friedman, US Battleships (Annapolis 1985), p209.

⑥ 在后部轮机舱安装齿轮箱或许颇为困难。笔者曾设计过一级护卫舰，为容纳大型齿轮箱的边角，不得不在舰体侧面设计小型鼓包。

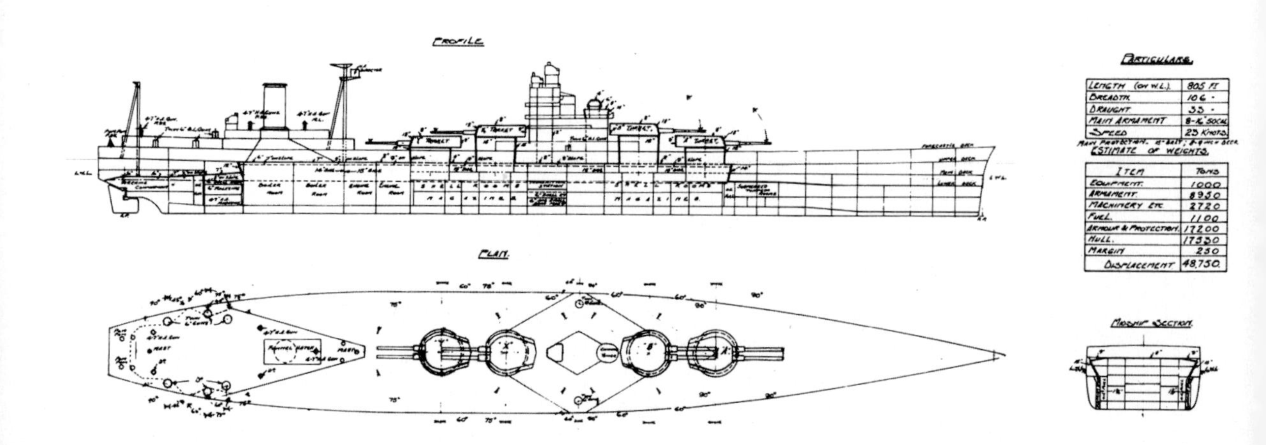

首个将轮机舱设于舰体后部的设计方案，即M2号战列舰设计方案。该设计在古道尔重返战列舰设计部门之后出炉或许并非偶然。该部门领导阿特伍德同样是一位革新者。

战列舰应提高8座双联装6英寸（约合152.4毫米）炮塔供弹系统的防护能力[①]，并取消装甲盒末端装甲舱壁的倾角。

战列巡洋舰的设计则更为困难。J3号设计方案的风格较为传统，其前部装备2座三联装15英寸（约合381毫米）炮塔，其后则设有1座。I3号设计方案中主炮的布局与M3号设计方案相同，并装备9门18英寸（约合457.2毫米）火炮。该舰舰体颇长，达915英尺（约合278.9米），因此无法在朴次茅斯或罗塞斯的船坞入坞。其内置装甲带和舰体侧面之间的空间填满了两端封闭的钢管。设计人员不仅希望通过该设计使战舰达到在被鱼雷命中后仍保持一定浮力和稳定性的目的，而且希望其能发挥消除被帽穿甲弹被帽的功能。[②]该设计被认为过于庞大，因此设计部门又提出了较小的变种，即H3号设计方案。

H3a号设计方案大致相当于在I3号设计方案的基础上取消了X号炮塔，因此只剩下设于舰体前部，且按背负式布局布置的2座三联装18英寸（约合457.2毫

① 设计人员也曾考虑三联装6英寸（约合152.4毫米）炮塔方案。

② 虽然早期炮塔设计方案中并未提及采用小管径锅炉，但由于该种锅炉已经被安装在“胡德”号上，因此也很可能被新设计所采用。

装备三联装炮塔的M3号设计方案。

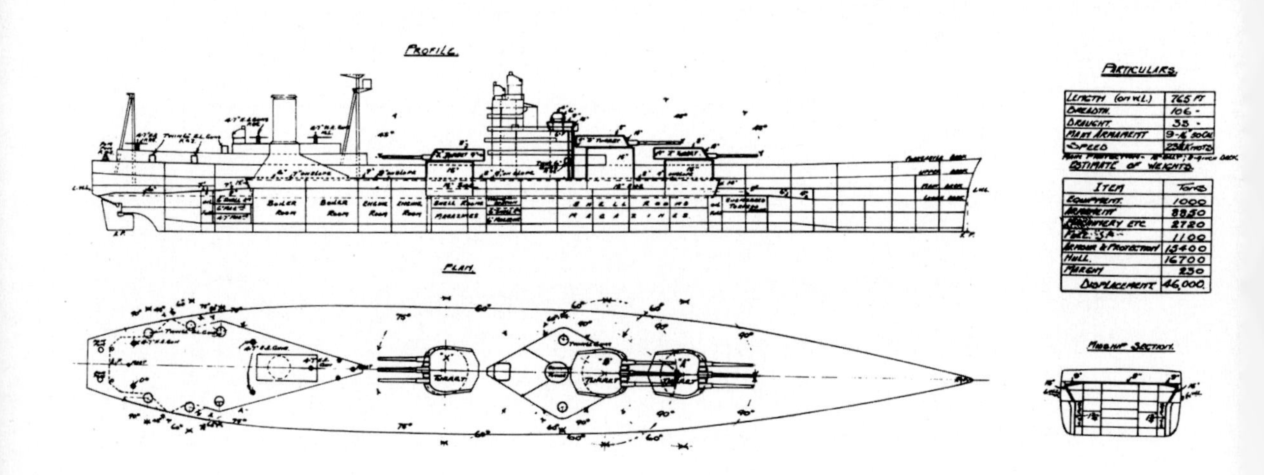

米）炮塔。由于被取消的X炮塔射界非常有限，因此火力的损失并不非常可观。H3b号设计方案装备2座三联装18英寸（约合457.2毫米）炮塔，其中1座位于舰桥前方升高的B炮位上，另1座位于舰桥和烟囱之间，其位置也较高。H3c号设计方案总体与H3b号类似，但其两座炮塔的高度均有所下降。

表12-3：H级战列巡洋舰设计方案

	排水量	航速
H3a号	44500吨	33.5节
H3b号	45000吨	33.25节
H3c号	43750吨	33.75节

战列巡洋舰G3

在下一系列战列巡洋舰设计方案，即G3号设计方案中，18英寸（约合457.2毫米）主炮被16.5英寸（约合419.1毫米）火炮所取代，后又于1921年1月被16英寸（约合406.4毫米）火炮所取代［海军建造总监指出将三联装16英寸（约合406.4毫米）炮塔改装为双联装18英寸（约合457.2毫米），所需实施的改动颇为有限］。该舰装备的3座三联装炮塔布局与M3号设计方案相同，其较长的后部上层建筑内设有两座烟囱。G3号设计方案无论在当时还是现在均广受赞誉，在进行了进一步演化后，海军甚至据此下达了订单，因此有必要在此进行详细描述。[①]

原始设计方案中仅在动力系统舱室上方设有3英寸（约合76.2毫米）甲板装甲，这一装甲此后被加强至4英寸（约合101.6毫米）。其主炮弹药库上方，以及延伸至中部锅炉舱上方部分的甲板厚度为8英寸（约合203.2毫米），甲板倾斜部分厚度为9英寸（约合228.6毫米）。后部6英寸（约合152.4毫米）副炮弹药库以及后部轮机舱一半长度上方的甲板厚度则为7英寸（约合177.8毫米）。从重量角度出发，

① 详细参数可参见坎贝尔、罗伯茨、雷文和伯特等人的论文和著作。

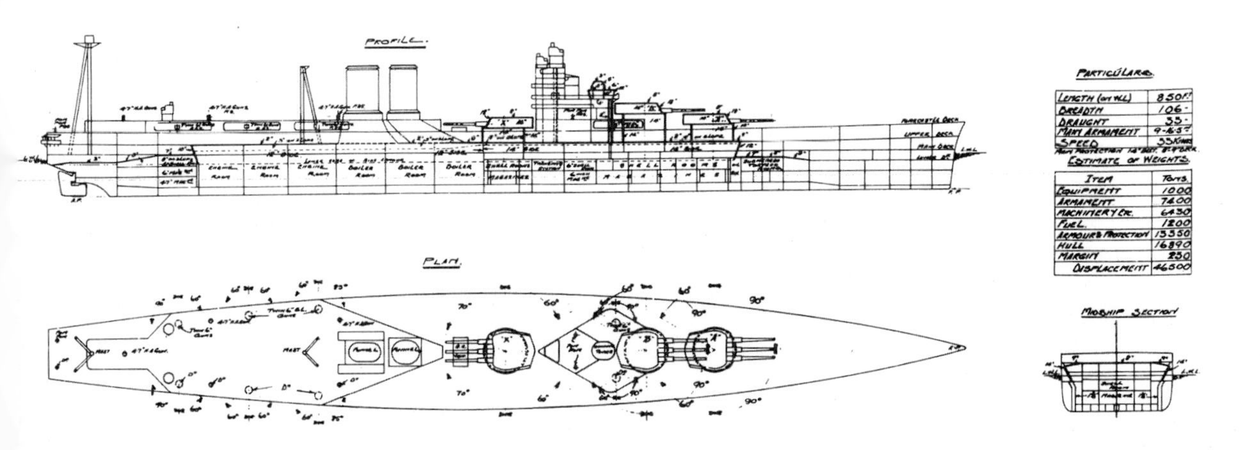

战列巡洋舰 G3 号设计方案，最初方案。

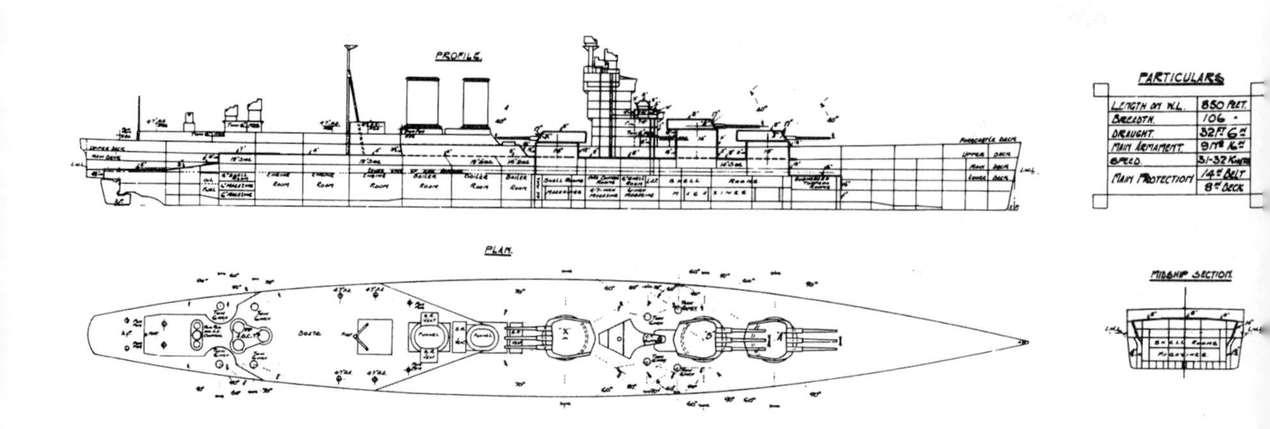

战列巡洋舰 G3 号设计方案，最终方案。

布置甲板装甲的代价颇为沉重，上述改进便增加了1125吨排水量。不过通过在其他方面的减重，总设计排水量的实际增加值仅为710吨。设计师还曾考虑提高该设计的鱼雷防护能力，将其从抵挡750磅（约合340.2千克）装药提高至抵挡1000磅（约合453.6千克）装药，但由此导致的舰体体积增加幅度被认为过大，这一构想于是被抛弃。

新设计的副炮火力一度被削弱为12门6英寸（约合152.4毫米）火炮，这一削减也是上述减重方案的一部分，不过其数量此后又恢复为16门。双联装6英寸（约合152.4毫米）炮塔的重量最初被估计为48.75吨，但这一数字很快上升至60吨，而实际安装在“纳尔逊”级战列舰上的炮塔甚至重达77吨！防空火力则增加至6门单装4.7英寸（约合120毫米）火炮，并计划2座八联装乒乓炮。就当时水平而言，这一防空火力颇为猛烈。布置在舷侧的2具24.5英寸（约合622.3毫米）鱼雷发射管原计划各配备6枚鱼雷（战时增至8枚），并为此安装了一座氧气浓缩车间。海军建造总监反对加装鱼雷，但这一意见被驳回。值得注意的是在汲取了第一次世界大战的实战经验教训后，海军部仍认为加装鱼雷发射管和较强的副炮火力均属必要，这一结论与本书第3章相反。该设计应可在其B炮塔和X炮塔上携带飞机，但在就此做出结论前其建造便已经被取消。

总工程师抱怨称锅炉舱面积过小，且即使通过将轮机舱延长至防鱼雷舱壁之外的方式增加一些空间，他也只能在有限的空间内实现16万匹轴马力输出功率，在此条件下新设计航速仅能达到32节。即使如此，舰体后部的线性也会被破坏，其原因或许是为了容纳齿轮箱。这将导致输出功率下降7.5%。此后根据海斯拉海军试验工厂的建议，功率下降幅度缩减至4%。输出功率为18万匹轴马力的新动力系统设计总长还将增加25英尺（约合7.62米），且仅可增加0.5节航速，因此被认为不值得引入。

G3的档案集中收录了一次著名的打赌，其内容如下：

“下述航速指满功率条件下的航速。如果任何一艘按新设计建造的战舰在测距海域能正式取得32节平均航速——无论此时其实际输出功率为多少——我应向海军建造总监支付1英镑。反之，若无任何一艘战舰取得这一航速，海军建造总监应支付我5英镑。”——签字人：古道尔，见证人：卡特（C M Carter）。

这一轻快的行文不仅体现了初步设计过程中的激动和乐趣[①]，而且体现了团队内部明确的意见分歧。

为实现在装甲盒以外区域多处破孔的情况下仍能保持稳定性的目的，新设计应具备较高的初始定倾中心高度。

表12-4：G3号设计的稳定性

	轻载条件下	设计载重条件下	重载条件下	超重载条件下
舰体结构完好				
排水量	46830吨	48400吨	53910吨	56540吨
定倾中心高度	4.9英尺（1.49米）	5.6英尺（1.71米）	7.9英尺（2.41米）	8.5英尺（2.59米）
最大扶正力矩	34°	35°	36°	36°
幅度	61°	63°	72°	74°
多处破孔				
定倾中心高度	—	4.1英尺（1.25米）	—	6.5英尺（1.98米）
最大扶正力矩	—	13°	—	10°
幅度	—	27°	—	21°

对如此严重的破坏而言，上述多处破孔条件下的稳定性相关指数应可被视为令人满意。上述计算过程非常费时，这可能导致相关人员仅针对两种载重情况下多处破孔的情形进行了计算。1921年10月至11月海军部下达了4艘战列巡洋舰的订单，但又于同年11月暂停建造，并在《华盛顿条约》签订后于次年2月正式取消建造。[②]

M3号战列舰设计方案也经历了类似演化，最终于1921年11月形成N3号战列舰设计方案，其舰体长度比M3号设计方案长50英尺（约合15.2米），而其他方面大致相似。在《华盛顿条约》协商期间，设计部门于1921年11月1日提交了排水量为3.5万吨的O3号战列舰设计方案。这一方案最终演化为“纳尔逊”级设计方案，后文将对此进行描述。在上述所有主力舰设计方案中，仅有原始L号设计方案、G3号方案和O3号方案曾在海斯拉进行船模试验。[③]

结论

与战前设计方案相比，上述所有主力舰设计方案的体积要大得多。武器重量和防护系统（尤其是甲板装甲）重量几乎均提升了一倍，但较轻的动力系统重量（主要为功重比的提高，其单位为轴马力/吨）在一定程度上抵消了舰只因上述原

① 几年后，卡特再次作为古道尔的下属工作，这一次其工作为驱逐舰设计。很久之后他与笔者交谈，期间强调了古道尔对生活的热情和幽默感——他甚至负责组织设计部门音乐会。

② 或许可以推测加速下达订单的真实目的乃是在《华盛顿条约》协商过程中作为筹码。

③ 参考少数船模试验结果进行缩放，并根据Iso-K数据表进行修正，即可就其他设计方案得出足够精确的结果。

表12-5：“皇权”级与M3号设计方案的重量比较

	“皇权”级		M3号设计方案	
	重量	比例	重量	比例
舰体	8630吨	33.5%	16700吨	36.3%
设备	750吨	2.9%	1000吨	2.1%
武器	4570吨	17.7%	8850吨	19.2%
防护	8250吨	32.0%	15400吨	33.4%
动力系统	2550吨	9.9%	2720吨	5.9%
燃料	900吨	3.5%	1100吨	2.4%
设计冗余	100吨	0.4%	230吨	0.5%
图例设计排水量	25750吨		46000吨	

因而增加的重量。

大体而言，在《华盛顿条约》签订前，薄装甲便几乎已经被彻底取消。采取这一措施的主要原因是新型被帽穿甲弹的威力远强于战前炮弹，且战争期间的实战经验显示高爆弹的威力弱于预期。[①]与航速仅21节的战前战列舰相比，新战列舰的航速稍快，为23~25节，但即使如此，动力系统总重占排水量的比例仍低于战前战列舰，其主要原因是小管径锅炉较晚才被引入战列舰。另一些不太明显的区别还包括更为复杂且全面的防雷系统、口径更大但无用的副炮，以及更强的防空火力。根据第一次世界大战的实战经验，新设计方案明显强于同时

表12-6：战争结束后至《华盛顿条约》签订期间各国设计方案的比较

	国别	排水量	航速	主炮	装甲带最大厚度	甲板最大厚度
G3号方案	英国	48400吨	31~32节	9门16英寸（406.4毫米）火炮	14英寸（355.6毫米）	8英寸（203.2毫米）
N3号方案	英国	48500吨	23节	9门18英寸（457.2毫米）火炮	15英寸（381毫米）	8英寸（203.2毫米）
“列克星敦”级	美国	43500吨	33.25节	8门16英寸（406.4毫米）火炮	7.5英寸（190.5毫米）	2英寸（50.8毫米）
“南达科他”级	美国	43200吨	23节	12门16英寸（406.4毫米）火炮	13.5英寸（342.9毫米）	6英寸（152.4毫米）
“天城”级	日本	40000吨	30节	10门16英寸（406.4毫米）火炮	11.5英寸（292.1毫米）	6英寸（152.4毫米）
“伊纪”级	日本	41400吨	29.25节	10门16英寸（406.4毫米）火炮	11.5英寸（292.1毫米）	6英寸（152.4毫米）
I3号计划	日本	47500吨	30节	8门18英寸（457.2毫米）火炮	13.3英寸（337.82毫米）	5英寸（127毫米）

表12-7：与此后部分战列舰的比较

	国别	排水量	航速	主炮	装甲带最大厚度	甲板最大厚度
“衣阿华”级	美国	48110吨	32.5节	9门16英寸（406.4毫米）火炮	12.1英（307.34毫米）	6英寸（152.4毫米）
“大和”级	日本	62315吨	27节	9门18.1英寸（459.74毫米）火炮	16.1英（408.94毫米）	9.1英寸（231.14毫米）
“俾斯麦”级	德国	41700吨	29节	8门15英寸（381毫米）火炮	12.5英（317.5毫米）	4.75英寸（120.65毫米）

① 削减薄装甲的做法或许过于激进，以致在“纳尔逊”级上，两端均加装了薄装甲以抵抗炸弹破片。

代列强海军的主力舰性能。

表12-6和表12-7的数据显示G3级的性能不仅与同时代设计舰只相当，而且即使与第二次世界大战期间的战舰相比，也可能仅逊于排水量大得多的“大和”级。考虑到排水量的区别，这一结果并不意外。而较薄的装甲带厚度导致“衣阿华”级战列舰的战斗力不如G3级。一艘老旧的G3级与“俾斯麦”级交战的场面无疑将令人心动。值得注意的是直至20世纪20年代初期皇家海军的参谋们仍将战列巡洋舰视为舰队的重要组成部分。

从《华盛顿条约》到“纳尔逊”级设计

《华盛顿条约》

笔者将在以后的作品中就《华盛顿条约》的协商过程及其结果进行研究，但对第一次世界大战后的战列舰设计研究而言，其终点便是由条约引发的“条约型”战列舰设计以及最终建成的“纳尔逊”号和“罗德尼”号（Rodney），为此本书将对两舰进行描述，作为第一次世界大战前后战舰设计的句号。1921年上半年，英美两国相关部长均在不同场合暗示可能举行会议，商讨关于限制战舰建造的问题。当年7月，美国正式发出邀请函，列强代表于当年11月齐聚华盛顿。[①]

美国海军提议将3.5万吨作为未来主力舰的排水量上限，英国方面遂就这一上限展开研究，以探讨在这一条件下能实现何种性能（英国代表主张将上限设为4.3万吨，以挽救两艘G3级战列巡洋舰。这一希望最终落空）。至当年11月21日，海军建造总监部门提出了两份战列巡洋舰设计草案——值得注意的是英国

① 与会国包括英国、美国、日本、法国和意大利（澳大利亚和新西兰代表作为英国代表团一部出席）。

“罗德尼”号，摄于1934年，几乎与其完工时的状态一致（感谢约翰·罗伯茨提供）。

方面的首选依然是战列巡洋舰。其主炮口径仅为15英寸（约合381毫米）。由于可以确定美日两国海军各将保留两艘装备16英寸（约合406.4毫米）级别火炮的主力舰，因此英国海军部于12月17日决定设计装备16英寸（约合406.4毫米）主炮、航速为23节的战列舰。所有设计方案中轮机舱均位于舰体后部，但炮塔相对舰桥的位置各有不同。[1]海军建造总监部门至少提出了3种O3号设计方案的变种，其中两个变种方案中A炮塔和B炮塔位置较低，X炮塔则以超越射击方式布置在舰桥以前位置。另一方案中B炮塔高度提升，而第三炮塔的高度下降（与“纳尔逊”级完工时的状态类似）。P3号和Q3号设计方案中，第三座炮塔位于舰桥之后。在海斯拉海军试验工厂针对O3号设计方案进行的船模试验结果于1922年2月上报海军部，因此实际试验时间必然在此之前。[2]

表12-8：“华盛顿条约型”设计方案

	长×宽×高	排水量	主炮	主机功率及航速	装甲带厚度*	甲板厚度*
F2号	760英尺×106英尺×28.5英尺（231.6米×32.3米×8.69米）	3.5万吨	6门15英寸（381毫米）火炮	11.2万匹轴马力，29.5节	13英寸（330.2毫米）	7英寸（177.8毫米）
F3号	740英尺×106英尺×28.5英尺（225.6米×32.3米×8.69米）	3.5万吨	9门15英寸（381毫米）火炮	9.6万匹轴马力，28.5节	12英寸（304.8毫米）	7英寸（177.8毫米）
O3号	717英尺×104英尺×30英尺（218.5米×31.7米×9.14米）	3.5万吨	9门16英寸（406.4毫米）火炮	4.5万匹轴马力，23节	14英寸（355.6毫米）	7.5英寸（190.5毫米）
P3号和Q3号	717英尺×104英尺×30英尺（218.5米×31.7米×9.14米）	3.5万吨	9门15英寸（381毫米）火炮	4.5万匹轴马力，23节	14英寸（355.6毫米）	7.5英寸（190.5毫米）
“纳尔逊”级	710英尺×104英尺×30英尺（216.4米×31.7米×9.14米）	3.5万吨	9门16英寸（406.4毫米）火炮	4.5万匹轴马力，23节	14英寸（355.6毫米）	6.75英寸（171.5毫米）

注*：弹药库周围的装甲最厚，动力系统舱室周围的装甲稍薄。

O3号设计的最终版本（“纳尔逊”级）于1922年2月6日获批，图纸则于同年9月11日获批。海军部于1923年1月1日正式下发合同，而龙骨铺设工作于3天前就已经展开。投标价格约为750万英镑。

稳定性和横摇

所有将轮机置于舰体后部，并设有较短的装甲盒布置的设计方案均面临类似难题，即获得满意的稳定性。[3]如果未设装甲防护的舰体两端部分进水，那么装甲盒须有足够的稳定性，从而保持舰体竖直。为实现这一标准，舰体完好条件下的稳定性（即定倾中心高度）便很可能大幅高于一般设计方案的定倾中心高度期望值。“纳尔逊”级的装甲带长384英尺（约合117.0米），约仅占舰体总长的54%。

导致“纳尔逊”级稳定性难于实现的另一特点是其装甲带内倾，且防雷系统伸出舷外。这意味着一旦未设装甲防护的区域进水，舰体稳定性就将被进一

① 草图参见Burt, British Battleships 1919-1939, p328。
② 初步结果经由电话汇报。
③ See Friedman, US Battleships, pp209-10，该部分提及了美国方面对“纳尔逊”级设计方案的困惑。

步削弱。因此，在该舰舰体完好的前提下，重载条件和轻载条件下的定倾中心高度分别为9.4英尺（约合2.87米）和7英尺（约合2.13米）。利用定倾中心高度约7.5英尺（折合2.29米）的船模进行的试验显示，该级舰的横摇周期约为14秒。出海试航时测量的横摇周期在11.5~13.5秒。[①]这一横摇周期意味着较高的横摇加速度，并影响主炮射击。

表12-9：舰体完好状态下“纳尔逊”级的稳定性参数

载重条件	排水量	定倾中心高度	最大扶正力矩	最大扶正力矩的角度
轻载	34521吨	7.0英尺（2.13米）	4.2英尺（1.28米）	37.5°
重载	39245吨	9.4英尺（2.87米）	6.0英尺（1.83米）	38.5°
超重载	42774吨	10.2英尺（3.11米）	6.0英尺（1.83米）	38°

设计师在设计时还针对进水对吃水深度和干舷高度的影响进行了计算，并假设最坏情况如下：舰体两端均直接通海，下甲板没入海面，且舷侧装甲带以外空间均进水。此外，装甲甲板以上部分的舰体多处破孔，且舰体内部暴露在外，不过防雷突出部的各舱室均完好。在此条件下定倾中心高度很低，且在各种载重条件下稳定性范围颇小。[②]就如此极端的情况而言，这一结果似乎颇令人满意。

如果装甲外侧空间以及防雷突出部内5个舱室进水，那么重载条件和轻载条件下该级舰分别将发生11.5° 和15° 的侧倾。舰体前部完全进水将导致幅度约为25英尺（约合7.62米）的艏倾，其干舷高度为5.8英尺（约合1.77米）；舰体后部进水将导致同样幅度的艉倾，其干舷高度为6.8英尺（约合2.07米）。

防护

“纳尔逊”级的主装甲带深13英尺（约合3.96米），在主炮弹药库和控制站位置厚度为14英寸（约合355.6毫米），动力系统和6英寸（约合152.4毫米）弹药库位置厚度则为13英寸（约合330.2毫米）。主装甲带与垂线之间的夹角为18°，且位于舰体内部。构成装甲带的各块装甲板面积均应尽可能大，装甲板接头处采用键连接，接头处背面还设有重型钢棒以提供加强。[③]装甲带顶端与装甲甲板相接，其底端则以重型钢铸件支撑，后者自身则支撑在防雷系统以内的部分。主炮弹药库上方位置的甲板装甲厚度为6.75英寸（约合171.5毫米），其后方甲板装甲厚度为3.75英寸（约合95.3毫米），两者均覆盖在0.5英寸（约合12.7毫米）甲板钢板之上。以“巴登”号和“壮丽”号为目标的试射显示在交战距离上，各种炮弹均无法对弹药库构成威胁，同时动力系统面对的风险很小。

① 在海上测量横摇周期并不容易。
② 参见收录于海事博物馆的计算本。
③ 据推测采取这一方式可能是吸取了多格尔沙洲之战中“狮”号所遭损伤的教训。

炮塔正面装甲厚16英寸（约合406.4毫米），侧面前部装甲厚11英寸（约合279.4毫米），尾部装甲厚9英寸（约合228.6毫米）。该舰的司令塔也设有厚重的装甲进行防护。①锅炉舱位于轮机舱之后位置，从而使上下风井所需大型开口尽可能远离药库。在主甲板和中甲板之间部分，设计师还设计了8~9英寸（约合203.2~228.6毫米）装甲环对上述大型开口进行保护。不过，在考虑副炮防护时已经没有余量布置装甲，因此只能为其提供1英寸（约合25.4毫米）防破片防护板。

防雷系统由两层舱室构成，其中外层舱室为空舱，内层舱室通常注水。②内层舱室共可容纳2870吨海水，注满后将导致该级舰吃水深度增加23英寸（约合584.2毫米），同时航速损失1/3节。包括由两层各厚0.75英寸（约合19.1毫米）的D质钢板铆接而成的货舱舱壁在内，防雷突出部的总深度为12英尺（约合3.66米）。货舱舱壁舷内部分或为非要害舱室，或为围堰。起初设计师计划通过轻盈栓接就位的圆形钢板将空舱内的气体排出。不过他们很快发现这一方式不够有效，因此索性将其封闭。根据设计指标，该防雷系统应能阻挡750磅（约合340.2千克）炸药③。海军还建造了一具根据该设计完成的全尺寸船段模型，并动用1000磅（约合453.6千克）炸药进行试验。炸药在防雷突出部的外层壳体上造成一个大型破孔，但通过货舱舱壁渗漏的海水非常有限。

同级两舰均未被炮弹命中（“罗德尼”号仅被“俾斯麦”号所发射炮弹的若干弹片击中）。1941年9月击中“纳尔逊”号的鱼雷其命中位置位于舰体前部，远超出防雷突出部的防护范围，导致较大破坏。此外“纳尔逊”号还在第二次世界大战初期触雷[5]，炸点位于A炮塔之前位置。爆炸不仅导致了严重的破坏，而且造成了较重的人员伤亡，该舰此后在7个月内无法作战[6]。而“罗德尼”号曾被1枚500千克航空穿甲炸弹命中烟囱前方位置[7]，炸弹在装甲甲板位置破裂，并发生部分爆炸，由此造成的破坏和伤亡均很轻微。第二次世界大战结束后利用新型2000磅（约合907.2千克）穿甲炸弹对“纳尔逊”号进行攻击的试验结果显示，如此重量的炸弹确有可能击穿该舰厚重的甲板装甲，并在该甲板下方爆炸，但前提是投弹高度在5000英尺（约合1524米）以上。即使是理想天气下，在这一高度针对静止且无防护火力的目标进行攻击，命中的概率也非常低。④

在建成时，该级舰是世界上装甲最厚重的主力舰，即使是与此后的主力舰对比，或许也仅有排水量大得多的“大和”级战列舰防护更为严密。在《华盛顿条约》的限制下，该级舰几乎无法接受任何改进，不过第二次世界大战期间“纳尔逊”号在舰体前部的下甲板部分加装了一些100~120磅（约合63.5~76.2毫米）表面非硬化钢板。

① 考虑到对减重的追求，司令塔部位的装甲本可取消——共重222吨。
② 《华盛顿条约》中对“标准”排水量的定义不包括液体。当时英美两国海军均在防雷系统中采用填充海水的舱室，且希望隐瞒这一点。
③ 据称该舰可承受4枚鱼雷的攻击，且每枚鱼雷战斗部装药为340.2千克。
④ Burt, British Battleships 1919–1939, p363.

减重

设计方案获批后，海军部决定在新战列舰舰体建造中使用强度更高的新型D质钢板。该种钢板的极限抗拉强度为每平方英尺37~44吨（约合571.4~679.5兆帕），而低碳钢的极限抗拉强度仅为每平方英尺26~30吨（约合401.6~463.3兆帕）。不过，由于低碳钢在低压强下会因受屈曲力断裂，导致需要足够的厚度才能实现类似的抗弯性能，因此重量的缩减并不和极限抗拉强度成正比。这一特性导致在建造舰体的过程中可使用部分厚度较薄的钢板和钢段，由此实现的减重约为1500~2000吨。

表12-10：设计应力

	龙骨	甲板
舯垂	7.5吨/平方英寸（115.8兆帕）张力	5.9吨/平方英寸（91.1兆帕）压力
舯拱	5.4吨/平方英寸（83.4兆帕）压力	8.3吨/平方英寸（128.2兆帕）张力

据笔者所知，造船厂监工曾被赋予特殊的代理权限，可拒绝安装一切他们认为超重的设备。该级舰下水后海军对其排水量进行了重新估测，按1926年1月的数据，且按图例设计方案装配，该级舰的排水量仅为3.3万吨。因此该舰的16英寸（约合406.4毫米）主炮备弹数目提升至每炮100枚，由此排水量上升至3.36万吨。这一较低的排水量颇令人困扰——不足的重量本可在设计阶段派上用场。最终"纳尔逊"号和"罗德尼"号完工时的排水量分别为33580吨和33785吨。

武器

由于16英寸（约合406.4毫米）主炮及其三联装炮架均为全新设计，因此在服役之初曾引发一系列问题。海军花费了好些时间才将其全部解决。根据设计，该炮将发射2048磅（约合929.0千克）轻弹，炮口初速为每秒2670英尺（约合813.8米）。首次射击时海军便发现如此高的炮口初速导致了严重的炮管烧蚀，相邻两次射击时炮口初速之间的差别甚至达每秒1.5英尺（约合0.457米），同时炮管寿命被预计仅为180次射击。为此发射药重量从525磅（约合238.1千克）被削减至510磅（约合231.1千克），炮管寿命由此提升至200次射击。很久之后，海军又改进了膛线，从而提高了射击精度。

弹头和发射药分别通过顶部和底部均设有防火舱口的防火提弹机提升至炮塔炮室内相应的垂直待机位置，因此发射药仅会在通过药库输弹舱以及最终推入炮膛时暴露在外。由于装填机构内设有大量安全连锁装置，因此火炮装填速度较慢。虽然同一炮塔内的3门火炮必须同时装填，但由于中央炮与两侧炮应在不同次齐射中发射，因此各炮实际射击间隔约为65秒。其他问题还包括滚轴破

上：摄于“罗德尼”号16英寸（约合406.4毫米）炮塔炮室内的照片。起初“纳尔逊”级战列舰所装备的三联装炮塔出现了一系列问题（感谢约翰·罗伯茨提供）。

右：1943年摄于“罗德尼”号一座16英寸（约合406.4毫米）炮塔转向机舱内的照片（感谢约翰·罗伯茨提供）。

损。不过在击沉“俾斯麦”号的战斗中，“罗德尼”号共发射375枚主炮炮弹，其中全舷齐射的次数颇为可观，期间仅遭遇少数问题。战斗中该舰齐射速度为每分钟1.6次，全舷齐射速度为每分钟1.1次。[①]

① J Roberts, 'The Final Action', WARSHIP 28 (Oct 1983).

该级舰的6英寸（约合152.4毫米）副炮也曾出现过若干问题。该炮的设计射速为每分钟7~8枚，但完工时其最高射速仅为每分钟4枚。在击沉“俾斯麦”号的战斗中，“罗德尼”号在近距离上实现了每分钟5.9枚的射速，这一成绩显示至1941年该炮此前遭遇的大部分问题得以解决。该级舰装备6门4.7英寸（约合120毫米）高炮（该舰原计划装备4座八联装乒乓炮，但上述武器直至很晚才正式安装上舰）以及2具24.5英寸（约合622.3毫米）鱼雷发射管（携带10枚鱼雷）。为了便于将其运往舰艏鱼雷发射管，鱼雷的全长较短。该种鱼雷[8]以高浓度氧气为动力，战斗部装药743磅（约合337千克）。

炮口风暴破坏

16英寸（约合406.4毫米）火炮射击时会造成严重的炮口风暴。试航期间“纳尔逊”号后炮塔向该舰正横后方位置射击时甚至导致其舰桥结构被破坏。“罗德尼”号上则安装了额外的加强件，一名年轻的造船师彭杰利（H S Pengelly）曾声称炮口风暴对该舰舰桥的影响尚可接受。多年后（1954年前后）时任副总监的彭杰利告知笔者，在另一次炮口风暴试验中，“罗德尼”号的A炮塔以俯角向前射击。当时彭杰利位于炮塔所在甲板下方炮口附近位置，计划测

完工时的“罗德尼”号。注意该舰每舷侧布置的3座双联装6英寸（约合152.4毫米）炮塔。出于重量方面的考虑，这些炮塔仅装备1英寸（约合25.4毫米）防破片钢板作为防护（感谢约翰·罗伯茨提供）。

1944 年在诺曼底沿岸射击的“罗德尼”号。该舰 16 英寸（约合 406.4 毫米）火炮导致的炮口风暴可对该舰本身造成严重破坏（帝国战争博物馆，A23961 号藏品）。

量他头顶上甲板的挠度。炮火射击时造船师和他的团队成员观察到一团鲜艳的红色火焰出现在他们周围，测量工作于是被迫中断。数周后相关人员对此现象做出了解释。造船师及其团队成员观察到的“火焰”并非实际燃烧，而是冲击波造成的眼球充血！

在对“俾斯麦”号射击的过程中，炮口风暴对“罗德尼”号造成较大破坏。该舰的上甲板严重扭曲变形，木板被撕裂，诸多设备移位。即使是上甲板以下位置，也有若干支柱和纵梁弯曲或破裂。[①]受B炮塔炮口风暴影响，设于A炮塔的潜望镜发生弯曲进而破裂，甚至6英寸（约合152.4毫米）炮塔也遭到一定程度的破坏。由于战斗中向舰体正横以后方向射击的次数有限，因此该舰的舰桥在战斗中并未遭遇什么问题。由此可见为实现减重，该舰的结构强度似乎并不够强。

“纳尔逊”号和“罗德尼”号的造价[②]

“纳尔逊”号和“罗德尼”号的造价本就足以引人关注，同时其造价又构成了估计“英王乔治五世”级战列舰[9]造价的基础，事实证明对后者造价的估计出现严重偏差。下列诸表显示了分解后的造价：

① Burt, British Battleships 1919–1939, p332.

② 下列数字由贝茨（E R Bates）提供，他此后转往国家海事博物馆工作。虽然字迹颇为潦草，但总体而言数据可自洽。

表12-11："纳尔逊"号与"罗德尼"号的造价

	"纳尔逊"号	"罗德尼"号
舰体	1130000英镑	1215000英镑
造船厂库存物资	67875英镑	67875英镑
装甲	1431000英镑	1431000英镑
动力系统	453896英镑	452759英镑
火炮炮架及鱼雷发射管	2300244英镑	2300244英镑
武器	831695英镑	831695英镑
武器相关物资	672000英镑	672000英镑
杂项	100000英镑	100000英镑

注：动力系统造价条目可细分为主机造价和辅机造价，"纳尔逊"号上这一数据为348095英镑和105801英镑，"罗德尼"号则为348801英镑和103958英镑。火炮炮架条目包含如下子条目：炮架本身2280000英镑、鱼雷发射管4625英镑、空调5706英镑、空气瓶和杂项共计9913英镑。武器条目下，火炮和备用炮管造价分别为519000英镑和219000英镑，其余花销包括鱼雷及备件。武器相关物资则包括炮弹造价270000英镑，后备弹造价402000英镑。

相应各部分重量如下，表12-12中列出了由贝茨提供的数据和实际重量：

表12-12：各部分重量

	设计重量	实际重量
舰体	14250吨	14568吨，1300吨用于防护系统，118吨用于各种设备
动力系统	2420吨	2329吨
武器	6950吨	—
装甲	10250吨	8750吨
设备	1050吨	—
总重	30050吨	不含燃油，冗余较大

此外还有颇为详细的造船商支出分析：

表12-13：造船商支出

	"纳尔逊"号	"罗德尼"号
造船商	阿姆斯特朗公司	卡默尔莱尔德造船厂
舰体	1130000英镑	1215000英镑
动力系统	348695英镑	348801英镑
蒸馏设备	7553英镑	7553英镑
转向齿轮	7175英镑	7175英镑
舵机	1820英镑	1820英镑
舵轮等	2350英镑	2350英镑
2座柴油发电机组	19569英镑	22773英镑
4座汽轮发电机组	18810英镑	16861英镑
冷藏设备	9500英镑	9500英镑
前部起锚机	10525英镑	10525英镑
后部起锚机	1919英镑	1919英镑
电动小艇提升设备	6147英镑	6147英镑
轮机电机	378英镑	378英镑

小计	1564442英镑	1650803英镑
锅炉管备件	1475英镑	1464英镑
外侧推进轴备件	150英镑	256英镑
2具推进器备件	—	4952英镑
齿轮备件	8380英镑	8350英镑
夹具和仪表	450英镑	—
推进器提升设备	9000英镑	1945英镑
合计	1583897英镑	1667760英镑

最后，贝茨还给出了包括额外条目在内的造价分析，例如开办费。在确定相应条目后，可见总价与原始估计相差不大。

表12-14：人力费用

	"纳尔逊"号	"罗德尼"号
造船厂人工	18045英镑	15815英镑
造船厂资材	159376英镑	162071英镑
舰体及相应装置	1171400英镑	1248956英镑
装甲	1431054英镑	1436781英镑
动力系统	514657英镑	516883英镑
火炮炮架等	2415058英镑	2406083英镑
小艇	28946英镑	23723英镑
直接费用合计	5738536英镑	5810312英镑
开办费	225679英镑	232465英镑
火炮及其他武器相关物资	1418000英镑	1418000英镑
总计	7382215英镑	7460777英镑

对舰船而言，得出完整的实际造价非常困难。

"冒险"号布雷巡洋舰

第一次世界大战结束时，海军发现了对快速水面布雷舰艇的需求。[1]通常而言，由商船改装而成的布雷舰[2]航速太慢，快速跨海峡轮船虽然航速较快，但其活动半径和货舱容量均较为有限。[3]1920年7月5日，对该舰种的临时设计需求于一次会议后正式下达，其中要点为：

●可携带至少250枚水雷；

●航速与续航能力应与最近服役的轻巡洋舰相仿；

●较低的干舷高度，以便将布雷甲板和水线位置之间的距离限制在12英尺（约合3.66米）以内。

此后的文件强调称海军需要该舰以开发现代化布雷技术，且可能是此后一批布雷舰的原型，后者原计划隶属本土舰队（Home Fleet）。[4]值得注意的是该

① 不幸的是该舰档案集以及计算本已经遗失，因此这一迷人舰只的设计背景不详。该注释基于PRO papers in ADM 1/9228 and 167/64。感谢摩尔指出。

② J S Cowie, Mines, Minelayers and Minelaying (Oxford 1949), p108.

③ 温哥华渡轮"艾琳公主"号（Princess Irene）和"玛格丽特公主"号（Princess Margaret）实属例外。

④ S Roskill, Naval Policy between the Wars (London 1968), Vol I, p106.

舰并非如此后很久才诞生的快速布雷舰那样，被赋予在敌方控制海域进行进攻性布雷的任务。该舰的设计角色或许与“北方屏障”（Northern Barrage）之类的作战关系更大。海军建造总监（达因科特）于1920年9月25日提交了一份由利利克拉普准备的设计方案，后者时任巡洋舰部门主管，后来出任海军建造总监。

●排水量：6800吨；

●尺寸：平均495英尺×58英尺×15英尺（约合150.9米×17.8米×4.57米）；

●装甲：无装甲，设有较浅的防雷突出部——与“罗利”号类似；

●武装：8门3英寸（约合76.2毫米）高炮，280枚标准尺寸水雷，4条导轨，2座布设器，距离水面10.5英尺（约合3.2米）；

●动力系统：与D级巡洋舰类似，输出功率为4万匹轴马力，携带一半燃油时航速为28节；

●续航能力：携带1600吨燃油时，14节航速下为6000海里；

●造价：125万英镑。

曾有人建议对3艘燃油的“查塔姆”级轻巡洋舰进行改装以执行布雷任务。两个方案造价大致相当，但海军认为建造一艘现代化的原型舰是更为有利的投资。海军希望新布雷舰能携带更多的水雷，对此海军建造总监提出了在下甲板后部携带额外70枚水雷的方案。这些水雷将通过电梯被提升至布雷甲板，且这一操作仅可在储存于下甲板之上甲板的水雷布设完毕后实施。这一方案将削弱舰体后部的分舱密度，并且利用下甲板前部空间储存水雷的方案影响更大。至

“冒险”号布雷巡洋舰是战后完成的首个设计。该照片摄于该舰原有方艉改建之后。该舰的柴油引擎通过较窄的第三烟囱排出废气，注意该烟囱位于第二烟囱之后，两者距离很近。该舰的高干舷、平甲板以及舰桥设计很可能对“肯特”级（Kent）重巡洋舰的设计产生了影响（作者本人收藏）。

1920年12月，海军建造总监终于将布雷甲板的储雷数量提高至300枚，并由此放弃了在下甲板储存水雷的构想。

海军内部对设置4座布设器的呼声很高。每座水雷布设器的布雷间隔为12秒，而布雷时水雷间距通常为150英尺（约合45.7米）。若仅装备2座布设器，布雷舰的航速则需降低至15节才能实现150英尺（约合45.7米）间距。然而海军希望以尽可能高的航速布雷。为防止海浪造成水雷爆炸，布雷舰极限航速应为20节，在此航速下需要设置4座布设器。海军还曾考虑将水雷间距缩小至100英尺（约合30.5米），这导致设置4座布设器更为重要。海军建造总监解释称原始设计中布设器位于舰体后部、推进器桨叶尖端以外位置。不过在当年12月，他又提出了设置方艉和4座布设器的方案。

笔者个人对设置方艉是否有必要持怀疑态度。在第一次世界大战结束后的一段时期内，海军试验工厂曾对方艉抱有很高的热情，并于1920年6月和10月先后提出对布雷舰的初步和最终试验结果。方艉可将“冒险”号的最高航速提高0.5节。笔者怀疑海军建造总监的真实意图是对方艉设计进行试验，而对水雷布设器的争论仅仅是为了证明采用这一设计的正当性。[①]

火炮部门对前述设计方案的火力有不同意见，他们要求装备6门4英寸（约合101.6毫米）高炮以及1~2座多管乒乓炮，并安装射击指挥仪。海军建造总监回复称这一火力配置虽然可以实现，但火炮将导致排水量上升40吨，而安装在三脚桅上的射击指挥仪将导致排水量进一步增加。在进一步会晤后，双方同意该舰的火力配置为4门4.7英寸（约合120毫米）高炮以及2座多管乒乓炮。1921年3月海军建造总监和总工程师古德洛（G G Goodlow）联合提交了一份更为激进的提案，建议加装柴油巡航引擎机组。论文中指出从1913年以来，海军一直未对柴油引擎进行试验，且在该种引擎的发展上英国已经大幅落后。设于西雷顿（West Drayton）的海军部引擎实验室（Admiralty Engineering Laboratory）此时已经完成了一款新的海军部柴油引擎设计。该引擎被计划安装在X1号潜艇上，因此海军部批准在“冒险”号上安装维克斯公司开发的柴油引擎以供比较。分析指出此举将使13节航速下该舰的续航能力从5000海里大幅提升至1.1万海里，且燃油消耗量会经济得多。安装柴油引擎不仅导致该舰舰体长度延长24英尺（约合7.32米），而且导致舰体净空高度提高4英尺（约合1.22米）。这一改装还导致无法在下甲板上储藏任何后备水雷。不过，该柴油引擎仅被视为平时使用的实验性设备，战时该套设备可被迅速拆除，由此空出的空间可用于储存水雷（实际上该套柴油引擎设备于1943年被拆除）。安装柴油机带来的主要缺陷是在实施柴油机和蒸汽机之间的切换时，该舰需要停航1~2小时！

对该提案的争论不仅见于纸面，而且出现在3月8日由海军审计长主持的会

① “肯特”级重巡洋舰的某些早期研究方案也采用了方艉。

第一次世界大战结束后完工的“进取”号装有全新设计的舰桥，该设计预示了未来“郡”级巡洋舰的舰桥设计方案（世界船舶学会收藏）。

议上，大部分参与人员对此方案颇为欢迎。值得注意的是无论是提案摘要还是此后的一系列讨论，均未提及造价问题[①]。1921年4月25日设计部门正式提交提案，并于不久后获得海军部海务大臣委员会的批准。引人注意的是此时该舰排水量稍稍高于7000吨，尺寸为550英尺×59英尺×15.25英尺（约合167.6米×18.0米×4.65米），航速降至27.75节。

“冒险”号最终于1922年11月开始铺设龙骨。该舰是第一次世界大战结束后建造的首艘巡洋舰类型舰只，因此达因科特以及巡洋舰设计部门主管利利克拉普在该舰上尝试了大量新设计构思。设置有顶布雷甲板的决定意味着平甲板设计和高干舷高度不可避免，这一决定可能对此后的“郡”级巡洋舰设计产生了影响。舰桥设计［以及“进取”号（Enterprise）的舰桥］则明显预示了“郡”级的相应设计。该舰动力系统部分舱室上方部分甲板设有2英寸（约合50.8毫米）钢板加以防护（但水雷上方未设置任何防护），甲板厚1英寸（约合25.4毫米），并设有小型的防雷突出部。

由于方艉导致舰艉后方出现严重的涡流，且导致投下的水雷被水面反弹，撞上舰艉并撞断水雷触角，因此该设计并不成功。1932年改建工程中该舰又采用了传统型舰艉。类似方艉之类颇有价值的构思在其首次运用中便被用于不适当的场合一事颇令人遗憾，该设计直至1939年“斐济”级（Fiji）轻巡洋舰上才被再次使用。[②]

① 贝茨的文档中包括“冒险”号的一份不甚完整且不甚清晰的造价分析。列在动力系统合同造价条目下的数字为55907英镑，这可能是指该舰的柴油引擎。
② D K Brown, 'The Transom Stern', WARSHIP 5 (1978).

柴—电巡航机组的表现也不够成功。1924年7月该舰下水后，由于该机组的生产颇为困难[1]，因此其服役时间被一直拖延至1925年底。该机组颇为沉重，并占据了可观的空间，最终于1943年被拆除。该机组包括两座维克斯式8气缸4冲程柴油引擎，每具引擎输出功率为2300匹轴马力，并各驱动持续输出功率1650千瓦、6小时过载输出功率2120千瓦的三相交流发电机。推进电机为四极感应式电动机，并通过主齿轮箱与两根驱动轴耦合。1924—1925年间还计划再建造一艘与"冒险"号相同设计的布雷巡洋舰，但毫无意外的是这一次不再安装柴油机。

达因科特个人似乎对柴油驱动抱有极高的热情。他于1925年说服阿姆斯特朗公司承担对两种装备柴油引擎巡洋舰设计方案的研究工作。两种方案均采用4具阿姆斯特朗—苏尔寿引擎，每具引擎输出功率为440匹制动马力。排水量为5700吨的设计方案航速约为25节，装备2座双联装8英寸（约合203.2毫米）炮塔。排水量为5120吨的设计方案航速为25.5节，装备3座双联装6英寸（约合152.4毫米）炮塔。两个方案均不甚有吸引力。《华盛顿条约》规定燃油不计入排水量之后，燃油经济性便显得不那么重要，海军对柴油动力的热情也因此逐渐消退。

X1号巡洋潜艇

1915年潜艇委员会预见到对"巡洋"潜艇的需求，但并不认为这种需求很迫切。第一次世界大战结束后，相信德国巡洋潜艇大获成功的盟军列强纷纷开工建造配备重型火炮武装的大型潜艇。事实上，巡洋潜艇在建造和使用的过程中均会消耗大量资源，但其取得的战果并不比标准潜艇更出色。与德制巡洋潜艇类似，战后建造的大型潜艇也并不成功，此后仅有日本继续建造此类潜艇。

表12-15：巡洋潜艇

国别	潜艇	下水时间	火炮	水下排水量
德国海军	U-139号	1917年	2门5.9英寸（149.9毫米）	2500吨
皇家海军	X1号	1923年	4门5.2英寸（132.1毫米）	3600吨
日本	伊-1号	1924年	2门5.5英寸（139.7毫米）	2790吨
美国	V4、V5、V6号	1927年	2门6英寸（152.4毫米）	4000吨
法国	"苏尔库夫"号（Surcouf）	1929年	2门8英寸（203.2毫米）	4300吨

1920年底皇家海军决定建造一艘大型试验性潜艇，以研究超大型潜艇在水下的操控性、重火力装备的可行性及实战价值等问题。1921—1922年海军预算中为一艘该型潜艇，即X1号列入了相关条款，该艇于1921年11月2日开始铺设龙骨。[2]当时琼斯仍负责潜艇设计，根据设计要求他提出了一份储备浮力为18%的双层艇壳设计方案。耐压艇壳厚1英寸（约合25.4毫米），艇体直径为19英尺

① E R Bates papers, now in the Maritime Museum.

② D K Brown, 'X1-Cruiser Submarine', WARSHIP 23 (July 1982). (Based on Harrison BR 3043 and Records of Warship Construction, notes from J Maber and I Grant.)

X1号巡洋潜艇。第一次世界大战结束后，很多海军很快建造了类似潜艇，但无一堪称成功。X1号的动力系统可靠性不佳（世界船舶学会）。

7.5英寸（约合5.98米）。据称在对其鱼雷发射管舱门进行加强［原装备L级潜艇，设计深度为200英尺（约合61.0米）］后，该艇的下潜深度为400英尺（约合122.0米）。

该潜艇的大部分问题集中在引擎部分。两具主引擎为由海军部设计、查塔姆造船厂建造的8气缸引擎，海军部曾指望每具引擎可输出3000匹制动马力（最大输出功率似乎仅有2750匹制动马力）。该艇还配备两具MAN公司生产的6气缸引擎作为辅助引擎（原装备德国U-126号潜艇），其期望输出功率为1200匹制动马力，但最大输出功率仅为1100匹制动马力。据称该艇曾在一次试航中取得19.5节航速，但1930年官方给出的航速为18.6节，而根据非正式数据，在保持可靠性前提下该艇的极限航速仅为12.5节。海军在该艇上尝试了多种推进器，不过在进入现役后不久该艇的两具推进器轴均告损坏。该艇的大部分燃油储存在艇体之外，其铆接油槽很快发生泄漏，从而暴露自身位置。

安装在该艇上的火炮运转良好，但即使如此，在6000码（约合5486.4米）距离上进行瞄准并击沉驱逐舰仍被认为不可能。该艇109名额定艇员中，火炮炮组额定人数为58人。该艇装备的火炮型号为马克Ⅰ型5.2英寸（约合132.1毫米）速射炮，该炮发射的炮弹重70磅（约合31.8千克）。在解决了初期磨合问题后，该炮射速可达每分钟6枚。

1925年建成后，该舰前往地中海服役，并于1930年返回本土退役，最终于1936年被拆解。该艇的优点是其水下操控性堪称优秀，其火炮也可发挥其全部威力。但受限于可靠性不佳的动力系统，该艇未能体现其全部潜力。无论如何，巡洋潜艇这一思路终究是个死胡同。1921年海军经费非常有限，因此在这样一艘潜艇上耗费资金颇令人惊讶——尤其考虑到当时英国仍在追求彻底废除潜艇。

革命性愿景①

前文已经对防护系统以及药库安全措施的发展进行讨论，并提及了一系列全尺寸试验，其中包括利用“威尔士亲王”号和“壮丽”号进行的试验。对其他威胁的防护导致了4.7英寸（约合120毫米）高炮和多管乒乓炮的出现。后者首先以6根炮管捆扎在一起的形式于1921年在“龙”号轻巡洋舰上进行试验。八联装炮架的实体模型于1923年获得批准，但财政部拒绝为其拨款。②按1923年标准，该武器性能颇为先进，但当20世纪30年代中期其在皇家海军中被广泛使用时，其性能已经过时。

1923年海军还计划建造若干新航空母舰，但最终决定获得更多经验后再继续建造。虽然这一决定并非毫无道理，但直至1934年才建造下一艘航空母舰，海军为此等待的时间未免过久。总体而言，皇家空军海岸司令部处于被忽视的地位，且该司令部获得的有限资金也被用于大型水上飞机而非“袋鼠”式（Kangaroo）侦察/鱼雷轰炸机[10]等陆基飞机。原始制导导弹——遥控飞机——如RAE1921型靶机[11]和“咽喉”式（Larynx）无人机先后被制造并进行了试飞。海军还在设计含氧量为57%的马克Ⅶ型鱼雷[12]上付出了可观的努力，但这一武器遭遇了若干实际问题，最终未能完成。虽然建造了专门的布雷舰“冒险”号，但海军并未就开发水雷和磁性水雷付出相应努力，即使海军在1918—1919年使用过后者。至于音响水雷原型则被彻底遗忘。

在反潜战方面则涌现出很多前途似乎很光明的新构想。潜艇探测器（Asdic，即主动声呐）于1919年首先在P59号艇上进行了试验。在良好天气下，该设备可发现距离3000码（约合2743.2米）以内、处于下潜状态的潜艇。不幸的是，当时海军视其为较水听器（被动声呐）更好的潜艇探测方式，因此对水听设备的进一步研究就此中止，而利用喷进式引擎以实现安静推进方式的构想也随之被放弃。主动声呐的成功很可能进而导致如下观点：即使没有主动声呐，英国也在1917—1918年德国无限制潜艇战中将其击败。因此在拥有了主动声呐后，潜艇便不再是重大威胁。由此R级反潜潜艇逐渐退出现役，而此后海军几乎没有再继续建造专用于执行护航任务的舰艇。

在引入过热锅炉之后，英国动力系统的技术水平上了一个台阶，但从此停滞不前。第一次世界大战结束时，全焊接舰船似乎即将出现。但实际上，虽然卡默尔莱尔德造船厂于1921年建造了全焊接工艺的商船“富嘉”号（Fullagar），但直至多年后，第一次采用全焊接工艺建造的英国舰船——“海鸥”号扫雷艇——方才出现。[13]这一结果部分应归结为高抗张强度的D质钢的引入。在当时该种钢材性能出色，其强度使得为适应条约对排水量限制而进行的必要减重成为可能，但该种钢材并不适合焊接。③丹尼公司在“热情”号驱逐舰

① D K Brown, 'Revolution Manque', WARSHIP 1993.

② 这可能是两次世界大战期间英国财政部唯一一次真正施加阻碍。

③ 笔者可以肯定，通过采用焊接工艺和低碳钢可以实现大规模减重。

上引入的纵向框架设计则被遗忘，尽管该种设计更适于采用焊接工艺。1925年轮机军官被剥夺了舰艇指挥权，其袖带上的螺旋形装饰也被取消。上述侮辱性的举动无疑显示技术的重要性在当时已经被低估。

为什么众多似乎颇具前途的技术演进方案在1923年前后被先后放弃？一个明显的答案自然是资金不足，但也应注意到大部分构想所费有限，且20世纪20年代资金并不如后来那般紧张。勒贝利上将认为当时的海军部海务大臣委员会对技术持非常敌视的态度。[1]当然，当时也存在若干其他困难。战争结束后，很多临时军官和平民身份的科学家离开了海军部，而皇家空军的组建又导致大量富有航空思维的军官从海军出走（他们可能在其他方面也倾向于推动技术进步）。最可能的解释则是在专注经济发展以及更重视成熟方案而非技术进步的大环境下，上述原因的共同作用。

① Sir Louis le Bailly, From Fisher to the Falklands (London 1991).

译注

1.日本海军采用的主炮口径为410毫米。
2.即德雷尔火控台的发明者。
3.应为美制45倍径马克Ⅰ型16英寸（约合406.4毫米）火炮，装备“科罗拉多”级战列舰。
4.该布局方式可将弹药库集中置于较宽的舰体舯部，从而缩短弹药库长度。
5.1939年12月该舰在苏格兰沿海触雷，水雷为德国U-31号潜艇布设的磁性水雷。
6.触雷后该舰前往朴次茅斯接受修理，直至次年8月。
7.1940年8月9日，该舰在挪威沿海被德国空军飞机投掷的炸弹命中。
8.马克Ⅰ型24.5英寸（约合622.3毫米）鱼雷，全长约8.1米。
9.按皇家海军传统，1936年12月乔治六世国王登基后，应有一艘主力舰以其命名，但乔治六世国王表示应将这一荣誉再次归于其父乔治五世国王。
10.1918年首飞，仅建造了20架。
11.RAE为英国皇家航空研究中心的缩写。
12.疑似为18英寸（约合457.2毫米）鱼雷。
13.1937年下水。

成就：正确的舰只与正确的舰队 *13*

“胡德”号，摄于1931年，注意安装在艉甲板上的弹射器。考虑到该舰航行时其艉甲板常常被海水冲刷，因此抓拍到该舰弹射器上停放着一架水上飞机实属幸运（作者本人收藏）。

对第一次世界大战前的皇家海军而言，德国海军对其的威胁主要体现在后者的主力舰上。当时认为德国公海舰队可能会选择最合适的时机，即公海舰队齐装满员，而大舰队的实力因日常养护工作以及水雷和潜艇可能造成的损耗而削弱的状态下，迫使英方进行决战。在1914年和1915年初，这一设想的确有成为现实的可能，但随着10艘装备15英寸（约合381毫米）主炮的“伊丽莎白女王”级和“皇权”级战列舰逐渐服役，这一构想成真的可能性越来越低。

上述构想导致英国必须建造比德国数量更多的主力舰，且单舰性能需更加出色。本书第17页图表0-5显示，英国方面不仅取得了数量优势，而且这一优势几乎达到此前160%的宣称目标。由于需考虑大量外界因素，因此就单舰性能进行比较更为困难。英制战列舰和战列巡洋舰通常装备比德国同期主力舰口径更大的主炮，但这一优势被较薄的侧装甲带部分抵消。在其他因素一致的前提下，英方的选择无疑更加正确：更大口径炮弹击穿较厚装甲的概率几乎与较小口径炮弹击穿较薄装甲的概率相当，但更大口径炮弹击穿并爆炸后造成的破坏明显严重得多。但不幸的是，现实与上述假设之间存在出入：英制穿甲弹的外壳强度不足，发生斜碰时易在肩部发生断裂，而炮弹装填的立德炸药会在炮弹命中厚重装甲时爆炸，从而掩盖了克虏伯公司设计的引信常常不能正常工作的问题。两国海军在防护甲板厚度上的选择区别不大，双方的甲板均只能阻挡弹片，且无疑无法阻挡沿高抛弹道下落的炮弹。与英制发射药相比，德制发射药发生爆炸的概率要低得多。

至“伊丽莎白女王”级为止，英制战列舰的装甲分布或可被认为令人满意。事后看来，旧式装甲分布风格中可能使用了过多的薄装甲，但采用该种装甲又是出于对高爆弹威力的估计上。如果英制穿甲弹的性能不是如此落后，海军或许不会如此重视高爆弹的威力。达因科特在“皇权”级上做出的提升装甲甲板位置的决定或称正确，但急剧削减定倾中心高度的决定显然错误。[①]战列巡洋舰上对药库的防护较弱，造成这一结果的主要原因是海军曾错误地认为柯达无烟药并不存在严重的爆炸危险。

可向舷侧齐射的火炮总数大体一致，应注意前两级德国无畏舰上的舷侧炮塔布置是对空间和重量的浪费。装备12英寸（约合304.8毫米）主炮的英制无畏舰上，出于防止炮口风暴经瞄准镜罩进入其他炮塔的目的，超越射击式炮塔布局方式未被采用，从而严重限制了上甲板的布置方式。德制主炮的炮口初速较高，但重量较轻的炮弹在飞行过程中将更快地损失速度，且较远交战距离上双方射击精度的区别很小。皇家海军在火控相关仪器上拥有明显优势，但似乎并不能完全发挥这一优势。造成这一结果的主要原因一是仅使用基线长度为9英尺（约合2.74米）的测距仪[1]，二是就远距离射击进行的训练不足。

最初8艘德制无畏型战列舰仅装备三胀式蒸汽机，为此不仅在重量上付出代价，且难以长期满功率运转。在英国方面，坚持使用大管径锅炉意味着在占据大量空间和重量的同时未能在可靠性上获得可见的收益。两国海军的冷凝器管道都有问题，其中德国海军遇到的问题稍显严重。

部门内耗曾是——且仍是——现实的一部分。作为海军架构师，笔者的观点或被认为有偏见，但笔者认为事实上主力舰所遭遇的绝大多数问题——例如炮弹、发射药、炮口风暴与瞄准镜罩（以及由此导致的上甲板布局和桅杆位置）和炮塔装甲——都应归咎于海军军械总监。担任该职的起初是杰里科，他虽然此后不久转任海军审计长，但仍应为海军军械总监的工作负责。海军建造总监部门的确曾在设计细节上犯下很多错误，且主要集中在未能确保战舰受伤后仍能保证分舱体系大体完好这一方面。导致这一结果的部分原因是工作量过大[②]，但也应看到沃茨爵士似乎并不重视细节。

上文已经明确陈述，缩减主力舰数量或节省单舰造价从未成为海军的目标。此外，也没有从议会为海军赢得更多拨款的可能。在各国划拨给海军的资金中，英制主力舰消耗了预算的65%，德制主力舰消耗了预算的72%。因此其他舰种只能分享总预算中较少的部分。由于费舍尔认为今后在战列巡洋舰和驱逐

① 在燃油战列舰上，设计师们似乎并未就因取消设于甲板上的煤舱而导致的防护能力损失进行仔细推敲。削弱稳定性这一决定的错误很快被认识到，因此在加装防雷突出部时，其防雷突出部也经过特殊设计，有助于改善该级舰的定倾中心高度。

② D K Brown, A Century of Naval Construction, p92.

舰之间不再需要建造其他舰种，因此起初英制巡洋舰的建造颇为缓慢。航速较低、火力颇弱的侦察巡洋舰很快演化为性能出色的C级轻巡洋舰。在一定程度上，该级轻巡洋舰在实战中的地位与超级驱逐舰类似，而费舍尔所构思的超级“迅速”级驱逐领舰或可轻易地演进出与C级轻巡洋舰非常相似的舰艇。C级轻巡洋舰仍是一种小型舰艇，其适航性一直是一个重要课题。该级舰的后继各级设计上，艏楼长度不断延长，舰桥位置则相应地不断后移，火炮位置和干舷高度均逐渐升高。实战证明4英寸（约合101.6毫米）火炮威力太弱，不足以迅速导致来袭驱逐舰失去动力，但对人力实施俯仰和回旋动作而言，6英寸（约合152.4毫米）火炮又过于沉重，此外航行时其100磅（约合45.4千克）炮弹对人力装填方式而言过于沉重。考文垂兵工厂开发的5.5英寸（约合139.7毫米）火炮首先被安装在“切斯特”号轻巡洋舰上。就前述各方面而言，该种火炮可能是更好的选择。

战争爆发前英国便对德国可能利用正常巡洋舰或辅助巡洋舰，依据公海商船劫掠规则（Prize Rules）实施破交战有所预见。英国方面采取的反制措施起初是消灭德国岸基无线电台或电报台，从而加大袭击舰发现猎物或规避其猎杀者的难度。实战中猎杀袭击舰颇为困难［例如猎杀“德累斯顿”号（Dresden）、“埃姆登”号（Emden）和“卡尔斯鲁厄”号的经过］[2]，且皇家海军严重缺乏大航程且体积较大的巡洋舰。按其设计目标，“霍金斯”级轻巡洋舰①[3]应承担这一任务。由于第一次世界大战结束后“郡”级及其各国对应舰只均可被视为

① 如前所述，笔者并不认为该级舰人力操作的7.5英寸（约合190.5毫米）火炮是一种阻挡袭击者的合适武器。“郡”级重巡洋舰装备的8英寸（约合203.2毫米）速射炮则走向了另一个极端。或许改建后的“埃芬厄姆”号（Effingham）才是对一战期间拦截袭击者的正确答案。该舰改建后主炮全部为6英寸（约合152.4毫米）火炮，其中3门向前射击。

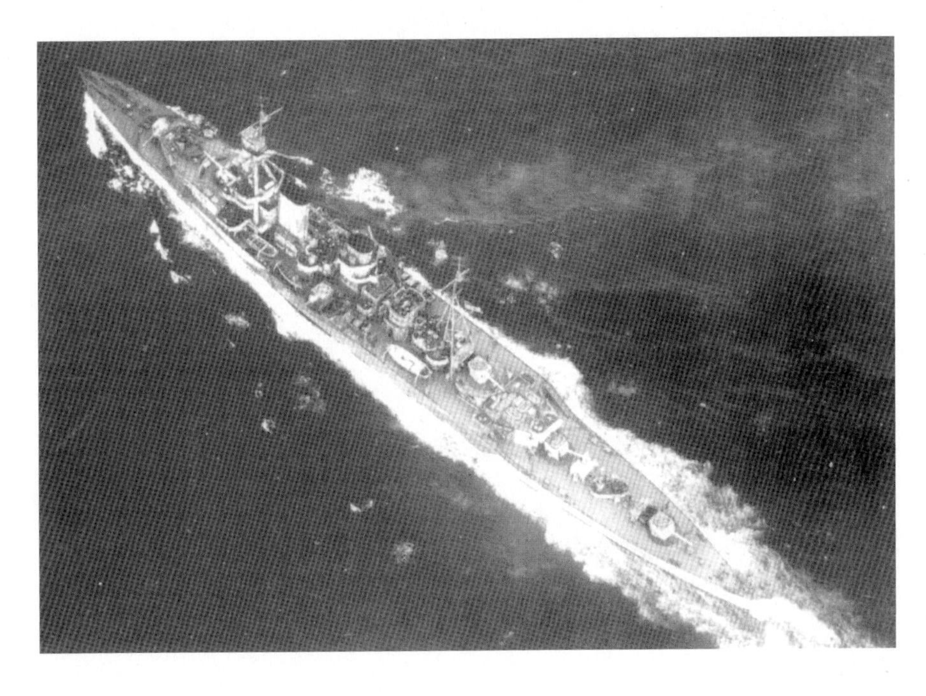

第二次世界大战期间的“霍金斯”号巡洋舰。仅少数改动可从这张俯拍照片中看出（作者本人收藏）。

由“霍金斯”级发展而来，因此该级舰的性能显然非常合适。

第一次世界大战爆发前，无限制潜艇战这一战争形式完全超出人们的想象。的确曾有人认为潜艇可依据公海商船劫掠规则，合法地对商船展开战斗，但按规则实施作战的难度显而易见，因此大部分人认为仅此一条便足以抵消潜艇对商船的威胁。然而，几乎没有人认识到战争中无法遵守的规则很可能会被参战方所破坏，尤其是形势不利的那一方。因此战前几乎没有建造特制的护航舰只。战争爆发后反潜舰只严重短缺，而船团这一组织方式的过晚引入也加剧了该种舰只的短缺程度。海军曾就定位及摧毁下潜状态下潜艇的技术付出一定努力，但可行的解决方案一直遥遥无期。

得益于日俄战争的经验教训，扫雷技术的状况稍强于反潜技术。海军设计并验证了可行的扫雷方式，并对若干快速鱼雷炮艇实施改装，以安装扫雷具。同时海军还清理库存，对搜罗而得的大量拖网渔船实施改造，此外还对预备役人员加以训练，以驾驭这些拖网渔船执行扫雷任务。由于经费不足，因此所有战前设计的舰队扫雷艇均未能被建造。事后看来，更为明智的做法是建造一小批（例如4艘）原型扫雷艇，并通过其修正可能出现的问题。虽然战前就需要多少艘扫雷艇才能应付水雷威胁这一问题没有全面认识，但由于战前通常认为双方的布雷行动均会依照国际法实施，即仅在公开宣布的雷场实施布雷，因此这一问题在一定程度上可以理解。

英制驱逐舰的演进最终产生了大获成功的M级驱逐舰设计方案，该方案又进一步演化为R级和S级驱逐舰设计。上述各级驱逐舰配备的强大火力甚至使其在实施鱼雷攻击时，对可能遭遇的大部分德制舰只具有一定初始优势，不过英制驱逐舰装备的4英寸（约合101.6毫米）火炮威力稍显不足。涡轮、油类燃料以及此后引入的减速齿轮都使得英制驱逐舰获得进一步优势。通过提高干舷高度、加长艏楼并将舰桥位置后移等措施，英制驱逐舰的适航性逐步得到改善。体积更大的V级和W级驱逐舰非常成功，并构成了英国及其他国家战后驱逐舰演进的基础。

第一次世界大战爆发时，皇家海军拥有世界上数量最为庞大的潜艇部队，这一点常常被后人所遗忘。[①]1914年的最新设计，即E级潜艇设计方案堪称史上最好的设计之一，并进而演化为L级潜艇设计方案。皇家海军潜艇的各种辅助设备（如液压系统[②]）性能通常颇为出色，其中很多系统都在斯科特公司不甚成功的蒸汽潜艇“剑鱼”号上被首次使用。皇家海军在建造多种不同潜艇上投入过多努力，因此未能将精力集中在设计少数性能优越的潜艇上。[③]战争初期采用国外设计方案建造的若干小型潜艇总体而言堪称失败，但在打破维克斯公司垄断这一点上颇具意义。

① 往往有人提出大部分隶属皇家海军的潜艇不仅体积较小，而且性能过时。但应注意这一评论对同时代大多数海军均成立，不过德国海军由于开始研发潜艇的时间较晚，因此情况稍好。

② 第一次世界大战结束后，潜艇用液压系统的领头企业麦克塔加特·斯科特公司（McTaggart Scott）被发明家奖皇家委员会（Royal Commission on Awards to Inventors）授予高额奖金。该公司利用上述奖金建造了新办公楼，并一直使用至第二次世界大战结束后很久。

③ 在K级潜艇的历史上，将精力分散在众多设计方案上或许是最大的错误。

英制潜艇的真正问题在于其引擎。在引入海军时，维克斯公司柴油机原始设计方案的性能虽然可以满足当时的需要，但是其每气缸100匹制动马力的输出功率很快便显得过时。通过增加气缸或引擎数量固然可以提高输出功率，但这一方式在重量和空间上的代价都很大。即便如此L级潜艇的性能仍非常出色，并成为战后O级潜艇设计的基础。早在战争爆发前海军就已经认识到引擎的问题，因此计划在G级潜艇的设计上尝试多种设计方案，但战争的爆发导致其无法进行任何试验。战争中英国潜艇的成就堪称完美，它们曾在多处危险水域作战——如达达尼尔海峡、波罗的海、赫尔戈兰湾等，尽管在这些水域活动的目标数量很少。

皇家海军和海军部很快认识到海上航空兵的重要性。岸基航空器——飞艇、大型水上飞机和岸基飞机——固然超出本书的范畴，但这些平台的存在无疑进一步摧毁了有关海军将领坚持反动的战列舰思维的神话。[①]从舰船设计角度而言，在海上引入飞机引发了大量的问题。“皇家方舟”号可被视为水上飞机母舰设计的一个良好开端，并为战争期间其他水上飞机母舰的设计奠定了基调。“百眼巨人”号不仅是第一艘真正意义上的航空母舰，而且是世界上唯一一艘在第一次世界大战期间建成的航空母舰。在航空母舰的演进过程中，为解决气流相关问题在很早阶段便引入风洞这一点颇引人注目，同样引人注目的是为降低起火风险而付出的努力。在战列舰和巡洋舰——甚至拖曳驳船——上运作飞机的不同问题也被成功解决。

除非药库发生殉爆，否则就抵抗炮弹造成的损伤的能力这一方面，各级舰艇的表现都很出色。设计上固然存在很多细节错误，诸如“狮”号装甲带支撑结构断裂的问题。上述错误发生的原因可能是海军建造总监部门工作强度过大。此外，实战中主装甲带中弹的次数很少，因此设计师可能在主装甲带上消耗了过多的重量。参考完全无防护舰艇的设计经验，事后看来与装甲本身相比，设置更多的备份系统对舰船总体战斗力的防护效果更佳，这一结论在一定程度上也证明了费舍尔的战列巡洋舰概念。驱逐舰使用的蒸汽动力机组常常轻易因战损停转，但对此似乎并不存在简单的解决方案。驱逐舰体积很小，而在动力系统中采用动力单元设计方案通常会导致舰体体积显著增加，因此对小型舰只而言并不十分有效。[②]

药库殉爆的原因似乎应归结于发射药而非其他。战前设计的防火措施[③]的表现总体而言至少与其他海军的类似设备一样良好，且实战中并未发现明显不足之处。虽然海军建造总监负责为舰只设计防护，但为炮塔及其内部设计防护由海军军械总监负责。几乎在任何情况下，分别负责的方式总是难称明智，其主要原因是总存在各自认为对方应承担核心工作，而事实上双方都忽视了相关工作的风险。正如著名谚语所说，“灾难总发生在部门之间的界限上”。

① 参见R D Layman, Naval Aviation in the First World War (London 1997)。

② 第二次世界大战期间，这一问题再次在蒸汽动力的炮艇上出现。参见G Moore, 'Steam Gunboats',WARSHIP 1998 (To be published – Conway)。

③ 同样应由海军军械总监负责。

对水下攻击的抵抗能力则不如预期。“鲁莽”号、“马尔伯勒”号和“不屈”号的水下防护系统均曾出现不同程度的失败。战前的一系列试验，即利用“贝尔岛”号、“骑乘谷”号和“胡德”号进行的试验已经显示实现水下防护所需的要素。与采用焊接技术接合的舰船相比，采用铆接技术接合的舰船上逐渐漏水的问题更为严重。无论设计何种防护，防护结构均可能因舷侧炮塔或其他部分而中断。中线舱壁导致很多旧式战舰以及少数新式舰只倾覆。在相当程度上，轻巡洋舰对鱼雷极强的抵抗能力应归结于未设置纵向舱壁。

设计人员最伟大的成就应体现在如下方面：战争期间仅依靠皇家海军造船部的125名成员（以及76名临时造船师）便完成了庞大数量舰船的设计、建造和监督工作。[①]战列舰全部由设于德文波特和朴次茅斯的皇家造船厂以及8座商业造船厂建造。另有两座官属造船厂和4座商业造船厂参与巡洋舰建造，另有17座造船厂参与驱逐舰建造。

表13-1：战争期间建成的各舰种数目

舰种	数目
战列舰及战列巡洋舰	18
巡洋舰	39
浅水重炮舰及岸防舰只	40
驱逐舰	283
潜艇	146
航空母舰及水上飞机母舰	8
小计	534
轻护卫舰、P型艇和PC型艇	187
炮艇、拖网渔船等	412
扫雷艇	99
内河炮艇	28
维修及供应舰只	10
海岸摩托艇	83
其他	160
小型舰只小计	979
总计	1513

参与这一庞大造舰项目的造船厂数目很多，但支持这些造船厂运作的还有船用引擎制造厂、齿轮切制厂、火炮和装甲铸造厂等诸多专业工厂。

从第一次世界大战中汲取的经验教训还体现在战后方案上。战后皇家海军已经拥有大量性能出色的轻巡洋舰和驱逐舰，且没有证据显示就这两类舰艇展开新的设计研究。在本书此前的章节中已经提及，战列舰舰队所面临的情况完全不同。大量主力舰已经颇显过时，且在战时的航行中逐渐老化，何况其中很

① D K Brown, A Century of Naval Construction, Ch 4.

多甚至仅装备12英寸（约合304.8毫米）火炮，因此无法与美国海军以及日本海军建造中的大型主力舰相抗衡。

考虑到当时以及晚些阶段公共舆论对整个战列巡洋舰概念更频繁的批判，海军部在战后认为仍存在对该舰种需求的观点颇令人惊讶，遑论下达4艘G3级战列巡洋舰订单，并赋予其比战列舰更高的优先级的决定。与旧式战列巡洋舰相比，新式战列巡洋舰的防护更厚重，同时由于新设计还拥有高航速和重火力，因此其不仅体积庞大，而且造价高昂。至今仍不清楚海军部对G3级的订单究竟是出于现实需要，还是仅将其作为海军军备限制条约谈判过程中的筹码，毕竟在当时看来该条约的签订已经不可避免。更可能的解释是，海军部希望能建造该级舰，但其底线是仅在其他列强做出显著让步后才取消其建造。

战后订购的首艘战舰是布雷舰“冒险”号。这一决定颇显诡异，但该舰实际充当了若干新构思的试验平台，尽管方艉和柴油引擎在该舰上的表现均难称优异。虽然列强海军均提出大型巡洋潜艇的实战角色，但包括英国X1号潜艇在内，列强对该艇种的尝试均不成功。

《华盛顿条约》及其影响将在笔者的后续作品中加以讨论。虽然颇为痛苦，但是该条约的签订仍可被视为皇家海军的成功。条约使皇家海军以可接受的代价实现了与美国海军相当的地位，对英国而言，这一点在未来不景气的年份中颇为重要。

第一次世界大战结束时皇家海军不仅赢得了战争胜利，而且在很多方面保持着技术领先。然而，构成战时庞大舰队的大型舰只不仅体积较小、磨损老化，而且是根据过时的理念建造的。皇家海军需要一支全新的舰队。

作为后备训练舰的“卡罗琳”号轻巡洋舰。该舰是本书描述的所有大型舰只中，唯一一艘至今仍保持漂浮状态的舰只。其舰桥、桅杆和烟囱已非原装。其他幸存至今的小型舰只则包括舷号为M33号的浅水重炮舰“美杜莎”号（Medusa）、海岸摩托艇CMB4号和CMB102号（停泊在帝国战争博物馆杜克斯福德分部），以及至少2艘作为居住船的摩托汽艇（作者本人收藏）。

译注

1.基线长度为15英尺（约合4.57米）的测距仪首先安装在“伊丽莎白女王”级战列舰上。

2.“德累斯顿”号隶属“德累斯顿”级轻巡洋舰，1907年下水，第一次世界大战爆发时隶属德国海军东亚中队，先后在斯比伯爵的指挥下参与了科罗内尔海战和福克兰群岛海战。从福克兰群岛海战中侥幸逃脱后，该舰燃煤耗尽，主机状况也不好。舰长判断该舰已无法继续作战，遂决定寻求在中立国被扣押的机会以保留舰只本身。3月9日该舰抵达英属南乔治亚岛的坎伯兰湾并下锚。次日获得德皇批准后，其舰长通知附近的智利当地政府，表达了希望被扣押的请求。3月14日“肯特”号装甲巡洋舰和“格拉斯哥”号轻巡洋舰逼近坎伯兰湾，“德累斯顿”号虽然发现两舰，但是因燃料不足无法机动，其舰长遂发电称已舰不再是战斗单位，但未获英方承认。两艘英舰驶入海湾时智利方面的船只也赶到现场，但由于英方此前已经通知智利政府，因此“格拉斯哥”号断然开火，破坏了智利的中立。随后“肯特”号也加入射击。“德累斯顿”号还击了3枚炮弹，但其火炮很快被英方摧毁。上午10时45分，该舰引爆炸药自沉。“埃姆登”号隶属“德累斯顿”级轻巡洋舰，1908年下水。第一次世界大战爆发前夕，该舰于7月31日从青岛出发，并于德国对沙俄宣战后展开破交战，后前往马里亚纳群岛与斯比伯爵率领的东亚中队汇合。8月14日该舰与一艘煤船一同脱队前往印度洋，在新加坡—科伦坡—亚丁之间航线展开破交战，并对槟城展开攻击。1914年11月9日晨，该舰抵达科科斯群岛附近，派出陆战队对当地英军设施展开攻击。虽然该舰实施了无线电阻塞，但是当地的无线电站仍成功发出电报告警。澳大利亚海军“悉尼”号轻巡洋舰正在附近执行护航任务，收到电报后迅速前往科科斯群岛，并于9时30分被“埃姆登”号瞭望员所发现。猝不及防之下德方只能选择交战。虽然“埃姆登”号率先取得命中，但火力更猛的“悉尼”号很快给对手造成重创，并迫使后者冲滩投降。战争爆发后“卡尔斯鲁厄”号先后在加勒比海、南大西洋西岸实施破交战，11月4日在前往巴巴多斯途中殉爆沉没。

3.“埃芬厄姆”号隶属“霍金斯”级重巡洋舰，1917年下水。完工时该舰装备7门单装7.5英寸（约合190.5毫米）主炮。1937—1938年间该舰接受了大规模改造，其中包括改变火炮构成。改建后该舰装备9门6英寸（约合152.4毫米）火炮，其中各有3门在舰艏和舰艉依次按超越射击方式布置，另有2门布置在舷侧，最后一门布置在艉甲板。

附录

附录1：有关全重型火炮战列舰的观点

海军部中高级参谋支持全重型主炮战列舰的观点，可从1906年完成的两篇密级极高，且传播范围非常有限的论文[1]中窥见。就性质而言，这两篇论文可能为介绍性文章，通过使读者了解当时已经存在的事实，从而实现为全重型火炮战列舰辩护的目的。两篇论文很可能出自时任海军军械总监的杰里科之手，并得到包括海军建造总监沃茨、海军审计长等人的协助，其主要论点总结如下。

论文首先指出，“无畏”号和“无敌”级最被人诟病的方面便是其全12英寸（约合304.8毫米）主炮装备、航速，以及由此导致的体积和造价。作者声称当时的共识是战列舰的首要武器应为4门12英寸（约合304.8毫米）火炮，作为对首要武器的加强，可采用更多的12英寸（约合304.8毫米）火炮，或9.2英寸（约合233.7毫米）以及6英寸（约合152.4毫米）口径的副炮。就上述3种口径火炮而言，假设各使用2门向目标靶射击10分钟，则命中目标的炮弹重量对比如下。[2]

① 其中一份是'The Building Programme of the British Navy'. Tweedmouth Papers, MoD Library，绝密，原文及副本共12份；另一份是HM Ships Dreadnought and Invincible，绝密，原文及副本共25份。

② 火炮射速及命中率根据1905年实战训练中的平均成绩得出，注意当时射击距离仅为6000码（约合5486.4米）。

附录表1-1：目标靶射击结果——10分钟内

两门火炮	命中目标的炮弹总重	比例
6英寸（约合152.4毫米）	840磅（约合381.0千克）	1
9.2英寸（约合233.7毫米）	2812磅（约合1275.5千克）	3.3
12英寸（约合304.8毫米）	4250磅（约合1927.8千克）	5

“无畏”号，将旗在其桅杆上猎猎飘扬（作者本人收藏）。

上述对比中12英寸（约合304.8毫米）火炮的巨大优势不言自明，且在相当程度上应归功于其命中率在远距离上的巨大优势。对全重型火炮战列舰概念的批评者们无疑将小口径火炮的高射速与其每分钟命中次数相混淆。

对敌舰只造成的破坏不仅取决于命中次数，而且取决于单次命中造成的破坏。每分钟命中次数不仅取决于射速，而且取决于在不同交战距离上的危险区范围以及命中概率。单次命中造成的破坏则取决于是否击穿，以及炮弹本身的毁伤能力。虽然在火炮瞄准手之间的竞赛中可在短时间内实现很高的射速，但是交战时间一旦较长，射速就将明显下降。此外，在较远的交战距离上，也有必要观察炮弹落点，这无疑也限制了火炮射速。在实战训练中取得的射速被认为与实战条件下类似，且和日俄战争期间取得的射速非常类似。

附录表1-2：射速

火炮	火炮瞄准手竞赛期间射速	实战训练射速
6英寸（约合152.4毫米）	每分钟12枚	每分钟4枚
9.2英寸（约合233.7毫米）	每分钟5枚	每分钟2枚
12英寸（约合304.8毫米）	每分钟2枚	每分钟1枚

由于当时在交战距离超过2000码（约合1828.8米）时便很难对6英寸（约合152.4毫米）火炮实施集中火控，因此在此条件下该种火炮的射速也被认为过快。论文的一条旁白颇值得注意："似可假设，未来战列舰（1906年）上的6英寸（约合152.4毫米）火炮不会再以单装方式被安装在主甲板上。如果该种火炮重新在战列舰上引入，那么将会以双联装炮塔的形式被安装在上甲板上。在积累了以往的经验教训后，如果再将该种火炮以与此前相同的方式安装，那么不仅是一种错误，而且是一种倒退。"这一预言不幸言中，在此后战列舰的演化过程中，过去的教训被遗忘。自"铁公爵"级开始，6英寸（约合152.4毫米）炮组被再次引入战列舰，其潜在危险已在本书第3章中进行阐述。

论文随后对近、中、远距离上（分别对应3000码、6000码和9000码，即2743.2米、5486.4米和8229.6米）不同火炮的命中率进行了讨论。1906年将9000码（约合8229.6米）视为远距离或是该论文的弱点之一。下表显示了在上述距离上不同火炮的危险区范围①：

附录表1-3：危险区范围

射击距离	3000码（约2743.2米）	6000码（约5486.4米）	9000码（约8229.6米）
6英寸（约152.4毫米）	266码（约243.2米）	73码（约66.8米）	31码（约28.3米）
9.2英寸（约233.7毫米）	385码（约352.0米）	132码（约120.7米）	57码（约52.1米）
12英寸（约304.8毫米）	370码（约338.3米）	144码（约131.7米）	66码（约60.4米）

① 虽然这一概念并未被明确定义，但似乎可被视为在炮弹下落角下，舰船投影在水平面上所覆盖的距离。

上述数据显示6英寸（约合152.4毫米）火炮的命中概率远低于口径较大的火炮。论文此后比较了实战训练中不同火炮的实际命中率，并据此估计了在不同距离下命中目标的炮弹重量。

附录表1-4

	实战训练	估计值		
	命中率	10分钟内命中目标的炮弹总重		
射击距离	6000码（约5486.4米）	3000码（约2743.2米）	6000码（约5486.4米）	9000码（约8229.6米）
6英寸（约152.4毫米）	15%	3000磅（约1360.8千克）	1200磅（约544.3千克）	500磅（约226.8千克）
9.2英寸（约233.7毫米）	25%	4400磅（约1995.8千克）	3500磅（约1587.6千克）	1650磅（约748.4千克）
12英寸（约304.8毫米）	37%	11165磅（约5064.4千克）	6600磅（约2993.7千克）	2885磅（约1308.6千克）

由上表可见，大口径火炮的优势随着距离的增长迅速提高。在一定程度上，日俄战争尤其是黄海海战的经验教训可证明上述结论。批评者常常声称受北海海域的能见度限制，上述较远的交战距离常常不能实现，然而这一观点无疑过于夸大。

一个较有说服力的反对意见则是在给定的重量和空间下，可安装的小口径火炮数目无疑明显高于大口径火炮。因此论文继续就命中目标的炮弹总重与不同火炮炮塔重量进行对比。

附录表1-5

火炮口径	炮塔重量	每吨炮塔重量下可实现的命中目标炮弹总重		
射击距离		3000码（约2743.2米）	6000码（约5486.4米）	9000码（约8229.6米）
6英寸（约152.4毫米）	136吨	32磅（约14.5千克）	8.5磅（约3.86千克）	3.7磅（约1.68千克）
9.2英寸（约233.7毫米）	447吨	25磅（约11.3千克）	8.5磅（约3.86千克）	3.7磅（约1.68千克）
12英寸（约304.8毫米）	890吨	18磅（约8.16千克）	7.0磅（约3.18千克）	3.2磅（约1.45千克）

在较近距离上，小口径火炮的优势明显，但在9000码（约合8229.6米）距离上，不同火炮之间的区别很小。如果距离进一步增大，那么大口径火炮很可能再次占据优势。上述简单比较忽略了操作较多数目小口径火炮需要更多炮组成员的事实。此外，在上甲板上布置这些小口径火炮，并防止彼此之间炮口风暴作用，同时限制炮口风暴对舰桥、舰载小艇等设施的破坏无疑更为困难。论

① 装药量又与口径的立方成正比！

文（无疑出自菲利普·沃茨的手笔）写道："仅从重量这一个角度出发，的确可能安装更多的火炮，但考虑空间的限制，火炮数目无法在保证有效使用的前提下大量增加。大量增加火炮数目并保证其有效运作的唯一方式是急剧增加舰体长度，使得各炮之间的距离足够远。"这是论文中最为有趣——在一定程度上甚至令人吃惊——的论断，本书第3章已经对此进行了讨论。论文随后又对各炮射界进行了详细检讨，这一部分内容在一定程度上进一步支持了全重型火炮战列舰这一设计概念。

论文随后考虑了单次命中的影响，其中首先讨论的是穿甲能力。下表显示了各炮的被帽穿甲弹以正碰方式击中克虏伯表面硬化装甲板时的穿甲能力。

附录表1-6：穿甲能力

射击距离	3000码（2743.2米）	6000码（5486.4米）	9000码（8229.6米）
6英寸（152.4毫米）	5英寸（127.0毫米）	3英寸（76.2毫米）	不足3英寸（76.2毫米）
9.2英寸（233.7毫米）	9.7英寸（246.4毫米）	7.7英寸（195.6毫米）	5.3英寸*（134.6毫米）
12英寸（304.8毫米）	13.5英寸（342.9毫米）	10.75英寸（273.1毫米）	7.7英寸（195.6毫米）

注*：原文给出的数字是7.3英寸（约合185.4毫米），显然为印刷错误。

如此后所论，上表中的数字无疑大大夸大了英制炮弹的穿甲能力。然而，上表依然可显示6英寸（约合152.4毫米）在对付敌舰有装甲防护的部分时几乎完全无效。批评者们常常声称敌舰也可因无防护部分而失去战斗力，例如火控桅楼、舰载小艇、炮门以及暴露在外的人员中弹。日俄战争期间的经验显示，防护较弱部分的损伤主要由大口径高爆弹造成。即便如此，防护较弱部分中弹也几乎没有导致目标舰只失去战斗力。第一次世界大战期间的经验（参见本书第11章）在很大程度上证明了这一结论。在日德兰海战中，虽然英方战列舰被150毫米炮弹命中多次，但其中仅有1枚给战列舰造成严重损伤[1]。

更大的炮弹在爆炸时造成的破坏也更为严重。杰里科曾声称："不同火炮炮弹爆炸的后效大致与其装药重量的平方成正比。"①这一经验法则似乎颇为准确，不过既未能区分爆炸后效和破片后效，又未能区分命中物体性质——人员、系统或舰体结构。

由于这两篇论文针对"无畏"型战列舰的批评意见提出了非常有力的辩护意见，且海军部内部也没有再对其提出批评意见，因此上述总结大篇幅引用了两篇论文原文。大部分论点对战列巡洋舰同样成立，但仍有很多人更倾向于为该舰种配备9.2英寸（约合233.7毫米）火炮（参见本书第4章）。不过对巡洋舰和战列线而言，数量和质量之间的平衡并不相同。

隶属托尼克罗夫特公司“特殊设计”的“快速”号。为安装体积更大的锅炉，该舰的舰宽较海军部标准设计方案更宽，由此其前部主炮的位置也可提高（作者本人收藏）。

附录2：一战期间托尼克罗夫特公司（Thornycroft）和雅罗公司（Yarrow）完成的“特殊设计”舰船

第一次世界大战爆发前及战争期间（以及战后某些情况下），托尼克罗夫特公司和雅罗公司获准自行设计建造驱逐舰，其设计方案大致基于同时期的海军部标准设计，但其试航航速明显较高。部分相关专题作者甚至水兵主张所有驱逐舰均应遵照这些“先进”设计方案，甚至利用这些驱逐舰稍好的性能作为批评海军部设计师的弹药。这些批评意见在海军部内引发了强烈不满。即使从事后看来，海军部方面的立场依然站得住脚。[①]海军部方面认为“特殊设计”驱逐舰之所以能实现更好的性能，其主要因素是两家公司在造船工艺上的优势，在这一点上其他所有参与驱逐舰建造工作的造船厂都无法匹敌。因此海军部设计方案通常较为保守，从而可在大量造船厂中建造。

1940年3月，就是否可从先前的“特殊设计”驱逐舰中吸取经验教训一事，海军审计长（弗雷泽）再次征询了海军建造总监和总工程师的意见。此时相关争论已经尘埃落定，同时技术部门也已经掌握了较新的研究结果，从而可以对“特殊设计”的真正优势——以及此前未能察觉的若干潜在危险——做出解释，并对当时海军部的立场给予有力支持。

舰体设计

1940年3月21日，时任海军建造总监的古道尔向海军审计长做出回复，其中

① 笔者本人即是海军部海军架构师，因此笔者的意见或被认为有偏见。然而，对海军部基础设计进行辩护并不意味着对当时最出色的两家造船厂的批评。本文文稿曾被寄给两家公司的技术总监审阅，两人都对笔者的评论非常满意。

指出不仅托尼克罗夫特公司和雅罗公司的设计特点与海军部有很大区别，而且两家公司之间也存在明显区别。雅罗公司估计的舰体和动力系统重量明显低于海军部的估计，该公司和海军部均认为由于该公司在造船工艺上具有优势，因而这一估测的确成立。较轻的重量的确也是性能提升的主要因素。然而也应注意到在雅罗公司的设计方案中，舰体的稳定性很差。即使是在1940年同一级驱逐舰按照相同设计方案建造的动力系统中，雅罗公司的产品重量也是最轻的。托尼克罗夫特公司并不非常强调减重本身，但其采用的动力系统输出功率更高，因此其设计方案需要舰体更宽，方可容纳其体积更大的锅炉。舰体宽度的增加不仅意味着舰体稳定性更好，而且使得其设计可以采用较高的干舷高度，从而（至少在若干级上）提高前部火炮位置，并在V级和W级驱逐舰上提高第二座烟囱的高度，进而削弱早期驱逐舰上明显的烟气影响问题。其动力系统舱室总长与海军部标准设计相同，但轮机舱长度比海军部标准设计短一个船肋间距，因此稍显拥挤。

若干数据可显示雅罗公司设计实际实现的减重。与海军部标准设计中368吨的舰体重量相比，“米兰达”号（Miranda，1914年）的舰体重量轻50吨。试航时该舰排水量为850吨，但其他造船厂建造的同级驱逐舰平均排水量为990吨。“好斗”号（Truculent）[2]据称比同级驱逐舰的标准重量轻130吨。无疑在试航中雅罗公司建造的驱逐舰排水量明显低于其他造船厂建造的驱逐舰。结构重量轻仅是导致这一结果的原因之一。该公司为实现尽可能高的试航航速，因此在试航时尽力实现轻载。根据常用经验法则，排水量降低10吨，试航时航速可提高0.2节。按照海军部设计方案建造的驱逐舰仅需显示其可实现合同规定的输出功率。建造这些驱逐舰的造船厂并无实现较高试航航速的动机。

1940年还就雅罗公司的轻结构舰只是否会导致过早发生腐蚀失效现象进行过讨论。当时并无明显证据支持任何一方观点，但参与者大体就锈蚀并未导致较早拆解一事上达成共识。雅罗公司产品较差的稳定性或许是导致其较早退役的原因之一，但考虑到雅罗公司的产品主要集中在较早期的驱逐舰如M级和R级上，并且至20世纪30年代这两级驱逐舰的设计理念已经过时，因此很难说明该公司设计建造的驱逐舰被特意挑出退役。

动力系统设计

“特殊设计”驱逐舰在试航中实现更高航速的另一原因是其主机输出功率更高。两家公司设计的涡轮在可承受锅炉生成的蒸汽量这一指标上均具有优势，因此在试航时其动力系统均可比海军部标准设计型驱逐舰承担更高过载。

可见“特殊设计”型主机每分钟转速通常更高，这有利于提高最高航速

附录表2-1：动力系统参数

	输出功率	蒸汽重量/输出功率	备注
K级和L级（海军部标准设计）	24500匹轴马力	34磅/匹轴马力（15.4千克/匹轴马力）	涡轮直接驱动推进器
“米兰达”号（雅罗公司设计）	25000匹轴马力	34磅/匹轴马力（15.4千克/匹轴马力）	涡轮直接驱动推进器，转速每分钟650转，过热锅炉
M级（海军部标准设计）	25000匹轴马力	31磅/匹轴马力（14.1千克/匹轴马力）	涡轮直接驱动推进器，转速每分钟450转
R级和V级（海军部标准设计）	39000匹轴马力	34磅/匹轴马力（15.4千克/匹轴马力）	齿轮减速，每分钟350转
“辐射”号（Radiant，托尼克罗夫特公司设计）	29000匹轴马力	30.5磅/匹轴马力（13.8千克/匹轴马力）	齿轮减速，每分钟450转
“总督”号（Viceroy，托尼克罗夫特公司设计）	30000匹轴马力	33.5磅/匹轴马力（15.2千克/匹轴马力）	齿轮减速，每分钟370转
“埋伏”号（Ambuscade，雅罗公司设计）	33000匹轴马力	30.5磅/匹轴马力（13.8千克/匹轴马力）	齿轮减速，每分钟430转
“亚马逊”号（Amazon，托尼克罗夫特公司设计）	39000匹轴马力	31磅/匹轴马力（14.1千克/匹轴马力）	齿轮减速，每分钟430转
A级和B级（海军部标准设计）	34000匹轴马力	34磅/匹轴马力（15.4千克/匹轴马力）	齿轮减速，每分钟450转
J级（海军部标准设计）	40000匹轴马力	30磅/匹轴马力（13.6千克/匹轴马力）	齿轮减速，每分钟350转

（传动部分重量较轻），但为此须付出油耗较高的代价。

试航时各舰主机输出的实际功率大大超过上表列出的额定功率。1940年时任总工程师的泼里斯中将（George Preece）声称根据最近经验，“……雅罗公司和托尼克罗夫特公司通过较高的功率在测速场实现较高的爆发航速。这一行为无疑蕴含着相当的风险，且仅可在锅炉绝对清洁条件下实现”。至1940年，所有在役锅炉均可实施过载，并相当安全地输出更高的功率。

附录表2-2：试航时的动力系统

	试航排水量	输出功率	航速
“提尔人”号（Tyrian，雅罗公司设计）	850吨	30650匹轴马力	39.72节
“辐射”号（托尼克罗夫特公司设计）	—	30000匹轴马力	39.08节
“出渣口”号（Teazer，雅罗公司设计）	839吨	34327匹轴马力	40.41节
海军部标准设计	约1100吨	28000匹轴马力	33节

总工程师继续声称：“这些数据颇为有趣，读者或许会疑惑这些‘特殊设计’驱逐舰是如何逃脱审查的。按我的记忆，德维特（Dight）轮机上将曾就普通锅炉在不接受扩充前提下可安全实现的功率进行过计算，根据他的计算结果，上述输出功率已经超出安全范围。”动力系统中很多部分都承受了极大的

隶属雅罗公司“特殊设计”的“橡树”号（Oak，位于前景）。该舰舰体和动力系统部分的重量均低于海军部设计的“冥河”级，因此其航速更高，但也因此更昂贵（作者本人收藏）。

应力，例如推进轴所承受的扭转应力便大大超出了正常值，推进器所承受的负载也是如此。在此情况下一旦反复承受这种负载，就可能出现疲劳开裂现象。由于“特殊设计”驱逐舰通常与其他按海军部标准设计建造的驱逐舰编队出航，因此其使用极端输出功率的机会很少，这也是他们“逃脱审查的原因”。

“试航时的取巧行为”

在比较试航结果时应加以小心。仅在官方规定的测速场取得的数据可以信任，而这一数据是根据至少4次不同航向的试航结果得出的平均值。某些书籍仅引用了其中“最快”的一次试航结果，但这一结果由于可能受风速和潮汐影响，因此并无太大意义。此外，有意义的对比应在载荷相近的条件下进行。对按海军部标准设计建造驱逐舰的造船商而言，取得非常高的航速并无意义，因此它们在试航时通常采用“正常”载荷，即与重载状态非常接近的载荷。另一方面，“特殊设计”驱逐舰通常在排水量很低的条件下进行试航，这一点在雅罗公司设计的驱逐舰上尤其突出，当然也应考虑该公司在减轻结构重量方面的技术优势。排水量不同对航速有着很大的影响：在输出功率同为2.5万匹轴马力的条件下，“提尔人”号排水量为845吨时的航速要比排水量为837吨时的航速低约2.5节。

浅水深对航速的影响非常复杂，但对本章节中所讨论舰种的大小和航速而言，浅水条件下的航速比深水条件下更高。托尼克罗夫特公司使用的圣卡特琳测速场（St Catherine's Mile）水深较浅，据称与深水测速场相比，该测速场可将航速提高约1.35节（“多巴哥”号的试航结果显示0.75节的差异或许更接近现实）。不过应注意由于该公司和海军部均很清楚上述差异，因此这里并不存在欺骗行为。①

古道尔曾注意到两家公司都以非常取巧的手段进行试航，如往常一样，他的用词非常准确。他并未指责两家公司曾采用任何不适当的测试手段，但无疑两家公司都绞尽脑汁尽其所能地榨取更高的航速。雅罗公司的常用手段之一是专门在甲板上安排一名工程师，负责观察废气的颜色。浅灰色烟表示燃料燃烧状态正常，在此情况下上述工程师会通过鸣锣方式通知锅炉舱。

服役后的航速则总是难以测量，这也是航速测试总是在理想状态下进行的原因。有迹象显示就航速而论，托尼克罗夫特公司设计建造的驱逐领舰比按海军部标准设计建造的同级舰几乎快1节，但这一差异也可能归咎于污底程度不同。

造价

在1940年的相关讨论中，无人提及“特殊设计”与海军部标准设计之间的造价差异这一点无疑令人吃惊。战时记录并不完整，而且导致造价差异或至少实际支付额差异的原因很多。战争爆发前不久建成的M级驱逐舰数据如下：

附录表2-3

	造价	比例
6艘按海军部标准设计建造的驱逐舰平均造价	111833英镑	100%
“獒犬”号（托尼克罗夫特公司设计）	124585英镑	112%
“米兰达”号（雅罗公司设计）	132646英镑	119%

第一次世界大战期间建成的R级驱逐舰数据如下，不过该数据可靠性相对较低：

附录表2-4

	造价	比例	备注
按海军部标准设计建造的驱逐舰	159000~166000英镑	100%	以162000英镑为基准
托尼克罗夫特公司设计案	171000英镑	106%	—
雅罗公司设计案	178000英镑	110%	—

① 在广告上的确显得更好看。

航速的价值

在设计“莎士比亚”级驱逐领舰期间，海军部和托尼克罗夫特公司约定，一旦后者的设计不能满足设计航速就需支付罚金。按设计要求，该级驱逐舰应能以36节航速连续航行4小时。实际航速每低于该指标1/4节，需交罚金500英镑。若航速低于34.5节，则每1/4节罚金额度增至1500英镑，并可能进而增至2500英镑。此外海军部还规定了吃水深度、定倾中心高度不达标的处罚额度，还规定若定倾中心高度低于18英寸（约合457.2毫米）则海军部将拒收。

航速的代价和标价

早期驱逐舰及部分后期驱逐舰由其建造商设计，并需满足规定的设计要求。在建造商和海军部的合同中往往规定了实际性能不达标时的处罚条款。某些时候，合同中还会规定如果实际航速超出某特定值，那么海军部将支付奖金。在一定程度上，罚金可被视为对舰船航速价值的一种衡量方式。部分典型罚金额度可参见下表[1]。

① D K Brown, The Price of Speed (Unpublished Memo,University College, London, 1970).

附录表2-5

	日期	每节罚金	总造价	罚金占总造价比例
27节驱逐舰	1895年	1000英镑	42000英镑	2.4%
“河流”级	1904年	2000英镑	78000英镑	2.6%
“部族”级	1904年	2000英镑	78000英镑	2.6%
“小猎犬”级	1910年	4500英镑	110000英镑	4.0%
K级驱逐舰特殊设计	1912年	2000英镑	110000英镑	1.8%
“莎士比亚”级	1918年	2000英镑	275000英镑	0.7%
“布雷肯”级（Brecon）	1941年	6000英镑	300000英镑	2.0%

结论

负责“特殊设计”的造船厂尽其所能达到了海军部对其设计方案的所有要求。他们所设计的驱逐舰可被视为同时期相关技巧和造舰工艺上的典范，但在第一次世界大战期间，几乎没有一次海战显示了对极高航速的需求。海军建造总监偏爱舰体更宽，且因此稳定性得以加强的托尼克罗夫特公司设计方案。事后看来，该公司驱逐舰高干舷和高炮位设计风格也值得称道。为取得高航速，动力系统承受了巨大压力，而一直未发生事故的原因可能在于实际使用中很少使用满功率，以及一些运气。

"卡罗琳"号轻巡洋舰上铆钉接缝处的近距离细节照片。注意对接盖板（位于中央）上每侧的4排铆钉。笔者1998年拍摄的这张照片显示该舰当时的状况依然非常良好（作者本人收藏）。

附录3：铆接

本书中描述的所有舰船均以铆接工艺建造。[①]关于这一工艺，几乎没有读者[②]了解这篇短小附录中所提出的种种问题。[③]由于实施铆接工艺需要将目标钢板部分重叠或施加盖板，因此不可避免地引入额外重量，而横梁和船肋需施加法兰，使其可与钢板铆接。在计算舰体结构总重时，应以钢板和船肋重量为基础，按以下比例估算铆接引入的额外重量。

附录表3-1

重叠部分接缝	11%
对接盖板	5%
衬垫	6%
铆钉头	2%~3%

打孔

钢板上的任何孔洞都会导致钢板强度下降，而铆接工艺中所需的一排连续孔会导致强度严重降低。由于船肋处一排铆钉导致的强度降低，因此接缝处的强度与完好钢板的强度不一致。不仅钢板（或对接盖板）可能沿排孔撕裂，而

① 第一次世界大战期间海军为引入焊接工艺付出了很多努力，但该工艺几乎仅限于实施紧急维修（参见本书第12章）。

② 学徒期间笔者曾至少打过三颗铆钉。

③ 本附录主要基于E L Attwood, WARSHIPS, A Textbook (London 1910)。

且铆钉本身可能在钢板边缘撕裂，甚至接缝一侧的整排铆钉都可能被切断。为解决上述问题，实际操作中引入了一系列广为人知的流程，但这些流程往往不仅导致额外增重，而且导致工作量颇高。

最快捷也最廉价的钻孔方法便是冲孔，实际操作中常常使用能一次性冲出若干孔的特制机器。不过，冲孔工艺会导致孔周围的钢脆化，且可能导致钢板出现细微裂纹，并在此后扩散。[①]将炽热铆钉锤入铆钉孔的操作可在一定程度上防止钢板变脆，不过通常要求重要结构——例如内层和外层舰底等部位——上的铆钉孔应以钻孔或冲孔工艺实现，且实际孔直径较目标直径小1/8英寸（约合3.18毫米），随后再铰大至目标直径，从而削除在冲孔或钻孔过程中受影响的材料。对高强度钢则总采用钻孔工艺。

铆钉

附录图3-1显示建造战舰过程中曾使用的各种铆钉。A型为最常见的铆钉，通常被称为平头铆钉。其颈部略呈圆台形，以便配合略呈锥形的冲压铆钉孔。D型、E型和F型则设有与平头相配的铆钉镦头。D型为埋头闭合铆钉，通常被用于水下的外层舰底。注意使用该种铆钉时应使用埋头钻钻出铆钉孔。E型主要被用于舰体内部结构，而F型被用于需要造型美观的场合。B型为圆头铆钉，使用该种铆钉时通常通过液压铆接机形成如G型所示的半圆铆端。如需在钢板两面均形成平表面，则需使用如C型所示埋头钉，其尖端如H型所示。随着铆钉冷却，其自身也发生收缩，因此双锥形孔可将目标钢板紧实地压在一起。该种铆钉通常被用于需要实现油密的场合。[②]

如果钢板一侧不可见，例如船壳板与舰艉锻件结合处，则需使用抽芯铆钉。如接头为永久性结构，则通常采用L型铆钉。投影中虚线部分在铆钉固定后被剪去。如要求钢板仍可拆卸，则通常采用M型或N型铆钉。在装甲板内侧，铆钉头可能因炮弹撞击等原因断裂，从而造成人员伤亡。在有人操作的舱室内，船肋内侧通常使用钢制内衬封闭，该内衬则使用螺纹铆钉（如附录图3-1中K型）固定。

一般而言，铆钉的直径应比钢板厚度大约0.25英寸（约合6.35毫米）。不过通常很难敲制直径大于1.125英寸（约合28.6毫米）的铆钉，且在实际操作中，通常避免使用由厚度较薄钢板重叠制成的厚度大于30磅（约合19.1毫米）的钢板。[③]

接缝、重合处和接头

附录图3-2中F和G展示了钢板重合的情形，其中一块位于另一块之上。薄钢板可利用单排铆钉紧固（如F），而较厚的钢板需要双排甚至三排铆钉实现紧固。在仅使用单排铆钉紧固时，重合部分的宽度通常为铆钉直径的3.5倍，而在

① 根据怀尔迪许（Wildish）报告的部分实验结果，强度将下降约22%。
② 1923年有提案建议为一艘单桅帆船加装金属护鞘（在木板外侧覆盖铜板），以供波斯湾部队使用。海军建造总监指出由于护鞘的接头无法实现油密，因此该船只能燃煤。
③ 参见牛顿所著Practical Construction of Warships，伦敦，1941年。

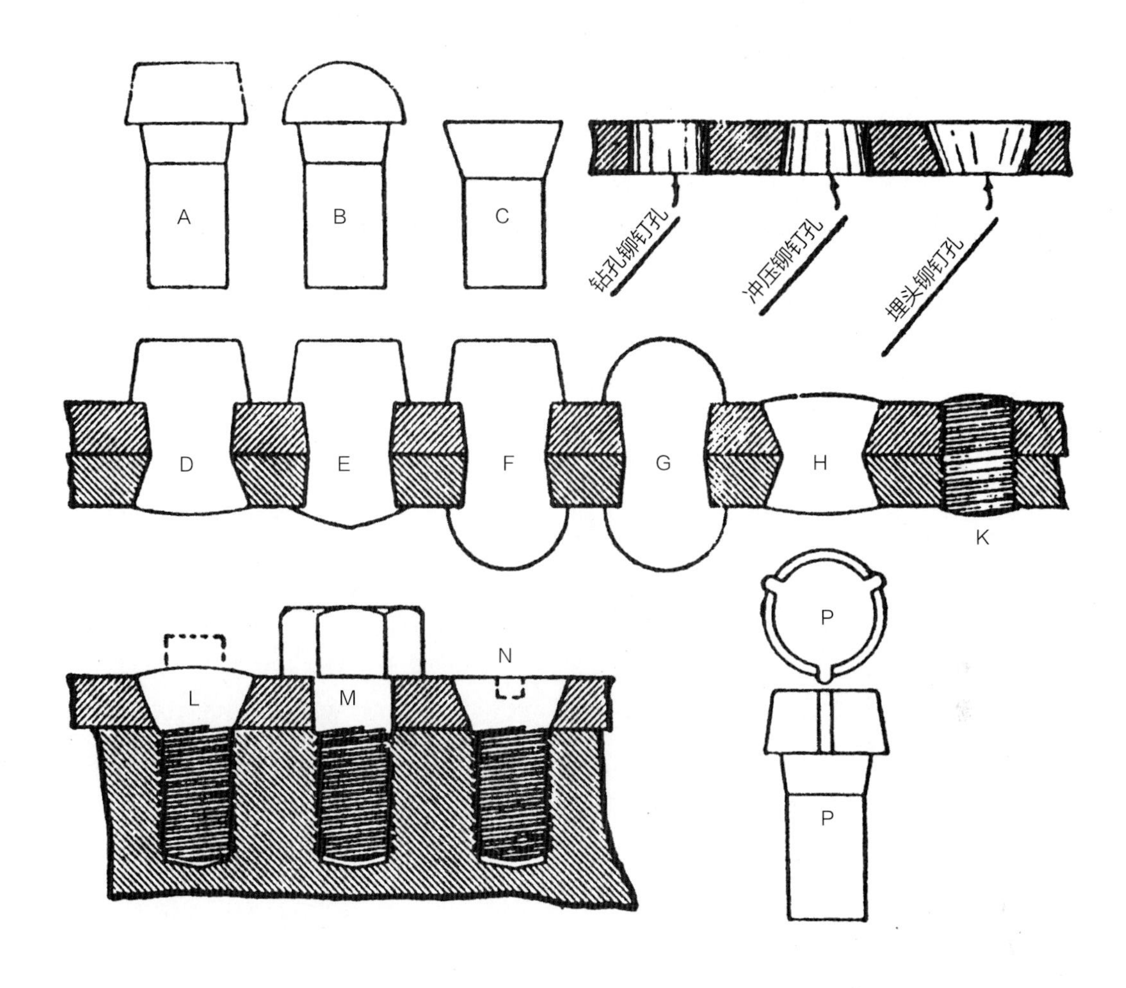

附录图 3-1。

使用双排铆钉紧固时，重合部分的宽度为铆钉直径的6倍。经验显示恶劣天气下引发的张力通常会导致单排铆钉发生漏水，这一现象在驱逐舰艏楼部分尤为明显，并导致住舱甲板的环境更令人不适。重合接缝在受张力时往往出现扭曲现象，导致其强度降低，进而引发渗水。水下爆炸可导致舰体结构件扭曲变形，并造成铆接接缝敞开，从而引发进水扩散。此类漏水很难被封闭，唯一的方法是锤入小块木楔，但实际操作中又常常发生因锤击力度过大而导致的裂缝扩大现象。同时脆性裂纹常常在铆接接缝处中止。①[3]

若要求接缝平滑，则通常会使用对接盖板，对接盖板上按铆钉排列可分为单排、双排、三排乃至四排（如附录图3-2中A、B、C和D，盖板宽度分别为铆钉直径的6.5倍、11.5倍、16.5倍和21.5倍）。某些情况下甚至会使用双盖板对接方式，即在目标钢板两侧各设一块盖板，每块盖板的一半面积覆盖单块目标钢板。在不要求实现水密而要求高强度的情况下，外侧铆钉的间距可适当增大，从而减

① 并非总是如此。第二次世界大战后在“猎户座”号巡洋舰上进行的爆炸试验显示裂缝穿过多道接缝。此外还可确定的是，在“泰坦尼克”号沉没事故中，裂缝跨过接缝继续延展。

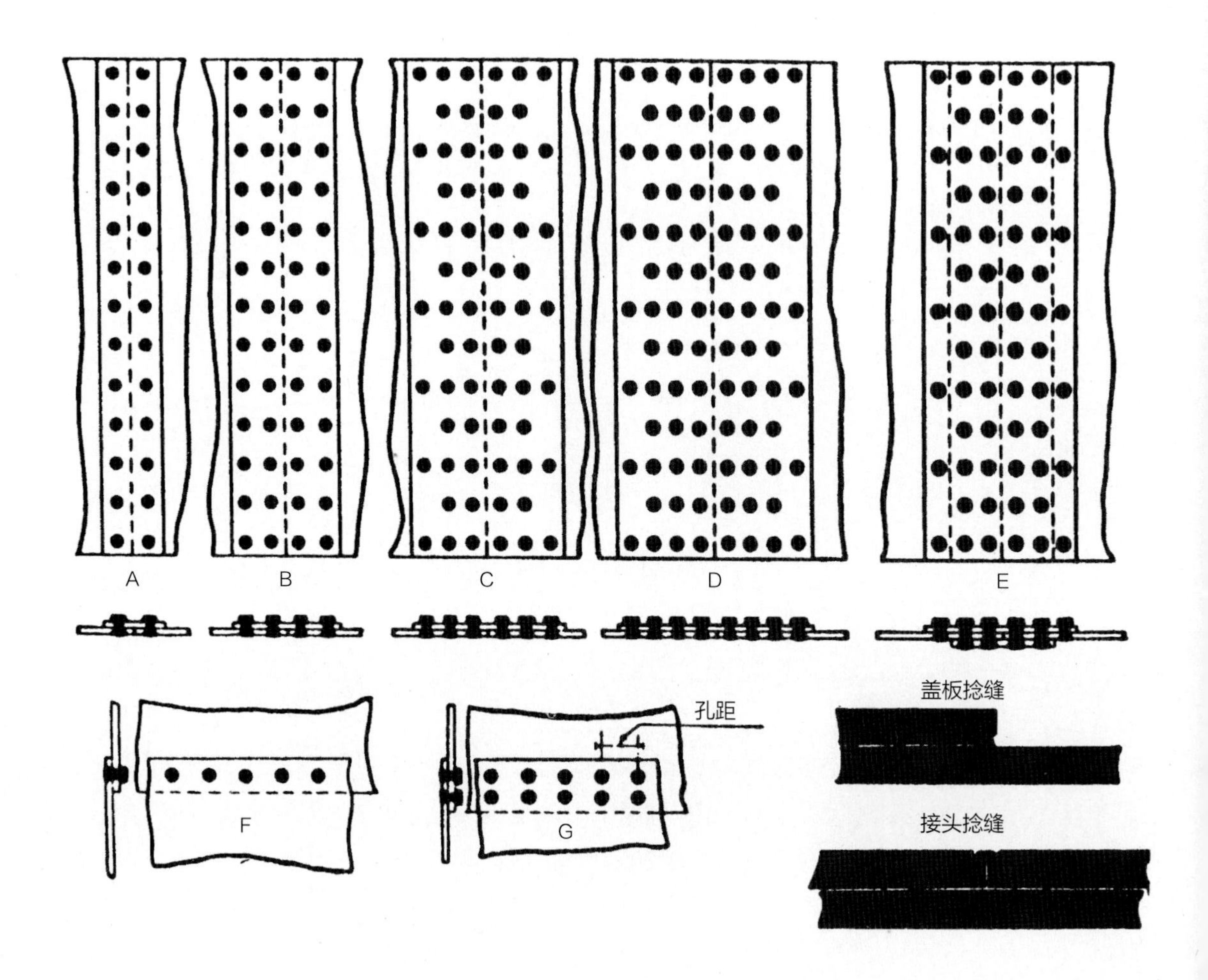

附录图 3-2。

小目标钢板强度损失幅度。然而在要求实现水密的情况下，由于一旦铆钉间距较大就难以实现理想的捻缝，因此上述方式难以被采用。在对角钢或其他零件实施铆接时，通常会使用短小的盖板，其中接缝每侧均使用3颗铆钉。垂直相接的钢板——例如甲板和舰体侧面相接处——则须使用角钢实现连接。钢板/盖板的部分重合以及角接时辅助连接用的角钢，导致利用铆接工艺完成的结构重量重于此后利用焊接工艺完成的结构重量（铆钉孔导致钢强度下降对此也有影响）。

间距

铆钉中心距通常被称为孔距。在需要实现水密的情况下，孔距应为铆钉直径的4~5倍，而若实现油密，则孔距应在铆钉直径的4倍以下。若不要求实现水密，则不需要进行捻缝，同时孔距可增至铆钉直径的7~8倍。在同一肋距中，两道对接接头之间应覆盖至少2块完整的船体列板，3块以上则更为理想。

捻缝

在要求实现水密的情况下，通常采用搭连接方式实现连接，钢板的边缘往往被打磨平整。其中一块钢板通常被凿子劈开，其下部则与相邻钢板紧紧挤在一起（如附录图3-2）。若采用盖板对接方式铆接，则两块目标钢板的边缘均会被打磨平整，并在靠近接缝位置处被凿开，最后被特制的中空材料挤压在一起。[1]

强度

在对总体强度进行计算时，为体现铆钉孔对钢板强度的削弱，通常将承受拉力的钢板中的1/7扣除。[2]拜尔斯对“狼”号试验进行的分析显示[3]，上述扣除并非必要，但实践中为保持一致性仍采用这一标准。

铆工

一个铆工组中应有两人使锤——其中一人为左利手——一名铆工撑锤。后者应在目标钢板背部位置，通过特制的工具将炽热的铆钉安装入相应位置。加热工——年龄不定——则应保证铆接工程中所需的各种类型及大小的铆钉数量充足。在本书描述的目标时间段内，用于实施铆接和捻缝的气动工具逐渐问世，但并未被广泛采用。若有足够空间实施操作，则会使用大型液压铆接机进行工作。铆接完成后，铆工使用小锤子叩击铆钉，以检查铆钉是否已经被固定。断裂的铆钉则会被更换，不过在不重要的部分有瑕疵的铆钉或可通过捻缝固定。

铆接工艺并不复杂，但对人力需求很高。建造一艘战列舰可能需要1000~2000名铁板工。在必要时，结构件可通过打在铆钉孔中的少数螺钉以及起辅助作用的木制支材固定。对需要实现水密的结构而言，在开始铆接前，往往需要大量的螺钉以确保相关钢板已经紧密接触。

① N J McDermaid, Shipyard Practice (London 1911).书中展示了各类捻缝工具。
② D K Brown, 'British Warship Design Methods', Warship International, 1/95.
③ D K Brown, Warrior to Dreadnought, pp184-185.

附录4：船只进水后的稳定性

部分进水船只的稳定性一直是个令人棘手的问题。在引入计算机之前，完全无法就此问题进行全面的计算。不过，若仅有一间较小的舱室进水且完全注满至舱室顶部，则相应计算的难度将大大降低。由进水导致的增重很容易计算——35立方英尺（约合0.99立方米）海水重1吨——同时目标船舶的正常流水静力学曲线可被用于计算侧倾和纵倾。

然而即使是对这一大大简化的情况而言，计算过程仍非常复杂。由于舱室内原有设施占据一定体积，因此进水总体积小于空舱体积。舱室可进水体积占总体积的比例通常被称为渗透性。

若进水发生在不通海的舱室内且可自由流动，则相关计算较为简单。纵倾或横摇可导致液面从向一侧倾斜转为向另一侧倾斜，为体现这一影响，通常会假设进水存在一实际重心。该实际重心与舰体保持竖直状态时的重心距离为i/V，上式中i为截面惯性矩（参见附录5），V为目标船舶新增没入水下部分体积。[1]注意这一方法仅在侧倾角度较小时成立。区区几英寸的进水并不会导致一艘滚装渡轮沉没。进水无疑将导致小幅度的侧倾，但仅当进水继续蔓延时侧倾角度才会急剧加大。

附录表4-1：渗透性典型值

水密舱	97%*
住舱	95%
轮机舱	80%
药库	70%
货舱、仓库	60%
满载的煤舱	38%

注*：3%的空间被船肋、紧固件等占据。

若目标船舶上纵贯整个船宽并延伸至水线以上位置的大型舱室进水通海，则由于舱室内的进水量随侧倾和纵倾角度的变化而变化，而侧倾和纵倾的幅度又取决于舱室内已有进水量，因此对稳定性的计算较为困难。最为直接的计算方式是假定进水舱室两端未受损的舱壁阻止了进水蔓延，并由此重新计算“新”船舶的流水静力学曲线参数。这一过程颇为冗长。

新水线位置则只能通过反复试错（且往往假设位置错误）的方式决定，因此颇为耗时。在没有计算机辅助的时候，仅可能考虑进水发生在舯部附近的情况，在此情况下目标船舶纵倾的变化很小，甚至可以忽略。若纵倾变化明显，并导致船体任何一端的甲板沉入水面（通常为船体艉端，如“鲁莽”号沉没的情形），则几乎无法实施人工计算（笔者于1955年在无电脑辅助的情况下，对“部族”级驱逐舰进行了上述计算。即使是这一结构颇为简单的战舰，整个计算过程也须耗时约3个月）。若低矮的艉甲板沉入水面，则水面惯量会随之严重缩小，并进而导致稳定性大幅降低。因此在各种损伤中后果最严重的损伤部位通常位于舯部之后，且对此无法进行任何准确研究。

① 对长为l、宽为b的长方形空间而言，截面惯性矩为 $l \cdot b^3/12$。

若仅占据一部分船宽的大型舱室进水，则问题更加复杂。这种情形将导致大幅度侧倾，因此通常基于重心位置的近似计算方式便不再适用。然而，由于无法获取更适合的数据，因此仍只能采用上述近似方式进行计算。若仅有一间轮机舱进水，则计算结果与实际之间的差距并不大——侧倾幅度为7°~8°，但如果进水舱室数目超过一间，例如被鱼雷击中的情况下，那么差距便会扩大。此类情况的典型例子发生在那些大型中央舱室两侧设有翼侧舱室的船舶上。一侧翼侧舱室进水导致的侧倾幅度不大，并可通过较为简单的方式得出近似值。然而鱼雷或水雷爆炸可能导致一侧翼侧舱室和中央舱室同时进水（很可能造成前后相邻舱室进水），从而导致船舶稳定性显著降低。而在稳定性降低后，由未受损翼侧舱室保留的浮力导致的侧倾幅度颇为可观。

此外还有一系列其他问题。计算目标船舶受损后再次实现稳定，保持漂浮状态时的新水线位置或许并非是最难的问题，但在没有计算机辅助的情况下无法就其变化过程进行计算。若在设计阶段便认为舰船在完好状况下的稳定性不足，则可通过稍许加宽船体，从而提高定倾中心位置的方式加以改善。然而一旦船舶舯部的一间大型舱室进水，那么通过增大船宽而获得的改善就将基本消失。早在二十世纪之初，船舶设计师们可能就已经对上述要点中的大部分有所认识，但对各种情形下的影响程度很难有具体认识。通过规则几何形状进行进水影响计算的这一训练方式，或许有助于学生理解这一课题。[①]模型或许有助于研究进水的影响。[②]然而若需准确复制目标船舶的细节，则模型的造价颇为昂贵，而如果细节复制不够准确，那么模型试验的结果又会具有误导性。对设计师和水兵而言，模型是一种颇为有效的训练辅助手段，但没有证据显示自1876年制作“不屈”号的模型后，海军曾继续制作模型。直至第二次世界大战期间，“不屈”号的模型一直被用于训练造船师。

测试

除非在船舶受损后继续保持完好，并可承担一定载荷，否则水密舱壁便毫无价值。至少部分水密舱壁曾在满负荷条件下接受测试，如在一道主舱壁整个面积上施加约2500吨负荷。防撞舱壁则以在舱壁两侧的舱室内间隔注水至正常水线以上12英尺（约合3.66米）的方式进行测试，其中一间引擎舱和一间锅炉舱则注水至载重水线以上5英尺（约合1.52米）处。测试人员将在此测试条件下对舱壁挠度进行仔细测量。其他舱壁则以高压水管冲刷的方式进行测试。尽管如此，第一次世界大战期间仍有多起舱壁漏水，或在舰船受损后须进行加强的记录。导致这一结果最可能的原因是在舱壁边缘发生的形变使周缘角材上的铆钉撕裂。

① 但由于这一练习本身非常枯燥，因此大部分学生直接不听讲相关内容，所以他们几乎没学到什么东西。

② 海军曾制作“不屈”号的大比例模型并对其进行测试，测试条件包括静水和有风浪。参见D K Brown, Warrior to Dreadnought, p65。

① 惯性矩一词往往被错误地用来取代截面惯性矩——是的，笔者也犯过这种错误！

附录5：截面惯性矩与惯性矩

对旋转物体、发生弯曲的横梁和纵桁而言，其所受某些效应与面积或质量就旋转轴的分布有关。

例如当一艘船舶发生侧倾时，露出水面一侧所受浮力会降低，而另一侧所受浮力会增加。对给定侧倾角度而言，船舶水平面上任一单元（例如每平方面积）所受浮力的增减和该单元与目标船舶侧倾中心轴的距离成正比。同时，各单元有关该中心轴的浮力力矩和该单元与中心轴的距离同样成正比。因此，扶正目标船舶的总效应与水平面上各单位面积与侧倾时转动轴距离的平方的总和成正比。这一总和便被称为水平面关于该转动轴的截面惯性矩（对左右轴对称的船舶而言，这一转动轴位于其纵向中线）。截面惯性矩可通过将各单元面积（dA）乘以其和转动轴之间距离的平方（y^2），并对此进行积分（$y^2 \cdot dA$）得到，其数学表达式为$\int y^2 \cdot dA$。

对某一物体例如火炮而言，在其载舰发生横摇和纵摆时，实施俯仰或回旋动作时所需的力和力矩与物体上质量分布有关。当载具在粗糙地面上持续颠簸时，使一根长且沉重的棒状物持续指向某一特定“目标”颇为困难。在此情况下，最关键的因素是各部分质量与转动轴之间的距离。较短的棒状物更容易持续指向固定目标。与上一自然段中所述类似，相应施加的外力力矩可通过下式计算：$\int y2 \cdot dM$。其中单元质量dM取代了原式中的单元面积，这一积分结果也被称为惯性矩①。

当一根横梁因承担载荷而弯曲时，或一艘船舶的船体因其支撑力在海浪中发生变化而以类似方式发生扭曲时，其具体弯曲程度将被结构强度所限制。在横梁顶部——上甲板位置——材料会被拉长，而在船体底部——龙骨部分——材料会被压缩。弯曲的轴心通常被称为中心轴，此处的应力为0，其他各处为张应力或压缩应力，应力数值取决于与中心轴的距离，而中心轴与转动轴类似。与上述侧倾情况类似，结构上某单元距离中心轴越远，其在抵挡弯折上的作用就越大。类似的，总效应与各单元面积（dA）与其和中心轴之间距离平方（y^2）的乘积成正比，其结果同样为截面惯性矩，即$\int y^2 \cdot dA$。

上述计算的突出点便是平方计算。粗略说来，定倾中心高度取决于目标船体宽度的平方，船体抗弯强度取决于型深的平方，火炮瞄准的难度则取决于其长度的平方。

实际情况当然远为复杂，找出中心轴的位置通常非常困难。引入计算机后，上述计算只需要一次按键即可完成，然而在以往需要进行长期枯燥地计算。

译注

1.似应指命中“厌战”号Y炮塔左炮的炮弹，此次命中造成该炮炮管弯曲，其口径减为14.75英寸（375.65毫米），导致该炮无法运作。该炮最终在从舰上被拆除后完成修复。

2.1916年下水。

3.隶属“利安德”级轻巡洋舰，1932年下水。

主要参考书目

本书的主要参考书目列入如下，不过笔者还援引了很多与某些特定问题相关的参考资料。至于这些参考资料，参见正文脚注部分。

英国国会档案

该类文献主要在海军预算方面颇有价值。出于安全考虑，当时并没有就海军相关问题大规模地组织委员会进行调研，这一点和19世纪习惯相同。

英国其他公共档案馆文献

就暴露炮弹和发射药的缺陷而言，炮弹和弹头委员会报告，以及对“纳塔尔”号和“前卫”号爆炸事件进行的质询均颇有价值。本书第11章便大量且详细地参考了上述档案。

英国舰船档案集

其他作者已经对较大型舰只的档案集进行了充分利用，这些作者包括伯特、麦克布莱德和罗伯茨，但对较小型舰只而言，其档案集中仍包含大量宝藏。

第一次世界大战期间英国战舰建造记录

海军建造总监部门编纂（未注明时间）。该档案原为保密文件，共分为两卷，堪称有关这一时期战舰设计的一份极为出色的事实记录。其副本收录于某些专业图书馆。

达因科特文档，英国国家海事博物馆

一大笔极少被使用的珍贵材料。该文档归档时以DEY起头，并附以文件号。此外还有一本包含简短笔记，并附有达因科特任海军建造总监一职期间几乎所有设计研究方案的草图（本书正文中援引该书时将其简称为MS93/011）。另还包括贝茨文档。

特威德茅斯文档，英国海军部博物馆

两份论证“全重型主炮战舰”设计思想的珍贵论文。参见本书第1章。

公开出版物

Transactions of the Institution of Naval Architects (Trans INA) (London).

尤其是其中下列论文：

d'Eyncourt, 'Naval Construction during the War', (1919) and 'Notes on some Features of German Warship Construction', (1921);

Goodall, 'The ex-German Battleship Baden' , (1921);

A W Johns, 'German Submarines', (1920).

上述论文的讨论均很重要。

EL Attwood, Warships, a Text Book (London 1910).

该书对当时的技术水平进行了清晰而准确地总结。第一次世界大战期间和之后一段时间，阿特伍德一直担任战列舰设计部门领导，且广受尊敬。该书堪称一本关键性的资料。此外阿特伍德还著有The Modern Warship, (Cambridge 1913)。该书可被视为他为非专业读者编辑的前作删减版，但增加了一些新内容。

Admiral Sir R H Bacon, The Life of Lord Fisher of Kilverstane (London 1929).

一本非常有用的资料，但培根似乎过于依赖其记忆。

Vice-Admiral Sir L Ie Bailly, From Fisher to the Falklands (London 1991).

关于海军轮机技术的个人观点，主要是在两次世界大战之间。

G Bennet, Charlie B (London 1968).

这本关于查尔斯·贝雷斯福德勋爵的作品是对费舍尔个人崇拜的一个有力修正。

G Bennett, Naval Battles of the First World War (London 1968).

D K Brown, A Century of Naval Construction (London 1983).

该书描写了皇家海军造船部一个世纪的历史。以及Warrior to Dreadnought (London 1997)，本书前作。

R A Burt, British Battleships of World War One (London 1986) 以及British Battleships 1919-1939 (London 1993)。

两书对各舰及其历史进行了谨慎而详细地描述。包含大量罕见照片。

I L Buxton, Big Gun Monitors (Tynemouth 1978).
一本关于两次世界大战期间浅水重炮舰的详细而迷人的作品，其内容涵盖设计、建造和战史。

J Campbell, Jutland: An Analysis of the Fighting (London 1986) 以及 Naval Weapons of World War II(London 1985)。
前者包含了英德双方战舰非常详细的受损记录。第一次世界大战期间的很多武器不仅未被淘汰，而且在第二次世界大战期间继续服役，因此包含于后者中。

Sir E T d'Eyncourt, A Shipbuilder's Yarn (London 1948).
包含若干背景资料，但总体而言令人失望。

N Friedman, U S Battleships (Annapolis 1985) 以及 British Carrier Aviation (London 1988)。

R Gardiner (ed), Conway's All the World's Fighting Ships, 1905–1921 (London 1985).
对这一时期所有舰只数据以表格形式进行了整理，并附有简短但精彩的描述。

J Goldrick, The Kings Ships were at Sea (Annapolis 1984).
对第一次世界大战最初几个月英国本土水域活动的描述。

R M Grant, U–Boats Destroyed (London 1964).

D Griffiths, Steam at Sea (London 1997).
船用蒸汽机史。

W Hackmann, Seek and Strike (London 1984).
反潜武器和探测器的发展史。

A N Harrison, The Development of H M Submarines (BR 3043) (London 1979).
在以海军建造总监身份退休前，哈里森参与了潜艇设计和整修工作。该书包括大量事实材料，但几乎很少就潜艇为何如此设计的背景给出解释。

Vice–Admiral Sir Arthur Hezlett, The Electron and Sea Power (London 1975).

关于电力在海军中的使用历史的一本极为有用和有趣的作品。

W Hovgaard, Modern History of Warships (London 1920, Re-print London 1971).
一本对当时战舰进行出色描述的书。作者于第一次世界大战末期在华盛顿与古道尔共事，并将其作品的副本呈交古道尔［该副本现由彼得·布鲁克斯（Dr Peter Brooks）博士收藏］。

Admiral J Jellicoe. The Grand Fleet 1914–16 (London, 1919).
书中对舰船可靠性和续航能力的描述颇值得注意。该书技术方面的内容并不完全可靠，但仍有必要阅读。

I Johnston, Beardmore Built (Clydebank 1993).
对这一伟大公司短暂历史及其工作人员的精彩描述。

B Kent, Signal! (Clanfield 1993).
一本有趣的海军信号史。

R D Layman, To Ascend from a Floating Base (Cranbury NJ 1979).
海军对于飞行的尝试，本书颇令人着迷。另还著有Naval Aviation in the First World War: lts Impact and Influence (London 1996)。

R F Mackay, Fisher of Kilverstane (Oxford 1973).
本书堪称费舍尔这一臧否不一人物的最佳传记（可能该书符合笔者个人的偏见）。

F Manning, Life of Sir William White (London 1923).
本书为作者在怀特去世后受其夫人所托而作，但并无不恰当的偏见。该书引用了很多似乎现在已经不存在的官方档案。

E J March, British Destroyers (London 1966).
本书完全基于舰船档案集撰写，虽然错误和遗漏俯拾皆是，但仍包含一些有用资料。

H K Oram, Ready for Sea (London 1974).
本书是一本颇为迷人的自传，讲述了第一次世界大战期间潜艇兵的生活。日后，作者也是“西蒂斯”号幸存者之一。

Oscar Parkes, British Battleships (London 1956).

虽然单以战列舰而论，该舰种在Designing the Grand Fleet 中的地位并不如Warrior to Dreadnought一书中的重要，但帕克斯的作品仍是一本关键性的资料。该书未列出资料出处，且无法确定作者所有详细评论的来源。

A Preston, V and W Class Destroyers (London 1971).

一本关于这些出色舰只的精心研究。

P Pugh, The Cast of Seapower (London 1986).

在有关海权的研究中，资金供应是较少涉及的一个题材，但如本书所清晰证明的，这应是一个重要课题。

A Raven and J Roberts, British Cruisers of World War II(London, 1980).

本书对所有重要资料源均进行了悉心研究。两位还曾合著British Battleships of World War II(London 1976)。

C I A Ritchie, Q Ships (Lavenham 1985).

该书极其详细地描述了该类舰船及其战史。

J Roberts, Battlecruisers (London 1997).

一本对这一饱受指责舰种的出色论著。

E C Smith, A Short History of Naval and Marine Engineering (Cambridge 1937).

该书最初以一系列文章合集的形式出版。虽然在舰用和船用轮机这一课题上存在颇多空白，但在其覆盖范围内堪称出色。

J Sumida, In Defence of Naval Supremacy (Boston, Mass.1989).

一本有关政治和经济背景的重要作品，亦涉及火控系统。

刊载于Warship季刊和年刊上的论文，以及刊载于Warship International上的论文。